新编

中文版 Maya 2016 入门与提高

时代印象　编著

人 民 邮 电 出 版 社
北　京

图书在版编目（CIP）数据

新编中文版Maya 2016入门与提高 / 时代印象编著
. -- 北京 : 人民邮电出版社, 2019.11
ISBN 978-7-115-50467-8

Ⅰ. ①新… Ⅱ. ①时… Ⅲ. ①三维动画软件 Ⅳ.
①TP391.414

中国版本图书馆CIP数据核字(2019)第033454号

内容提要

这是一本介绍中文版 Maya 2016 重要功能及实际运用的书。

全书共分为 9 课，全面、细致地讲解了 Maya 的重要应用技术。通过学习本书，读者能够在较短时间内掌握 Maya 的建模、灯光、材质、渲染、动画、动力学和流体等方面的技术。

本书附带学习资源（扫描“资源获取”二维码即可得到获取方法），内容包括操作练习、综合练习和课后习题的场景文件、实例文件，以及 PPT 课件和在线教学视频。读者在实际操作的过程中若有什么不明白的地方，可通过观看教学视频来进行学习。

本书适合 Maya 初学者阅读，同时也可以作为相关教育培训机构的教材。

◆ 编　　著　时代印象
　责任编辑　张丹丹
　责任印制　马振武

◆ 人民邮电出版社出版发行　　北京市丰台区成寿寺路 11 号
　邮编　100164　　电子邮件　315@ptpress.com.cn
　网址　http://www.ptpress.com.cn
　北京瑞禾彩色印刷有限公司印刷

◆ 开本：700×1000　1/16
　印张：17
　字数：418 千字　　　　2019 年 11 月第 1 版
　印数：1 – 3 000 册　　　2019 年 11 月北京第 1 次印刷

定价：59.80 元

读者服务热线：(010)81055410　印装质量热线：(010)81055316
反盗版热线：(010)81055315
广告经营许可证：京东工商广登字 20170147 号

前言

Maya是一款非常优秀的三维制作软件，它功能强大，应用广泛，无论是在传统的三维领域（如游戏制作、影视包装、工业设计和建筑表现），还是在新媒体领域（如一些平面设计工作需要Maya来制作三维素材），Maya都发挥着巨大的作用。

Maya是一款综合性的三维制作软件，它拥有强大的建模、材质、灯光和渲染能力，能够给用户提供完整的制作解决方案。为了满足越来越多的人对Maya技能的学习需求，我们特别编写了本书。作为一本简洁实用的Maya入门与提高教程，本书立足Maya常用、实用的软件功能，力求为读者提供一套门槛低、易上手、能提升的Maya学习方案，同时也能够满足教学、培训等方面的使用需求。

下面就本书的一些具体情况做详细介绍。

» 内容特色

本书的内容特色有以下4个方面。

入门轻松：本书从基础的Maya界面开始学习，将三维制作中常用的工具逐一讲解，力求使零基础的读者能轻松入门。

由浅入深：根据读者学习新技能的基本习惯，将软件工具按照由浅入深的顺序进行讲解，合理地安排学习顺序，并配合操作练习，让读者学习起来更加轻松。

主次分明：Maya是一款综合性很强的三维软件，其功能十分庞杂，即便是工作多年的设计师也很难做到把Maya的所有功能完全掌握。本书关注的焦点是三维制作中常用的工具和命令，尤其是建模、材质、灯光、渲染、动画等几个核心模块。

随学随练：每一个重要知识点的后面会添加相应的操作练习，通过练习，读者可以掌握工具的具体使用方法。每一课结束后都会有综合练习，读者可以针对该节内容做一个综合性练习，同时最后配有课后习题，读者在学完本课内容后可以继续强化所学内容，加深对本课技术的理解和掌握。

» 内容简介

本书总计9课内容，分别介绍如下。

第1课讲解Maya的基础知识，包括软件界面、软件操作、视图操作和对象操作等内容。

第2课讲解多边形建模方法，这是Maya的常用建模技术，是必须要掌握的。

第3课讲解NURBS建模方法，这是Maya的核心建模技术，需要读者重点关注。

第4课讲解灯光的运用，包括灯光的类型、灯光的基本操作和灯光的属性等内容。

第5课讲解摄影机的运用方法。

第6课讲解材质与纹理功能，告诉读者如何实现模型的逼真材质效果。

第7课讲解渲染工具的用法，重点介绍Mental Ray渲染器的用法。

第8课讲解Maya的动画功能，主要是Maya的一些基本动画技术，需要重点掌握。

第9课讲解Maya的动力学与流体功能，包括粒子系统、动力场、柔体、刚体和流体等内容。

» 版面结构

课后习题：温故而知新，巩固重点知识，帮助读者学以致用。

场景文件：操作练习、综合练习和课后习题的初始文件，这些文件可供读者练习和操作。

实例文件：操作练习、综合练习和课后习题的最终完成文件，这些文件可供读者查询相关参数和对比结果。

技术掌握：需要读者掌握的技术和功能。

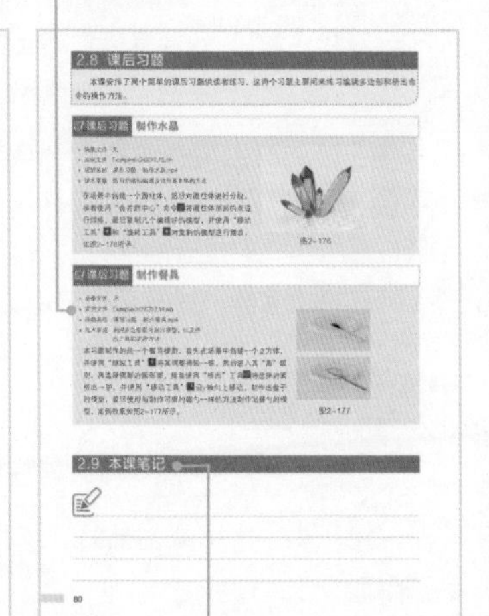

常用参数介绍：中文版Maya 2016的常用参数和功能，可与视频结合学习。

操作练习：针对性的功能操作练习，便于读者快速掌握相关软件功能。

综合练习：典型的综合性技法练习，可使读者对所学内容进行系统性的练习。

本课笔记：供读者收集、记录和整理重要知识点的地方。

» 其他说明

本书附带一套学习资源，内容包括书中操作练习、综合练习和课后习题的场景文件、实例文件，以及PPT课件和在线教学视频（目录中标记⊙符号）。扫描“资源获取”二维码，关注“数艺社”的微信公众号，即可得到资源文件获取方式。如需资源获取技术支持，请致函szys@ptpress.com.cn。在学习的过程中，如果遇到问题，欢迎您与我们交流，客服邮箱：press@iread360.com。

资源获取

编 者

2019年6月

目 录

目录

目录

目录

目录

目录

资源与支持

本书由数艺社出品，“数艺社”社区平台（www.shuyishe.com）为您提供后续服务。

» 配套资源

操作练习、综合练习和课后习题的场景文件、实例文件

教学PPT课件

在线教学视频（包括书中案例的教学视频和重要知识点的教学视频）

资源获取请扫码

“数艺社”社区平台，为艺术设计从业者提供专业的教育产品。

» 与我们联系

我们的联系邮箱是 szys@ptpress.com.cn。如果您对本书有任何疑问或建议，请您发邮件给我们，并请在邮件标题中注明本书书名及ISBN，以便我们更高效地做出反馈。

如果您有兴趣出版图书、录制教学课程，或者参与技术审校等工作，可以发邮件给我们；有意出版图书的作者也可以到“数艺社”社区平台在线投稿（直接访问 www.shuyishe.com 即可）。如果学校、培训机构或企业想批量购买本书或数艺社出版的其他图书，也可以发邮件联系我们。

如果您在网上发现针对数艺社出品图书的各种形式的盗版行为，包括对图书全部或部分内容的非授权传播，请您将怀疑有侵权行为的链接通过邮件发给我们。您的这一举动是对作者权益的保护，也是我们持续为您提供有价值的内容的动力之源。

» 关于数艺社

人民邮电出版社有限公司旗下品牌“数艺社”，专注于专业艺术设计类图书出版，为艺术设计从业者提供专业的图书、U书、课程等教育产品。出版领域涉及平面、三维、影视、摄影与后期等数字艺术门类，字体设计、品牌设计、色彩设计等设计理论与应用门类，UI设计、电商设计、新媒体设计、游戏设计、交互设计、原型设计等互联网设计门类，环艺设计手绘、插画设计手绘、工业设计手绘等设计手绘门类。更多服务请访问“数艺社”社区平台www.shuyishe.com。我们将提供及时、准确、专业的学习服务。

第1课

Maya基础知识

下面将带领读者进入Maya 2016的神秘世界。该课主要讲述Maya 2016的操作界面、Maya 2016的基本操作、视图的基本操作，并着重介绍了对象的基本操作。通过学习，读者可以对Maya 2016有个基本的认识，同时初步掌握其重要工具的使用方法。

学习要点

- 掌握Maya的操作界面
- 掌握视图的基本操作
- 掌握Maya的基本操作
- 掌握对象的基本操作

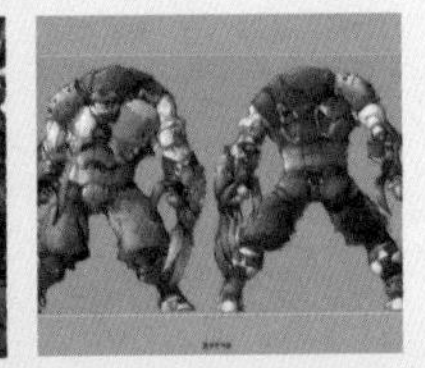

1.1 认识Maya

作为功能强大的三维动画软件，Maya在模型塑造、场景渲染、动画及特效等方面都发挥着巨大作用，这使其在游戏动画制作领域占据着重要的地位，如图1–1所示，其快捷的工作流程和批量化的生产使Maya成为游戏动画行业不可缺少的软件工具，如图1–2所示。

图1–1

图1–2

1.2 Maya的操作界面

启动软件后，将进入Maya 2016的操作界面，如图1–3所示。Maya 2016的操作界面由10个部分组成，分别是标题栏、菜单栏、状态栏、工具架、工具箱、工作区、通道盒/层编辑器、动画控制区（时间滑块和范围滑块）、命令行和帮助行。下面介绍其操作界面中的结构、分布和相关常用功能。

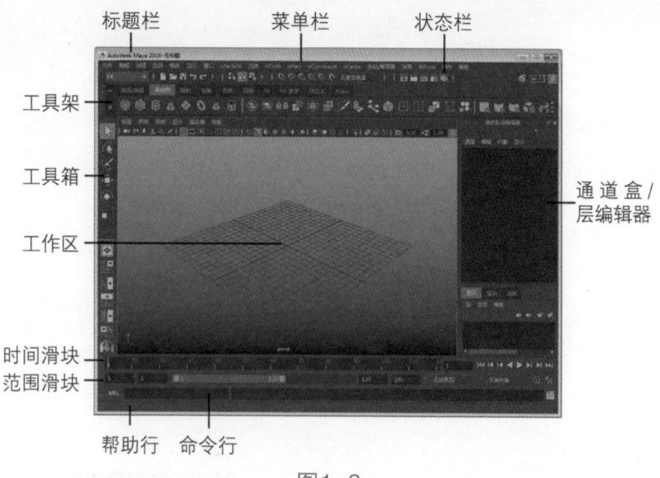

图1–3

界面元素介绍

标题栏：标题栏用于显示文件的一些相关信息，如当前使用的软件版本、文件目录和文件名等，如图1–4所示。

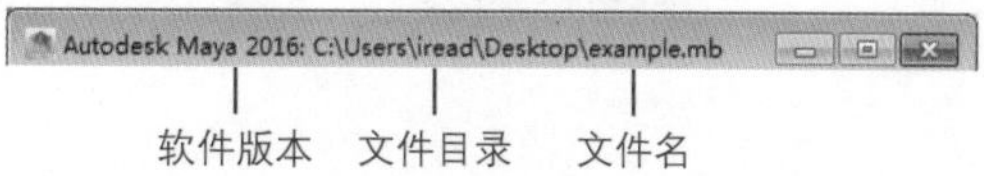

Autodesk Maya 2016: C:\Users\iread\Desktop\example.mb

软件版本　文件目录　文件名

图1–4

菜单栏：菜单栏包含了Maya所有的命令和工具，由于Maya的命令非常多，无法在同一个菜单栏中显示出来，所以Maya采用模块化的显示方法，除了9个公共菜单命令外，其他的菜单命令都归纳在不同的模块中，这样菜单结构就一目了然。如“动画”模块的菜单栏可以分为3个部分，前面和后面分别是公共菜单，中间是动画菜单，如图1-5所示。

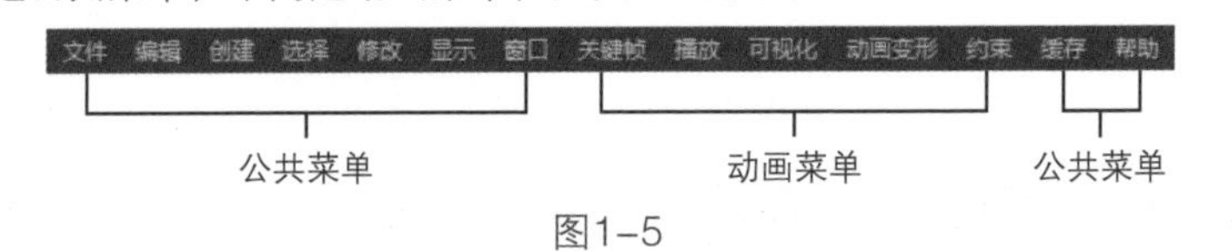

图1-5

状态栏：状态栏中主要是一些常用的视图操作按钮，如模块选择器、选择模式、捕捉开关和编辑器开关等，如图1-6所示。

模块选择器 场景管理 选择模式 选择遮罩 捕捉开关 历史开关 渲染 编辑器开关

图1-6

提示

模块选择器主要用来切换Maya的功能模块，从而改变菜单栏上对应的命令，如图1-7所示。按F2~F6键可以切换相对应的模块。

渲染
建模
装备
动画
FX
渲染
自定义...

图1-7

工具架：工具架中集合了Maya各个模块下的常用命令，并以图标的形式分类显示在“工具架”上。每个图标就相当于相应命令的快捷链接，单击该图标，就等于执行相应的命令。工具架分上、下两部分，分别是标签栏和工具栏，标签栏上的每一个标签都有文字，每个标签实际对应着Maya的一个功能模块，如“曲线/曲面”标签下的图标集合对应的就是曲面建模的相关命令，如图1-8所示。

图1-8

工具箱：Maya的“工具箱”在整个界面的最左侧，这里集合了选择、移动、旋转和缩放等常用工具，如图1-9所示。

快捷布局工具：在“工具箱”的下方，还有一排控制视图显示样式的工具，如图1-10所示。Maya将一些常用的视图布局集成在这些按钮上，通过单击这些按钮可快速切换各个视图。

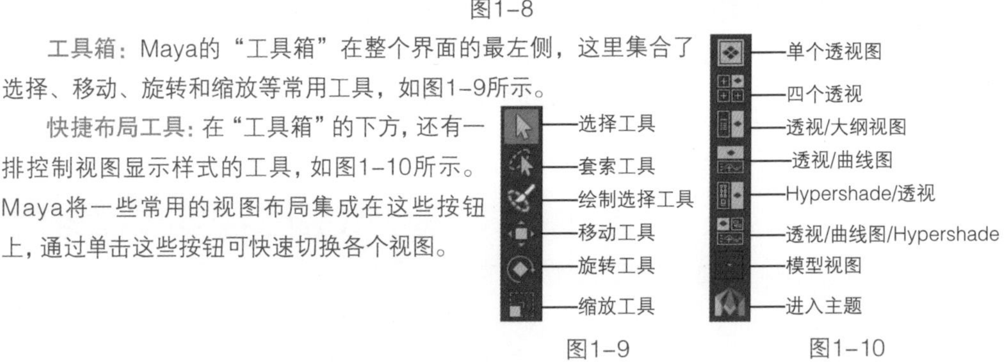

图1-9 图1-10

工作区：Maya的工作区是作业的主要活动区域，大部分工作都在这里完成，图1-11所示是一个透视图的工作区。Maya中所有的建模、动画、渲染都需要通过这个工作区来进行观察，可以形象地将工作区理解为一台摄影机，摄影机从空间45°来监视Maya的场景运作。

通道盒/层编辑器："通道盒"是用于编辑对象属性的最高效的工具，如图1-12所示；而"层编辑器"可以显示3个不同的编辑器来处理不同类型的层，如图1-13所示。

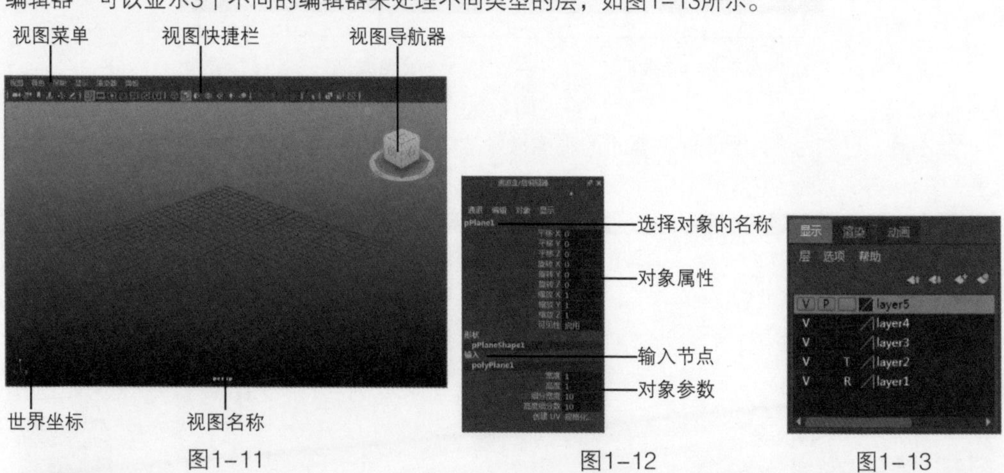

图1-11　　图1-12　　图1-13

动画控制区：动画控制区主要用来制作动画，在这里可以方便地进行关键帧的调节。可以手动设置节点属性的关键帧，也可以自动设置关键帧，同时也可以设置播放起始帧和结束帧等，如图1-14所示。

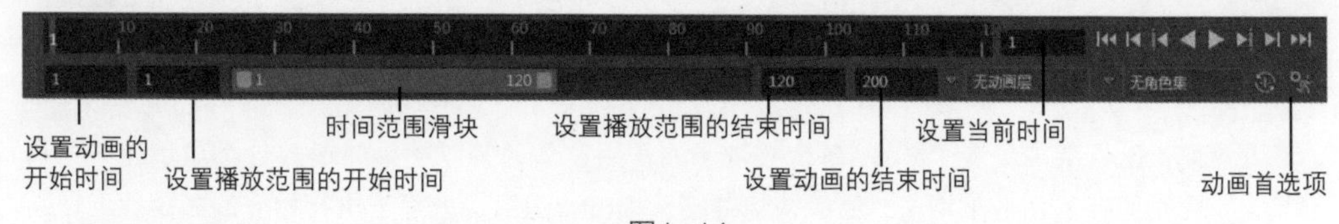

图1-14

命令行：命令行是用来输入Maya的MEL命令或脚本命令的地方，如图1-15所示。Maya的每一步操作都有对应的MEL命令，所以Maya的操作也可以通过"命令行"来实现。

图1-15

帮助行：帮助行是向用户提供帮助的地方，用户可以通过它得到一些简单的帮助信息，使学习更方便。当把光标放在相应的命令或按钮上时，在帮助栏中都会显示出相关的说明，如图1-16所示。

选择工具：选择一个对象

图1-16

1.3 软件的基本操作

认识了Maya 2016的操作界面后，现在来了解软件的一些基本操作。在"文件"菜单下提供了一些文件管理的相关命令，通过这些命令可以对文件进行打开、保存、导入以及优化场景等操作。另外，本节还将介绍界面UI元素、如何设置快捷键以及一些快捷菜单的运用。

1.3.1 新建空白场景

执行“文件>新建场景”菜单命令（按快捷键Ctrl+N），如图1-17所示，或在状态栏中单击“创建新场景”按钮，新建一个空白场景。新建场景的同时将关闭当前场景，如果当前场景未保存，系统会自动提示用户是否进行保存。

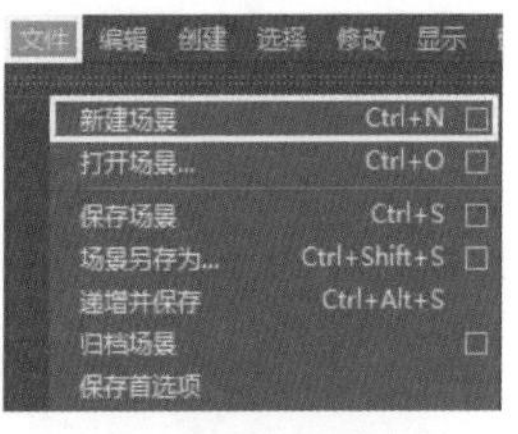

图1-17

1.3.2 打开场景对象

执行“文件>打开场景”菜单命令（按快捷键Ctrl+O），或在状态栏中单击“打开场景”按钮，系统弹出“打开”对话框，然后选择相应路径中的文件打开，如图1-18和图1-19所示。打开场景的同时将关闭当前场景，如果当前场景未保存，系统会自动提示用户是否进行保存。

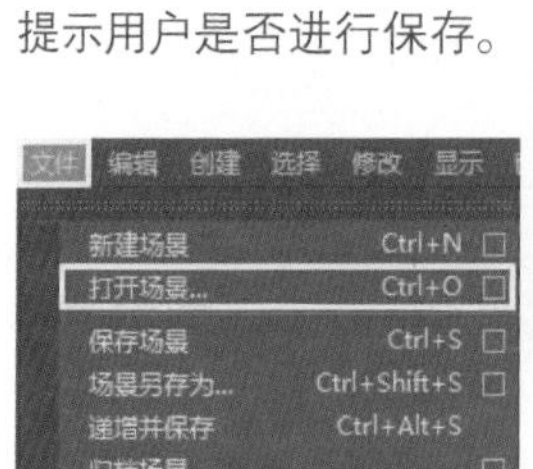

图1-18

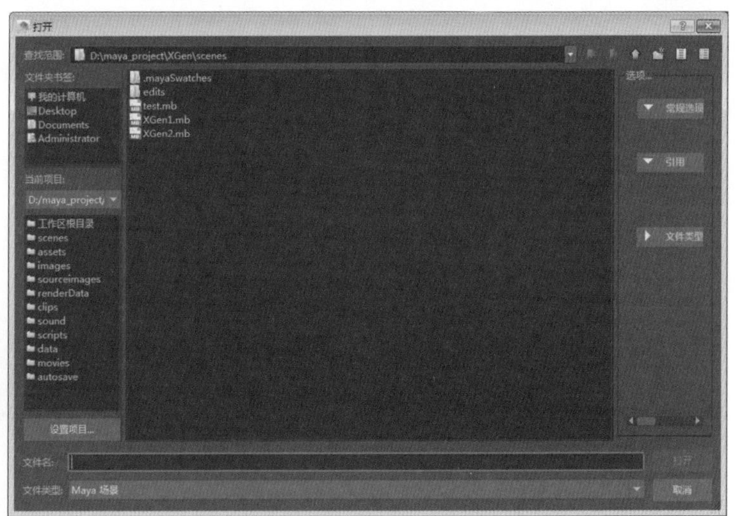

图1-19

> **提示**
>
> Maya的场景文件有两种格式，一种是mb格式，这种格式的文件在保存期内调用时的速度比较快；另外一种是ma格式，是标准的Native ASCⅡ文件，允许用户用文本编辑器直接进行修改。

1.3.3 保存场景对象

执行“文件>保存场景”菜单命令（按快捷键Ctrl+S），或在状态栏中单击“保存当前场景”按钮，可以保存当前场景；执行“文件>场景另存为”菜单命令，是将当前场景另存一份，以免覆盖原始文件，如图1-20所示。若是之前没有保存过场景文件，此时会打开“另存为”对话框，如图1-21所示，用于设置保存路径和文件名。

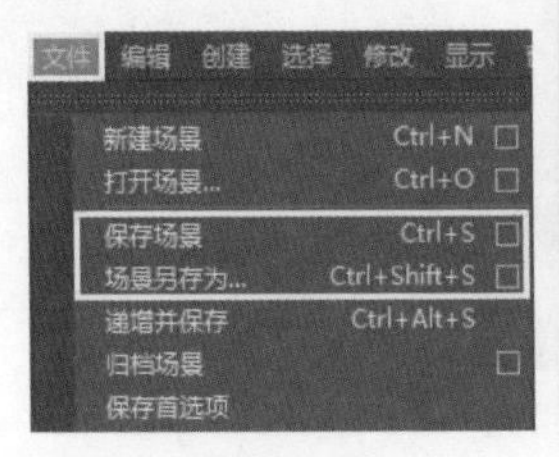

图1-20

图1-21

1.3.4 归档场景对象

执行“文件>归档场景”菜单命令可以将场景文件进行打包处理，如图1-22所示，这个功能对于整理复杂场景非常有用。

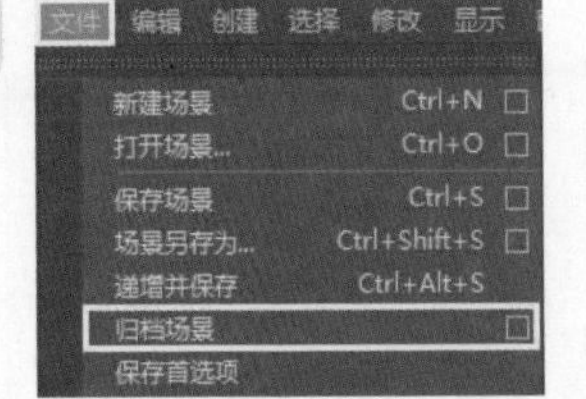

图1-22

操作练习 归档场景

» 场景文件 Scenes>CH01>1.1.mb
» 实例文件 Examples>CH01>操作练习：归档场景.mb.zip
» 视频名称 操作练习：归档场景.mp4
» 技术掌握 掌握如何归档场景文件

Maya有一个和3ds Max类似的功能，即归档场景功能。它可以将场景中的所有文件压缩成一个zip格式的压缩包，这样就不会丢失材质等相关文件，这个功能特别适用于复杂的场景。

01 打开学习资源中的“Scenes>CH01>1.1.mb”场景文件，如图1-23所示。

02 执行“文件>保存场景”菜单命令，对场景进行保存，然后执行“文件>归档场景”菜单命令，此时在保存文件的目录下会自动生成原名称的.zip文件，如图1-24所示。

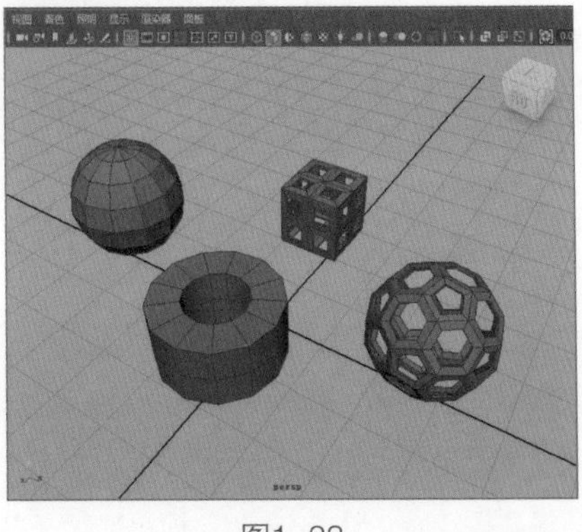

图1-23

图1-24

1.3.5 导入外部场景

在使用Maya进行作业的过程中，经常需要将外部文件（如ma格式和obj格式的文件）导入场景中进行操作。

执行“文件>导入”菜单命令，打开“导入”对话框，在该对话框中选择要导入的文件，如图1-25和图1-26所示。

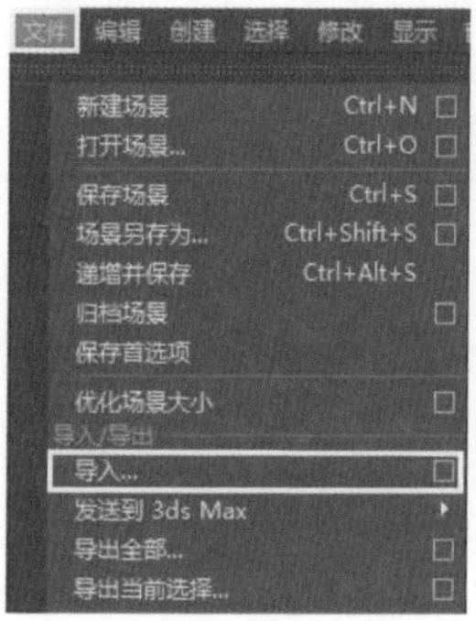

图1-25

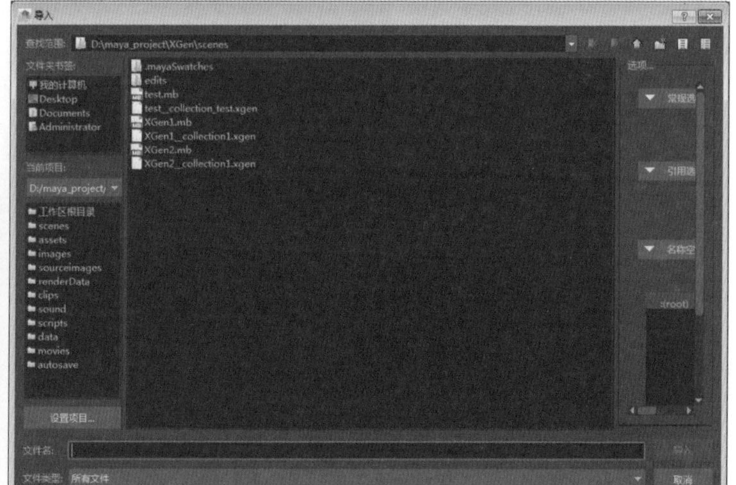

图1-26

1.3.6 设置界面UI元素

在工作时，往往只需要将一部分界面元素显示出来，这时可以将其他界面元素隐藏起来。隐藏界面元素的方法很多，这里主要介绍以下两种。

第1种：在“显示>UI元素”菜单命令后选择或关闭相应的选项，可以显示或隐藏对应的界面元素，如图1-27所示。

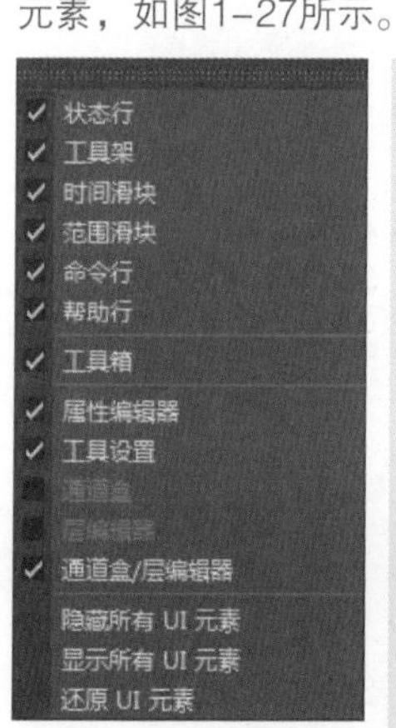

图1-27

提示

在“显示>UI元素”菜单上面单击虚线--------横条，如图1-28所示，可以将链接菜单作为一个独立的菜单放置在视图中。

图1-28

第2种：执行“窗口>设置/首选项>首选项”菜单命令，打开“首选项”对话框，然后在左侧选择“UI元素”选项，接着选中要显示或隐藏的界面元素，最后单击“保存”按钮保存，如图1-29所示。

> **提示**
>
> 如果要恢复到默认状态，可以在“首选项”对话框中执行“编辑>还原默认设置”命令，将所有的首选项设置恢复到默认状态。

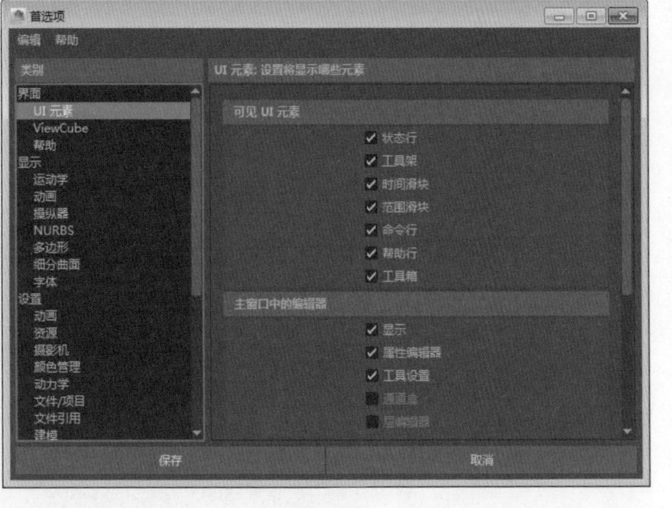

图1-29

1.3.7 快捷键

Maya里面有很多快捷键，用户可以使用系统默认的快捷键，也可以自己设置快捷键，这样可以提高工作效率。

如经常使用到的“撤销”命令，其快捷键为Ctrl+Z。而“打开Hypershade对话框”这个操作没有快捷键，因此可以为其设置一个快捷键，这样就可以很方便地打开Hypershade对话框。

执行“窗口>设置/首选项>热键编辑器”菜单命令，打开“热键编辑器”对话框，如图1-30所示。在左侧的列表中选择要添加热键的命令，在右侧可以观察到已经被使用的热键（以绿色背景显示），如图1-31所示。

图1-30

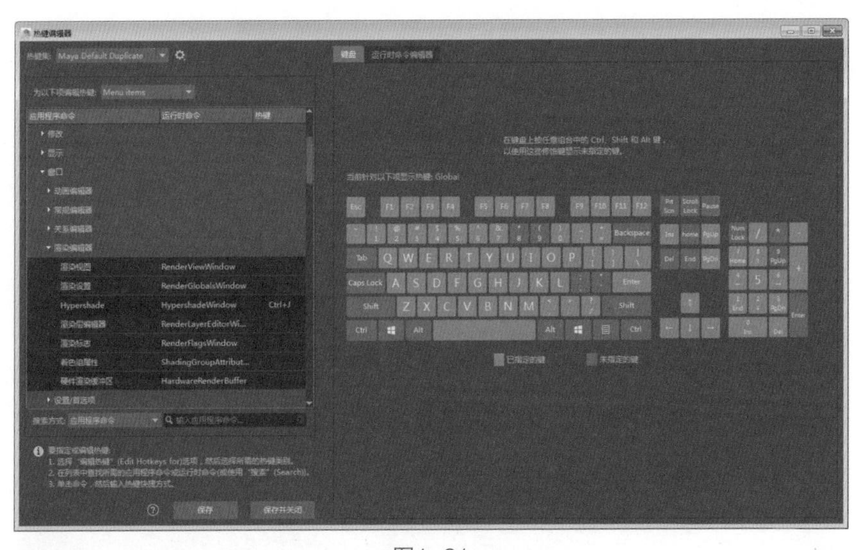

图1-31

操作练习 设置快捷键

» 场景文件 无
» 实例文件 无
» 视频名称 操作练习：设置快捷键.mp4
» 技术掌握 掌握设置快捷键的方法

01 执行“窗口>设置/首选项>热键编辑器”菜单命令，打开“热键编辑器”对话框，然后设置“为以下项编辑热键”为Menu items（菜单项），接着展开“渲染编辑器”卷展栏，最后选择Hypershade属性，如图1-32所示。

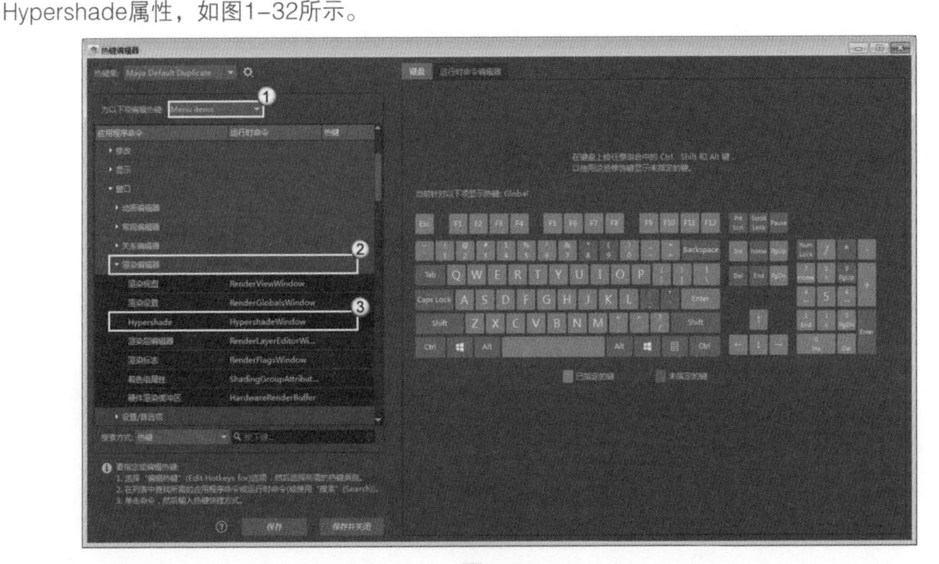

图1-32

02 在热键输入框中按Ctrl+J键，然后单击“保存”按钮 保存 ，如图1-33所示。这样就为Hypershade对话框设置了一个快捷键Ctrl+J。

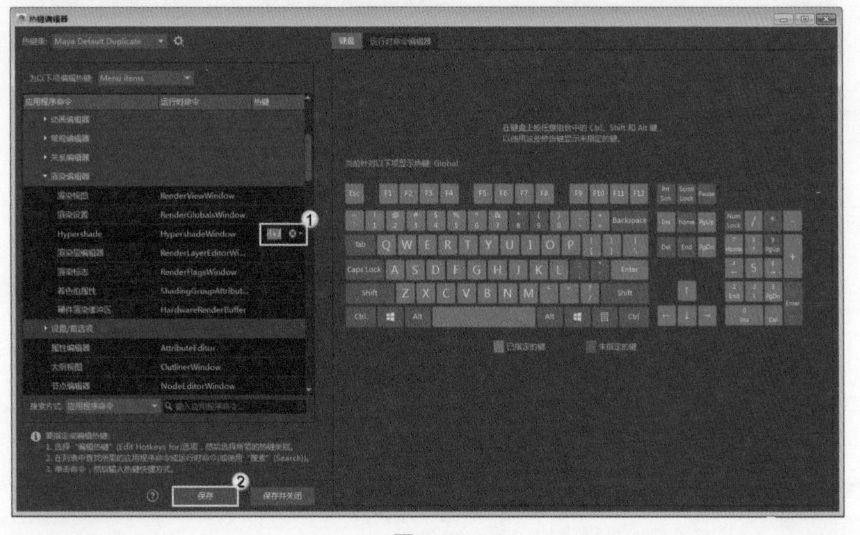

图1-33

03 关闭“热键编辑器”对话框，然后按快捷键Ctrl+J就可以打开Hypershade对话框。

1.3.8 标记菜单的运用

为了提高工作效率，Maya提供了几种快捷的操作方法，如标记菜单、快捷菜单和工具架等。标记菜单里包含了Maya所有的菜单命令，按住空格键不放就可以调出标记菜单，如图1-34所示。

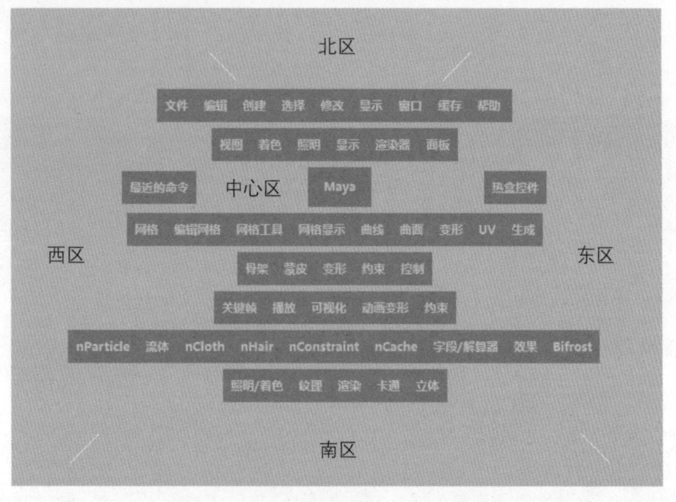

图1-34

标记菜单分为5个区，分别是北区、南区、西区、东区和中心区，在这5个区里单击鼠标都可以打开一个特殊的快捷菜单。

北区：提供了一些视图布局方式的快捷菜单，与“窗口>保存的布局”和“面板>保存的布局”菜单中的命令相同。

南区：用于将当前视图切换到其他类型的视图，与视图菜单中的“面板>面板”菜单里的命令相同。

西区：该区可以打开选择蒙版功能，与状态栏中的选择蒙版区的功能相同。

东区：该区中的命令是一些控制界面元素的开关，与“显示>UI元素”菜单下的命令相同。

中心区：用于切换顶视图、前视图、侧视图和透视图。

1.3.9 工具架的运用

Maya的工具架非常有用，它集合了Maya各个模块下常用的命令，并以图标的形式分类显示在工具架上。

1.添加/删除图标

Maya的菜单命令数量非常多，常常会重复选择相同的菜单命令，如果将这些命令放在“工具架”上，直接单击图标就可以执行相应的命令。按住快捷键Shift+Ctrl，然后单击菜单命令就可以将相应的命令放到“工具架”上，该命令会以一个图标显示。若要删除“工具架”上的命令，可以使用鼠标右键单击该图标，在打开的菜单中选择“删除”命令，如图1-35所示。

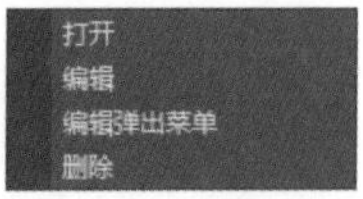

图1-35

2.内容选择

单击“工具架”上的图标可以选择不同的内容，也可以单击“工具架”左侧的按钮，然后在打开的菜单中选择标签。单击按钮可以打开“工具架”的编辑菜单，通过该菜单可以执行新建、删除“工具架”等操作，如图1-36所示。

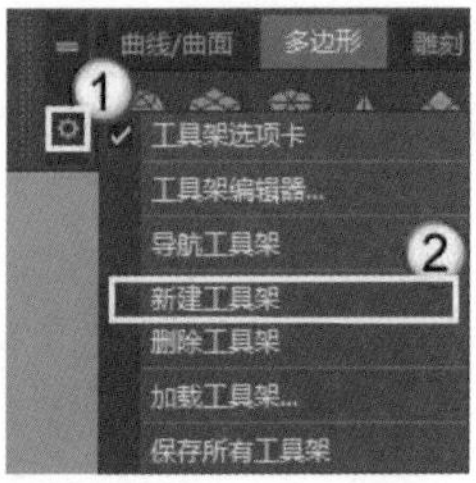

图1-36

3.工具架编辑器

执行“窗口>设置/首选项>工具架编辑器”菜单命令，打开“工具架编辑器”对话框，可以对相关工具进行编辑，如图1-37所示。

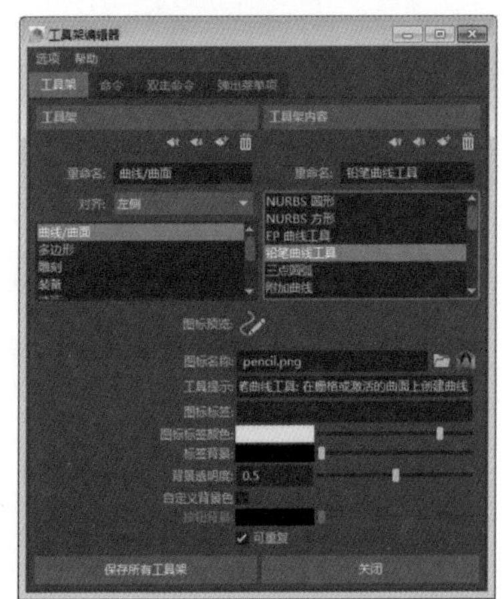

图1-37

1.3.10 记录和删除历史记录

Maya拥有强大的历史记录功能，在状态栏中激活“构建历史开关”按钮即可记录下操作步骤，当激活该工具后，按钮会变成凹陷状态的。

有时为了方便操作，需要删除历史记录，执行“编辑>按类型删除>历史”菜单命令，就可以删除选择对象的历史记录；如果执行“编辑>按类型删除全部>历史”菜单命令，则可以删除所有对象的历史记录。

1.4 视图的基本操作

使用任何一款软件，除了要了解该软件的界面构架和基本操作，还要熟练地进行视图操作。众所周知，在众多主流的三维软件中，Maya的视图操作是极为方便且人性化的。

1.4.1 视图的控制

在Maya的视图中可以很方便地进行旋转、缩放和推移等操作，每个视图实际上都是一个摄影机，对视图的操作也就是对摄影机的操作。

在Maya中有两大类摄影机视图，一种是透视摄影机，也就是透视图，随着距离的变化，物体的大小也会变化；另一种是平行摄影机，这类摄影机里只有平行光线，不会有透视变化，其对应的视图为正交视图，如顶视图和前视图。

1.旋转视图

对视图的旋转操作只针对透视摄影机类型的视图，因为正交视图中的旋转功能是被锁定的，如图1-38所示。

提示

可使用Alt+鼠标左键对视图进行旋转操作，使用Shift+Alt+鼠标左键可以完成水平或垂直方向上的旋转操作。

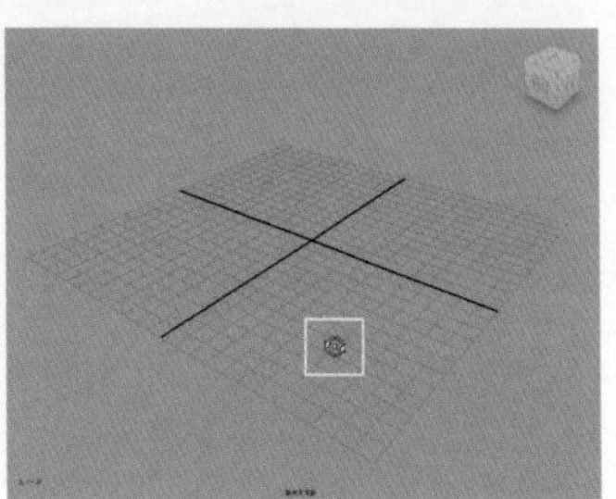

图1-38

2.移动视图

在Maya中，移动视图实质上就是移动摄影机，如图1-39所示。

提示

可使用Alt+鼠标中键来移动视图，同时也可以使用Shift+Alt+鼠标中键在水平或垂直方向上进行移动操作。

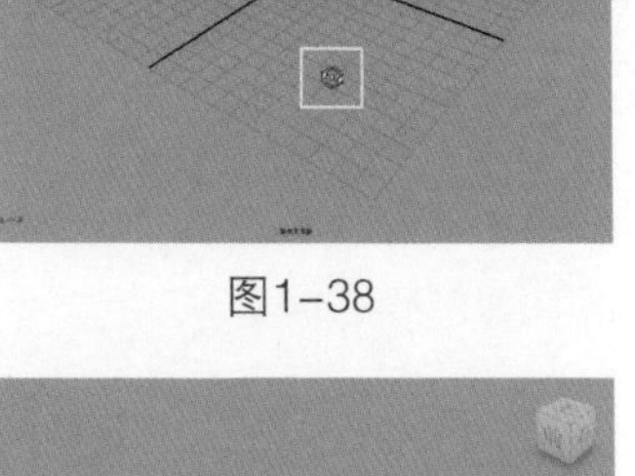

图1-39

3.缩放视图

缩放视图可以将场景中的对象进行放大或缩小显示，实质上就是改变视图摄影机与场景对象的距离，可以将视图的缩放操作理解为对视图摄影机的操作，如图1-40所示。

提示

可使用Alt+鼠标右键或Alt+鼠标左键+鼠标中键对视图进行缩放操作；也可以使用Ctrl+Alt+鼠标左键框选出一个区域，使该区域放大到最大。

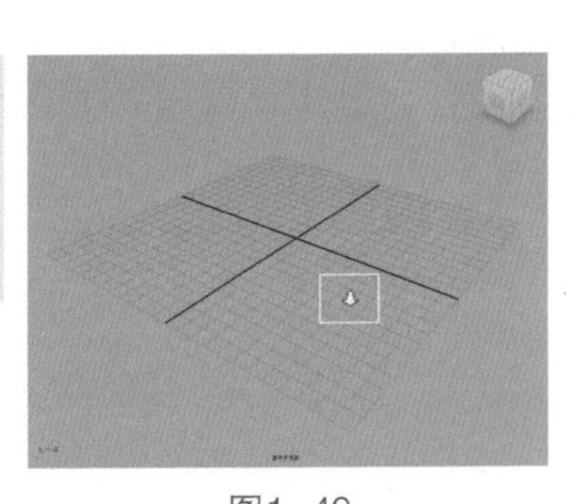

图1-40

4.使选定对象最大化显示

在选定某个对象的前提下，可以使用F键使选择对象在当前视图中最大化显示。最大化显示的视图是根据光标所在位置来判断的，将光标放在想要放大的区域内，再按F键就可以将选择的对象最大化显示在视图中，如图1-41和图1-42所示。

提示

使用快捷键Shift+F可以一次性将全部视图进行最大化显示。

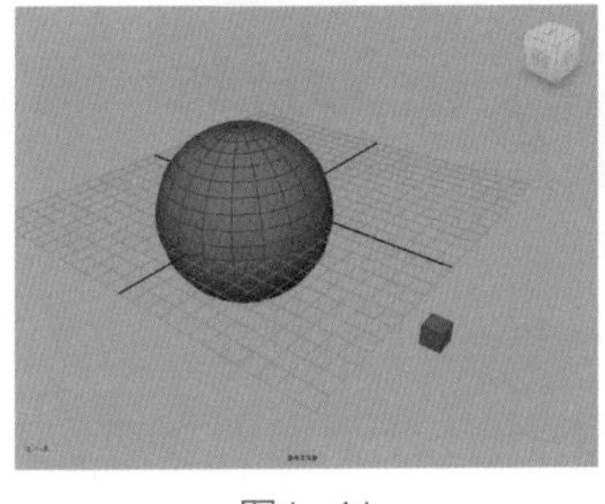

图1-41

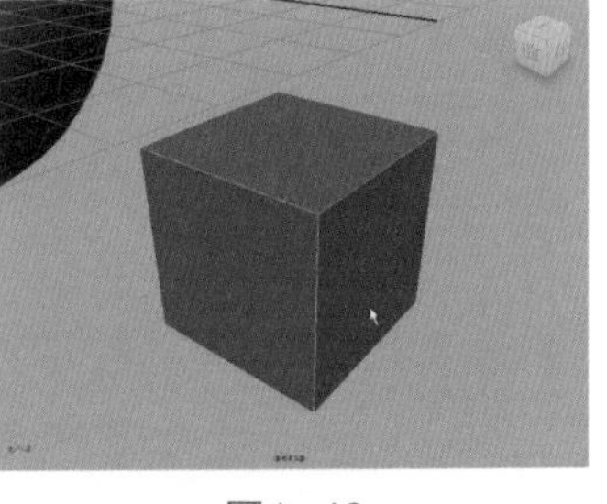

图1-42

5.使场景中所有对象最大化显示

按A键可以将当前场景中的所有对象全部最大化显示在一个视图中。

提示

使用快捷键Shift+A可以将场景中的所有对象全部显示在所有视图中。

1.4.2 切换透视图的背景色

Maya 2016预设了很多种界面颜色，这样在实际工作中就可以根据实际情况来调整界面的颜色风格。按快捷键Alt+B可以快速地改变界面的颜色，如图1-43所示。

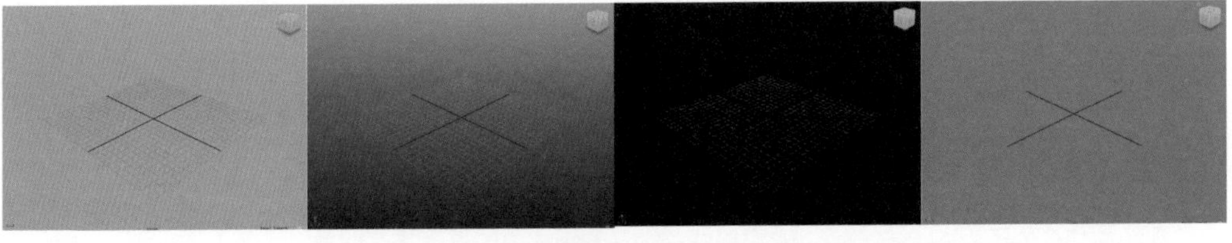

图1-43

1.4.3 切换栅格的显示

在进行作业时，Maya中的栅格可以很好地为用户提供参考作用，但有时候也可能会影响用户观察场景。在默认情况下视图中的栅格是显示的，如图1-44所示。执行“显示>栅格”菜单命令，如图1-45所示，可以将栅格隐藏起来，如图1-46所示。再次执行以上命令，即可将栅格显示出来。

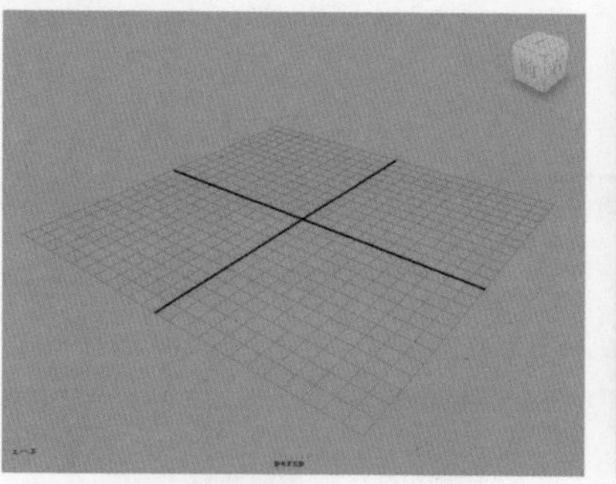

图1-44

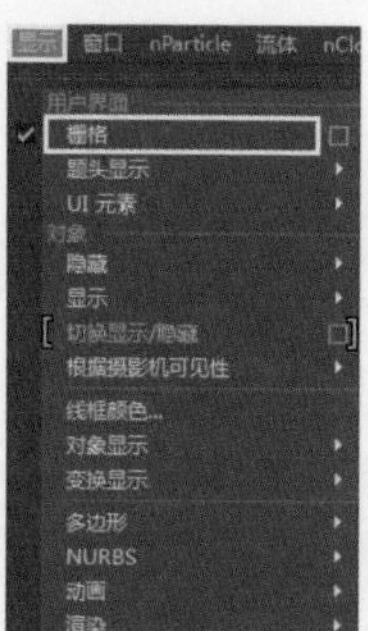

图1-45

图1-46

1.4.4 视图布局

视图布局就是展现在前面的视图分布结构，良好的视图布局有利于提高工作效率，图1-47所示是调整视图布局的命令。

常用命令介绍

透视：用于创建新的透视图或者选择其他透视图。

立体：用于创建新的正交视图或者选择其他正交视图。

沿选定对象观看：通过选择的对象来观察视图，该命令可以以选择对象的位置为视点来观察场景。

面板：该命令里面存放了一些编辑对话框，通过它可以打开相应的对话框。

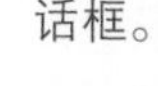

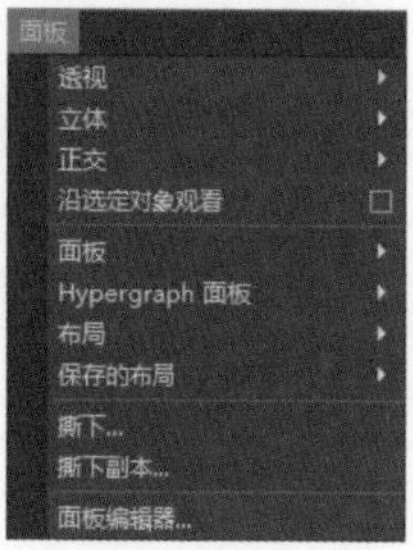

图1-47

提示

如果场景中创建了摄影机，可以通过“面板>透视”菜单中相应的摄影机名字来切换到对应的摄影机视图，也可以通过“沿选定对象观看”命令来切换到摄影机视图。“沿选定对象观看”命令可以将所有对象作为视点来观察场景，因此常使用这种方法来调节灯光，可以很直观地观察到灯光所照射的范围。

1.4.5 视图快捷栏

视图快捷栏位于视图上方，通过它可以便捷地设置视图中的摄影机等对象，如图1-48所示。

图1-48

工具介绍

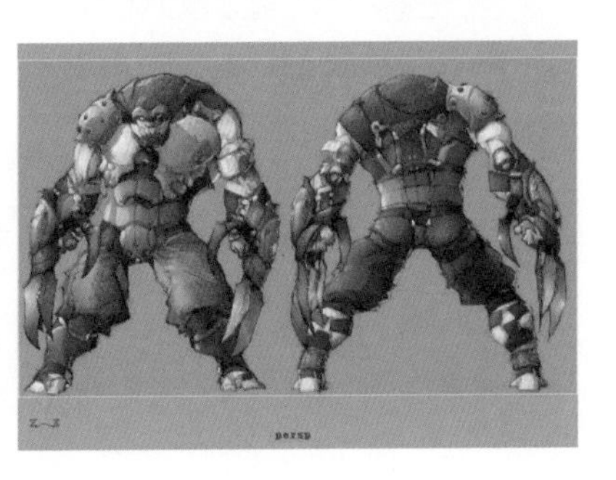

图1-49

选择摄影机：选择当前视图中的摄影机。

摄影机属性：打开当前摄影机的属性面板。

书签：创建摄影机书签。直接单击该按钮即可创建一个摄影机书签。

图像平面：可在视图中导入一张图片，作为建模的参考，如图1-49所示。

二维平移/缩放：使用2D平移/缩放视图。

油性铅笔：可使用虚拟绘制工具在屏幕上绘制。

栅格：显示或隐藏栅格。

胶片门：可以对最终渲染的图片尺寸进行预览。

分辨率门：用于查看渲染的实际尺寸，如图1-50所示。

门遮罩：在渲染视图两边外面将颜色变暗，以便于观察。

区域图：用于打开区域图的网格，如图1-51所示。

图1-50

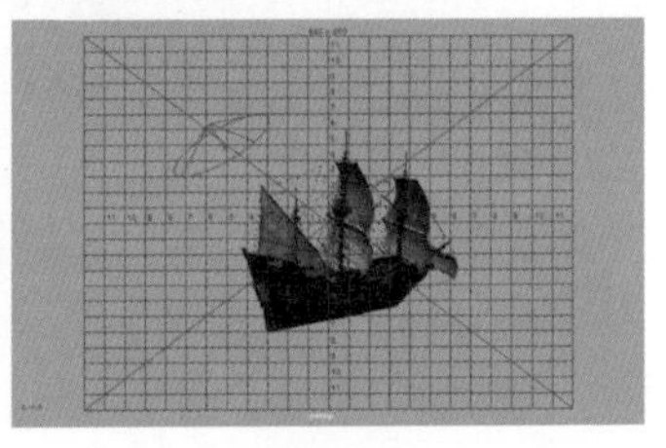

图1-51

安全动作：在电子屏幕中，图像安全框以外的部分将不可见，如图1-52所示。

安全标题：如果字幕超出字幕安全框（即安全标题框），就会产生扭曲变形，如图1-53所示。

线框：以线框方式显示模型，快捷键为4键，如图1-54所示。

图1-52

图1-53

图1-54

对所有项目进行平滑着色处理：将全部对象以默认材质的实体方式显示在视图中，可以很清楚地观察到对象的外观造型，快捷键为5键，如图1-55所示。

使用默认材质：启用该选项后，如果处于着色模式，则对象上会显示默认着色材质，不管指定何种着色材质都是如此。还可以通过从面板菜单选择“着色>使用默认材质”来切换“使用默认材质”的显示。

图1-55

着色对象上的线框：以模型的外轮廓显示线框，在实体状态下才能使用，如图1-56所示。

带纹理：用于显示模型的纹理贴图效果，如图1-57所示。

使用所有灯光：如果使用了灯光，单击该按钮可以在场景中显示灯光效果，如图1-58所示。

图1-56

图1-57

图1-58

阴影：用于显示阴影效果，图1-59和图1-60所示是没有使用阴影与使用阴影的效果对比。

图1-59

图1-60

屏幕空间环境光遮挡：在开启和关闭“屏幕空间环境光遮挡”之间进行切换。

运动模糊：在开启和关闭“运动模糊”之间进行切换。

多采样抗锯齿：在开启和关闭“多采样抗锯齿”之间进行切换。

景深：在开启和关闭“景深”之间进行切换。若要在视口中查看景深，必须先在摄影机属性编辑器中启用“景深”功能。

隔离选择：选定某个对象以后，单击该按钮则只在视图中显示这个对象，而没有被选择的对象将被隐藏。再次单击该按钮可以恢复所有对象的显示。

X射线显示：以X射线方式显示物体的内部，如图1-61所示。

X射线显示活动组件：单击该按钮可以激活X射线成分模式。该模式可以帮助用户确认是否意外选择了不想要的组件。

X射线显示关节：在创建骨骼的时候，该模式可以显示模型内部的骨骼，如图1-62所示。

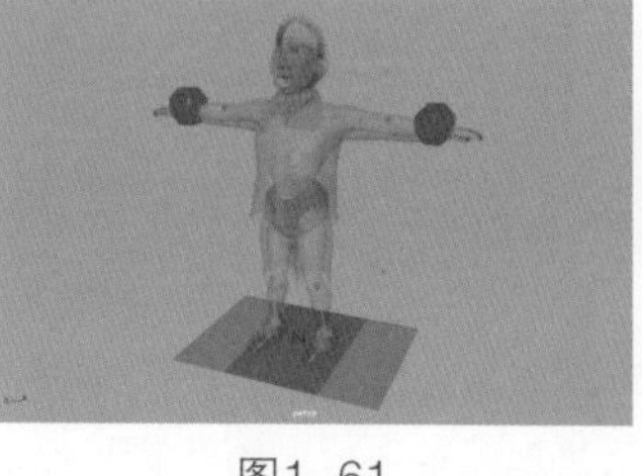

图1-61

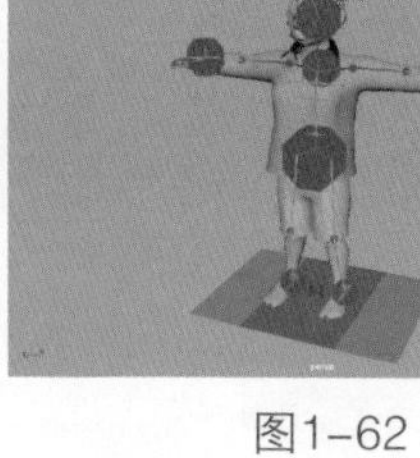

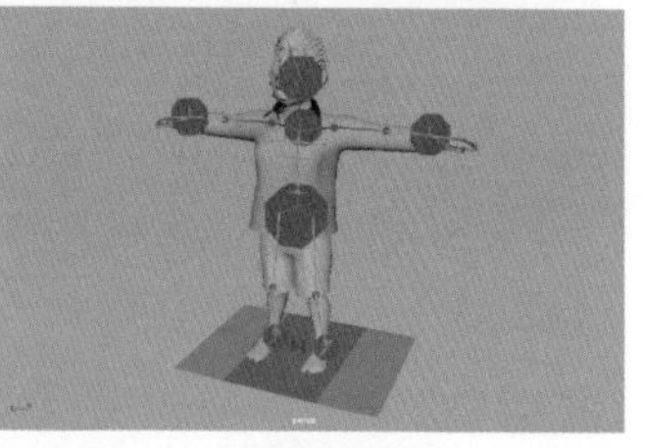

图1-62

曝光 0.00：用于调整显示亮度。通过减小曝光，可查看在高光下看不见的细节，如图1-63所示。

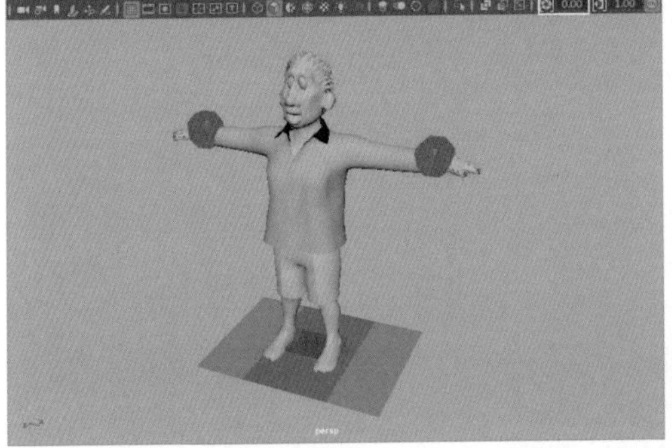
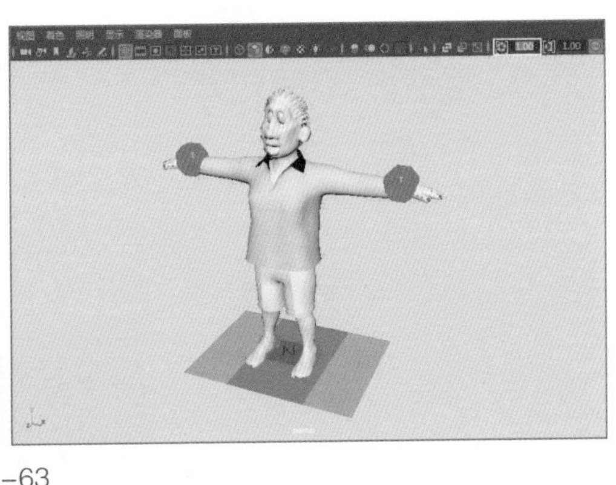

图1-63

Gamma 1.00：调整要显示的图像的对比度和中间调亮度。增加 Gamma 值，可查看图像阴影部分的细节，如图1-64所示。

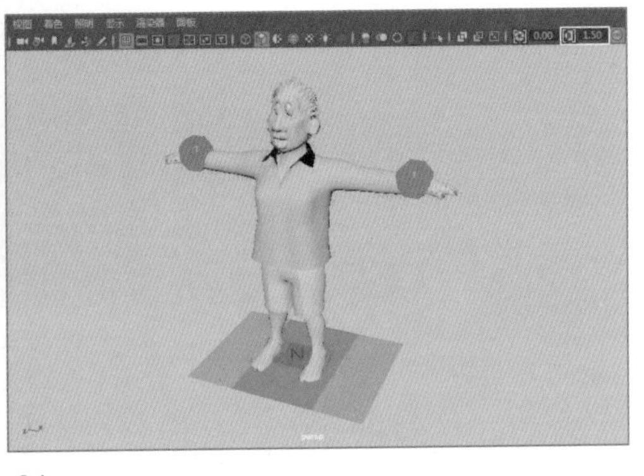

图1-64

1.4.6 视图显示

Maya强大的显示功能为操作复杂场景提供了有力的帮助。在操作复杂场景时，Maya会消耗大量的资源，这时可以通过使用Maya提供的不同显示方式来提高运行速度，在视图菜单中的“着色”菜单中有各种显示命令，如图1-65所示。

线框 4
对所有项目进行平滑着色处理
对选定项目进行平滑着色处理
对所有项目进行平面着色
对选定项目进行平面着色
边界框
点
使用默认材质
着色对象上的线框
X 射线显示
X 射线显示关节
X 射线显示活动组件
对象透明度排序
多边形透明度排序
交互式着色
背面消隐
平滑线框
硬件纹理
硬件雾
景深
将当前样式应用于所有对象

图1-65

1.4.7 视图导航器的使用

Maya提供了一个非常实用的视图导航器，如图1-66所示。在视图导航器上可以任意选择想要的特殊角度。

视图导航器的参数可以在“首选项”对话框里进行修改。执行“窗口>设置/首选项>首选项”菜单命令，打开“首选项”对话框，然后在左边选择ViewCube选项，显示出视图导航器的设置选项，如图1-67所示。

图1-66

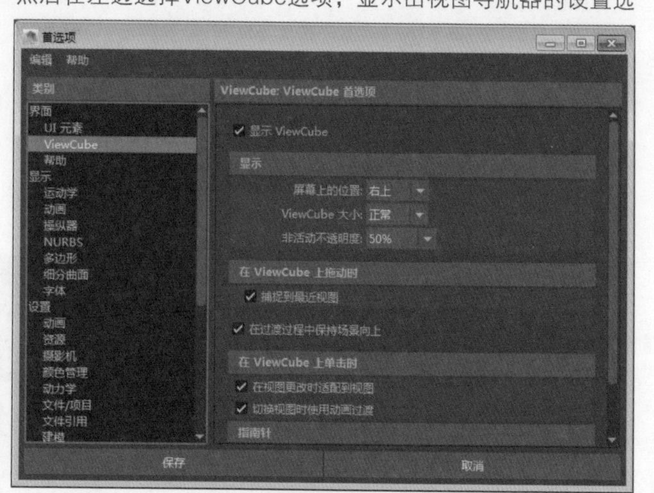

图1-67

1.4.8 大纲视图

“大纲视图”是以大纲形式显示场景中所有对象的层次列表，其主要目的是在一些复杂场景中更加快捷地选择需要的对象。执行“窗口>大纲视图”菜单命令，如图1-68所示。在打开的“大纲视图”对话框中可以选择对象节点名称，此时在场景中会自动选中相应对象，如图1-69所示。

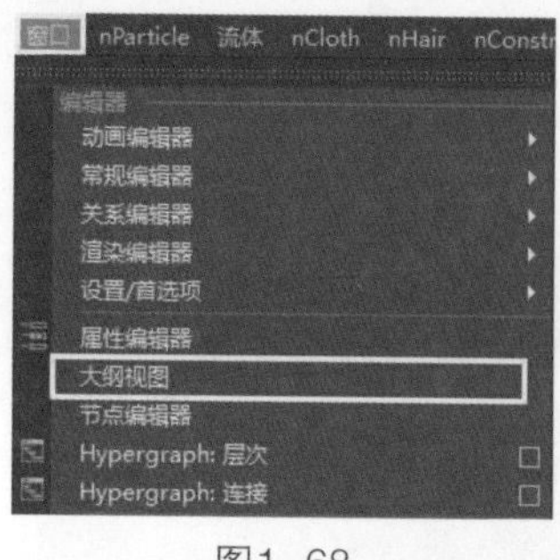

图1-68

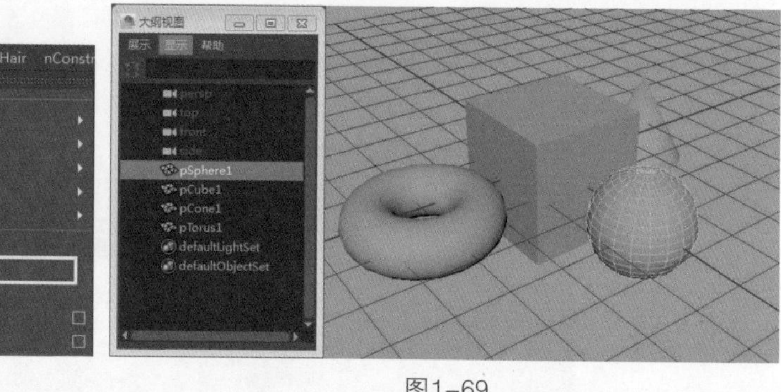

图1-69

提示

如果要选择隔开的多个对象，可以在按住Ctrl键的同时依次单击对象的名称进行选择；如果要选择连续的多个对象，可以在按住Shift键的同时依次单击首尾两个对象的名称进行选择。

1.5 对象的基本操作

Maya的三维视图是一个虚拟的世界，需要艺术家在这个虚拟的三维世界里创造精美的艺术品。那么我们就要学会在这个虚拟的三维世界里对创造的物体进行编辑。本节主要介绍对象的一些基本操作，要实现这些操作，需通过“编辑”菜单、“修改”菜单中的相关命令来进行，当然，在“工具箱”和“工具架”等位置中也可以找到相应工具。

1.5.1 选择对象

选择对象是软件运用中的基本操作，在“选择”菜单中可以通过多种方式选择对象，如图1-70所示。

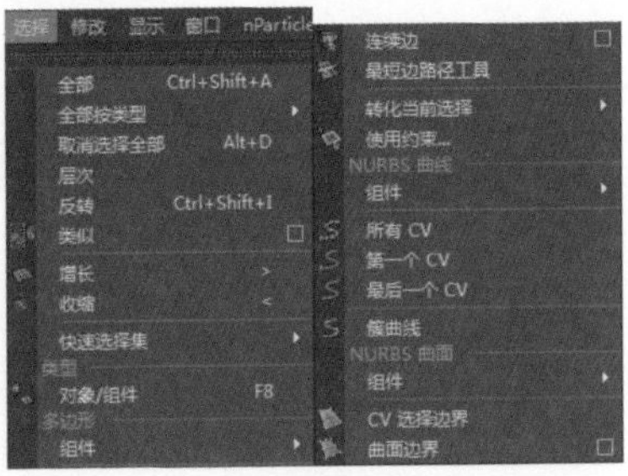

图1-70

操作练习 选择对象

» 场景文件 Scenes>CH01>1.3.mb
» 实例文件 无
» 视频名称 操作练习：选择对象.mp4
» 技术掌握 掌握选择场景中的对象的方法

01 打开学习资源中的“Scenes>CH01>1.3.mb”场景文件，如图1-71所示。

02 在工具箱中单击“选择工具”，然后在场景中单击圆环模型，此时这个圆环模型将被选中，如图1-72所示。

03 如果要加选其他模型，可以在按住Shift键的同时使用“选择工具”单击其他的模型，如图1-73所示。

04 如果要取消对一些模型的选择，可以在按住Ctrl键的同时使用“选择工具”单击不需要的模型，如图1-74所示。

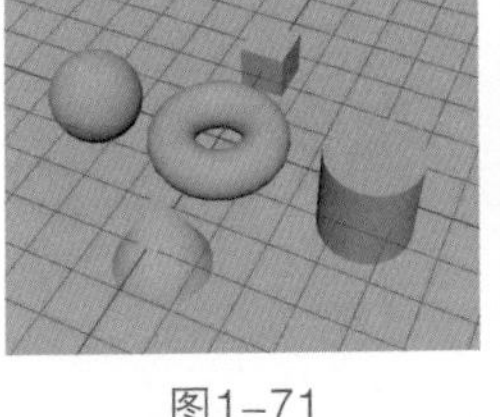

图1-71

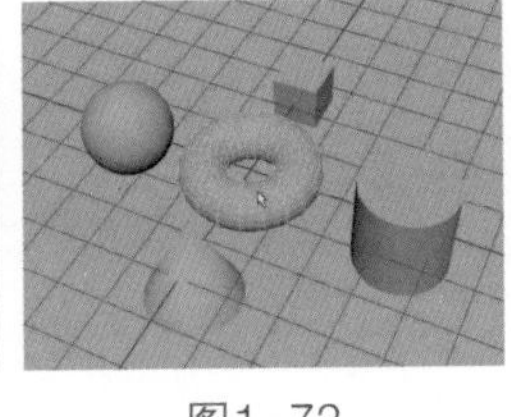

图1-72

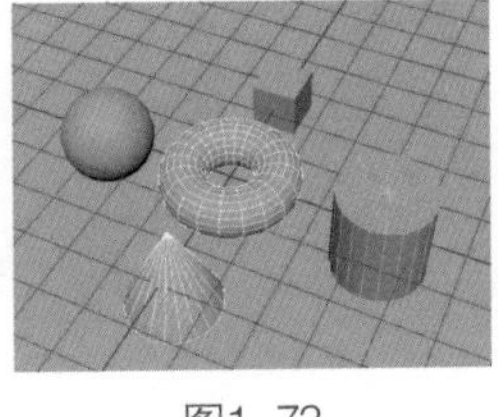

图1-73

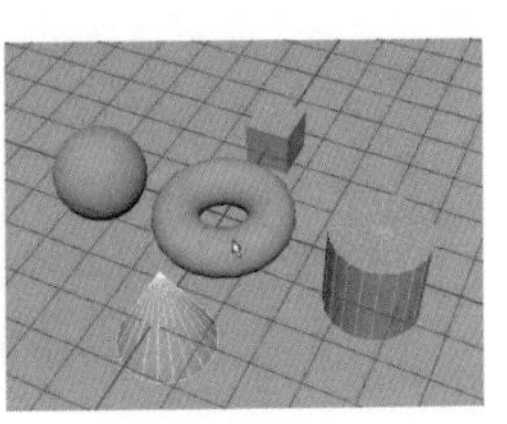

图1-74

操作练习 区域选择对象

» 场景文件 Scenes>CH01>1.4.mb
» 实例文件 无
» 视频名称 操作练习：区域选择对象.mp4
» 技术掌握 掌握套索工具的使用方法

使用“套索工具”可以在视图中绘制一个形状区域，位于该区域内的物体将被选中。

01 打开学习资源中的“Scenes>CH01>1.4.mb”场景文件，如图1-75所示。

02 在工具箱中单击“套索工具”，然后在视图中绘制一个形状区域，将圆柱体模型选择出来，如图1-76所示。此时这个模型就会处于选择状态，如图1-77所示。

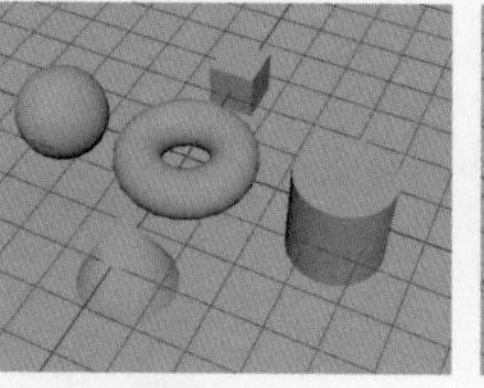

图1-75

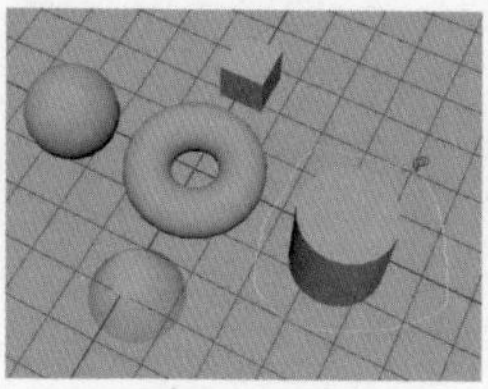

图1-76

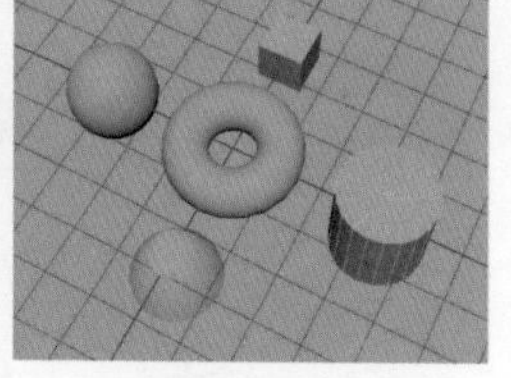

图1-77

提示

如果当前已经选择了部分对象，那么在按住Shift键的同时可以将其他对象添加到选择集中，按住Ctrl键的同时可以将选择的对象从选择集中减去。

1.5.2 移动对象

移动对象是在三维空间坐标系中对对象进行移动操作，通过执行“修改>变换工具>移动工具”菜单命令，如图1-78所示，或在工具箱中单击“移动工具”即可实现。移动操作的实质就是改变对象在x轴、y轴、z轴的位置。在Maya中分别以红、绿、蓝来表示x轴、y轴、z轴，如图1-79所示。

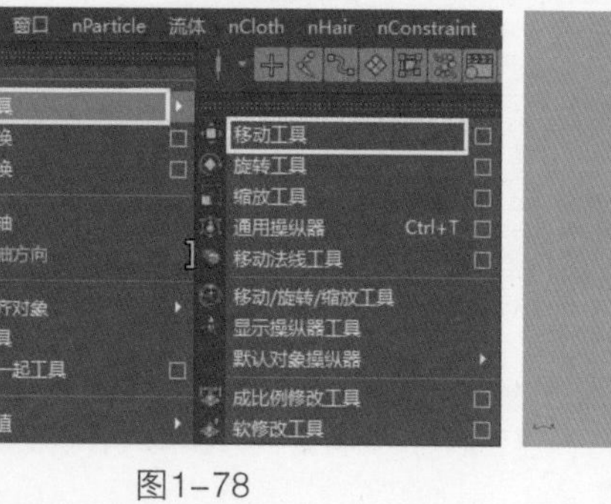

图1-78

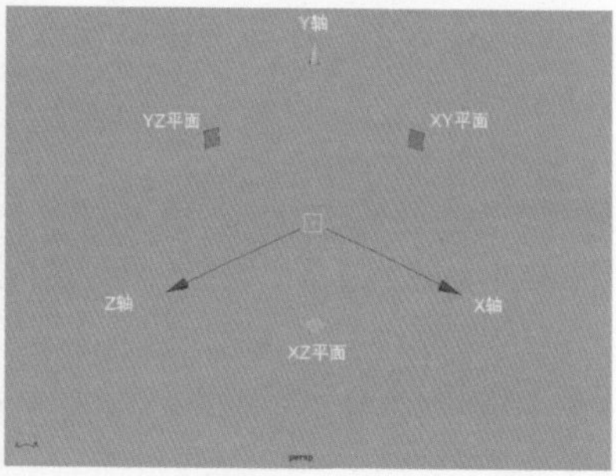

图1-79

提示

拖曳相应的轴向手柄可以在该轴向上移动。单击某个手柄就可以选中相应的手柄，并且可以用鼠标中键在视图的任意位置移动光标以达到移动的目的。

按住Ctrl键的同时拖曳某一手柄可以在与该手柄垂直的平面上进行移动操作。例如，按住Ctrl+鼠标左键的同时拖曳y轴手柄，可以在XZ平面上移动。

中间的黄色控制手柄是在平行视图的平面上移动，在透视图中这种移动方法很难控制物体的移动位置，一般情况下都在正交视图中使用这种方法，因为在正交视图中不会影响操作效果。在透视图中配合Shift+鼠标中键移动光标也可以约束对象在某一方向上移动。

操作练习 移动对象

- 场景文件 Scenes>CH01>1.5.mb
- 实例文件 无
- 视频名称 操作练习：移动对象.mp4
- 技术掌握 掌握如何使用移动工具移动对象

01 打开学习资源中的“Scenes>CH01>1.5.mb”场景文件，这是一个螺旋体的模型，如图1-80所示。

02 在工具箱中单击“移动工具”按钮，然后选择场景中的螺旋体模型，接着将光标放置在x轴向上，如图1-81所示，最后按住鼠标左键不放并进行拖曳，即可沿x轴移动螺旋体的模型，如图1-82所示。

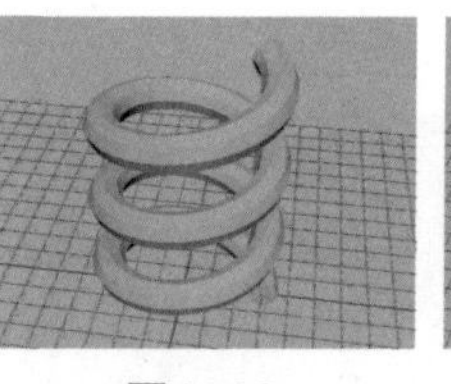
图1-80

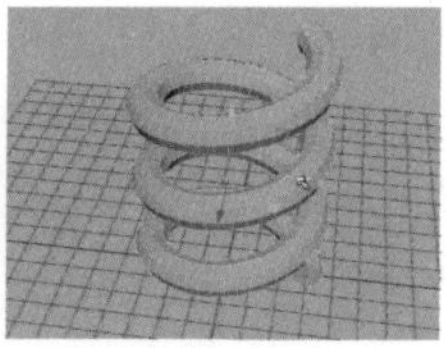

图1-81

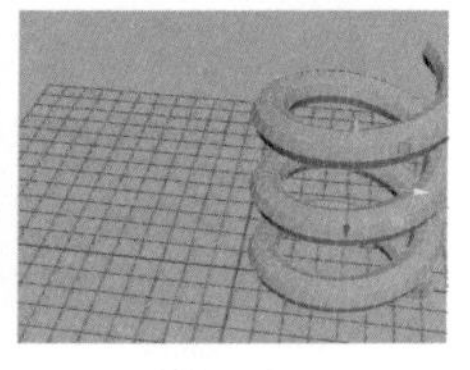
图1-82

1.5.3 旋转对象

通过执行“修改>变换工具>旋转工具”菜单命令，如图1-83所示，或在工具箱中单击“旋转工具”可以进行旋转操作。同移动对象一样，旋转对象也有自己的操纵器，x轴、y轴、z轴也分别用红、绿、蓝来表示，如图1-84所示。

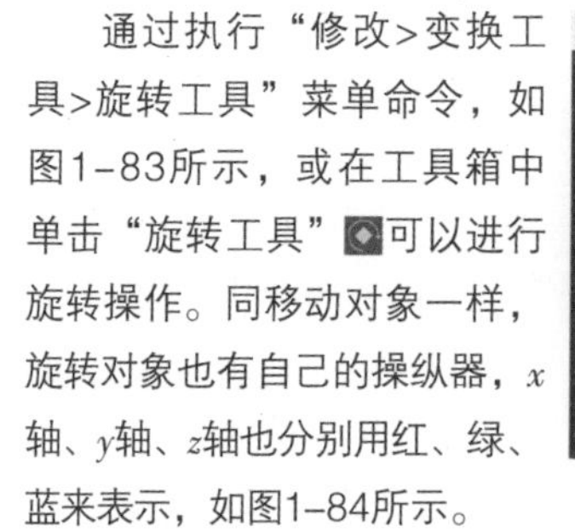

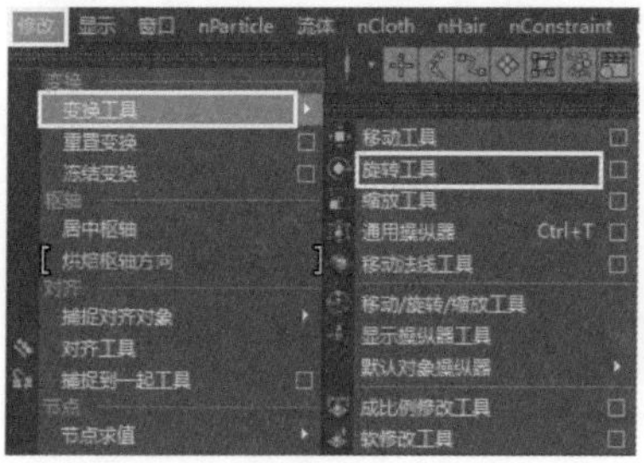

图1-83

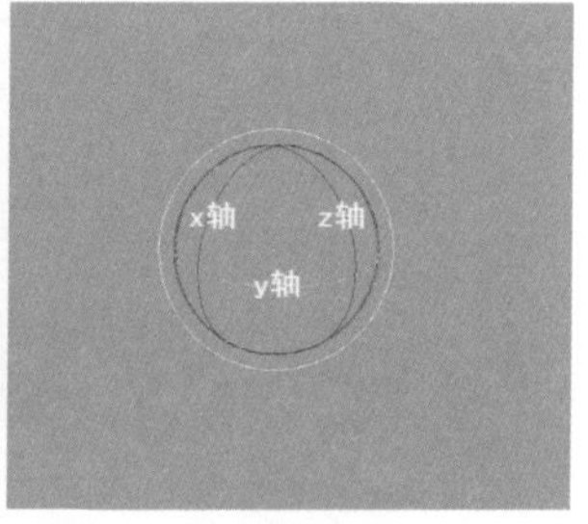

图1-84

提示

“旋转工具”可以将物体围绕任意轴向进行旋转操作。拖曳红色线圈表示将物体围绕x轴进行旋转；拖曳中间空白处可以在任意方向上进行旋转，同样也可以通过鼠标中键在视图中的任意位置移动光标进行旋转。

操作练习 旋转对象

» 场景文件 Scenes>CH01>1.6.mb
» 实例文件 无
» 视频名称 操作练习：旋转对象.mp4
» 技术掌握 掌握如何使用旋转工具旋转对象

01 打开学习资源中的“Scenes>CH01>1.6.mb”场景文件，如图1-85所示。

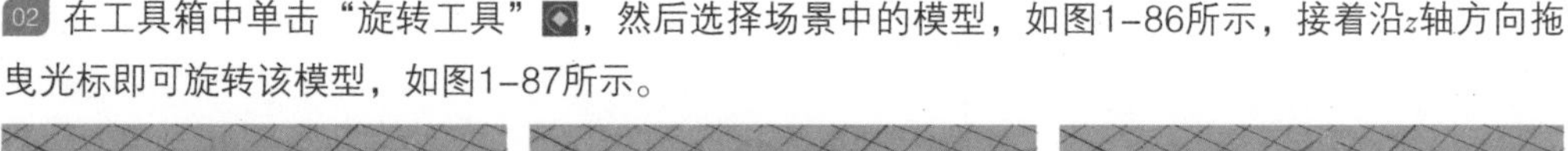

02 在工具箱中单击“旋转工具”，然后选择场景中的模型，如图1-86所示，接着沿z轴方向拖曳光标即可旋转该模型，如图1-87所示。

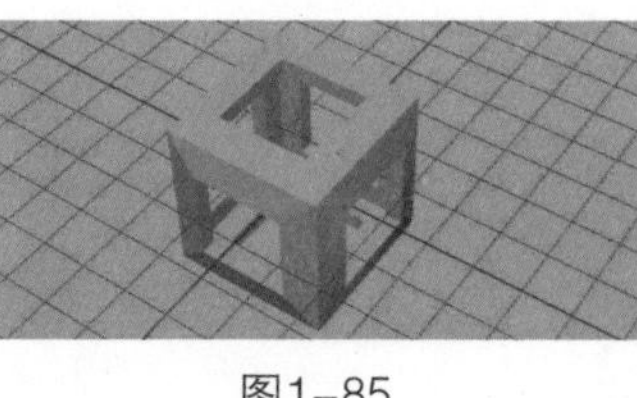
图1-85

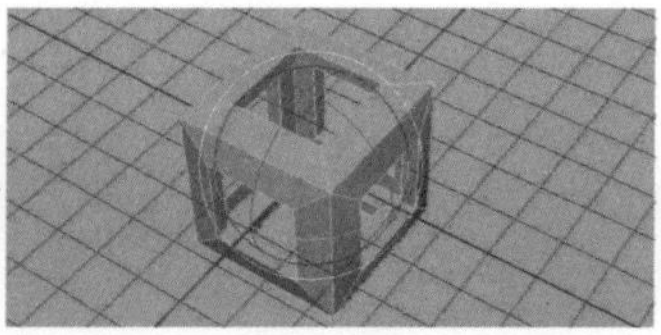

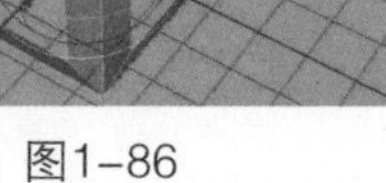
图1-86

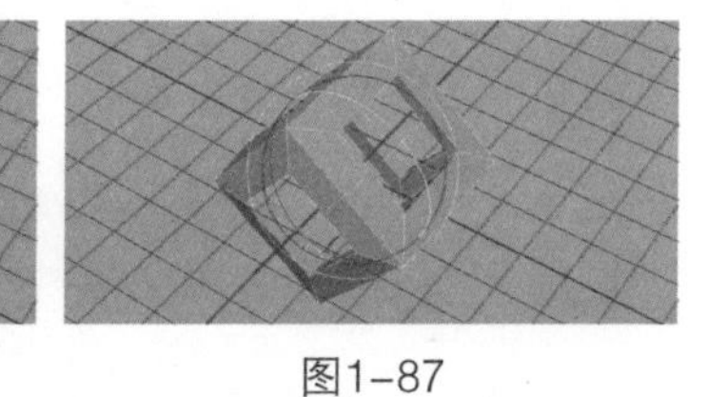
图1-87

1.5.4 缩放对象

通过执行“修改>变换工具>缩放工具”菜单命令，如图1-88所示，或在工具箱中单击“缩放工具”■可以对对象进行自由缩放操作。同样，缩放操纵器的x轴、y轴、z轴分别用红、绿、蓝来表示，如图1-89所示。

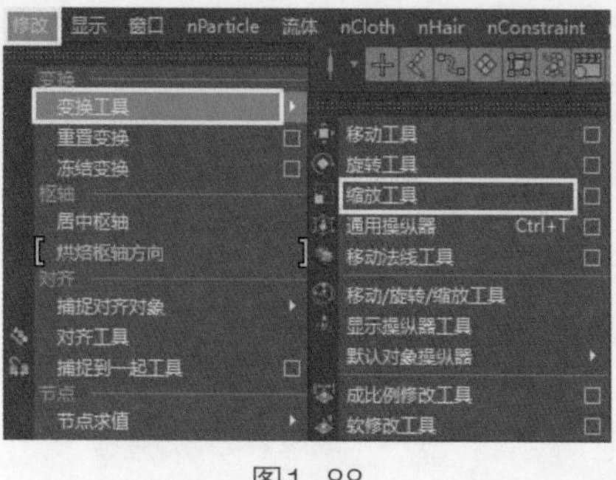

图1-88

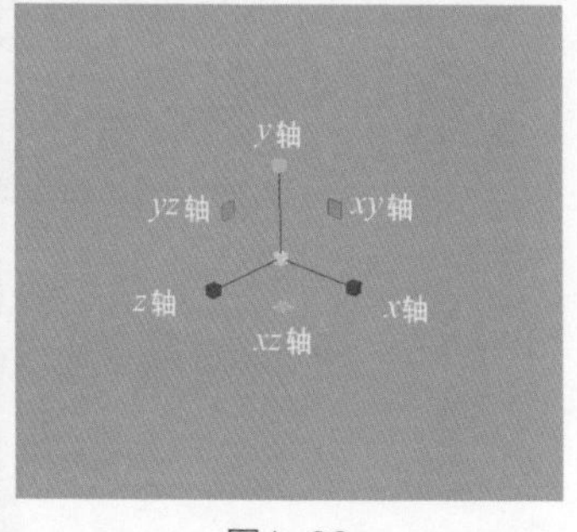

图1-89

提示

选择x轴手柄并移动光标可以在x轴向上进行缩放操作，也可以先选中x轴手柄，然后用鼠标中键在视图的任意位置移动光标进行缩放操作；使用鼠标中键的拖曳手柄可以将对象在三维空间中进行等比例缩放。

以上操作方法是用直接拖曳手柄对对象进行编辑操作，当然还可以设置数值来对物体进行精确的变形操作。

操作练习 缩放对象

- 场景文件 Scenes>CH01>1.7.mb
- 实例文件 无
- 视频名称 操作练习：缩放对象.mp4
- 技术掌握 掌握如何使用缩放工具缩放对象

01 打开学习资源中的“Scenes>CH01>1.7.mb”场景文件，场景中有几块石头的模型，如图1-90所示。

02 在工具箱中单击“缩放工具”■，然后选择场景中的模型，接着在透视图中沿x轴正方向进行缩放，如图1-91所示。完成后的效果如图1-92所示。

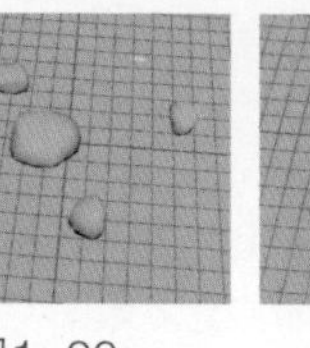

图1-90

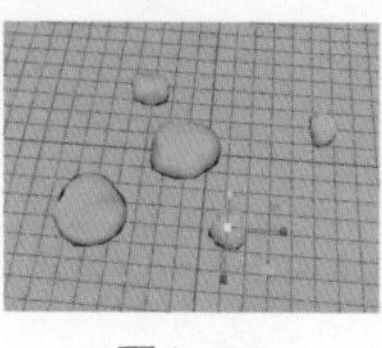

图1-91

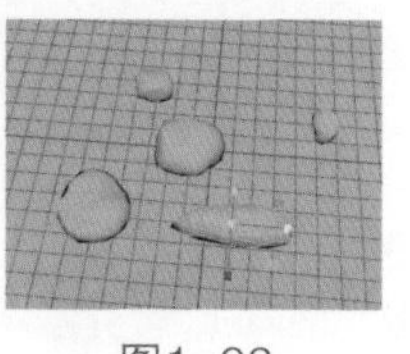

图1-92

03 再次使用“缩放工具”■选择场景中如图1-93所示的模型，然后将光标放置在坐标的中心位置拖曳鼠标，使模型在x轴、y轴、z轴这3个轴向上同时缩放，效果如图1-94所示。

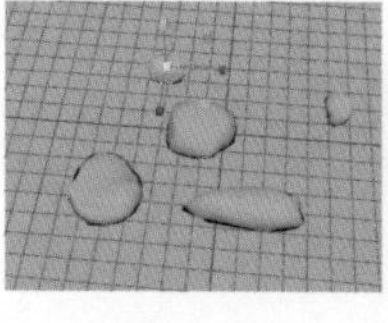

图1-93

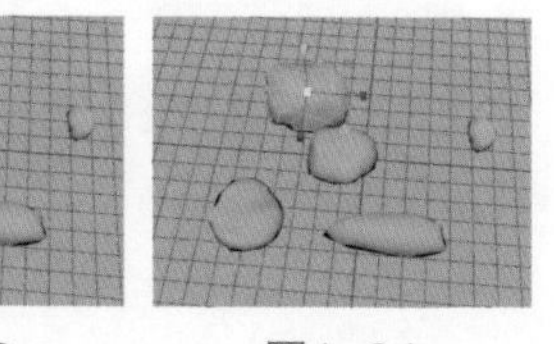

图1-94

1.5.5 记录步骤

经过一系列的操作后，Maya会自动记录下操作过程，我们可以取消操作，也可以恢复操作，在默认状态下记录的连续次数为50次。在“编辑”菜单中提供了“撤销”“重做”“重复”和“最近命令列表”来实现这些操作，如图1-95所示。

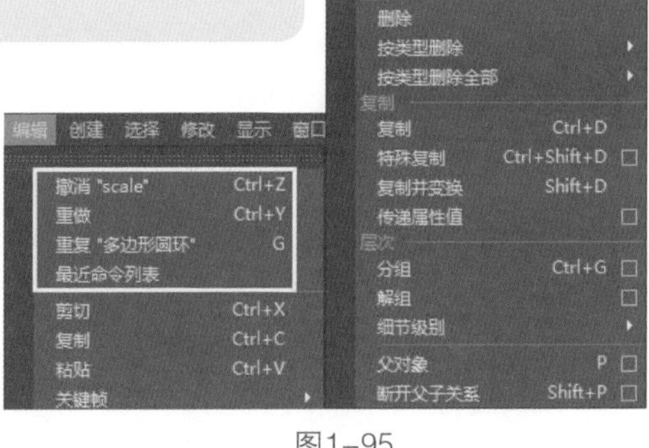

图1-95

记录步骤命令介绍

撤销：通过该命令可以取消对对象的操作，恢复到上一步状态，快捷键为Z键或Ctrl+Z。例如，对一个物体进行变形操作后，使用“撤销”命令可以让物体恢复到变形前的状态，默认状态下只能恢复到50步前的状态。执行“窗口>设置/首选项>首选项”菜单命令，打开“首选项”对话框，选择“撤销”选项，显示出该选项的参数，其中“队列大小”选项就是Maya记录的操作步骤数值，可以通过改变其数值来改变记录的操作步骤数，如图1-96所示。

重做：当对一个对象使用“撤销”命令后，如果想让该对象恢复到操作后的状态，就可以使用“重做”命令，快捷键为Shift+Z。例如，创建一个多边形物体，然后移动它的位置，接着执行“撤销”命令，物体又回到初始位置，再执行“重做”命令，物体又回到移动后的状态。

重复：该命令可以重复上次执行过的命令，快捷键为G键。例如，执行“创建>CV曲线工具”菜单命令，在视图中创建一条CV曲线，若想再次创建曲线，这时可以执行该命令或按G键重新激活“CV曲线工具”。

最近命令列表：执行该命令可以打开“最近的命令”对话框，里面记录了最近使用过的命令，可以通过该对话框直接选取过去使用过的命令，如图1-97所示。

图1-96

图1-97

1.5.6 复制对象

Maya除了常规的“复制”“剪切”，还提供了“特殊复制”“复制并变换”等较特殊的复制方式，如图1-98所示。

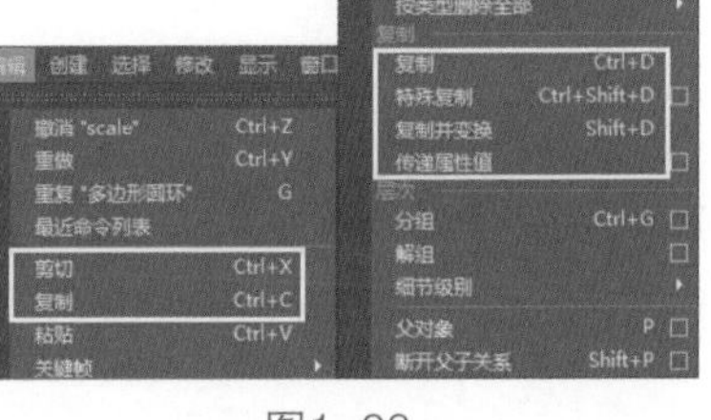

图1-98

复制命令介绍

剪切：选择一个对象后，执行“剪切”命令可以将该对象剪切到剪贴板中，剪切的同时系统会自动删除源对象，快捷键为Ctrl+X。

复制：将对象拷贝到剪贴板中，但不删除原始对象，快捷键为Ctrl+C。

粘贴：将剪贴板中的对象粘贴到场景中（前提是剪贴板中有相关的数据），快捷键为Ctrl+V。

复制：将对象在原位复制一份，快捷键为Ctrl+D。

特殊复制：单击该命令后面的■按钮可以打开“特殊复制选项”对话框，如图1-99所示，在该对话框中可以设置更多的参数让对象产生更复杂的变化。

> **提示**
>
> Maya里的复制只是将同一个对象在不同的位置显示出来，并非完全意义上的拷贝，这样可以节约大量的资源。

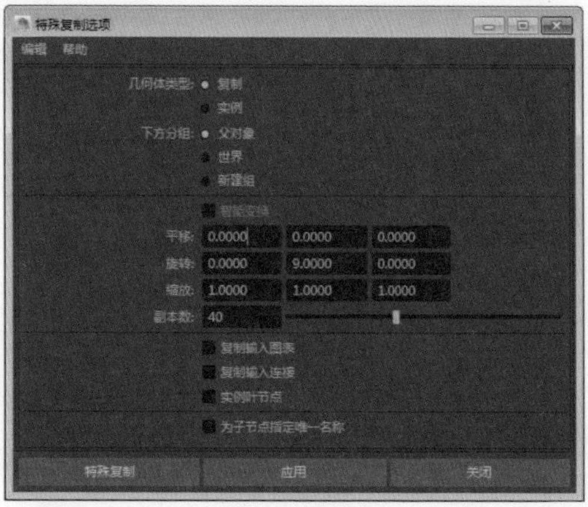

图1-99

操作练习 复制对象

- 场景文件 Scenes>CH01>1.8.mb
- 实例文件 无
- 视频名称 操作练习：复制对象.mp4
- 技术掌握 掌握复制对象的方法

01 打开学习资源中的“Scenes>CH01>1.8.mb”场景文件，场景中有一个柏拉图多面体模型，如图1-100所示。

02 选择柏拉图多面体模型，然后执行“编辑>复制”菜单命令，将该模型进行复制，如图1-101所示。但是此时在场景中看不到效果，这是因为复制出来的模型与原模型重合了。

03 在工具箱中单击“移动工具”按钮■，将复制的模型移动出来，如图1-102所示。

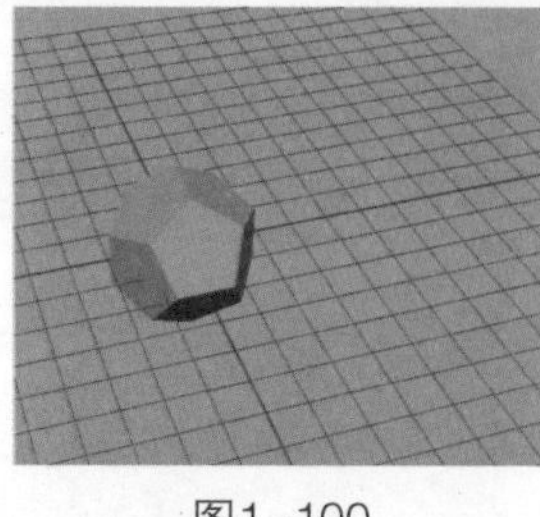

图1-100

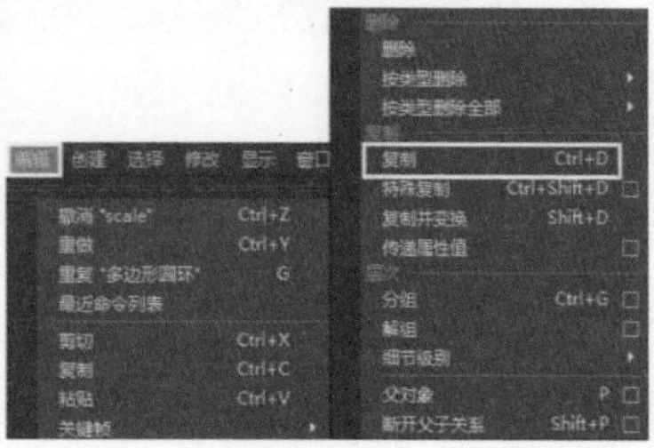

图1-101

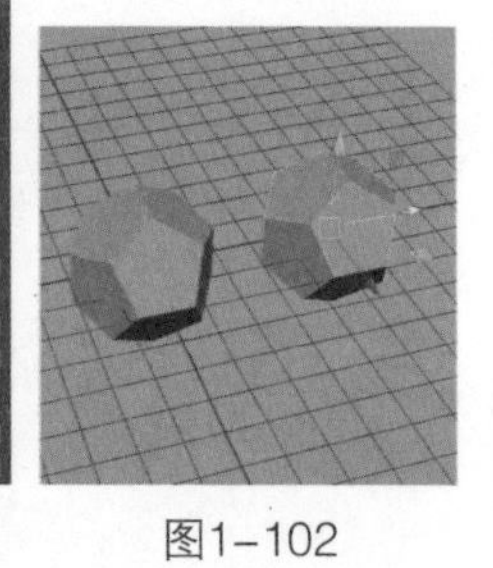

图1-102

1.5.7 删除对象

Maya提供了3种删除方式，分别为“删除”“按类型删除”和“按类型删除全部”，如图1-103所示。

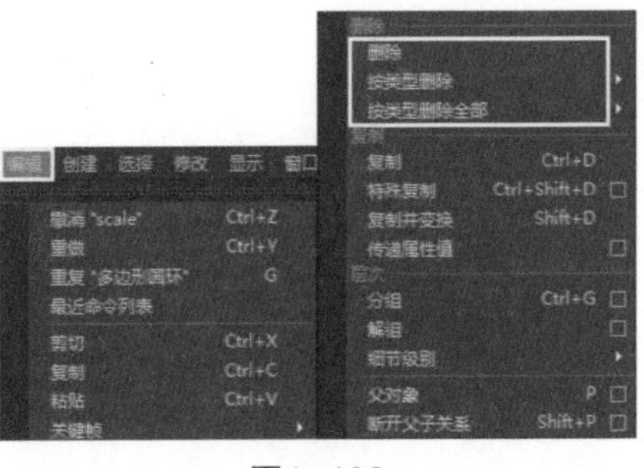

图1-103

删除命令介绍

删除：用来删除对象。使用键盘上的Delete键可以快速地删除模型。

按类型删除：按类型删除对象。该命令可以删除选择对象的特殊节点，如对象的历史记录、约束和运动路径等。

按类型删除全部：该命令可以删除场景中某一类对象，如毛发、灯光、摄影机、粒子、骨骼、IK手柄和刚体等。

1.5.8 成组和解组对象

在复杂场景中，使用组可以很方便地管理和编辑场景中的对象。两个或两个以上的对象可以编成一个组，成组后的对象可以进行整体操作，如移动、旋转等。当需要对组里的对象进行单独编辑的时候，就需要对成组的对象进行解组。另外还可以建立层级关系，可以让子对象跟随父对象进行变换。通过“编辑”菜单可以调用相关命令，如图1-104所示。

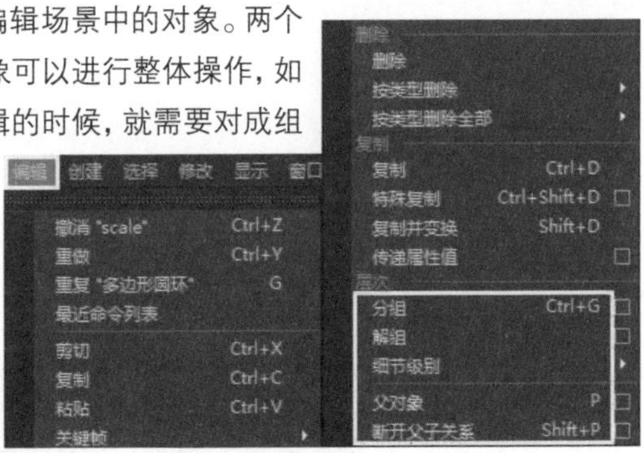

图1-104

组命令介绍

分组：将多个对象组合在一起，并作为一个独立的对象进行编辑。

解组：将一个组里的对象释放出来，解散该组。

细节级别：这是一种特殊的组，特殊组里的对象会根据特殊组与摄影机之间的距离来决定哪些对象处于显示或隐藏状态。

父对象：用来创建父子关系。父子关系是一种层级关系，可以让子对象跟随父对象进行变换。

断开父子关系：当创建好父子关系后，执行该命令可以解除对象间的父子关系。

操作练习 成组对象

» 场景文件 Scenes>CH01>1.9.mb
» 实例文件 无
» 视频名称 操作练习：成组对象.mp4
» 技术掌握 掌握对场景中的对象进行分组的方法

01 打开学习资源中的“Scenes>CH01>1.9.mb”场景文件，场景中有3个花瓶的模型，如图1-105所示。

02 框选这3个模型，如图1-106所示，然后执行“编辑>分组”菜单命令，将3个模型群组在一起，如图1-107所示。

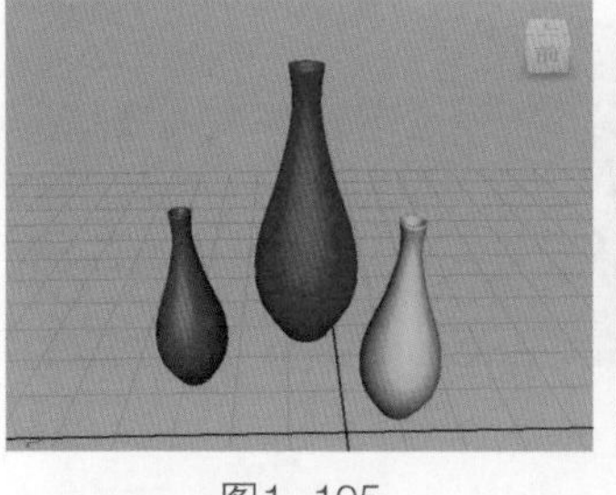
图1-105

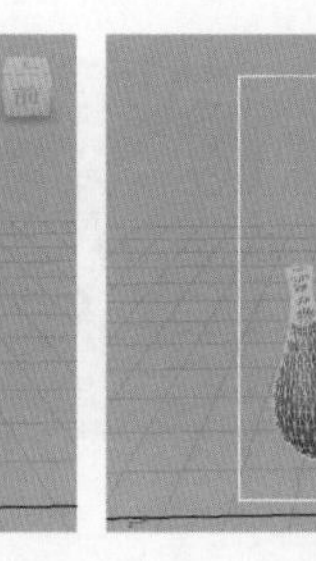
图1-106

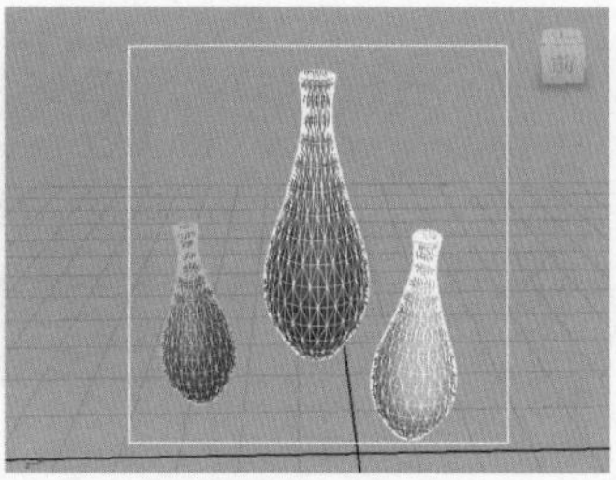

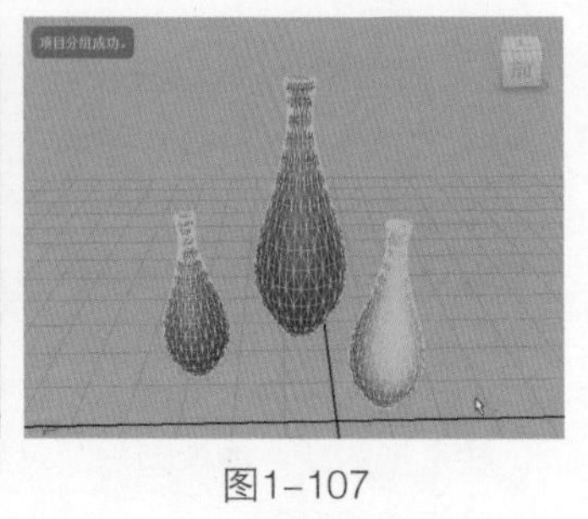
图1-107

提示
分组的快捷键为Ctrl+G。

操作练习 解除编组

» 场景文件 Scenes>CH01>1.10.mb
» 实例文件 无
» 视频名称 操作练习：解除编组.mp4
» 技术掌握 掌握将编组的对象分解为单独对象的方法

01 打开学习资源中的“Scenes>CH01>1.10.mb”场景文件，然后执行“窗口>大纲视图”菜单命令，打开“大纲视图”窗口，在该窗口中可以观察到场景中有一个名为group1的分组，如图1-108所示。

02 在“大纲视图”窗口中选择group1分组，然后执行“编辑>解组”菜单命令，此时便可以将group1分组中的对象进行解组，如图1-109所示。

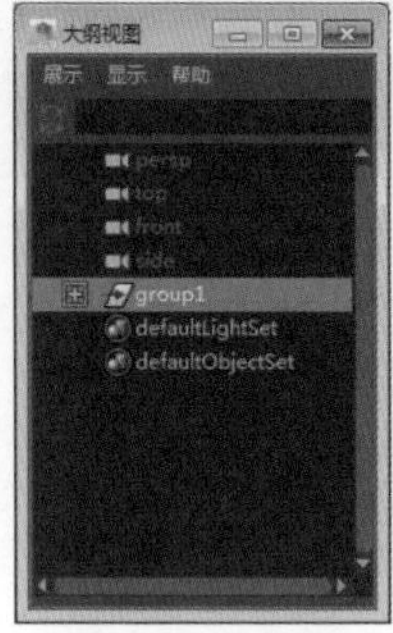

图1-108

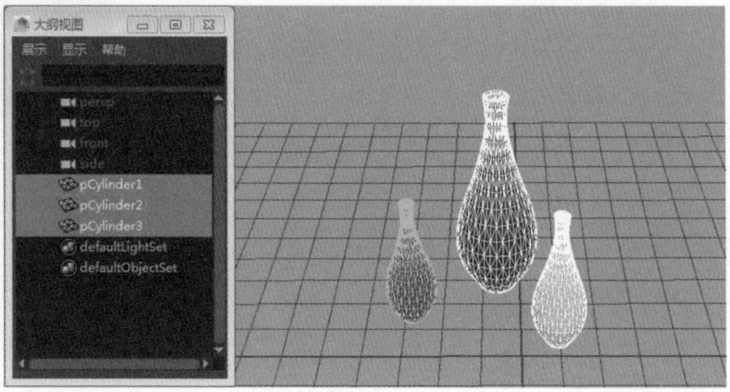

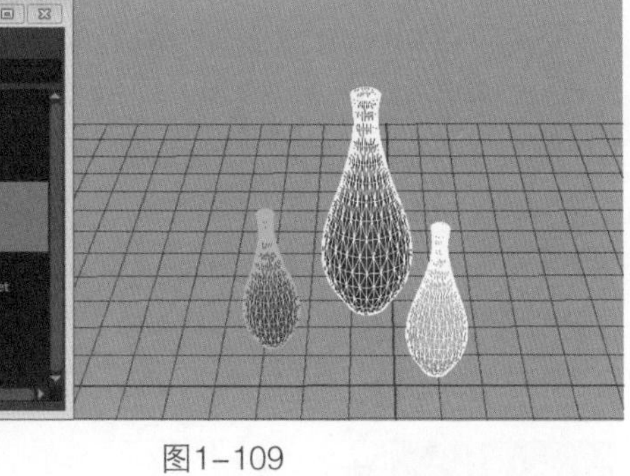

图1-109

1.5.9 对齐对象

Maya中包含了多种对齐命令，如图1-110所示。

对齐命令介绍

捕捉对齐对象：该菜单下提供了一些常用的对齐命令，如图1-111所示。

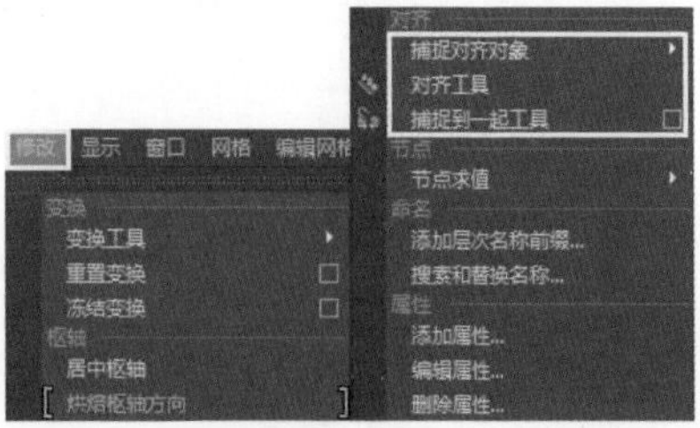

图1-110

点到点：该命令可以将选择的两个或多个对象的点进行对齐。

图1-111

2点到2点：当选择一个对象上的两个点时，两点之间会产生一个轴，另外一个对象也是如此，执行该命令可以将这两条轴对齐到同一方向，并且其中两个点会重合。

3点到3点：选择3个点来作为对齐的参考对象。

对齐对象：用来对齐两个或更多的对象。

沿曲线放置：沿着曲线位置对齐对象。

对齐工具：使用该工具可以通过手柄控制器对对象进行对齐操作，如图1-112所示。物体被包围在一个边界盒里面，通过单击上面的手柄可以对两个物体进行对齐操作。

捕捉到一起工具：该工具可以让对象以移动或旋转的方式对齐到指定的位置。在使用工具时，会出现两个箭头连接线，通过点可以改变对齐的位置。例如，在场景中创建两个对象，然后使用该工具单击第1个对象的表面，再单击第2个对象的表面，这样就可以将表面1对齐到表面2，如图1-113所示。

提示

对象元素或表面曲线不能使用“对齐工具”。

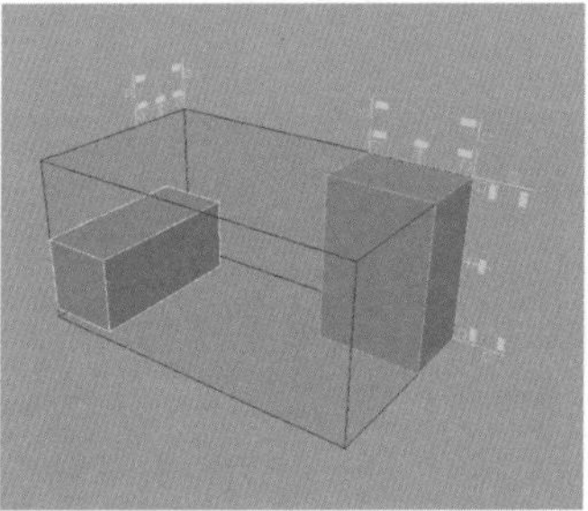
图1-112

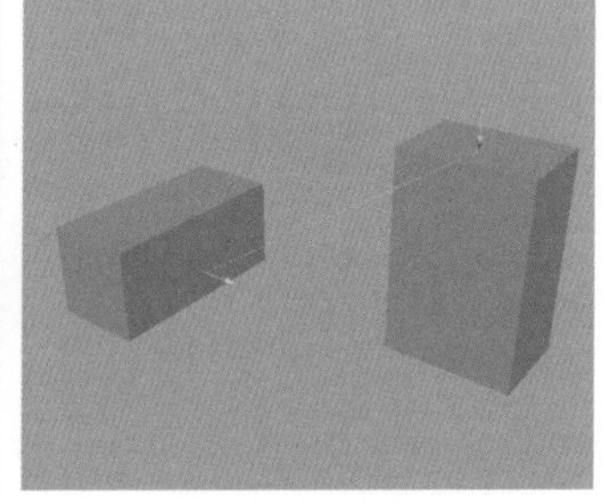
图1-113

1.5.10 捕捉对象

通过捕捉工具可以提高操作精度，在状态栏中有6种捕捉工具，如图1-114所示。

图1-114

工具介绍

捕捉到栅格：将对象捕捉到栅格上。当激活该按钮时，可以将对象在栅格点上进行移动。快捷键为X键。

捕捉到曲线：将对象捕捉到曲线上。当激活该按钮时，操作对象将被捕捉到指定的曲线上。快捷键为C键。

提示

选择场景中的对象，激活“捕捉到曲线”按钮或按住C键，然后将光标移到要捕捉的曲线上，接着使用鼠标中键在曲线上轻轻拖曳一下，该对象就被捕捉到曲线上了。

捕捉到点：将选择对象捕捉到指定的点上。当激活该按钮时，操作对象将被捕捉到指定的点上。快捷键为V键。

提示

选择相应的对象后激活“捕捉到点”按钮，然后在要捕捉的点上用鼠标中键轻轻拖曳一下，就可以完成捕捉点的操作。

捕捉到投影中心：捕捉到选定对象的中心。

捕捉到视图平面：将对象捕捉到视图平面上。

激活选定对象：将选定曲面转化为激活的曲面。

1.5.11 隐藏和显示对象

隐藏功能非常重要，有的物体会被其他物体遮挡住，这时就可以使用隐藏功能将其暂时隐藏起来，待处理好场景后再将其显示出来。

操作练习 隐藏对象

» 场景文件 Scenes>CH01>1.11.mb
» 实例文件 无
» 视频名称 操作练习：隐藏对象.mp4
» 技术掌握 掌握隐藏场景中的对象的方法

01 打开学习资源中的“Scenes>CH01>1.11.mb”场景文件，场景中分别有球体模型、立方体模型、圆锥体模型、管道模型和柏拉图多面体模型，如图1-115所示。

02 选择场景中的球体模型，然后执行“显示>隐藏>隐藏当前选择”菜单命令，如图1-116所示。此时即可隐藏场景中的球体模型，效果如图1-117所示。

图1-115

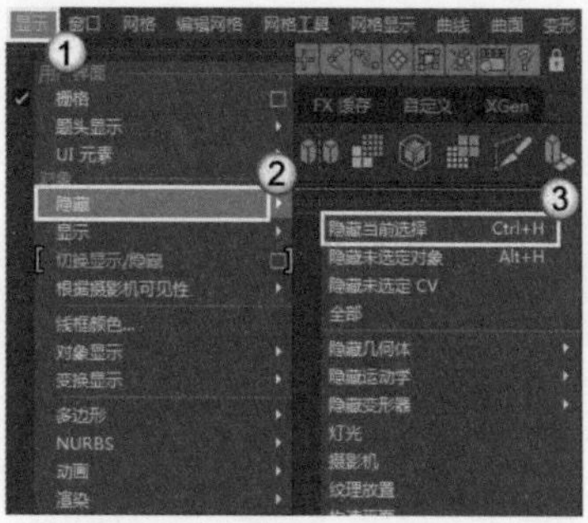

图1-116

图1-117

03 选择场景中的柏拉图多面体模型，然后执行“显示>隐藏>隐藏未选定对象”菜单命令，如图1-118所示。此时即可隐藏场景中除柏拉图多面体模型以外的所有模型，如图1-119所示。

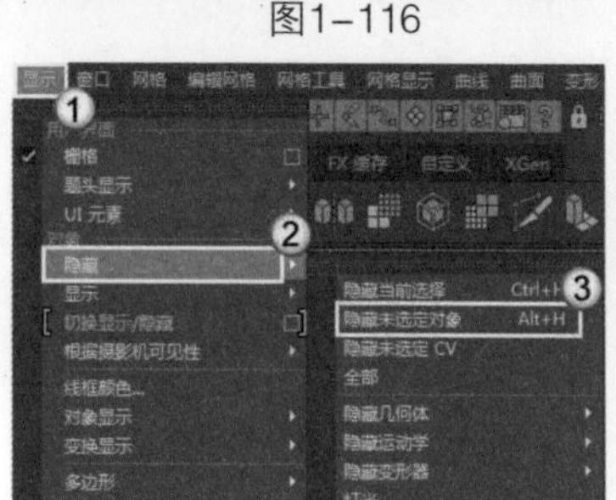

图1-118

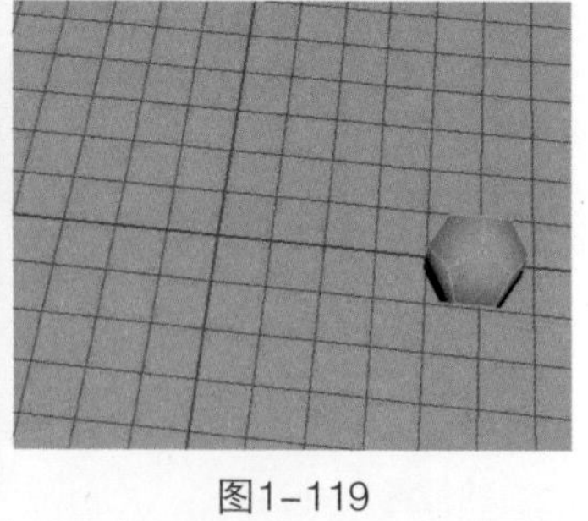

图1-119

提示

隐藏对象的快捷键为Ctrl+H。

操作练习 显示对象

» 场景文件 Scenes>CH01>1.12.mb
» 实例文件 无
» 视频名称 操作练习：显示对象.mp4
» 技术掌握 掌握将隐藏对象显示出来的方法

01 打开学习资源中的“Scenes>CH01>1.12.mb”场景文件，场景中只有一个柏拉图多面体模型，如图1-120所示。

02 执行“显示>显示>全部”菜单命令，将场景中所有的模型显示出来，如图1-121和图1-122所示。

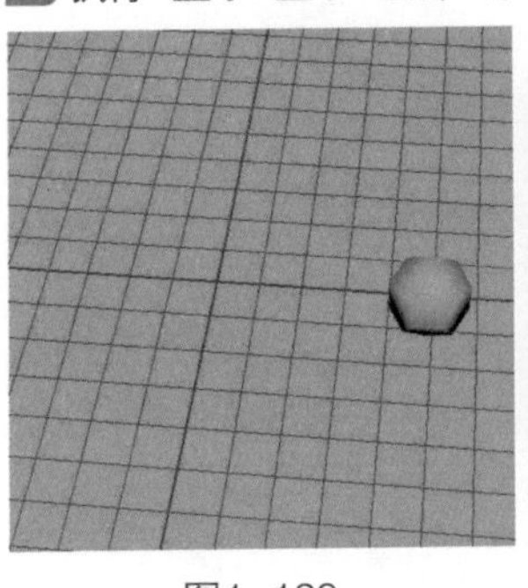

图1-120

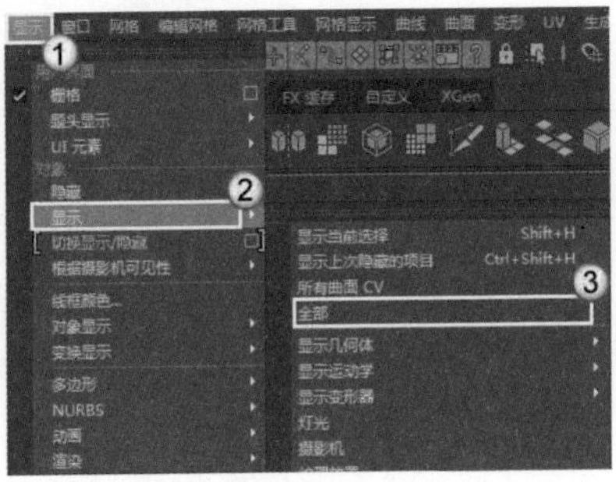

图1-121

图1-122

提示

显示隐藏对象的快捷键为Ctrl+Shift+H。

1.5.12 坐标系统

单击状态栏右边的“显示或隐藏工具设置”按钮，打开“工具设置”对话框，如图1-123示。在这里可以设置工具的一些相关属性，如移动操作中所使用的坐标系。

常用参数介绍

对象：在对象空间坐标系统内移动对象，如图1-124所示。

世界：世界坐标系统是以场景空间为参照的坐标系统，如图1-125所示。

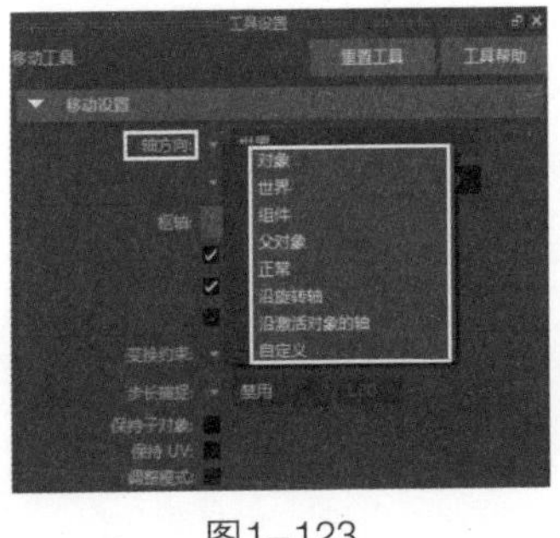

图1-123

图1-124

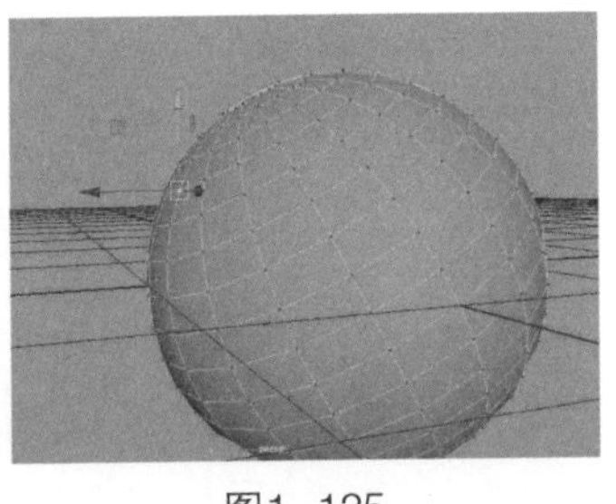

图1-125

组件：沿使用组件特性（如法线）计算的平均局部参考帧移动选定的组件。选定对象后，在对象空间坐标系中移动该对象，如图1-126所示。

父对象：将对象与父对象的旋转对齐。移动受局部空间坐标系中这些轴约束。该对象将对齐到父对象的旋转，但不包括对象本身的旋转。如果选择了多个对象，则每个对象会相对于其自己的对象空间坐标系移动相同的量。

正常：可以将NURBS表面上的CV点沿V或U方向移动，如图1-127所示。

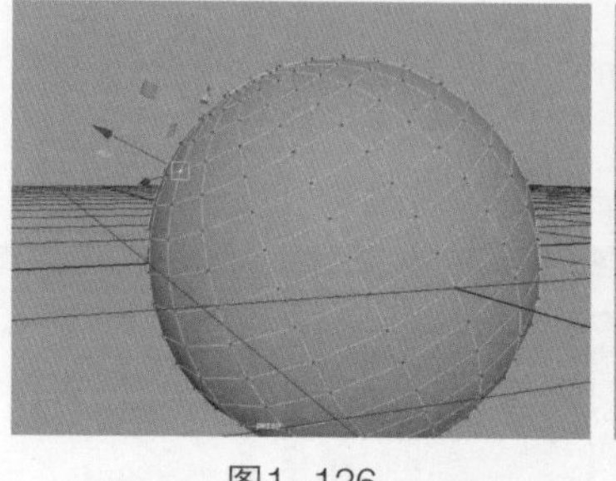

图1-126

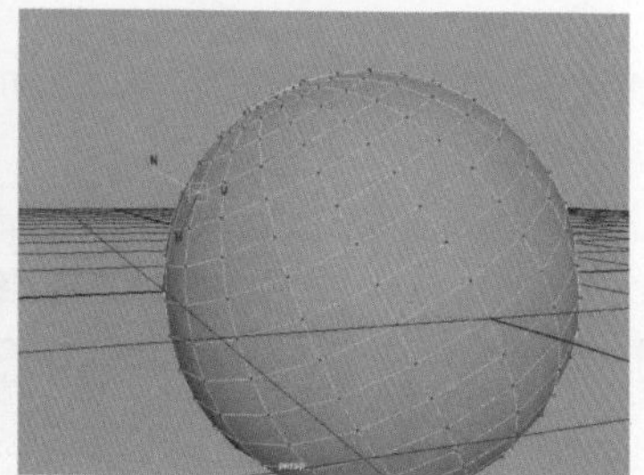

图1-127

沿旋转轴：与对象中“旋转工具”的轴对齐。如果已将对象“变换属性”中的“旋转轴”设置为不同的值（这将使对象方向相对于对象局部旋转轴的方向发生偏移），则该属性将产生效果。否则，“沿旋转轴”的效果将与“对象”的效果相同。

沿激活对象的轴：设置“移动工具”来沿活动对象的轴移动对象。通常用户会激活构造平面，但实际上所有对象均可以激活。如果有一个激活的对象且已选择该选项，则“移动工具”的移动箭头将对齐到激活的构造平面。该设置不可与“反射”结合使用。

1.6 综合练习：特殊复制并移动对象

» 场景文件 Scenes>CH01>1.13.mb

» 实例文件 Examples>CH01>1.13.mb

» 视频名称 综合练习：特殊复制并移动对象.mp4

» 技术掌握 掌握使用特殊复制工具移动复制对象的方法

本例主要介绍使用“特殊复制”命令移动复制出一个相同对象的方法。

01 打开学习资源中的“Scenes>CH01>1.13.mb”场景文件，场景中有一个足球的模型，如图1-128所示。

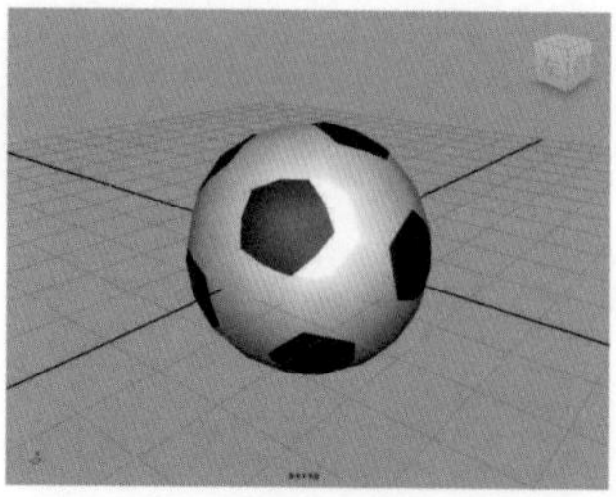

图1-128

02 选择场景中的足球模型，然后在“编辑>特殊复制”菜单命令后面单击■按钮，接着在打开的“特殊复制选项”对话框中按如图1-129所示的参数进行设置，复制后的效果如图1-130所示。

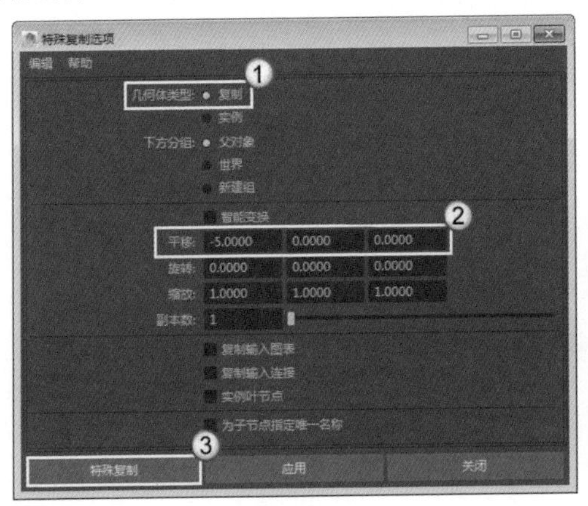

图1-129

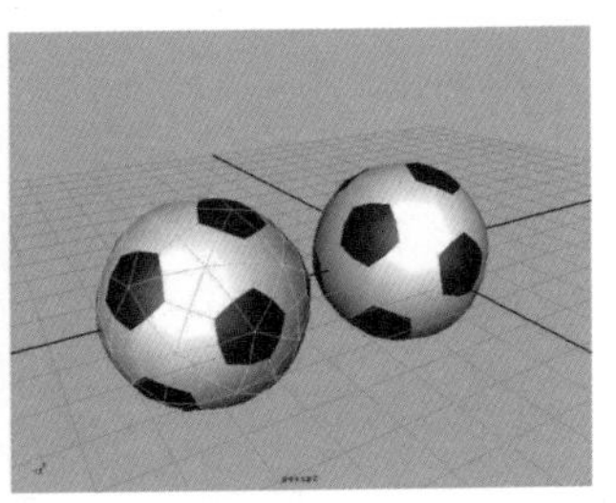

图1-130

提示

特殊复制的快捷键为Ctrl+Shift+P。

1.7 课后习题

本课安排了两个简单的课后习题供读者练习，这两个习题主要用来练习镜像几何体和旋转复制对象的操作方法。

课后习题 镜像几何体

- 场景文件 Scenes>CH01>1.14.mb
- 实例文件 Examples>CH01>1.14.mb
- 视频名称 课后习题：镜像几何体.mp4
- 技术掌握 掌握镜像几何体的方法

本例主要介绍镜像几何体的方法，镜像前后的效果如图1-131所示。

图1-131

课后习题 特殊复制并旋转对象

- 场景文件 Scenes>CH01>1.15.mb
- 实例文件 Examples>CH01>1.15.mb
- 视频名称 课后习题：特殊复制并旋转对象.mp4
- 技术掌握 掌握使用特殊复制工具旋转复制对象的方法

本例主要介绍使用“特殊复制”命令旋转复制出一个相同对象的方法，这种复制对象的方法在制作交叉物体时非常有用，操作前后的效果如图1-132所示。

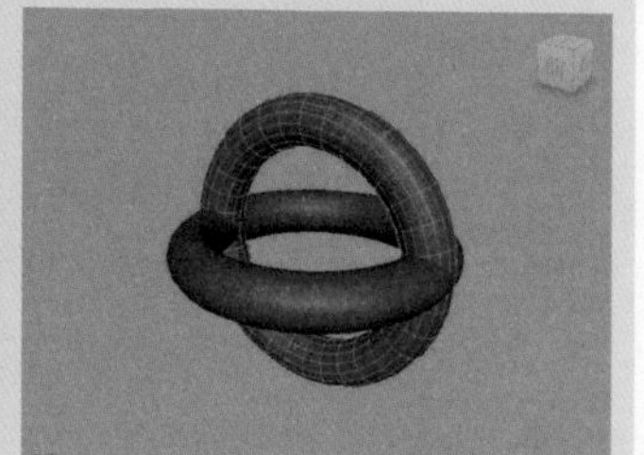

图1-132

1.8 本课笔记

第2课

多边形建模

本课将介绍Maya 2016的多边形建模技术，包括如何创建多边形对象、编辑多边形层级和编辑多边形网格。本课是一个很重要的章节，在实际工作中运用到的多边形建模技术本课均有讲解。

学习要点

- 了解多边形建模的思路
- 掌握多边形对象的创建方法
- 掌握多边形对象的编辑方法

2.1 多边形建模基础

多边形建模是一种非常直观的建模方式，也是Maya中最为重要的一种建模方法。多边形建模是通过控制三维空间中的物体的点、线、面来塑造物体的外形，图2-1所示是一些经典的多边形作品。对于有机生物模型，多边形建模有着不可替代的优势，在塑造物体的过程中，可以很直观地对物体进行修改，并且面与面之间的连接也很容易创建出来。

图2-1

2.1.1 了解多边形

多边形是三维空间中一些离散的点，通过首尾相连形成一个封闭的空间并填充这个封闭空间，就形成了一个多边形面。如果将若干个这种多边形面组合在一起，每相邻的两个面都有一条公共边，就形成了一个空间状结构，这个空间结构就是多边形对象，如图2-2所示。

多边形对象与NURBS对象有着本质的区别。NURBS对象是参数化的曲面，有严格的UV走向，除了剪切边外，NURBS对象只可能出现四边面；多边形对象是三维空间里一系列离散的点构成的拓扑结构（也可以出现复杂的拓扑结构），编辑起来相对比较自由，如图2-3所示。

图2-2

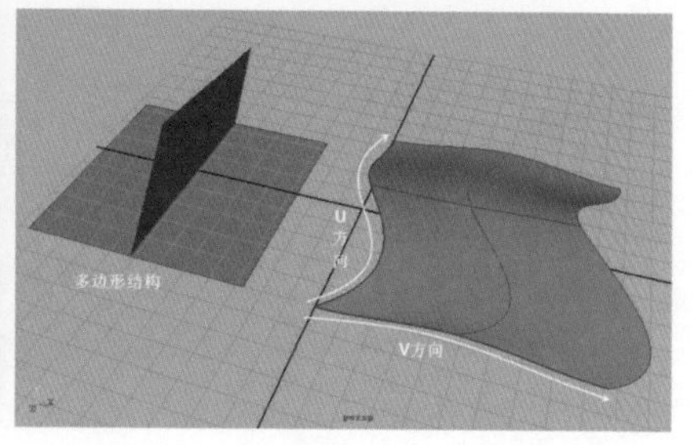

图2-3

2.1.2 多边形建模方法

目前，多边形建模方法已经相当成熟，是Maya中不可缺少的建模方法，大多数三维软件都有多边形建模系统。由于调整多边形对象相对比较自由，所以很适合创建生物和建筑类模型。

多边形建模方法有很多，根据模型构造的不同可以采用不同的多边形建模方法，但大部分都遵循从整体到局部的建模流程，特别是对于生物类模型，可以很好地控制整体造型。同时Maya还提供了“雕刻几何体工具”，所以调节起来更加方便。

2.1.3 多边形组成元素

多边形对象的基本构成元素有点、线、面，可以通过这些基本元素来对多边形对象进行修改。

1.顶点

在多边形物体上，边与边的交点就是这两条边的顶点，也就是多边形的基本构成元素之一——点，如图2–4所示。

多边形的每个顶点都有一个序号，叫顶点ID号，同一个多边形对象的每个顶点的序号是唯一的，并且这些序号是连续的。顶点ID号对使用MEL脚本语言编写程序来处理多边形对象非常重要。

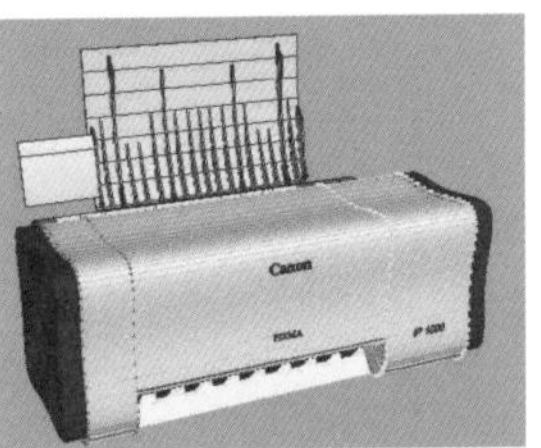

图2–4

2.边

边也就是多边形基本构成元素中的线，它是顶点之间的边线，也是多边形对象上的棱边，如图2–5所示。与顶点一样，每条边同样也有自己的ID号，叫边的ID号。

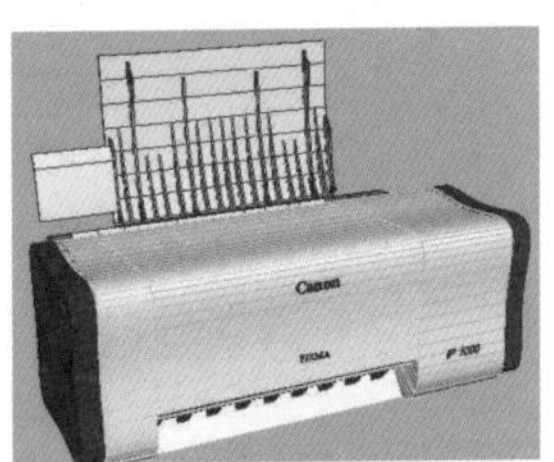

图2–5

3.面

在多边形对象上，将3个或3个以上的点用直线连接起来形成的闭合图形称为面，如图2–6所示。面的种类比较多，从三边围成的三边形，一直到n边围成的n边形。但在Maya中通常使用三边形或四边形，大于四边的面使用相对比较少。面同样也有自己的ID号，叫面的ID号。

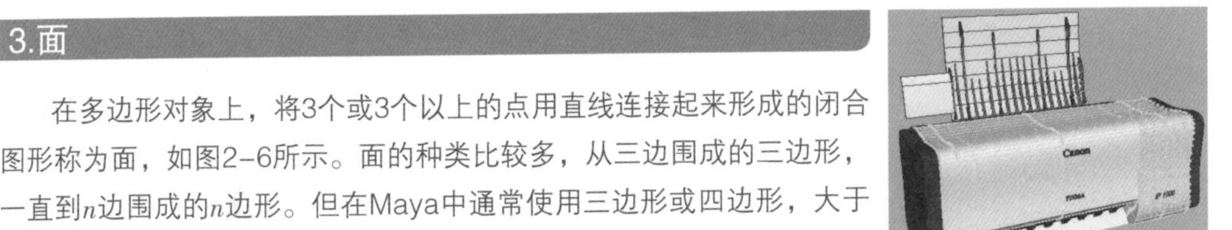

图2–6

提示

面的种类有两种，分别是共面多边形和不共面多边形。如果一个多边形的所有顶点都在同一个平面上，则称为共面多边形，如三边面一定是一个共面多边形；不共面多边形的面的顶点一定多于3个，也就是说顶点在3个以上的多边形可能是不共面多边形。在一般情况下都要尽量不使用不共面多边形，因为不共面多边形在最终输出渲染时或在将模型输出到交互式游戏平台时可能会出现错误。

4.法线

法线是一条虚拟的直线，它与多边形表面相垂直，用来确定表面的方向。在Maya中，法线可以分为“面法线”和“顶点法线”两种。

第1种：面法线。若用一个向量来描述多边形面的正面，且与多边形面相垂直，这个向量就是多边形的面法线，如图2–7所示。面法线是围绕多边形面的顶点的排列顺序来决定表面的方向。在默认状态下，Maya中的物体是双面显示的，用户可以通过设置参数来取消双面显示。

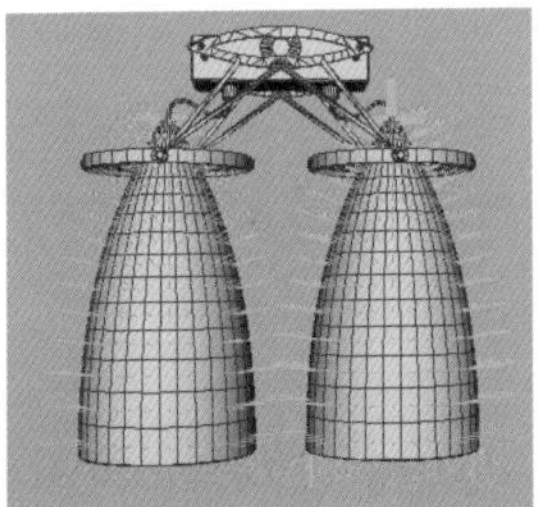

图2–7

第2种：顶点法线。顶点法线决定两个多边形面之间的视觉光滑程度。与面法线不同的是，顶点法线不是多边形的固有特性，但在渲染多边形明暗变化的过程中，顶点法线的显示状态是从顶点发射出来的一组线，每个使用该顶点的面都有一条线，如图2-8所示。

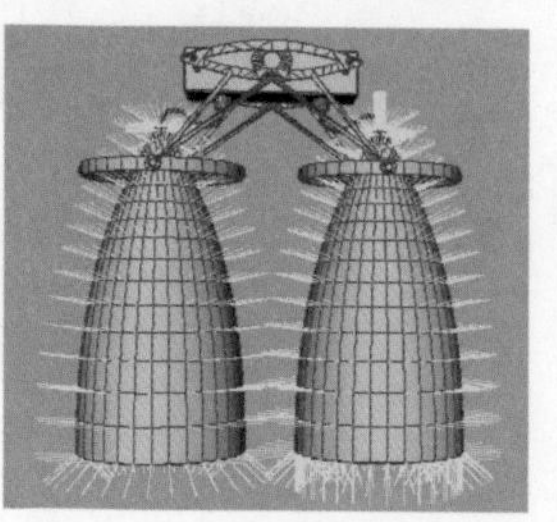

图2-8

2.1.4 UV坐标

为了把二维纹理图案映射到三维模型的表面上，需要建立三维模型空间形状的描述体系和二维纹理的描述体系，然后在两者之间建立关联关系。描述三维模型的空间形状用三维直角坐标，而描述二维纹理平面则用另一套坐标系，即UV坐标系。

多边形的UV坐标对应着每个顶点，但UV坐标却存在于二维空间，它们控制着纹理上的一个像素，并且对应着多边形网格结构中的某个点。虽然Maya在默认工作状态下也会建立UV坐标，但默认的UV坐标通常并不适合用户已经调整过形状的模型，因此用户仍需要重新调整UV坐标。Maya提供了一套完善的UV编辑工具，用户可以通过“UV纹理编辑器”来调整多边形对象的UV。

提示

NURBS物体本身是参数化的表面，可以用二维参数来描述，因此UV坐标就是其形状描述的一部分，所以不需要用户专门在三维坐标与UV坐标之间建立对应关系。

2.1.5 多边形快捷菜单

使用多边形的快捷菜单可以快速地创建和编辑多边形对象。在没有选择任何对象时，按住Shift键单击鼠标右键，在弹出的快捷菜单中是一些多边形原始几何体的创建命令，如图2-9所示；在选择了多边形对象时，单击鼠标右键，在弹出的快捷菜单中是一些多边形的次物体级别命令，如图2-10所示；如果已经进入了次物体级别，如进入了面级别，按住Shift键单击鼠标右键，在弹出的快捷菜单中是一些编辑面的工具与命令，如图2-11所示。

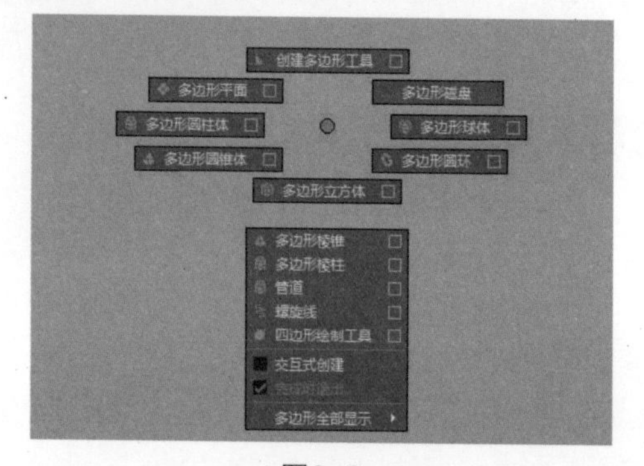

图2-9

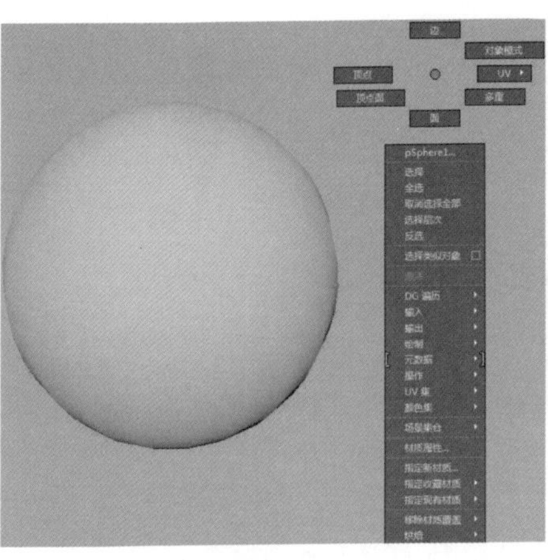

图2-10

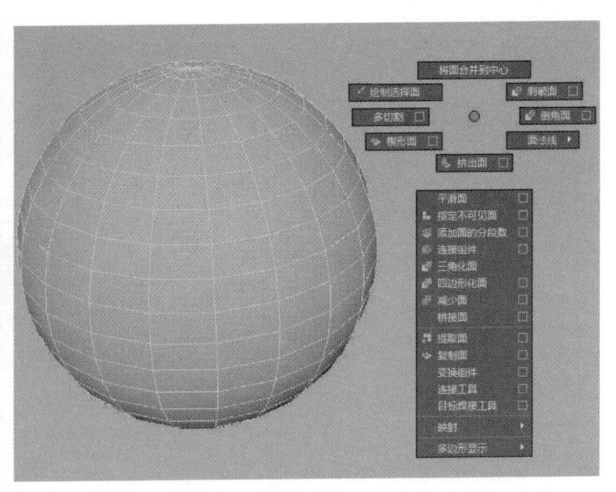

图2-11

2.2 创建多边形对象

切换到“多边形”模块，在“创建>多边形基本体”菜单下是一系列创建多边形对象的命令，通过该菜单可以创建出最基本的多边形对象，如图2-12所示。

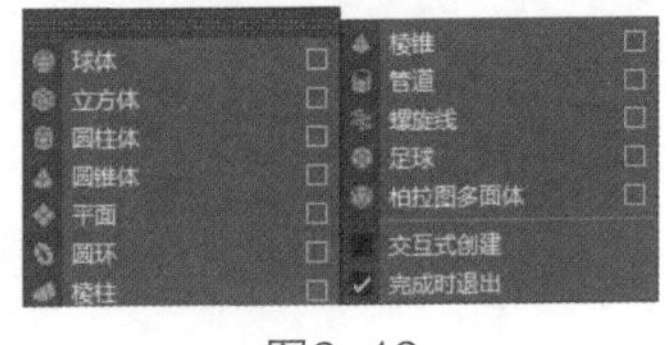

图2-12

2.2.1 球体

使用“球体”命令可以创建出多边形球体，单击后面的按钮打开“多边形球体选项”对话框，如图2-13所示。

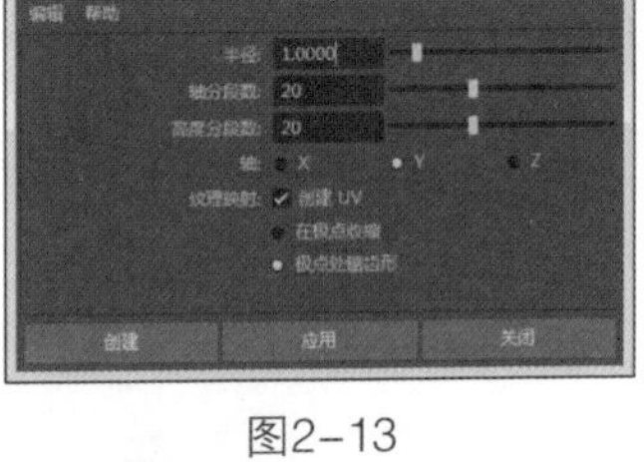
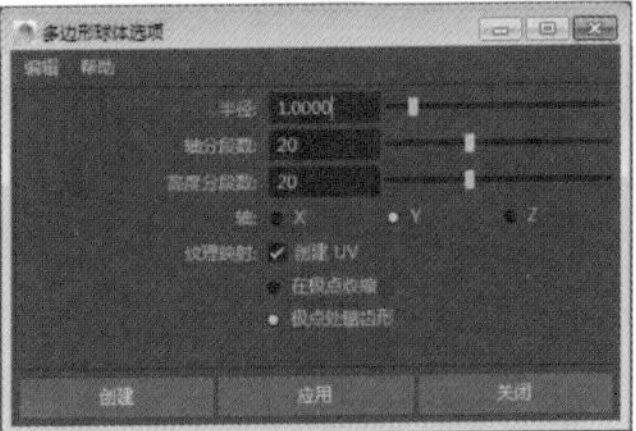

图2-13

常用参数介绍

半径：设置球体的半径。

轴：设置球体的轴方向。

轴分段数：设置经方向上的分段数。

高度分段数：设置纬方向上的分段数。

以上4个参数对多边形球体的形状有很大影响。图2-14所示是在不同参数值下的多边形球体形状。

图2-14

2.2.2 立方体

使用“立方体”命令可以创建出多边形立方体。图2-15所示是在不同参数值下的立方体形状。

宽度=3
高度=3
深度=3
轴分宽度=1
高度细分数=1
深度细分数=1
宽度=3
高度=1
深度=3
轴分宽度=1
高度细分数=1
深度细分数=1
宽度=3
高度=3
深度=3
轴分宽度=2
高度细分数=1
深度细分数=1
宽度=3
高度=3
深度=3
轴分宽度=1
高度细分数=2
深度细分数=1

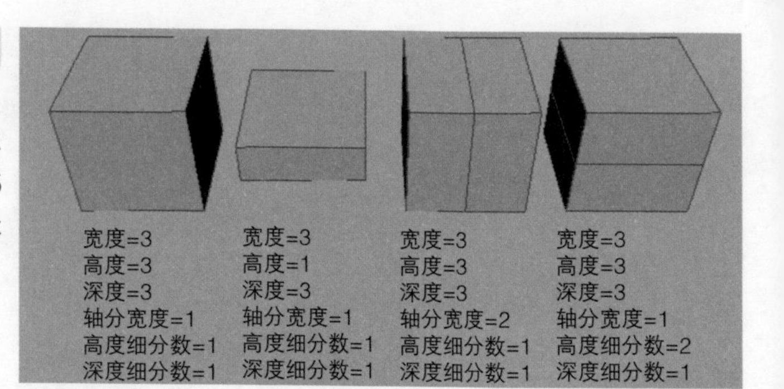

图2-15

提示

关于立方体及其他多边形物体的参数就不再讲解了，用户可以参考NURBS对象的参数解释。

2.2.3 圆柱体

使用“圆柱体”命令可以创建出多边形圆柱体。图2-16所示是在不同参数值下的圆柱体形状。

半径=2
高度=5
轴向细分数=10
高度细分数=1
端面细分数=1
半径=2
高度=5
轴向细分数=20
高度细分数=1
端面细分数=1
半径=2
高度=5
轴向细分数=20
高度细分数=3
端面细分数=1
半径=2
高度=5
轴向细分数=20
高度细分数=1
端面细分数=3

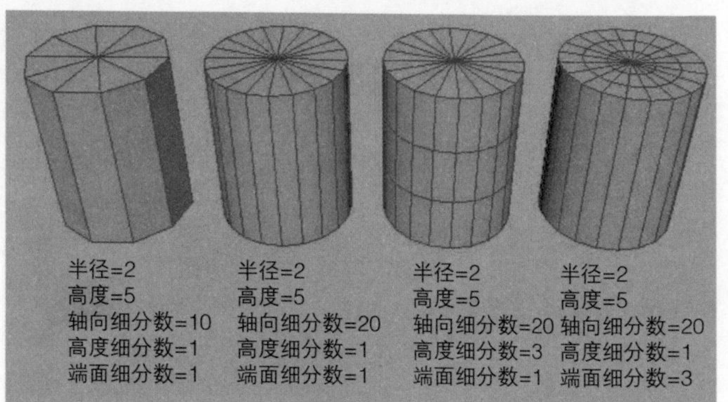

图2-16

2.2.4 圆锥体

使用“圆锥体”命令可以创建出多边形圆锥体。图2-17所示是在不同参数值下的圆锥体形状。

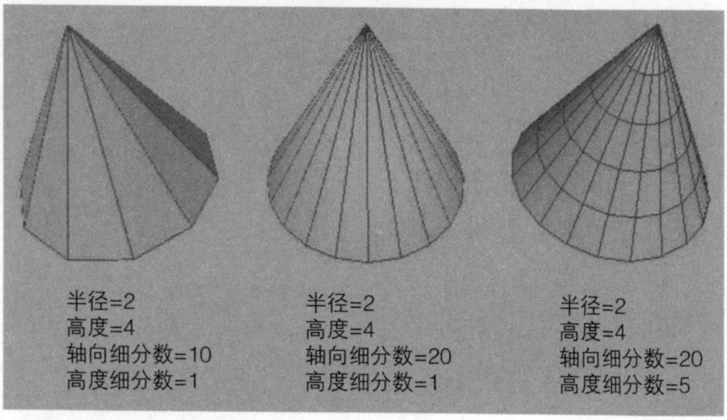

半径=2
高度=4
轴向细分数=10
高度细分数=1
半径=2
高度=4
轴向细分数=20
高度细分数=1
半径=2
高度=4
轴向细分数=20
高度细分数=5

图2-17

2.2.5 平面

使用“平面”命令可以创建出多边形平面。图2-18所示是在不同参数值下的多边形平面形状。

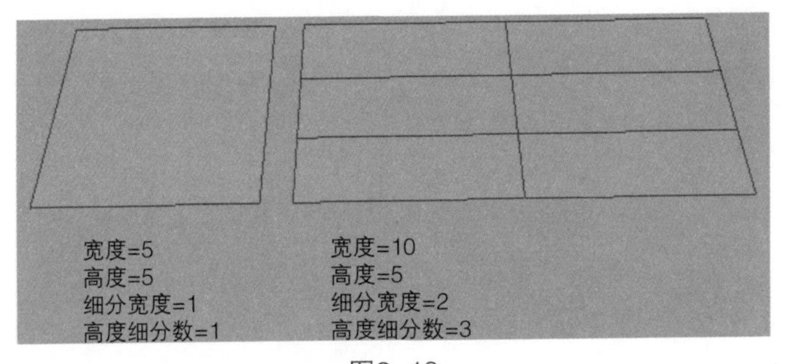

图2-18

2.2.6 特殊多边形

特殊多边形包含圆环、棱柱、棱锥、管道、螺旋线、足球体和柏拉图多面体，如图2-19所示。

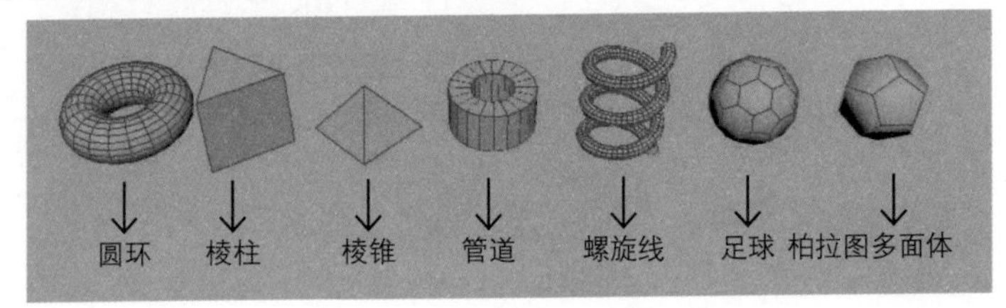

图2-19

2.3 网格菜单

“网格”菜单中提供了很多处理网格的工具，这些工具主要分为“结合”“重新划分网格”“镜像”“传递”和“优化”这5大类，如图2-20所示。

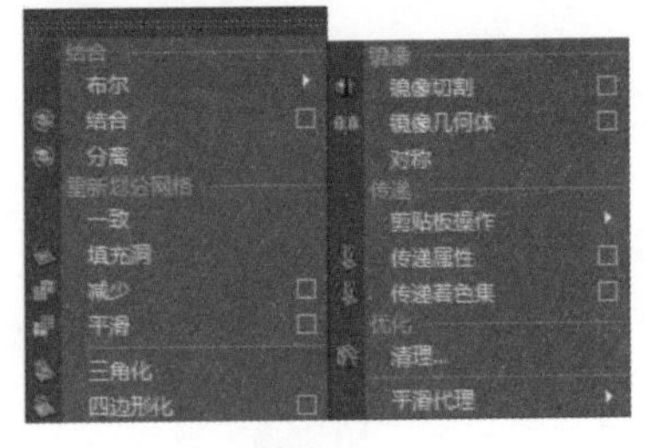

图2-20

2.3.1 布尔

“布尔”菜单中包含3个子命令，分别是“并集”、“差集”和“交集”，如图2-21所示。

图2-21

常用参数介绍

并集：可以合并两个多边形，相对于“合并”命令来说，“并集”命令可以做到无缝拼合。

差集：可以将两个多边形对象进行相减运算，以消去对象与其他对象的相交部分，同时也会消去其他对象。

交集：可以保留两个多边形对象的相交部分，但是会去除其余部分。

2.3.2 结合

使用“结合”命令可以将多个多边形对象组合成一个多边形对象，组合前的每个多边形称为一个“壳”，如图2-22所示。单击“结合”命令后面的按钮，打开“组合选项”对话框，如图2-23所示。

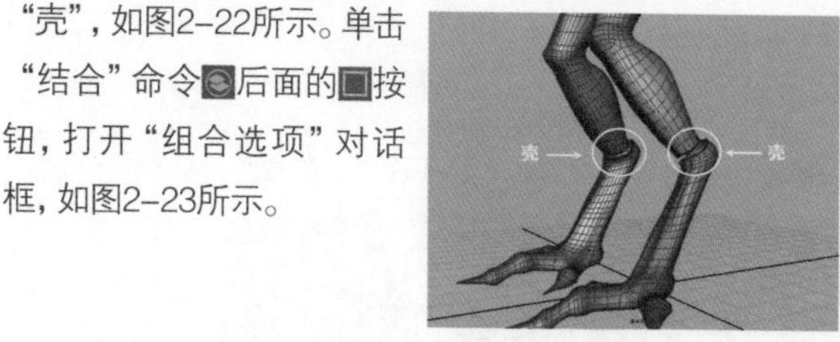

图2-22

图2-23

常用参数介绍

合并UV集：对合并对象的UV集进行合并操作。

不合并：不对合并对象的UV集进行合并操作。

按名称合并：依照合并对象的名称进行合并操作。

按UV链接合并：依照合并对象的UV链接进行合并操作。

2.3.3 分离

“分离”命令的作用与“结合”命令刚好相反。例如，将上实例的模型结合在一起以后，执行该命令可以将结合在一起的模型分离开。

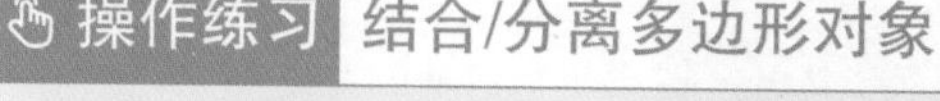

操作练习 结合/分离多边形对象

» 场景文件 Scenes>CH02>2.1.mb
» 实例文件 Examples>CH02>2.1.mb
» 视频名称 操作练习：结合/分离多边形对象.mp4
» 技术掌握 掌握如何结合和分离多边形对象

本例使用“结合”命令将多个多边形对象结合在一起后的效果如图2-24所示。

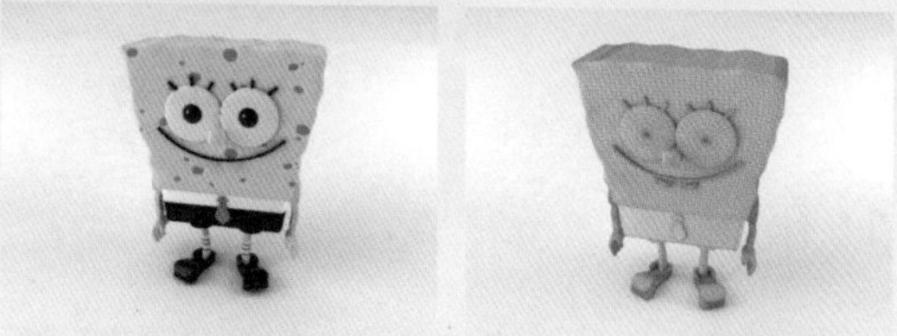

图2-24

01 打开学习资源中的“Scenes>CH02>2.1.mb”文件，场景中有一个角色模型，如图2-25所示。

02 执行“窗口>大纲视图”菜单命令打开“大纲视图”对话框，然后在视图中选择模型，此时在大纲视图中可以看到，对应的节点也被选中了，如图2-26所示。

图2-25

图2-26

03 执行“网格>分离”菜单命令，此时可以在大纲视图中看到，原先的节点被拆分为多个节点，并且模型也被拆分为多个部分，如图2-27所示。

04 执行“网格>结合”菜单命令，此时可以在大纲视图中看到，节点又变为一个，并且模型也变为一个整体，如图2-28所示。

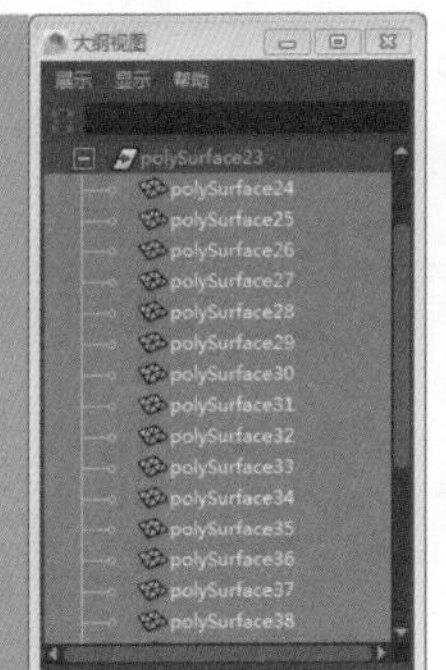

图2-27

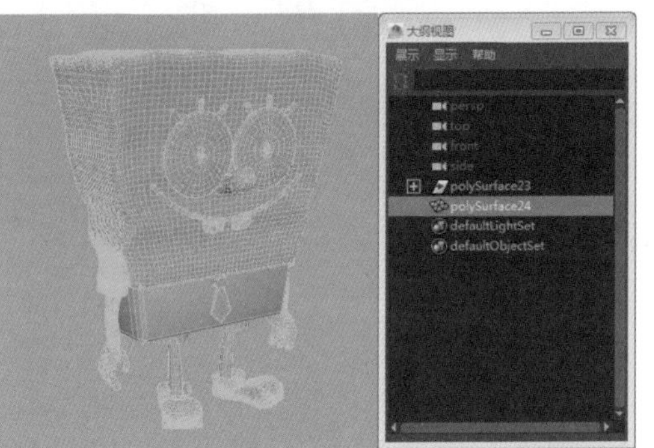

图2-28

2.3.4 填充洞

使用“填充洞”命令可以填充多边形上的洞，并且可以一次性填充多个洞。

操作练习 补洞

- 场景文件 Scenes>CH02>2.2.mb
- 实例文件 Examples>CH02>2.2.mb
- 视频名称 操作练习：补洞.mp4
- 技术掌握 掌握如何填充多边形上的洞

本例使用“填充洞”命令将多边形上的洞填充起来后的效果如图2-29所示。

图2-29

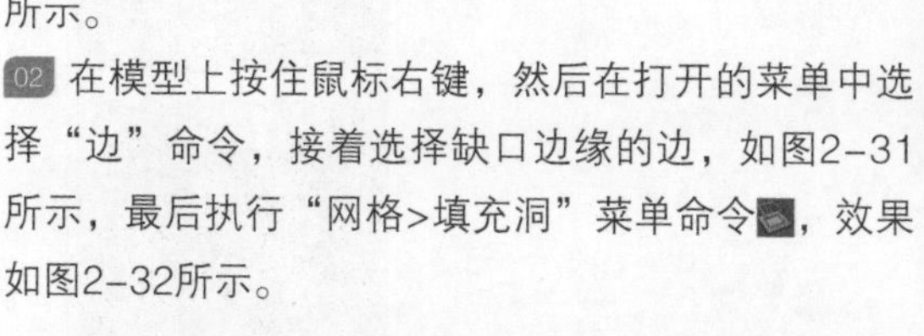

01 打开学习资源中的“Scenes>CH02>2.2.mb文件”，可以观察到模型上有一个缺口，如图2-30所示。

02 在模型上按住鼠标右键，然后在打开的菜单中选择“边”命令，接着选择缺口边缘的边，如图2-31所示，最后执行“网格>填充洞”菜单命令，效果如图2-32所示。

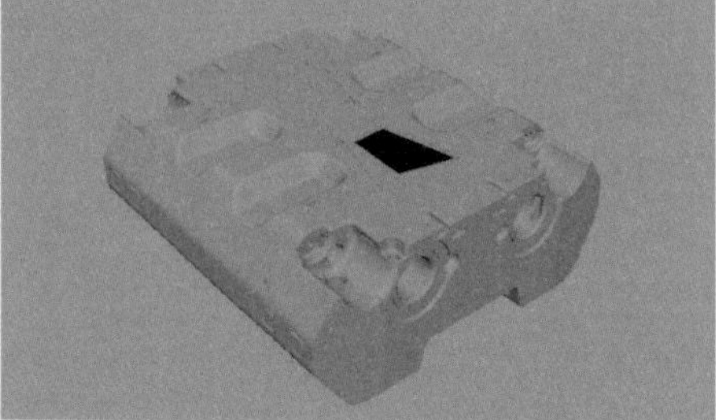
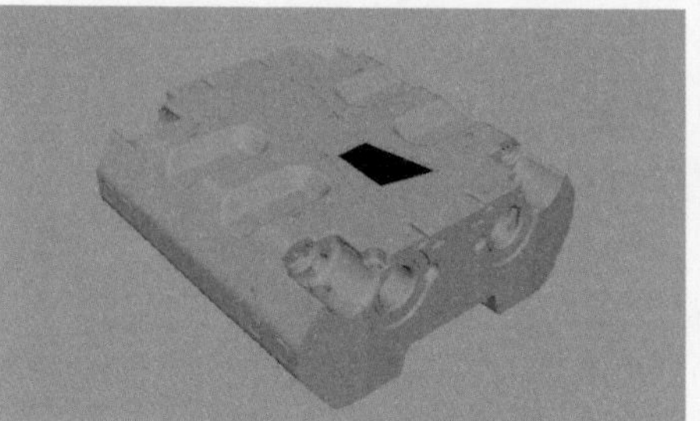

图2-30

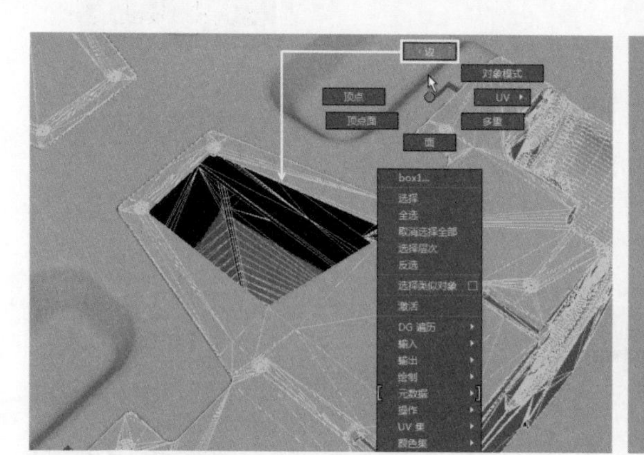

图2-31

图2-32

2.3.5 平滑

使用“平滑”菜单命令可以通过细分面的方式对粗糙的模型进行平滑处理，细分的面越多，模型就越光滑。打开“平滑选项”对话框，如图2-33所示。

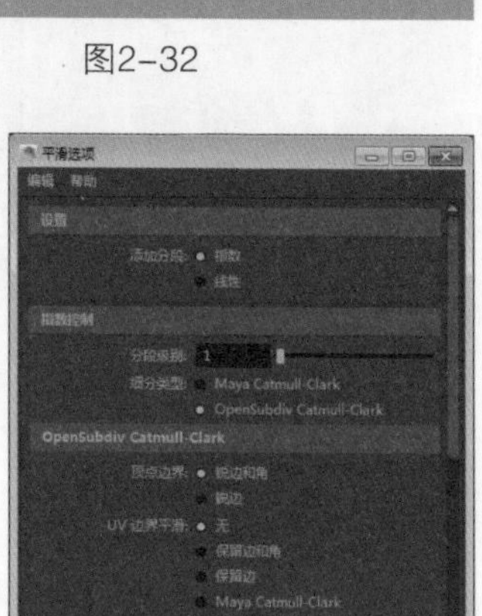
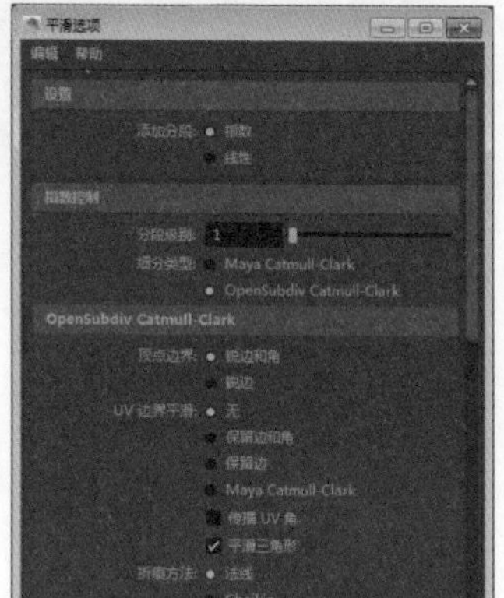

图2-33

常用参数介绍

添加分段： 在平滑细分面时，设置分段的添加方式。

指数： 这种细分方式可以将模型网格全部拓扑成为四边形，如图2-34所示。

线性： 这种细分方式可以在模型上产生部分三角面，如图2-35所示。

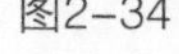

图2-34

图2-35

分段级别：控制物体的平滑程度和细分段的数目。该参数值越高，物体越平滑，细分面也越多，图2-36和图2-37所示分别是“分段级别”数值为1和3时的细分效果。

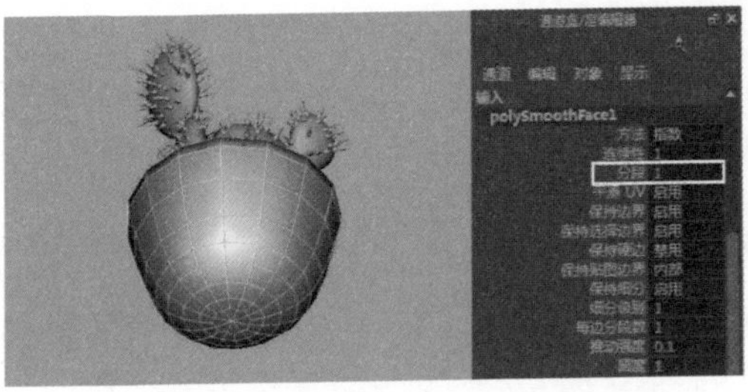

图2-36

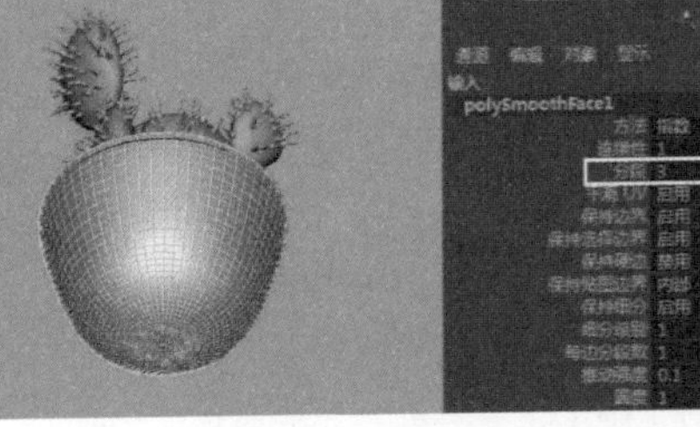

图2-37

细分类型：设置细分的方式，包括Maya Catmull-Clark和OpenSubdiv Catmull-Clark两种算法，默认选择的是OpenSubdiv Catmull-Clark算法。

设置细分类型为OpenSubdiv Catmull-Clark时，OpenSubdiv Catmull-Clark属性组中的属性被激活，如图2-38所示。

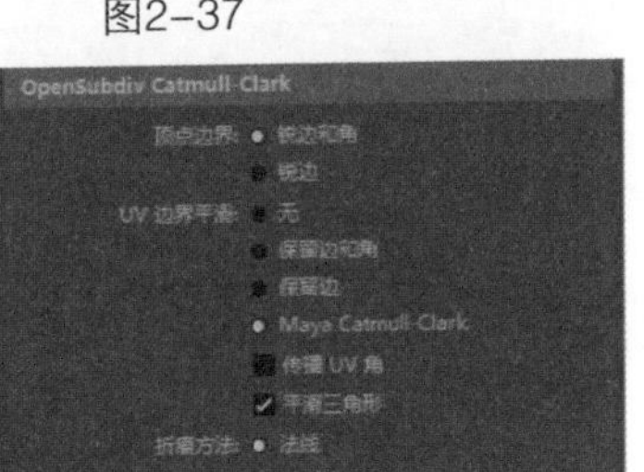

图2-38

常用参数介绍

顶点边界：控制如何对边界边和角顶点进行插值，包括“锐边和角”以及“锐边”这两个选项。

锐边和角：（默认）边和角在平滑后保持为锐边和角。

锐边：边在平滑后保持为锐边。角已进行平滑。

UV 边界平滑：控制如何将平滑应用于边界 UV，包括“无”“保留边和角”和“保留边”等选项。

无：不平滑 UV。

保留边和角：平滑 UV。边和角在平滑后保持为锐边和角。

保留边：平滑 UV 和角。边在平滑后保持为锐边。

Maya Catmull-Clark：平滑不连续边界上的顶点附近的面变化数据（UV 和颜色集），不连续边界上的顶点将按锐化规则细分（对其插值），默认选择该选项。

传播 UV 角：启用后，原始网格的面变化数据（UV 和颜色集）将应用于平滑网格的 UV 角。

平滑三角形：启用时，会将细分规则应用到网格，从而使三角形的细分更加平滑。

折痕方法：控制如何对边界边和顶点进行插值，包括“法线”和Chaikin两个选项。

法线：不应用折痕锐度平滑，默认选择该选项。

Chaikin：启用后，对关联边的锐度进行插值。在细分折痕边后，结果边的锐度通过 Chaikin 的曲线细分算法确定，该算法会产生半锐化折痕。此方法可以改进各个边具有不同边权重的多边折痕的外观。

设置细分类型为Maya Catmull - Clark时，Maya Catmull - Clark属性组中的属性被激活，如图2-39所示。

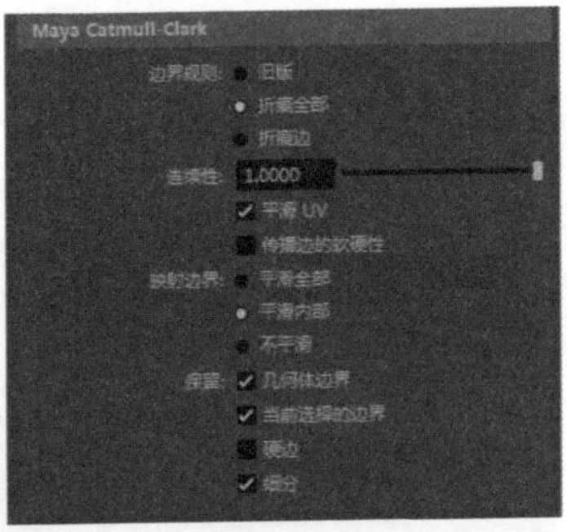

图2-39

常用参数介绍

边界规则：通过该选项，可以设置在平滑网格时要将折痕应用于边界边和顶点的方式，包括“旧版”“折痕全部”“折痕边”这3个选项。

旧版：不将折痕应用于边界边和顶点。

折痕全部：在转化为平滑网格之前为所有边界边以及只有两条关联边的所有顶点应用完全折痕，默认选择该选项。

折痕边：仅为边应用完全折痕。

连续性：用来设置模型的平滑程度。当该值为0时，面与面之间的转折连接处都是线性的，效果比较生硬，如图2-40所示；当该值为1时，面与面之间的转折连接处都比较平滑，如图2-41所示。

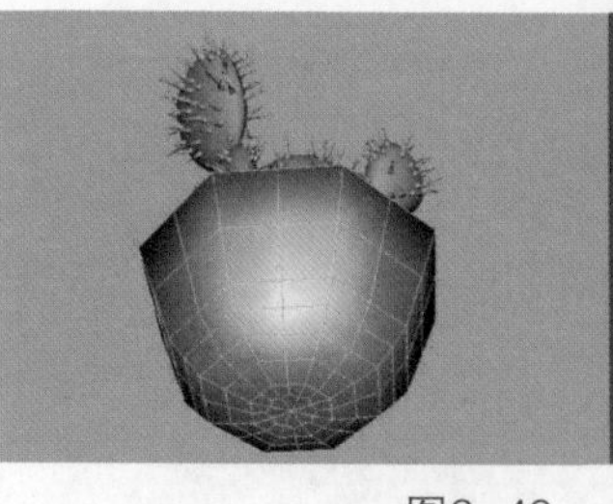
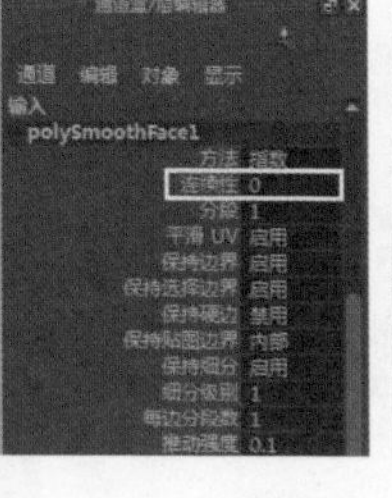

图2-40

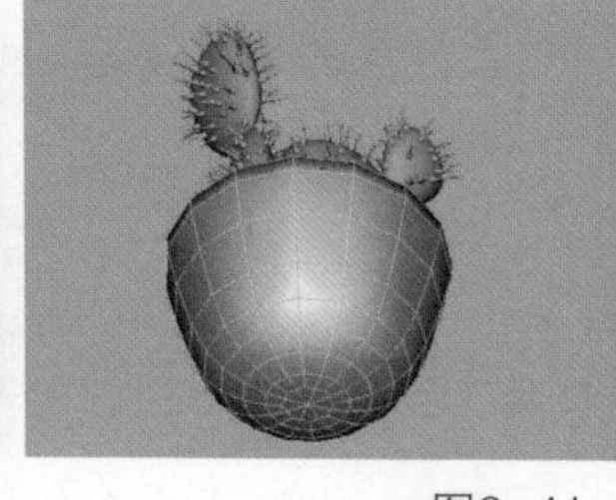
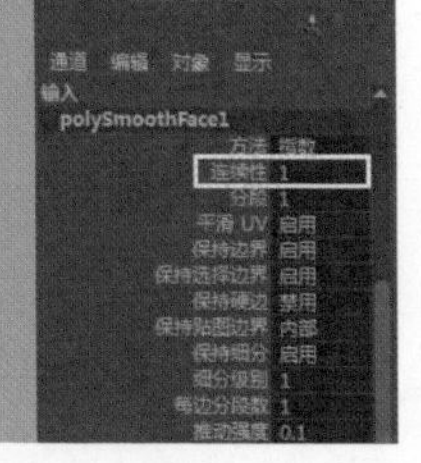

图2-41

平滑UV：选择该选项后，在平滑细分模型的同时，还会平滑细分模型的UV。

传播边的软硬性：选择该选项后，细分的模型的边界会比较生硬，如图2-42所示。

映射边界：设置边界的平滑方式。

平滑全部：平滑细分所有的UV边界。

平滑内部：平滑细分内部的UV边界。

不平滑：所有的UV边界都不会被平滑细分。

保留：当平滑细分模型时，保留某些对象不被细分。

几何体边界：保留几何体的边界不被平滑细分。

当前选择的边界：保留选择的边界不被平滑细分。

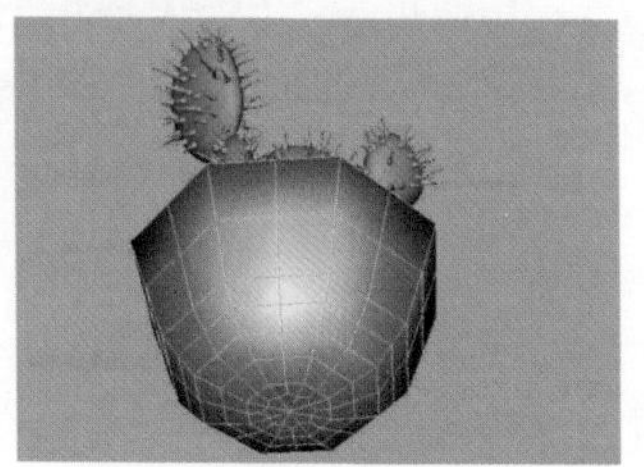

图2-42

硬边：如果已经设置了硬边和软边，可以选择该选项以保留硬边不被转换为软边。

细分级别：控制物体的平滑程度和细分面数目。参数值越高，物体越平滑，细分面也越多。

每边分段数：设置细分边的次数。该数值为1时，每条边只被细分1次；该数值为2时，每条边会被细分两次。

推动强度：控制平滑细分的结果。该数值越大，细分模型越向外扩张；该数值越小，细分模型越内缩，图2-43和图2-44所示分别是“推动强度”数值为1和-1时的效果。

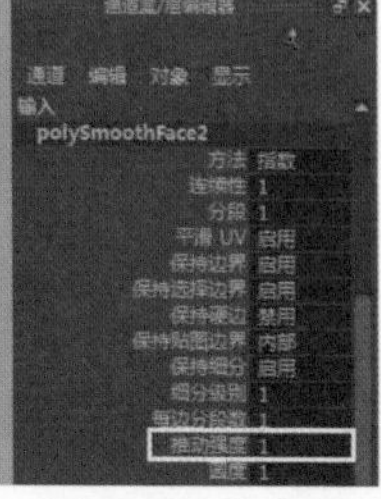

图2-43

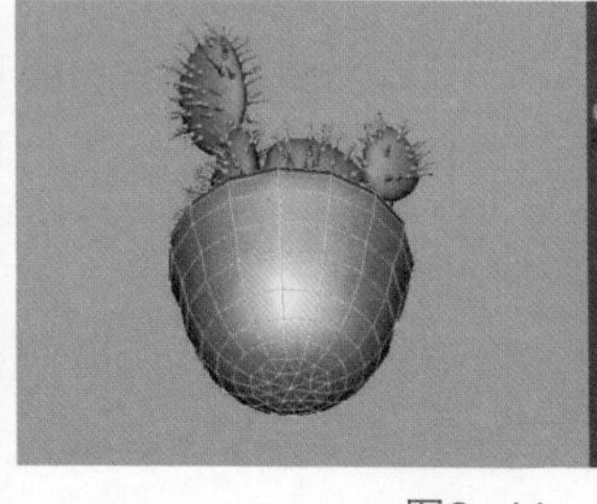
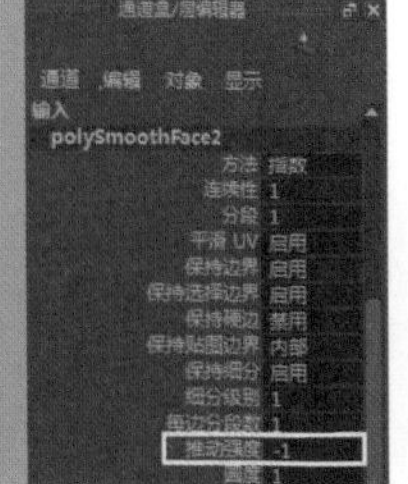

图2-44

圆度：控制平滑细分的圆滑度。该数值越大，细分模型越向外扩张，同时模型也越圆滑；该数值越小，细分模型越内缩，同时模型的光滑度也越不理想。

操作练习 平滑对象

» 场景文件 Scenes>CH02>2.3.mb
» 实例文件 Examples>CH02>2.3.mb
» 视频名称 操作练习：平滑对象.mp4
» 技术掌握 掌握如何平滑多边形

本例使用“平滑”命令将模型平滑后的效果如图2-45所示。

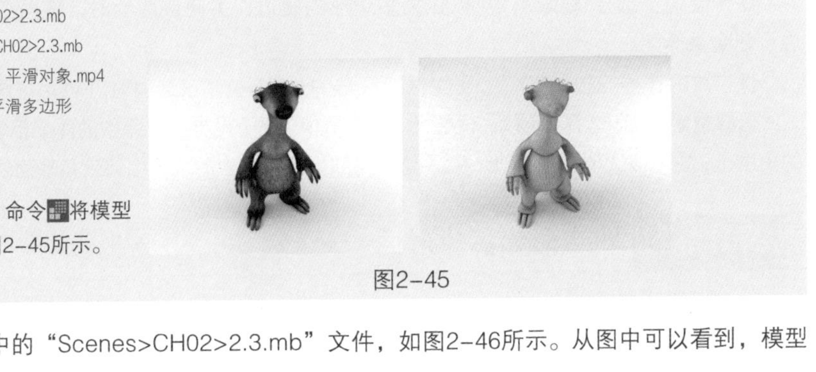

图2-45

01 打开学习资源中的“Scenes>CH02>2.3.mb”文件，如图2-46所示。从图中可以看到，模型的面数很少。

02 选择模型，然后执行“网格>平滑”菜单命令，效果如图2-47所示。从图中可以看到，模型的面数增加了，而且模型变得更光滑。

03 在“通道盒/层编辑器”中，展开polySmoothFace节点属性，然后设置“分段”为2，此时模型的面数更多，表面变得更光滑，如图2-48所示。

图2-46  图2-47  图2-48

2.3.6 三角化

使用“三角化”命令可以将多边形面细分为三角形面。

2.3.7 四边形化

使用“四边化形”命令可以将多边形物体的三边面转换为四边面。打开“四边形化面选项”对话框，如图2-49所示。

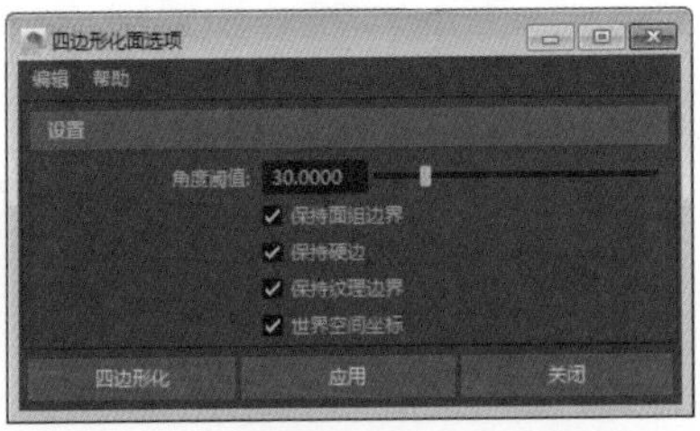

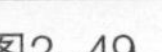

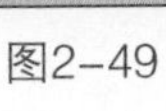

图2-49

常用参数介绍

角度阈值：设置两个合并三角形的极限参数（极限参数是两个相邻三角形的面法线之间的角度）。当该值为0时，只有共面的三角形被转换；当该值为180时，表示所有相邻的三角形面都有可能会被转换为四边形面。

保持面组边界：选择该项后，可以保持面组的边界；关闭该选项时，面组的边界可能会被修改。

保持硬边：选择该项后，可以保持多边形的硬边；关闭该选项时，在两个三角形面之间的硬边可能会被删除。

保持纹理边界：选择该项后，可以保持纹理的边界；关闭该选项时，Maya将修改纹理的边界。

世界空间坐标：选择该项后，设置的“角度阈值”处于世界坐标系中的两个相邻三角形面法线之间的角度上；关闭该选项时，“角度阈值”处于局部坐标空间中的两个相邻三角形面法线之间的角度上。

操作练习 四边形化多边形面

» 场景文件 Scenes>CH02>2.4.mb
» 实例文件 Examples>CH02>2.4.mb
» 视频名称 操作练习：四边形化多边形面.mp4
» 技术掌握 掌握如何将多边形面转换为三/四边形面

本例使用“三角化”命令和“四边形化”命令将多边形面转换为三/四边面后的效果如图2-50所示。

图2-50

01 打开学习资源中的“Scenes>CH02>2.4.mb”文件，场景中有一个四边面构成的模型，如图2-51所示。

02 选择模型，然后执行“网格>三角化”菜单命令，此时可以观察到模型变为三角面，如图2-52所示。

03 选择模型，然后执行“网格>四边形化”菜单命令，此时可以观察到模型的三边面已经转换成了四边面，如图2-53所示。

图2-51 图2-52 图2-53

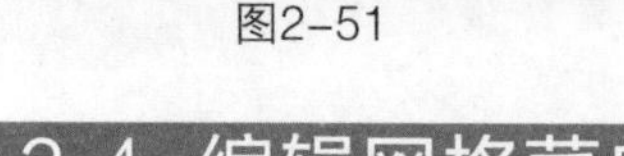

2.4 编辑网格菜单

“编辑网格”菜单中提供了很多修改网格的工具，这些工具主要分为“组件”“顶点”“边”“面”“曲线”这5大类，如图2-54所示。

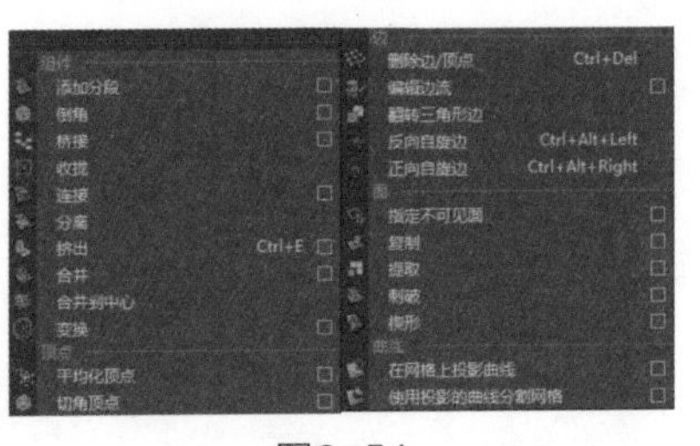

图2-54

2.4.1 倒角

使用“倒角”命令可以在选定边上创建出倒角效果，同时也可以消除渲染时的尖锐棱角。打开“倒角选项”对话框，如图2-55所示。

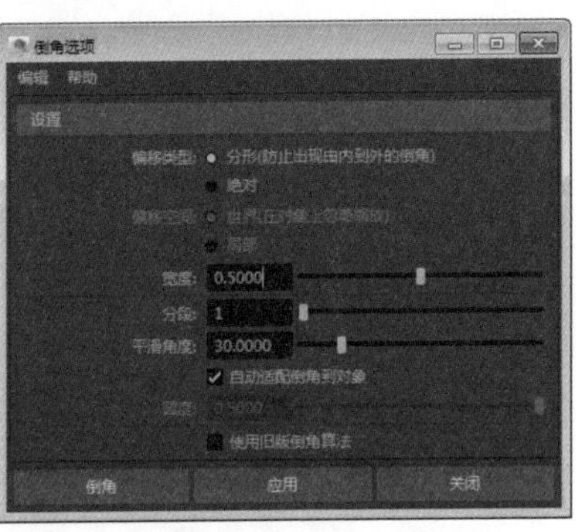

图2-55

常用参数介绍

偏移类型：选择计算倒角宽度的方式。

分形（防止出现由内到外的倒角）：倒角宽度将不会大于最短边。该选项会限制倒角的大小，以确保不会创建由内到外的倒角。

绝对：选择该选项会受“宽度”影响，且在创建倒角时没有限制。如果使用的“宽度”太大，倒角可能会变为由内到外。

偏移空间：确定应用到已缩放对象的倒角是否也将按照对象上的缩放进行缩放。

世界（在对象上忽略缩放）：如果将某个已缩放对象倒角，那么偏移将忽略缩放并使用世界空间值。

局部：如果将某个已缩放对象倒角，那么也会按照应用到对象的缩放来缩放偏移。

提示

当选择“绝对”选项时，“偏移空间”属性才会被激活。

宽度：设置倒角的大小。

分段：设置执行倒角操作后生成的面的段数。段数越多，产生的圆弧效果越明显。

平滑角度：指定进行着色时希望倒角边是硬边还是软边。

操作练习 倒角多边形

- 场景文件 Scenes>CH02>2.5.mb
- 实例文件 Examples>CH02>2.5.mb
- 视频名称 操作练习：倒角多边形.mp4
- 技术掌握 掌握如何倒角多边形

本例使用“倒角”命令制作的倒角效果如图2-56所示。

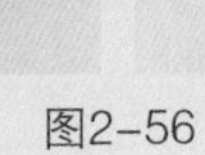

图2-56

01 打开学习资源中的“Scenes>CH02>2.5.mb”文件，场景中有一个战锤模型，如图2-57所示。

02 选择立方体，然后切换到“边”编辑模式，并选择两端的边，如图2-58所示。

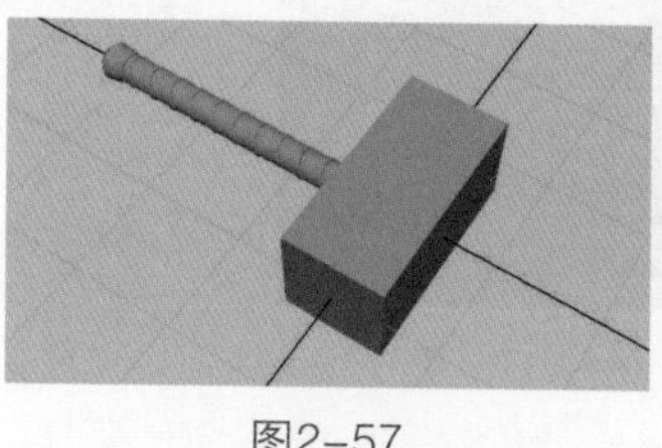

图2-57

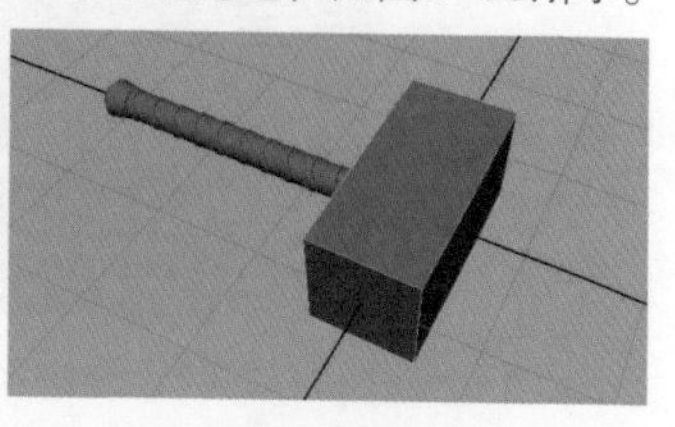

图2-58

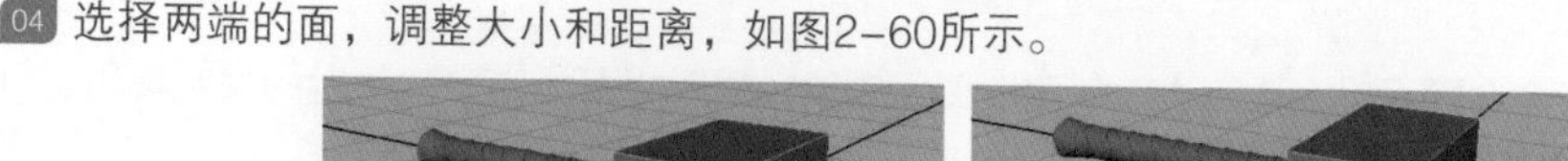

03 执行“编辑网格>倒角”菜单命令，效果如图2-59所示。

04 选择两端的面，调整大小和距离，如图2-60所示。

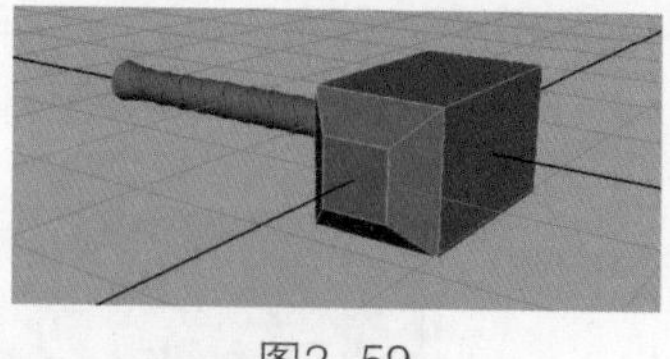

图2-59

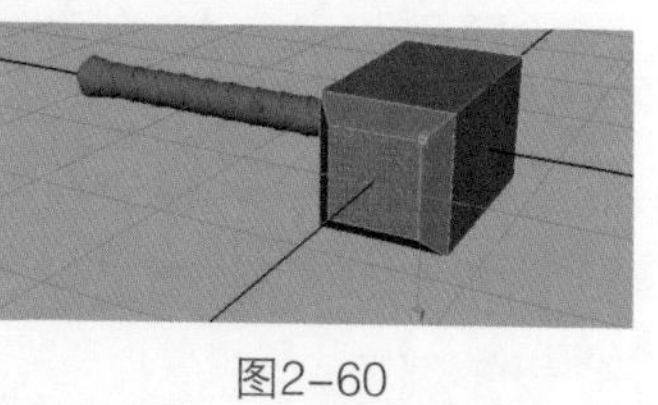

图2-60

05 选择边缘的棱边，执行“编辑网格>倒角”命令，并在“通道盒/层编辑器”面板中设置“偏移”为0.45，效果如图2-61所示。

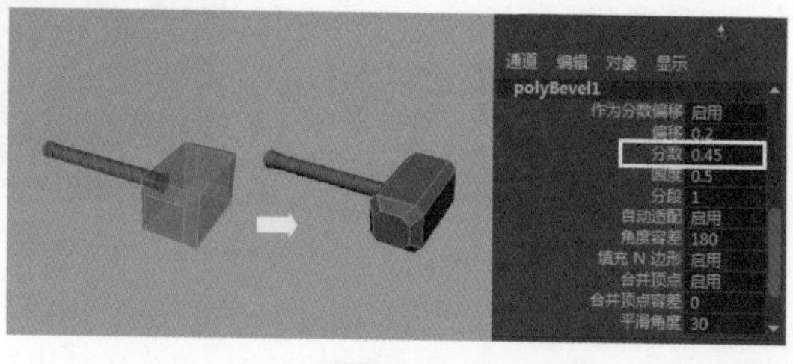

图2-61

2.4.2 桥接

使用“桥接”命令可以在一个多边形对象内的两个洞口之间产生桥梁式的连接效果，连接方式可以是线性连接，也可以是平滑连接。打开“桥接选项”对话框，如图2-62所示。

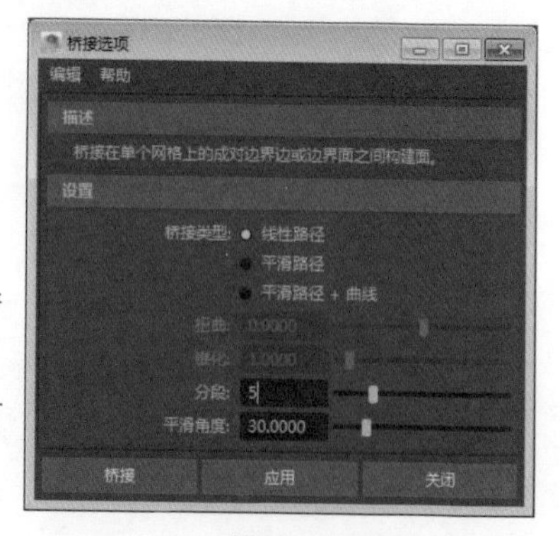

图2-62

常用参数介绍

桥接类型：用来选择桥接的方式。

线性路径：以直线的方式进行桥接。

平滑路径：使连接的部分以光滑的形式进行桥接。

平滑路径+曲线：以平滑的方式进行桥接，并且会在内部产生一条曲线。可以通过曲线的弯曲度来控制桥接部分的弧度。

扭曲：当开启“平滑路径+曲线”选项时，该选项才可用，可使连接部分产生扭曲效果，并且以螺旋的方式进行扭曲。

锥化：当开启“平滑路径+曲线”选项时，该选项才可用，主要用来控制连接部分的中间部分的大小，可以与两头形成渐变的过渡效果。

分段：控制连接部分的分段数。

平滑角度：用来改变连接部分的点的法线的方向，以达到平滑的效果，一般使用默认值。

操作练习 桥接多边形

» 场景文件 Scenes>CH02>2.6.mb
» 实例文件 Examples>CH02>2.6.mb
» 视频名称 操作练习：桥接多边形.mp4
» 技术掌握 掌握如何桥接多边形

本例使用“桥接”命令桥接的多边形效果如图2-63所示。

图2-63

01 打开学习资源中的“Scenes>CH02>2.6.mb”文件，桥梁模型的中间缺少桥面，如图2-64所示。

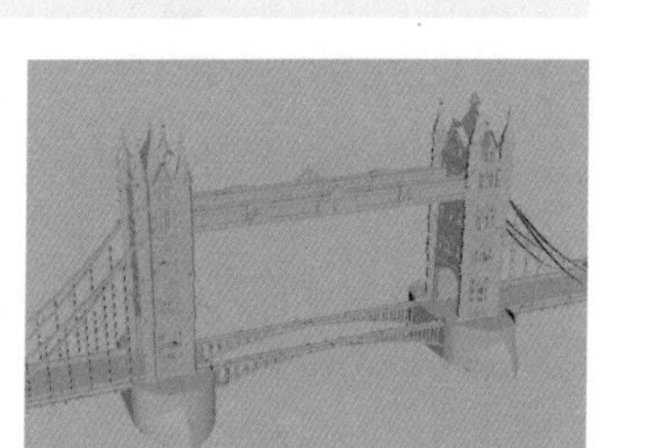

图2-64

02 在“通道盒/层编辑器”中取消选择layer1，此时场景中只剩下两端的桥面，如图2-65所示。

03 选择两个桥梁模型，然后执行“网格>结合”菜单命令，接着选择模型的横截面，如图2-66所示。

图2-65

图2-66

04 执行“编辑网格>桥接”菜单命令，然后在“通道盒/层编辑器”中展开polyBridgeEdge1节点属性，接着设置“分段”为0，如图2-67所示，最后显示layer1，效果如图2-68所示。

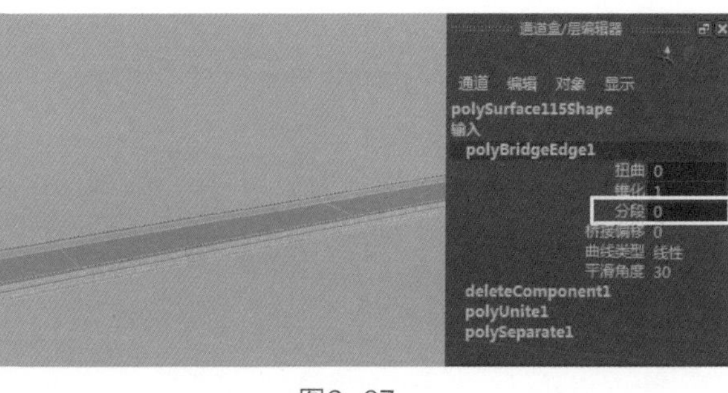

图2-67

图2-68

2.4.3 连接

选择顶点和边后，使用“连接”命令可以通过边将其连接起来。顶点将直接连接到连接边，而边将在其中的顶点处进行连接。

2.4.4 分离

选择顶点后，根据顶点共享的面的数目，使用“分离”命令可以将多个面共享的所有选定顶点拆分为多个顶点。

2.4.5 挤出

使用“挤出”命令可以沿多边形面、边或点进行挤出，从而得到新的多边形面，该命令在建模中非常重要，使用频率相当高。打开“挤出面选项”对话框，如图2-69所示。

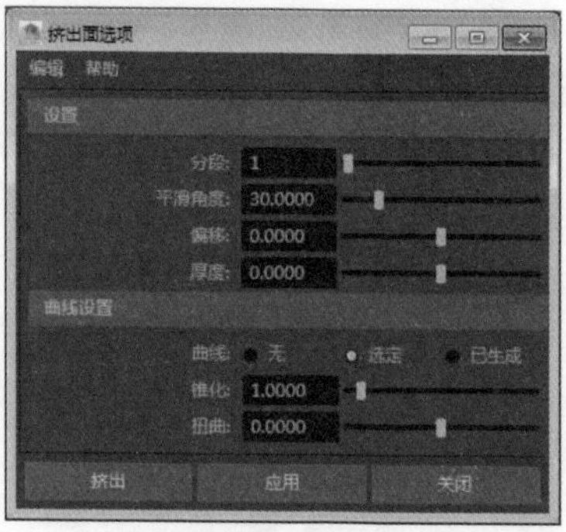

常用参数介绍

分段：设置挤出的多边形面的段数。

平滑角度：用来设置挤出后的面的点法线，可以得到平面的效果，一般情况下使用默认值。

偏移：设置挤出面的偏移量。正值表示将挤出面进行缩小；负值表示将挤出面进行扩大。

厚度：设置挤出面的厚度。

曲线：设置是否沿曲线挤出面。

无：不沿曲线挤出面。

选定：表示沿曲线挤出面，但前提是必须有曲线。

图2-69

已生成：选择该选项后，挤出时将创建曲线，并会将曲线与组件法线的平均值对齐。

锥化：控制挤出面的另一端的大小，使其从挤出位置到终点位置形成一个过渡的变化效果。

扭曲：使挤出的面产生螺旋状效果。

操作练习 挤出多边形

» 场景文件 Scenes>CH02>2.7.mb

» 实例文件 Examples>CH02>2.7.mb

» 视频名称 操作练习：挤出多边形.mp4

» 技术掌握 掌握如何挤出多边形

本例使用“挤出”命令挤出的多边形效果如图2-70所示。

图2-70

01 打开学习资源中的“Scenes>CH02>2.7.mb”文件，场景中有一个兔子模型，如图2-71所示。

02 进入面级别，然后选择兔子手中半球体的底部的面，如图2-72所示。

图2-71

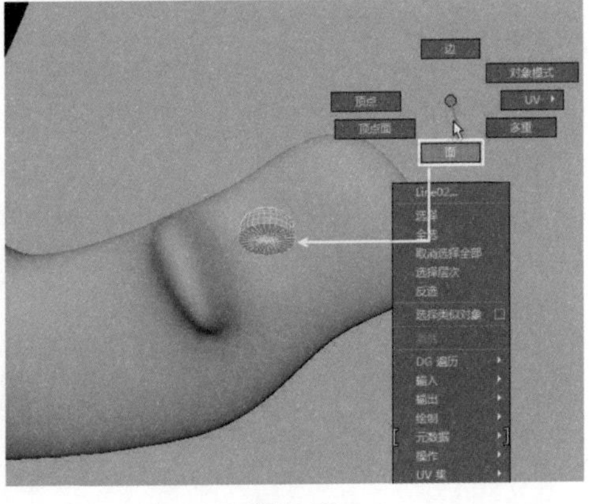

图2-72

03 执行“编辑网格>挤出”菜单命令，然后将操作手柄向下拖曳形成把手的形状，如图2-73所示。接着将底部的面缩小，效果如图2-74所示。

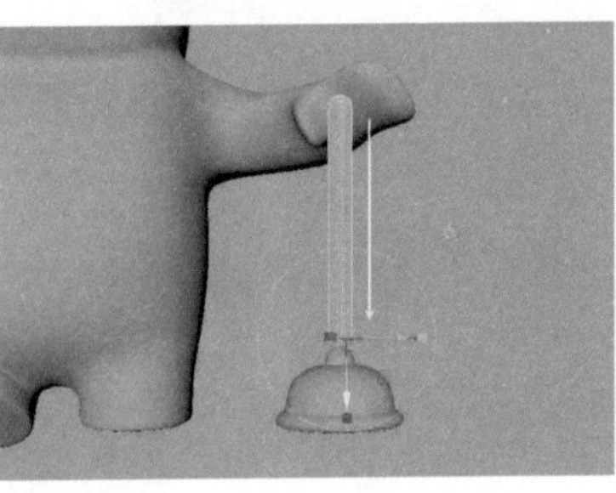

图2-73

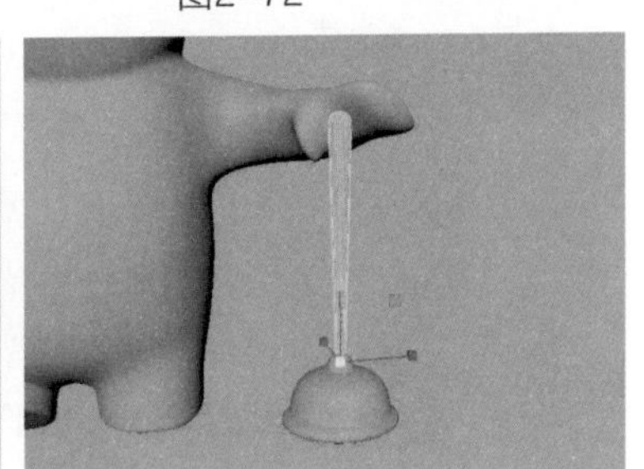

图2-74

提示

“挤出”命令还可以使多边形沿曲线方向挤出。

选择多边形上的面，然后按住Shift键加选曲线，如图2-75所示。

执行“编辑网格>挤出”菜单命令，然后在打开的菜单中设置“分段”属性，可以修改挤出多边形的段数。段数越多，多边形越趋于曲线的形状，如图2-76所示。

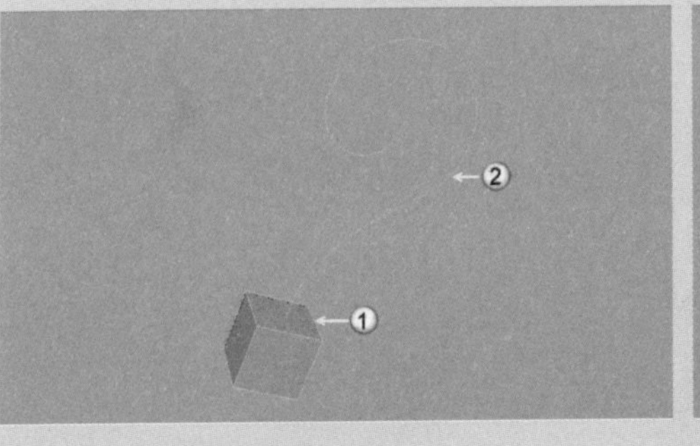

图2-75

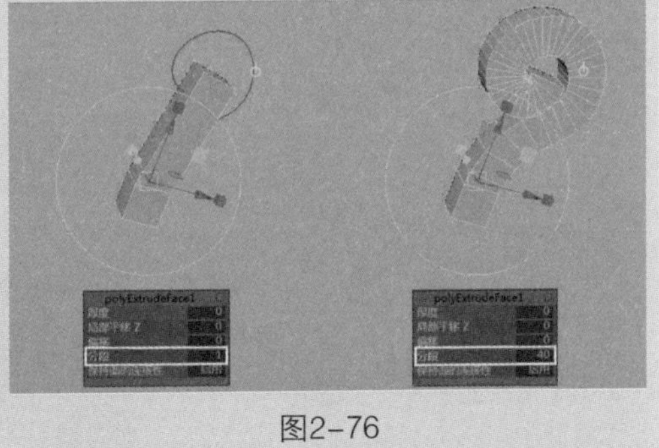

图2-76

在“通道盒/层编辑器”中展开polyExtrudeFace1节点属性，然后设置“扭曲”属性，可以调整多边形的扭曲效果，如图2-77所示。

设置“锥化”属性，可以修改多边形末端的大小，如图2-78所示。

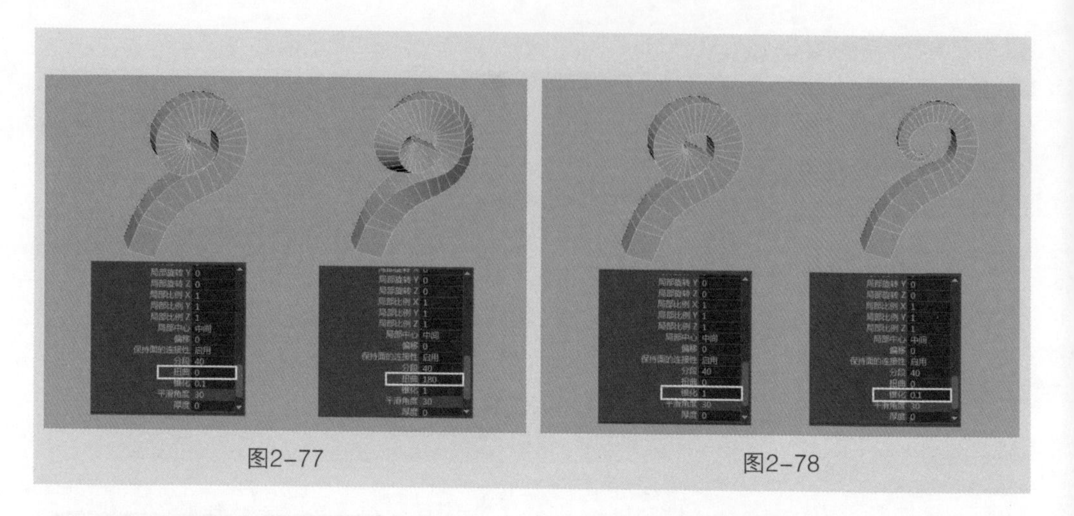

图2-77　　图2-78

2.4.6 合并

使用“合并”命令可以将选择的多个顶点或边合并成一个顶点或边，合并后的位置在选择对象的中心位置上。打开“合并顶点选项”对话框（如果选择的是边，那么打开的是“合并边界选项”对话框），如图2-79所示。

图2-79

常用参数介绍

阈值：在合并顶点时，该选项可以指定一个极限值，凡距离小于该值的顶点都会被合并在一起，而距离大于该值的顶点不会合并在一起。

始终为两个顶点合并：当选择该选项并且只选择两个顶点时，无论“阈值”是多少，它们都将被合并在一起。

操作练习 合并顶点

» 场景文件　Scenes>CH02>2.8.mb
» 实例文件　Examples>CH02>2.8.mb
» 视频名称　操作练习：合并顶点.mp4
» 技术掌握　掌握如何合并多边形的顶点

本例使用“合并”命令将两个模型的顶点合并起来后的效果如图2-80所示。

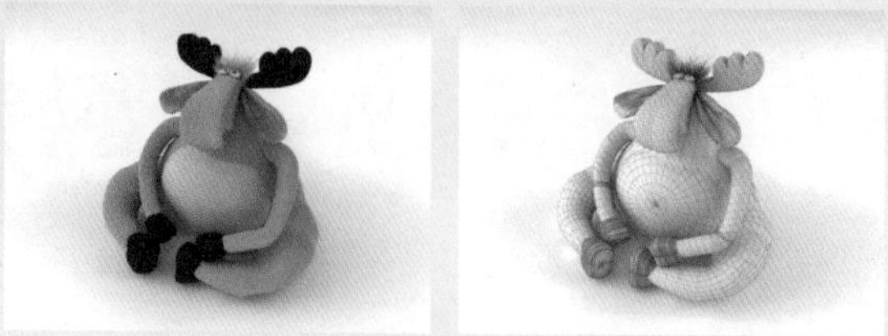

图2-80

01 打开学习资源中的“Scenes>CH02>2.8.mb”文件，场景中有一个麋鹿模型，如图2-81所示。

02 麋鹿的头部由两部分构成，如图2-82所示。选择两个头部模型，然后执行“网格>结合”菜单命令，使其合二为一。

03 由图2-83可以看出，虽然将两个部分结合了，但是并不是一个完整的模型，中间有一条缝隙。进入头部模型的顶点级别，然后选择缝隙两边的点，如图2-84所示。

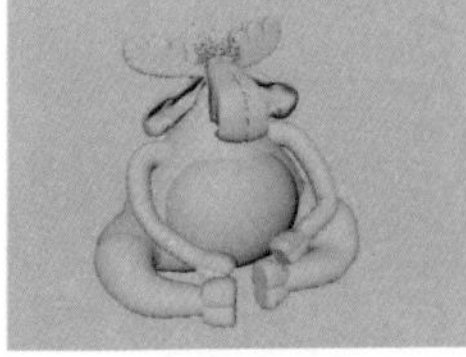
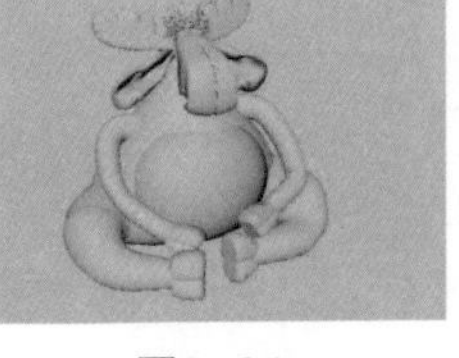
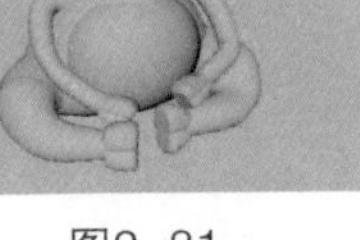

图2-81

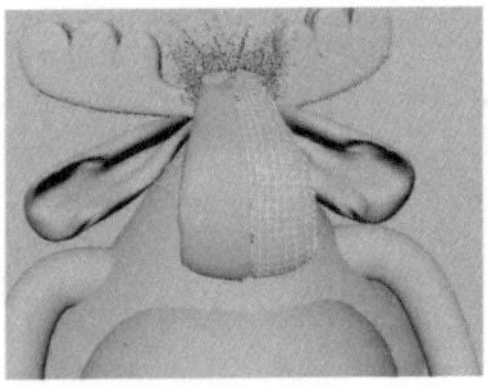

图2-82

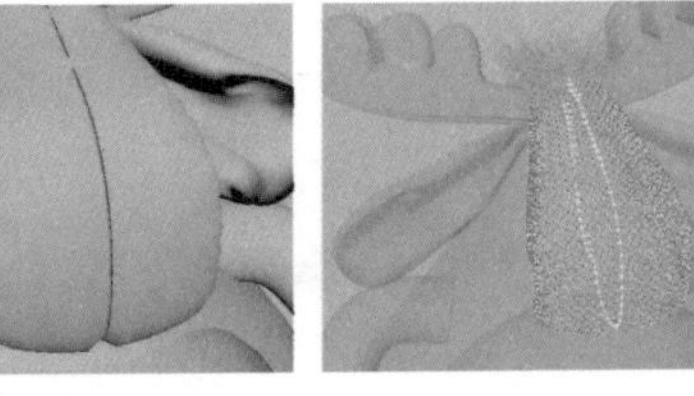

图2-83

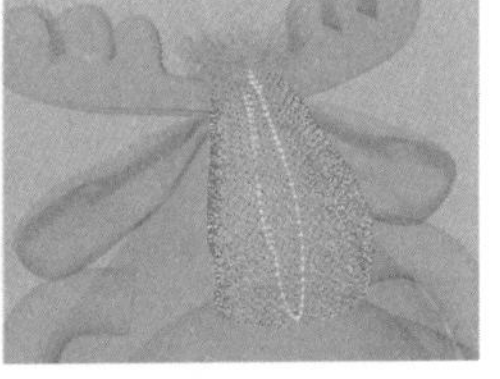

图2-84

提示

在选择点的时候，可以切换到其他视图（如前视图），这样可以快速选择相关的点，如图2-85所示。该方法适用于选择在同一平面上的对象。

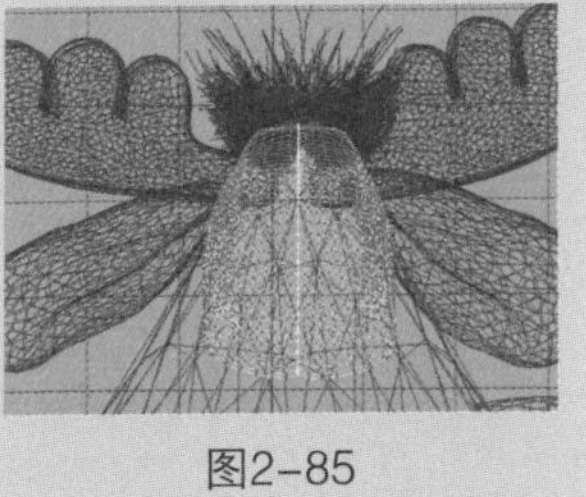

图2-85

04 单击“编辑网格>合并”命令后面的按钮，在打开的“合并顶点选项”对话框中设置“阈值”为0.01，然后单击“合并”按钮，如图2-86所示。此时模型中间相邻的点就合并了，效果如图2-87所示。

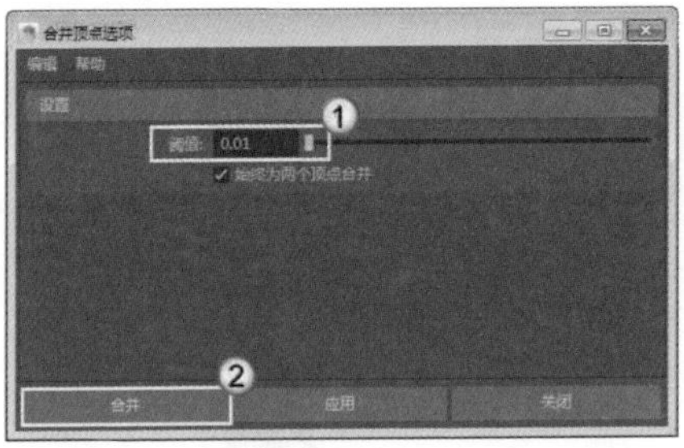

图2-86

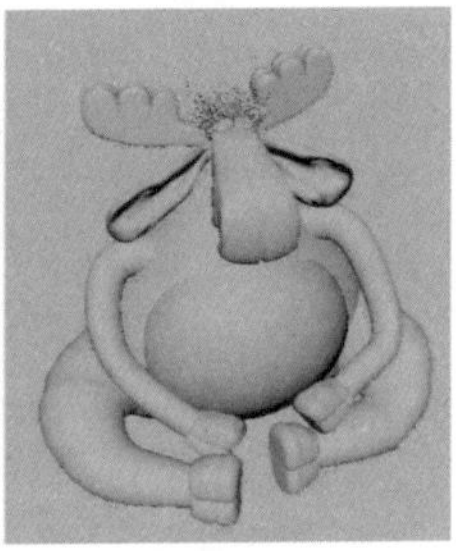

图2-87

2.4.7 合并到中心

使用“合并到中心”命令可以将选择的顶点、边、面合并到它们的几何中心位置。

2.4.8 切角顶点

使用“切角顶点”命令可以将选择的顶点分裂成4个顶点，这4个顶点可以围成一个四边形，同时也可以删除4个顶点围成的面，以实现“打洞”效果。打开“切角顶点选项”对话框，如图2-88所示。

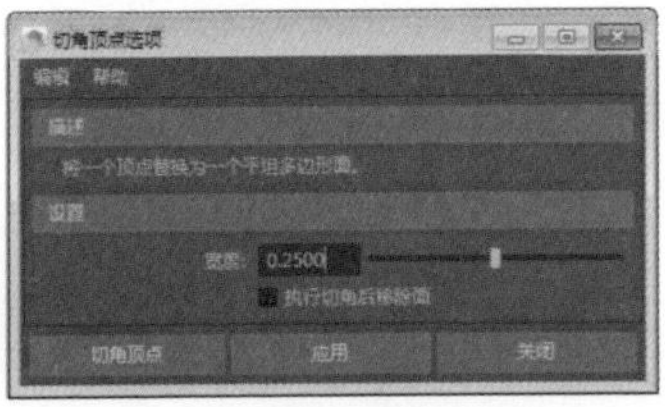

常用参数介绍

宽度：设置顶点分裂后顶点与顶点之间的距离。

执行切角后移除面：选择该选项后，由4个顶点围成的四边面将被删除。

图2-88

2.4.9 删除边/顶点

使用“删除边/顶点”命令可以删除选择的边或顶点，与删除后的边或顶点相关的边或顶点也将被删除。

2.4.10 复制

使用“复制”命令可以将多边形上的面复制出来作为一个独立部分。打开“复制面选项”对话框，如图2-89所示。

常用参数介绍

分离复制的面：选择该选项后，复制出来的面将成为一个独立部分。

偏移：用来设置复制出来的面的偏移距离。

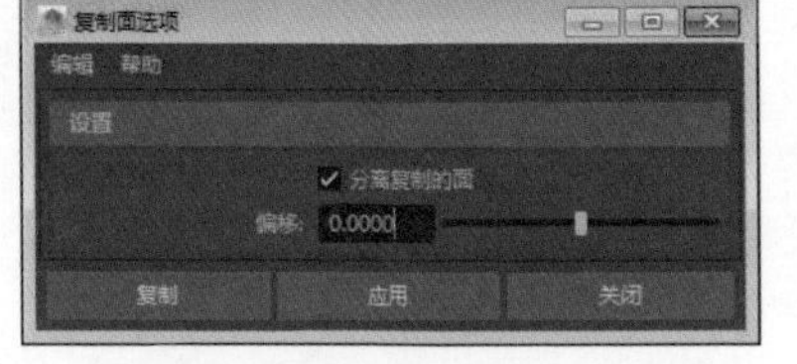

图2-89

操作练习 复制多边形的面

- » 场景文件 Scenes>CH02>2.9.mb
- » 实例文件 Examples>CH02>2.9.mb
- » 视频名称 操作练习：复制多边形的面.mp4
- » 技术掌握 掌握如何复制多边形的面

本例使用“复制面”命令复制的面效果如图2-90所示。

图2-90

01 打开学习资源中的“Scenes>CH02>2.9.mb”文件，场景中有一个角色的模型，如图2-91所示。

02 选择身体部分的模型，然后进入面级别，接着选择角色左手小臂上的面，如图2-92所示。接着执行“编辑网格>复制”菜单命令，最后拖曳蓝色箭头（z轴）使复制出的面向外扩张，如图2-93所示。

03 选择复制出来的模型，然后执行“编辑网格>挤出”菜单命令，接着拖曳蓝色箭头（z轴），使复制出的面具有一定厚度，如图2-94所示。

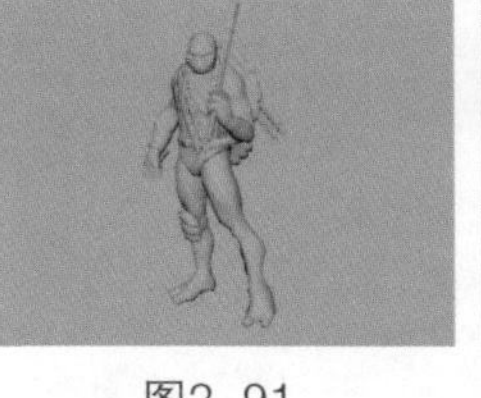

图2-91

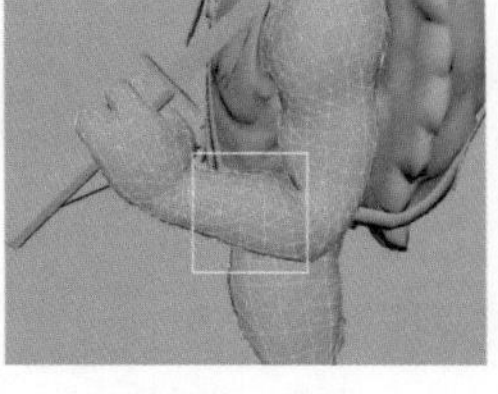

图2-92

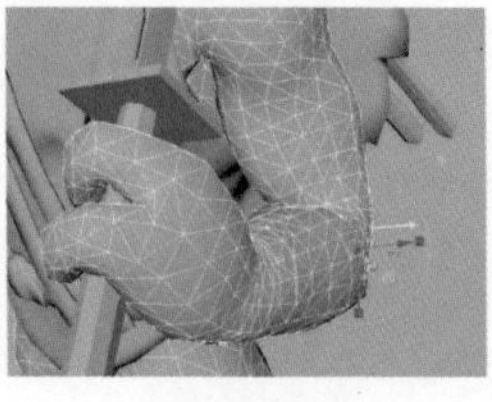

图2-93

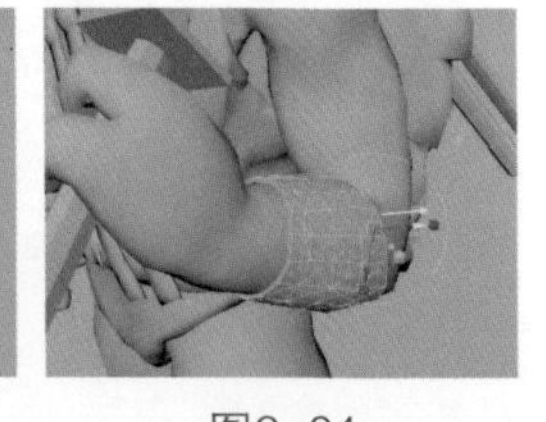

图2-94

2.4.11 提取

使用“提取”命令可以将多边形对象上的面提取出来作为独立的部分，也可以作为壳和原始对象。打开“提取选项”对话框，如图2-95所示。

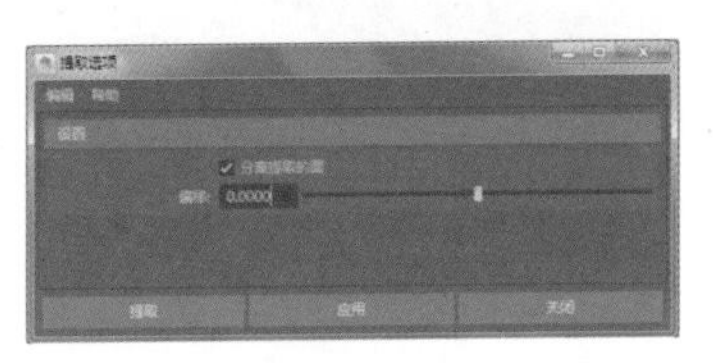

图2-95

常用参数介绍

分离提取的面：选择该选项后，提取出来的面将作为一个独立的多边形对象；如果关闭该选项，提取出来的面与原始模型将是一个整体。

偏移：设置提取出来的面的偏移距离。

操作练习 提取多边形的面

- » 场景文件 Scenes>CH02>2.10.mb
- » 实例文件 Examples>CH02>2.10.mb
- » 视频名称 操作练习：提取多边形的面.mp4
- » 技术掌握 掌握如何提取多边形对象上的面

本例使用“提取”命令将多边形上的面提取出来后的效果如图2-96所示。

图2-96

01 打开学习资源中的“Scenes>CH02>2.10.mb”文件，场景中有一个存储仓模型，如图2-97所示。

02 在“通道盒/层编辑器”中取消选择layer1，此时场景中只剩下中间部分的模型，如图2-98所示。

03 进入模型的面级别，然后选择图2-99所示的面，接着执行“编辑网格>提取”菜单命令，使选择的面从模型上分离出来，如图2-100所示。

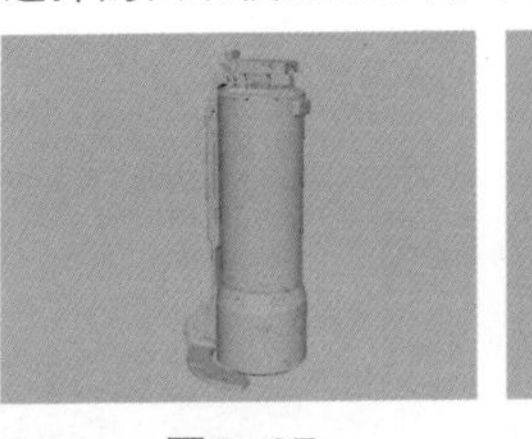

图2-97

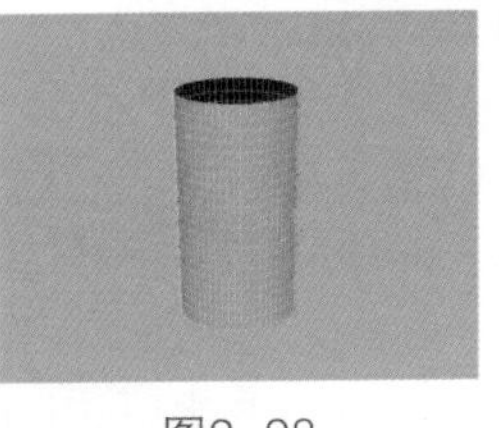

图2-98

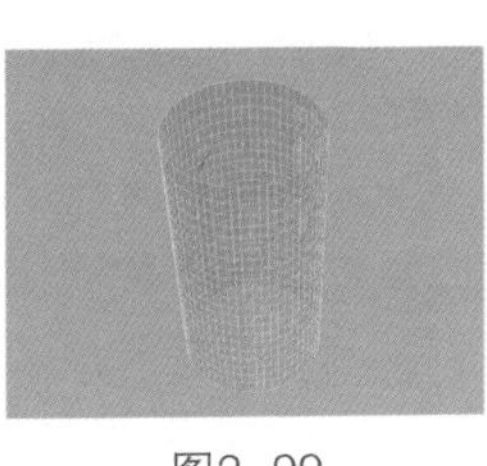

图2-99

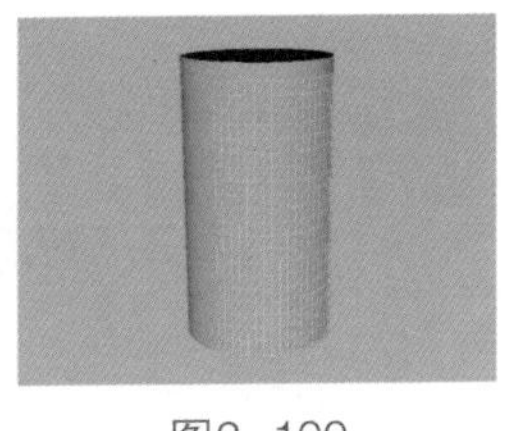

图2-100

04 为两个模型执行“挤出”命令，然后设置“厚度”为0.28，如图2-101所示。

05 调整较小的模型的大小，使两个模型之间产生缝隙，如图2-102所示。最终效果如图2-103所示。

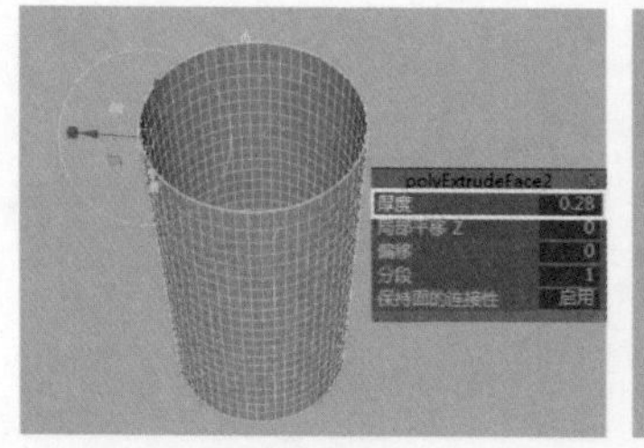

图2-101

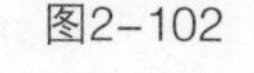

图2-102

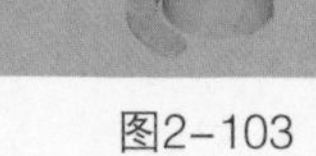

图2-103

2.4.12 刺破

使用“刺破”命令可以在选定面的中心产生一个新的顶点，并将该顶点与周围的顶点连接起来。在新的顶点处有个控制手柄，可以通过调整手柄来对顶点进行移动操作。打开“刺破面选项”对话框，如图2-104所示。

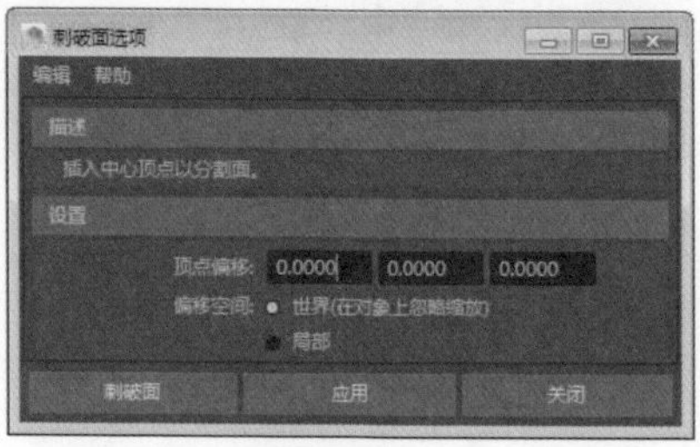

图2-104

常用参数介绍

顶点偏移：偏移“刺破”命令生成的顶点。

偏移空间：设置偏移的坐标系。“世界”表示在世界坐标空间中偏移，“局部”表示在局部坐标空间中偏移。

2.5 网格工具菜单

“网格工具”菜单中提供了很多增加细节的网格工具，如图2-105所示。

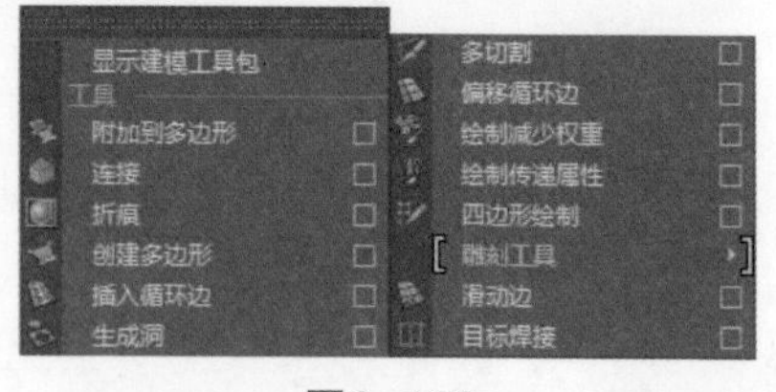

图2-105

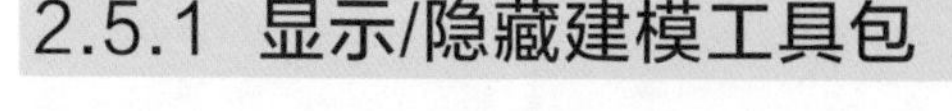

2.5.1 显示/隐藏建模工具包

使用“显示/隐藏建模工具包”命令，可以在Maya界面的右侧打开或隐藏“建模工具包”面板，如图2-106所示。该面板中提供了大量的快捷建模工具，可以高效、方便地制作模型。

图2-106

2.5.2 附加到多边形工具

使用“附加到多边形工具” 可以在原有多边形的基础上继续进行扩展，以添加更多的多边形。打开该工具的“工具设置”对话框，如图2-107所示。

提示

“附加到多边形工具”的参数与“创建多边形工具”的参数完全相同，这里不再讲解。

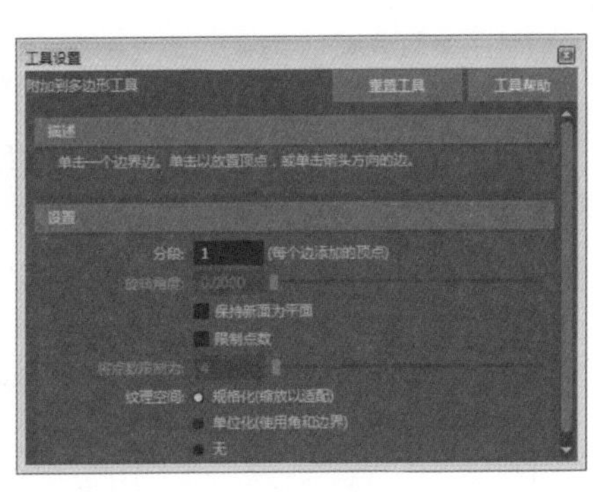

图2-107

操作练习 附加多边形

» 场景文件 Scenes>CH02>2.11.mb
» 实例文件 Examples>CH02>2.11.mb
» 视频名称 操作练习：附加多边形.mp4
» 技术掌握 掌握如何附加多边形

本例使用“附加到多边形工具” 附加的多边形效果如图2-108所示。

图2-108

01 打开学习资源中的“Scenes>CH02>2.11.mb”文件，场景中有一个雕像模型，如图2-109所示。

02 在雕像的身体部分有一个缺口。选择模型，执行“网格工具>附加到多边形工具”菜单命令 ，然后在右侧缺口处选择上下两条边，此时会出现粉色的预览面，如图2-110所示。接着按Enter键可以生成面，如图2-111所示。

03 使用同样的方法修补剩余的缺口，最终效果如图2-112所示。

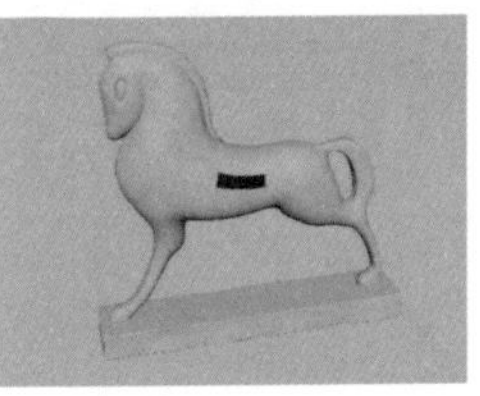

图2-109

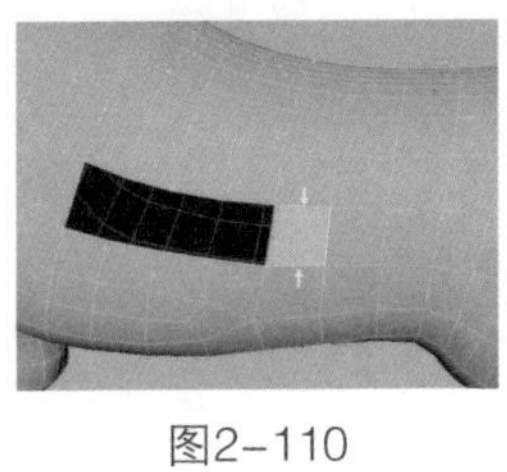

图2-110

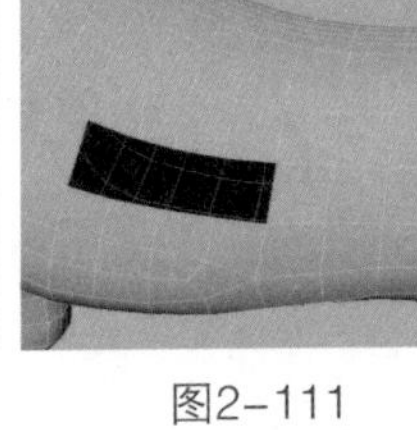

图2-111

图2-112

2.5.3 创建多边形工具

使用“创建多边形工具” 可以在指定的位置创建一个多边形，该工具是通过单击多边形的顶点来完成创建工作的。打开该工具的“工具设置”对话框，如图2-113所示。

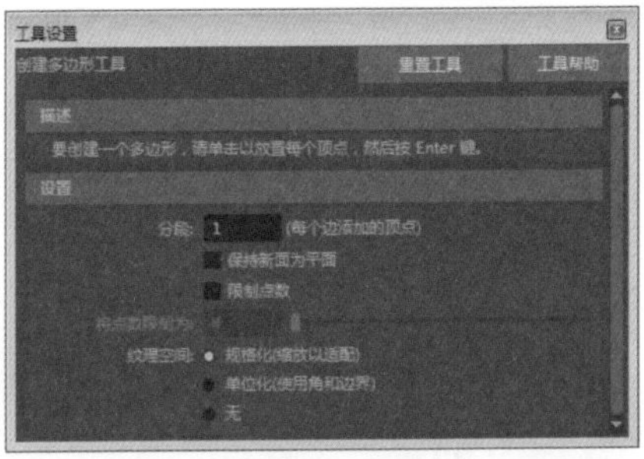

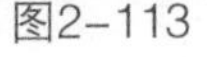

图2-113

常用参数介绍

分段：指定要创建的多边形的边的分段数量。

保持新面为平面：默认情况下，使用“创建多边形工具”添加的任何面位于附加到的多边形网格的相同平面。如果要将多边形附加在其他平面上，可以禁用“保持新面为平面”选项。

限制点数：指定新多边形所需的顶点数量。值为4可以创建四条边的多边形（四边形），值为3可以创建三条边的多边形（三角形）。

将点数限制为：选择“限制点数”选项后，用来设置点数的最大数量。

纹理空间：指定如何为新多边形创建 UV纹理坐标。

规格化（缩放以适配）：启用该选项后，纹理坐标将缩放以适合0~1范围内的UV纹理空间，同时保持UV面的原始形状。

单位化（使用角和边界）：启用该选项后，纹理坐标将放置在纹理空间0~1的角点和边界上。具有3个顶点的多边形将具有一个三角形UV纹理贴图（等边），而具有3个以上顶点的多边形将具有方形UV纹理贴图。

无：不为新的多边形创建UV。

操作练习 创建多边形

» 场景文件 无
» 实例文件 Examples>CH02>2.12.mb
» 视频名称 操作练习：创建多边形.mp4
» 技术掌握 掌握创建多边形工具的用法

本例使用“创建多边形工具”创建的多边形效果如图2-114所示。

图2-114

01 按快捷键Ctrl+N新建一个场景，然后切换到front（前）视图，接着执行“网格工具>创建多边形工具”菜单命令，再在视图中通过多次单击绘制出图2-115所示的形状。

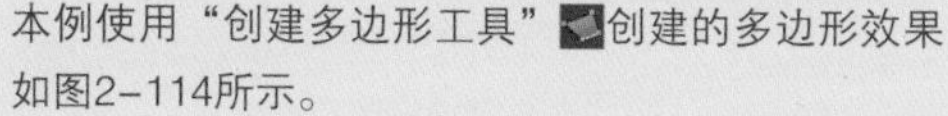

提示

在绘制的过程中，如果对当前顶点的位置不满意，那么可以按Backspace键删除，然后重新绘制。

图2-115

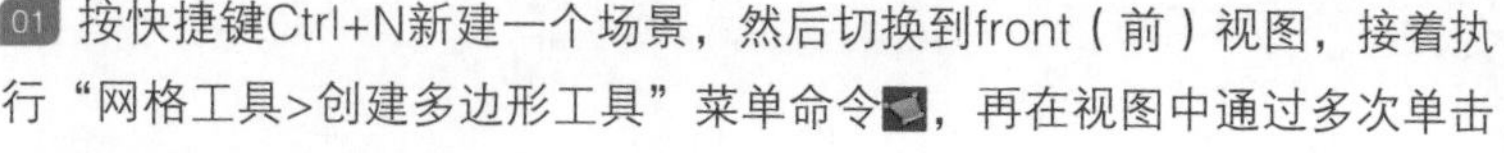

02 绘制后会以粉色的预览面显示，按Enter键后就会生成面，如图2-116所示。然后使用同样的方法绘制出腿部的多边形，效果如图2-117所示。

03 切换到persp（透）视图，然后对创建好的多边形面片执行“挤出”命令，使面片具有一定的厚度，如图2-118所示。接着复制腿部模型，并移至另一侧，如图2-119所示。

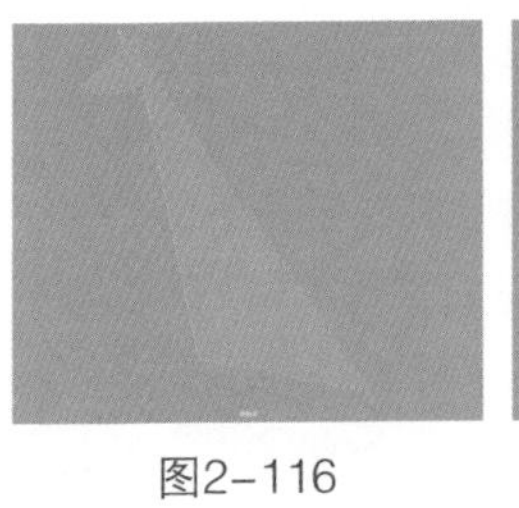

图2-116

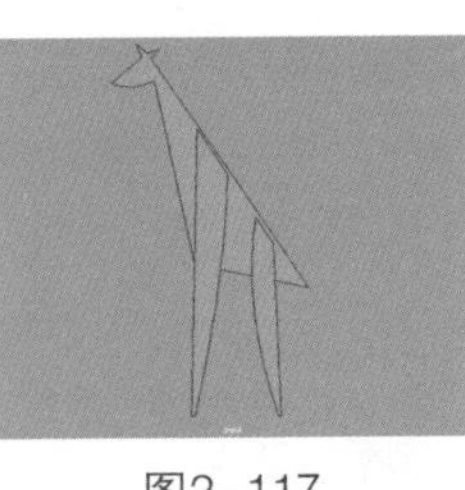

图2-117

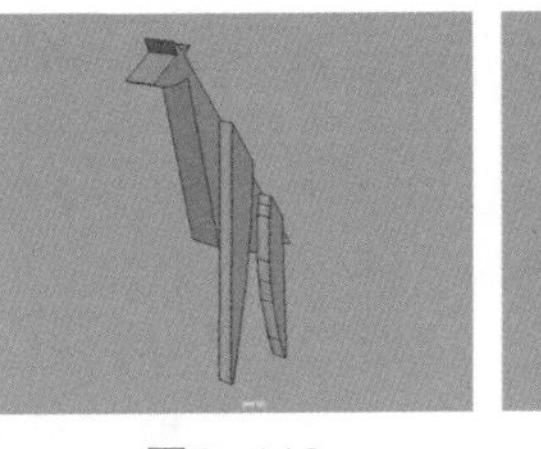

图2-118

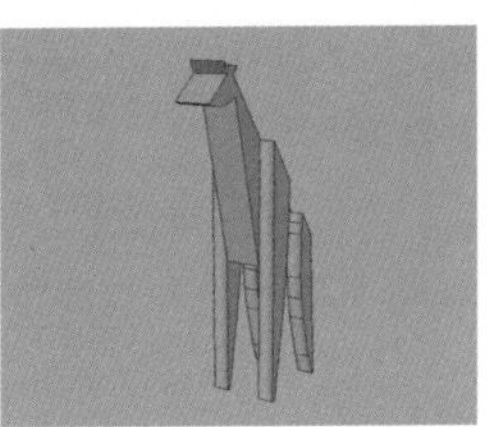

图2-119

2.5.4 插入循环边

使用“插入循环边工具”可以在多边形对象上的指定位置插入一条环形线，该工具是通过判断多边形的对边来产生线。如果遇到三边形或大于四边的多边形将结束命令，因此在很多时候会遇到使用该命令后不能产生环形边的现象。打开该工具的“工具设置”对话框，如图2-120所示。

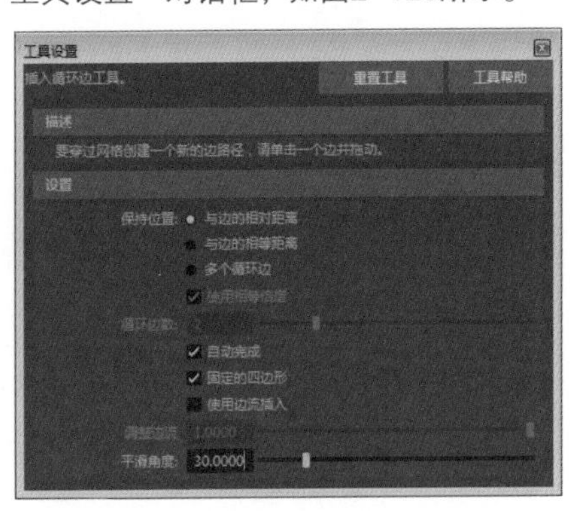

图2-120

常用参数介绍

保持位置：指定如何在多边形网格上插入新边。

与边的相对距离：基于选定边上的百分比距离，沿着选定边放置点插入边。

与边的相等距离：沿着选定边，按照基于单击第1条边的位置的绝对距离放置点插入边。

多个循环边：根据“循环边数”中指定的数量，沿选定边插入多个等距循环边。

使用相等倍增：该选项与剖面曲线的高度和形状相关。使用该选项的时候应用最短边的长度来确定偏移高度。

循环边数：当启用“多个循环边”选项时，“循环边数”选项用来设置要创建的循环边数量。

自动完成：启用该选项后，只要单击并拖动到相应的位置，然后释放鼠标，就会在整个环形边上立即插入新边。

固定的四边形：启用该选项后，会自动分割由插入循环边生成的三边形和五边形区域，以生成四边形区域。

平滑角度：指定在操作完成后，是否自动软化或硬化沿环形边插入的边。

操作练习 在多边形上插入循环边

- 场景文件 Scenes>CH02>2.13.mb
- 实例文件 Examples>CH02>2.13.mb
- 视频名称 操作练习：在多边形上插入循环边.mp4
- 技术掌握 掌握如何在多边形上插入循环边

本例使用“插入循环边工具”插入循环边后的效果如图2-121所示。

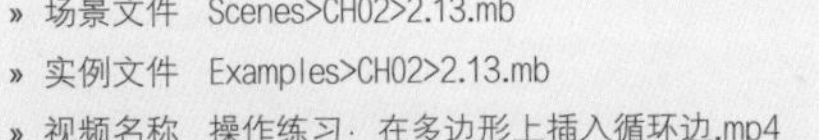

图2-121

01 打开学习资源中的“Scenes>CH02>2.13.mb”文件，场景中有一个兔子和萝卜模型，如图2-122所示。

02 执行“网格工具>插入循环边”菜单命令，然后在萝卜模型上按住鼠标左键并拖曳，可以调整要插入循环边的位置，如图2-123所示。当松开鼠标后，会在指定的位置插入循环边，如图2-124所示。

图2-122

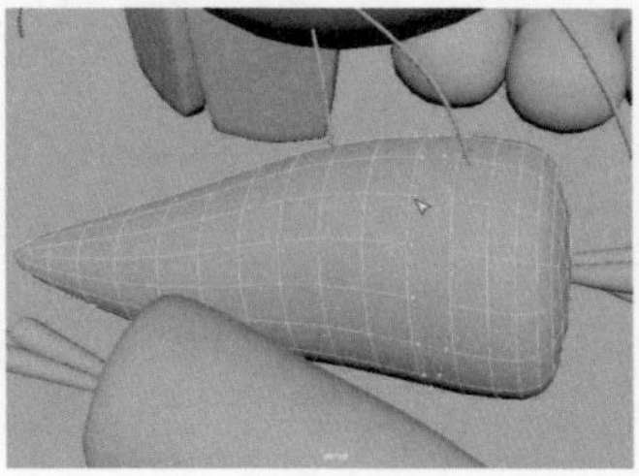

图2-123

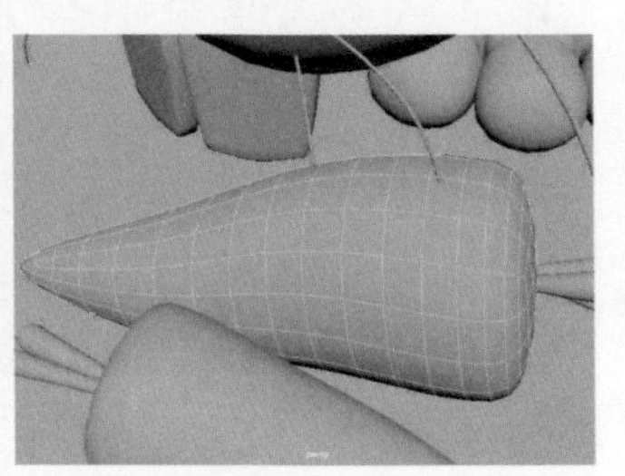

图2-124

03 为萝卜模型添加多条循环边，如图2-125所示。然后通过“缩放工具”为萝卜添加凹痕效果，如图2-126和图2-127所示。

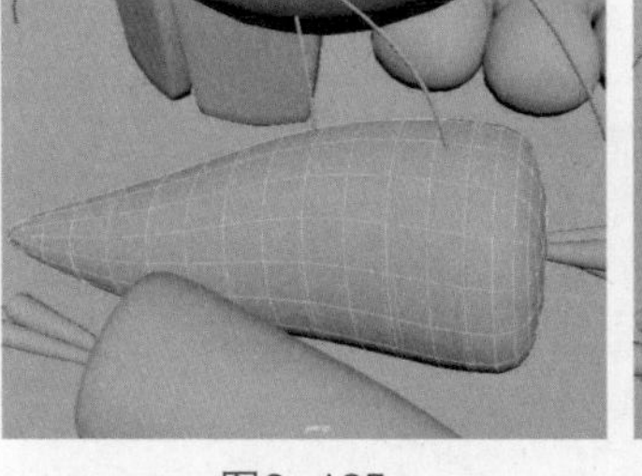

图2-125

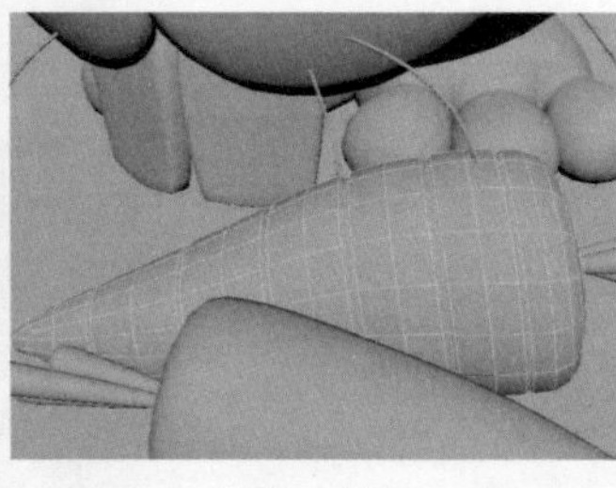

图2-126

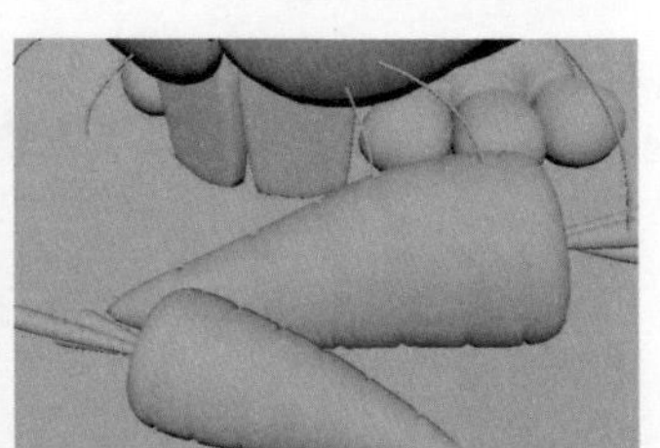

图2-127

2.5.5 生成洞

使用“生成洞工具”可以在一个多边形的一个面上利用另外一个面来创建一个洞。打开该工具的“工具设置”对话框，如图2-128所示。

图2-128

常用参数介绍

合并模式：用来设置合并模型的方式，共有7种模式，这里介绍其中的6种。

第一个：变换选择的第2个面，以匹配中心。

中间：变换选择的两个面，以匹配中心。

第二个：变换选择的第1个面，以匹配中心。

投影第一项：将选择的第2个面投影到选择的第1个面上，但不匹配两个面的中心。

投影中间项：将选择的两个面都投影到一个位于它们之间的平面上，但不匹配两个面的中心。

投影第二项：将选择的第1个面投影到选择的第2个面上，但不匹配两个面的中心。

提示

在创建洞时，选择的两个面必须是同一个多边形上的面，要想得到特定的洞形状，可以使用 “创建多边形工具”重新创建一个轮廓面，然后使用“结合”命令将两个模型合并起来，再进行创建洞操作。

2.5.6 多切割

使用“多切割工具”可以切割指定的面或整个对象，让这些面在切割处产生一个分段。打开该工具的“工具设置”对话框，如图2-129所示。

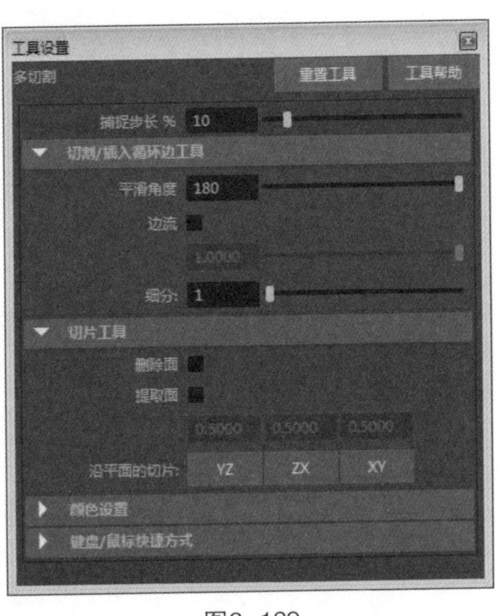

图2-129

常用参数介绍

捕捉步长 %：指定在定义切割点时使用的捕捉增量，默认值为 25%。

平滑角度：指定完成操作后是否自动软化或硬化插入的边。如果将“平滑角度”设置为 180（默认值），则插入的边将显示为软边；如果将“平滑角度”设置为 0，则插入的边将显示为硬边。

边流：选择该选项后，新边遵循周围网格的曲面曲率。

细分：指定沿已创建的每条新边出现的细分数目。顶点将沿边放置，以创建细分。

删除面：删除切片平面一侧的曲面部分。

提取面：断开切片平面一侧的面。在“提取面”字段中输入值可以控制提取的方向和距离。

沿平面的切片：沿指定平面YZ、ZX或XY对曲面进行切片。

操作练习 在多边形上添加边

» 场景文件 Scenes>CH02>2.14.mb
» 实例文件 Examples>CH02>2.14.mb
» 视频名称 操作练习：在多边形上添加边.mp4
» 技术掌握 掌握如何在多边形上添加边

本例使用“多切割工具”添加边的效果如图2-130所示。

图2-130

01 打开学习资源中的“Scenes>CH02>2.14.mb”文件，场景中有一个怪物模型，如图2-131所示。

02 执行“网格工具>多切割”命令，在怪物臀部绘制分割点，如图2-132所示。然后按Enter键确认操作，为多边形添加边，如图2-133所示。

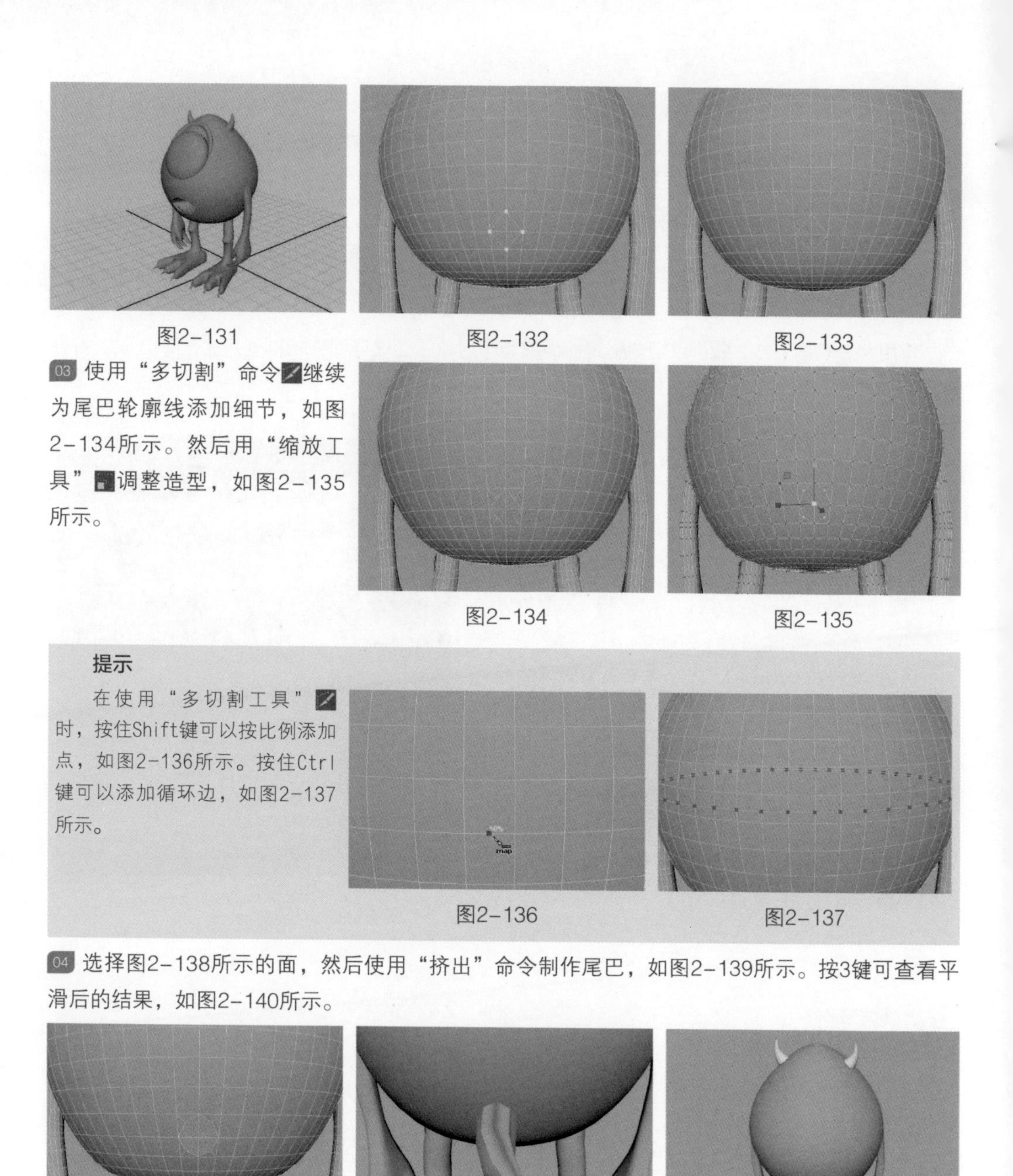

图2-131

图2-132

图2-133

03 使用“多切割”命令继续为尾巴轮廓线添加细节，如图2-134所示。然后用“缩放工具”调整造型，如图2-135所示。

图2-134

图2-135

提示

在使用“多切割工具”时，按住Shift键可以按比例添加点，如图2-136所示。按住Ctrl键可以添加循环边，如图2-137所示。

图2-136

图2-137

04 选择图2-138所示的面，然后使用“挤出”命令制作尾巴，如图2-139所示。按3键可查看平滑后的结果，如图2-140所示。

图2-138

图2-139

图2-140

2.5.7 偏移循环边

使用“偏移循环边工具” 可以在选择的任意边的两侧插入两个循环边。打开“偏移循环边选项”对话框，如图2-141所示。

常用参数介绍

删除边（保留4边多边形）：在内部循环边上偏移边时，在循环的两端创建的新多边形可以是三边的多边形。

开始/结束顶点偏移：确定两个顶点在选定边（或循环边中一系列连接的边）两端上的距离将从选定边的原始位置向内偏移还是向外偏移。

平滑角度：指定完成操作后是否自动软化或硬化沿循环边插入的边。

保持位置：指定在多边形网格上插入新边的方法。

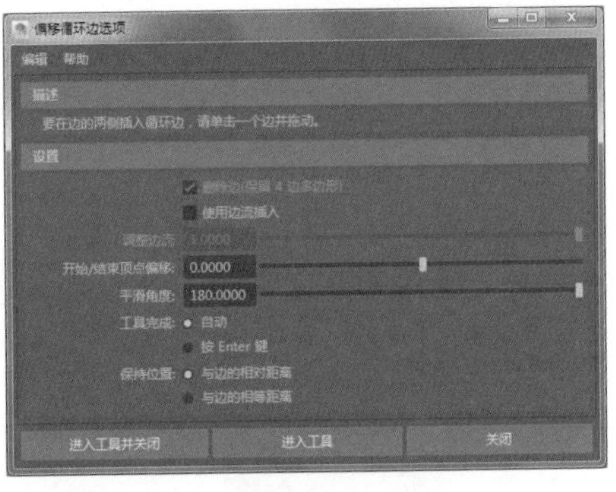

图2-141

与边的相对距离：基于沿选定边的百分比距离沿选定边定位点预览定位器。

与边的相等距离：点预览定位器基于单击第一条边的位置沿选定边在绝对距离处进行定位。

2.5.8 雕刻工具

“雕刻工具”是Maya 2016提供的一个雕刻工具包，展开“雕刻工具”菜单，如图2-142所示。该菜单中提供了多种工具，用于为多边形表面增加细节。

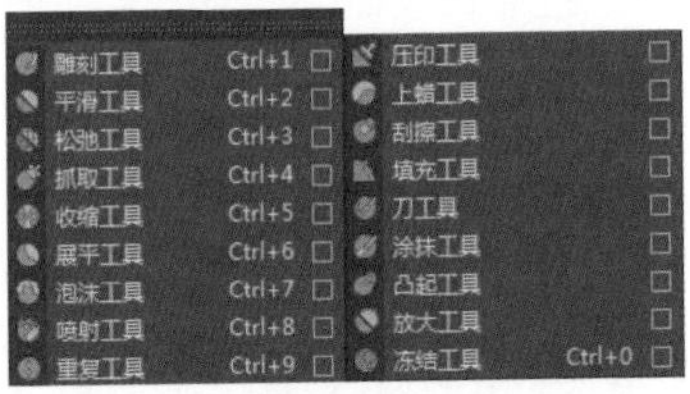

图2-142

2.6 网格显示

“网格显示”菜单下提供了修改网格显示的命令，主要分为5大类，分别为“法线”“顶点颜色”“顶点颜色集”“顶点烘焙集”和“显示属性”，如图2-143所示。在实际项目中，会经常调整多边形的法线，因此本书主要介绍法线的操作。

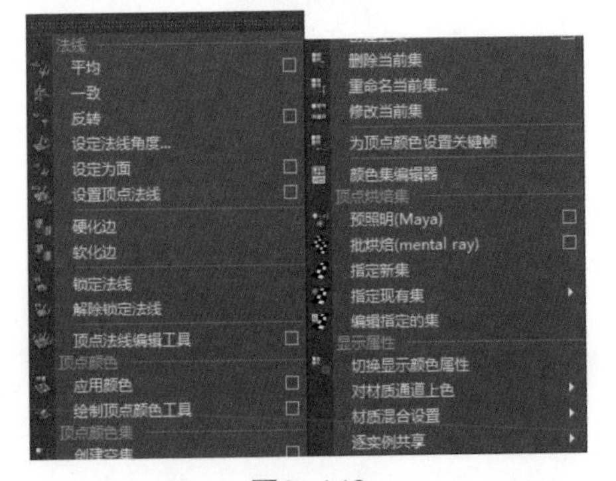

图2-143

提示

法线是指在三维世界中与某一点或某个面垂直的线。在建模过程中，法线的主要作用是描述面的正反方向。

法线方向影响着多边形命令的作用，如果法线的方向有误，会使模型发生致命错误，因此在制作模型时，要时刻注意法线的方向。在制作模型时，通常会取消选择工作区中的“照明>双面照明”选项，如图2-144所示。此时，模型的正面会正常显示，而背面则会以黑色显示，如图2-145所示。

如果多边形的法线方向不一致，在执行多边形命令时，会产生错误。例如，对一个法线方向不一致的平面执行“挤出”操作时，会产生图2-146所示的错误。

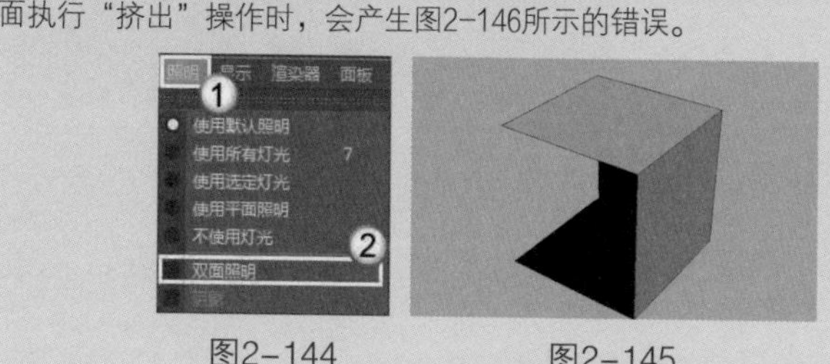
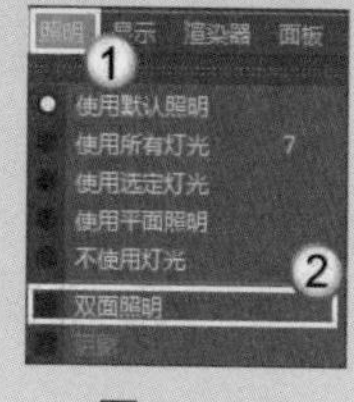

图2-144　图2-145

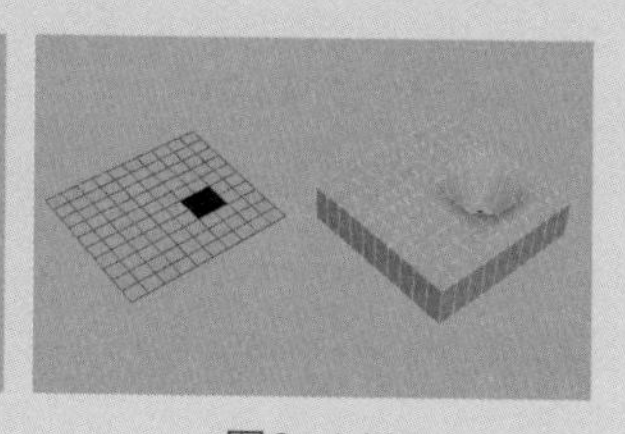

图2-146

2.6.1 一致

使用“一致”命令可以统一选定多边形网格的曲面法线方向。生成的曲面法线方向将基于网格中共享的大多数面的方向。

2.6.2 反转

使用“反转”命令可以反转选定多边形上的法线，也可以指定是否反转用户定义的法线。

操作练习 调整法线方向

- 场景文件 Scenes>CH02>2.15.mb
- 实例文件 Examples>CH02>2.15.mb
- 视频名称 操作练习：调整法线方向.mp4
- 技术掌握 掌握如何反转法线方向

本例使用“反转”命令调整法线方向后的效果如图2-147所示。

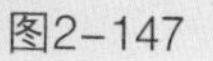

图2-147

01 打开学习资源中的“Scenes>CH02>2.15.mb”文件，场景中有一个红猩猩模型，如图2-148所示。

02 选择猩猩脸部的面，如图2-149所示，然后执行“网格显示>反转”命令，效果如图2-150所示。

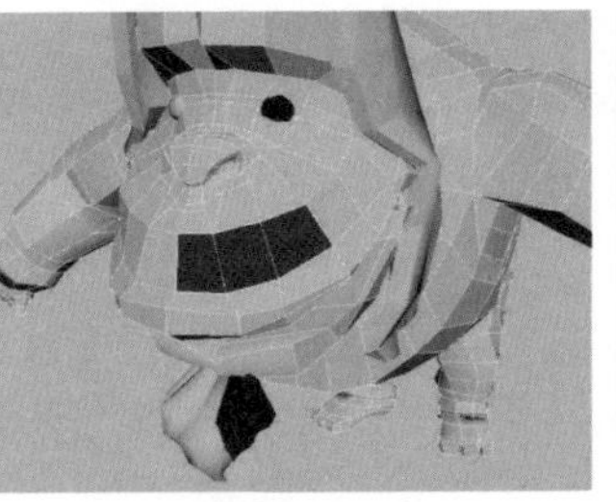

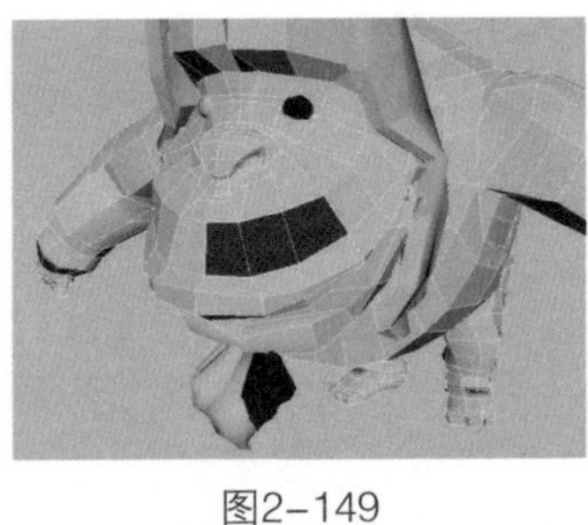
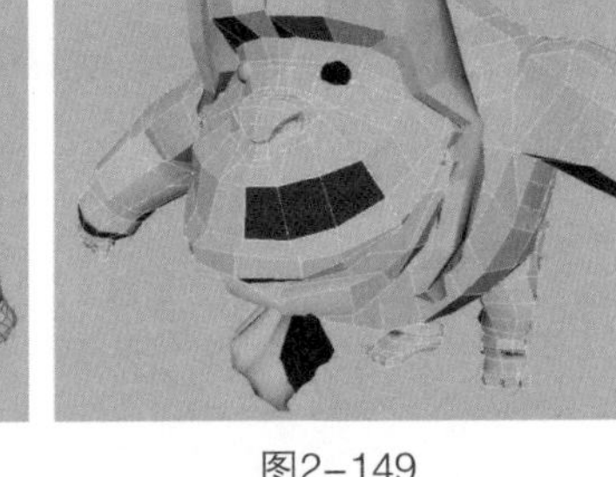
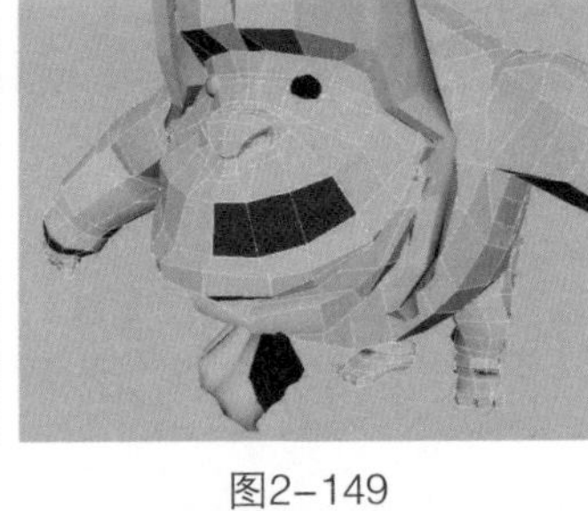
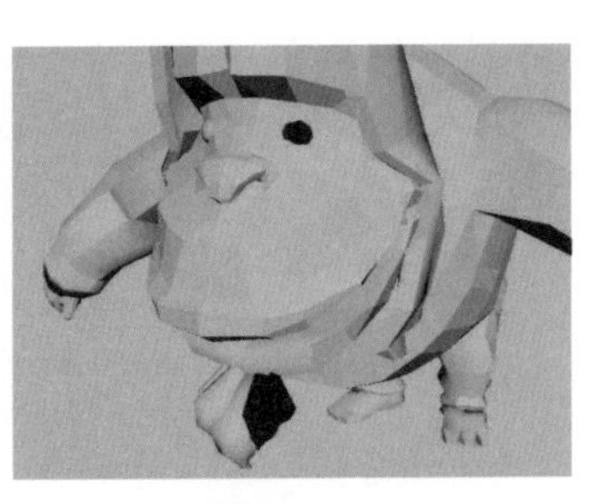

图2-148　　图2-149　　图2-150

03 选择眼睛和胡须模型，如图2-151所示，然后执行“网格显示>反转”命令，效果如图2-152所示。

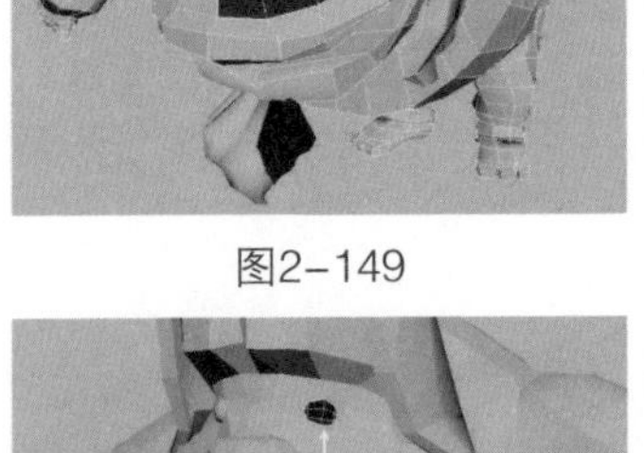
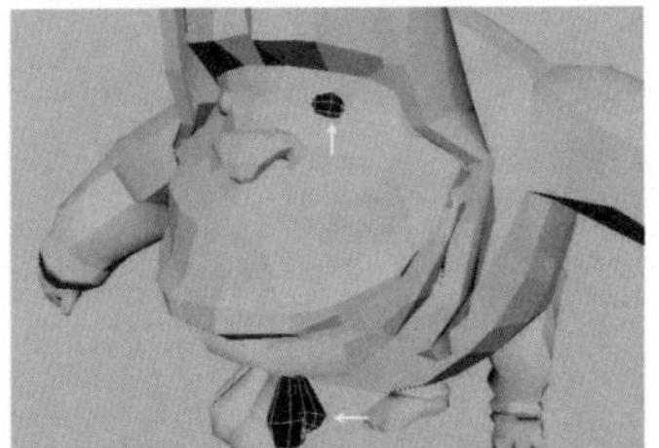

图2-151　　图2-152

2.6.3 软/硬化边

使用“软化边”命令和“硬化边”命令控制顶点法线，以更改使用软硬化外观渲染的着色多边形外观。

操作练习 调整多边形外观

- 场景文件 Scenes>CH02>2.16.mb
- 实例文件 Examples>CH02>2.16.mb
- 视频名称 操作练习：调整多边形外观.mp4
- 技术掌握 掌握如何转换软硬边

本例使用“软化边”命令和“硬化边”命令调整多边形外观后的效果如图2-153所示。

图2-153

01 打开学习资源中的“Scenes>CH02>2.16.mb”文件，场景中有一个乌龟模型，如图2-154所示。

02 选择模型，然后执行“网格显示>软化边”菜单命令，效果如图2-155所示。接着选择模型，执行“网格显示>硬化边”菜单命令，效果如图2-156所示。

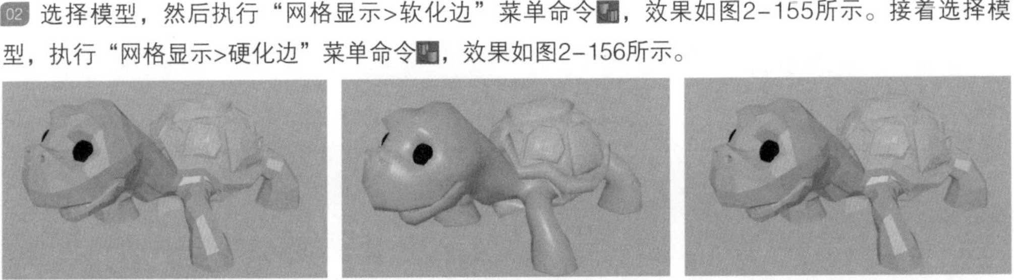
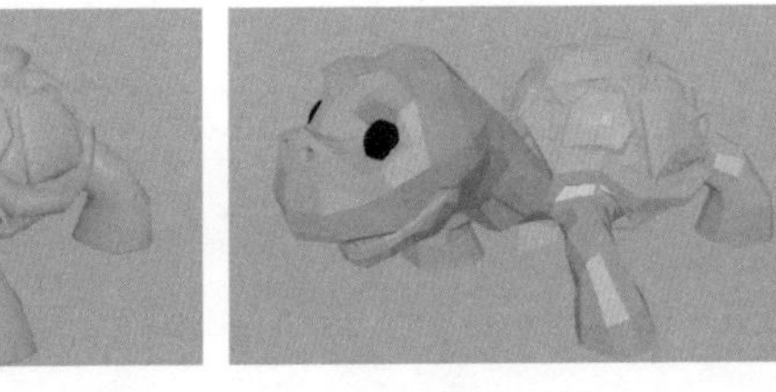

图2-154　　图2-155　　图2-156

2.7 综合练习：制作司南

» 场景文件 无
» 实例文件 Examples>CH02>2.17.mb
» 视频名称 综合练习：制作司南.mp4
» 技术掌握 学习用多边形面片制作模型和软编辑模型的方法

本例通过多种多边形工具制作司南模型，难点在于磁勺模型的制作过程，以及软选择模型的方法，效果如图2-157所示。

图2-157

01 将视图切换至顶视图，然后执行“网格>创建多边形工具”菜单命令，接着激活“捕捉到栅格”功能，再在场景中通过捕捉栅格创建出如图2-158所示的多边形，最后按Enter键完成操作。

02 执行“网格工具>多切割”菜单命令，然后连接多边形两边的点，如图2-159所示，效果如图2-160所示。

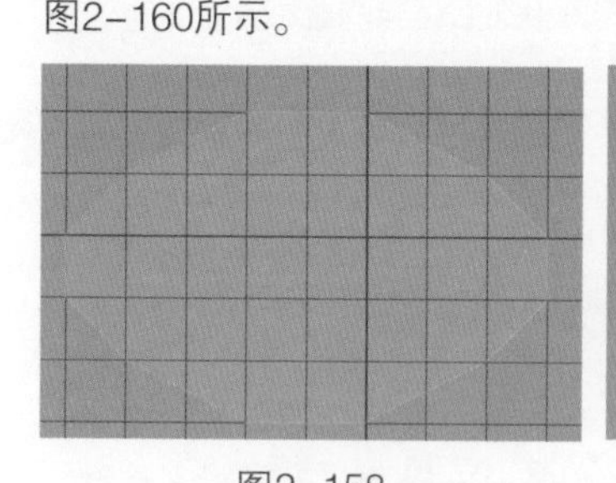

图2-158

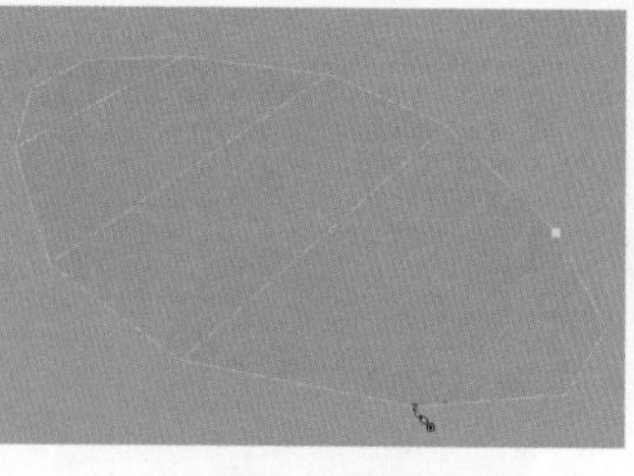

图2-159

图2-160

03 进入多边形面片的“边”编辑模式，然后选择面片右侧的边，接着执行“编辑网格>挤出”菜单命令，并通过手柄将挤出的边拉远一些，概括出磁勺的形态，如图2-161所示。

04 进入多边形面片的“面”编辑模式，然后选择所有的面，接着再次执行“编辑网格>挤出”菜单命令，将面片挤出一定的厚度，如图2-162所示。

05 执行“编辑网格>插入循环边”菜单命令，在图2-163所示的位置插入两条环形边。

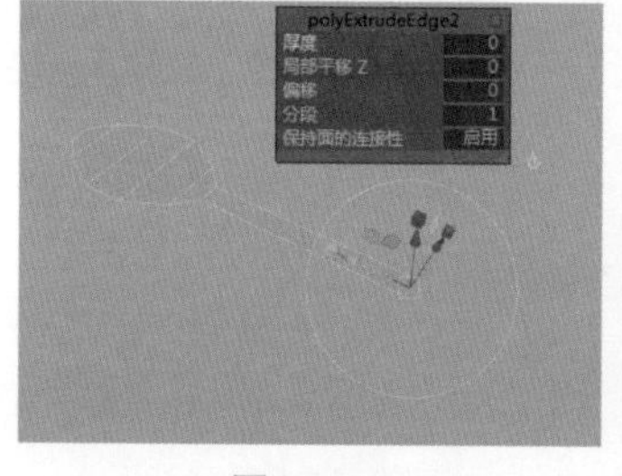

图2-161

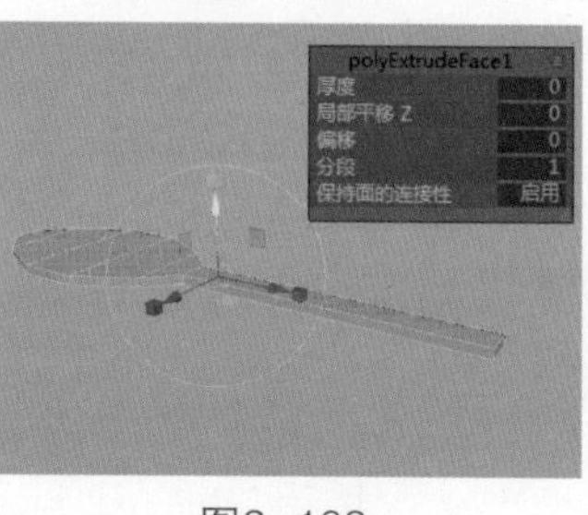

图2-162

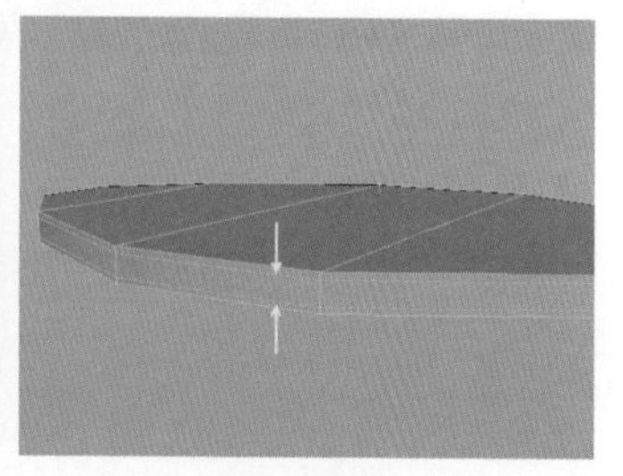

图2-163

06 按3键进入模型的光滑显示模式，可以看到模型的边缘不再过于光滑了，但是磁勺尾部的结构稍显尖锐，如图2-164所示。

07 执行“编辑网格>插入循环边”菜单命令，然后在图2-165所示的位置插入一条环形边。

08 选择磁勺模型，然后执行“网格>平滑”菜单命令，使模型圆滑，效果如图2-166所示。

09 切换到模型的“顶点”模式，然后选择图2-167所示的顶点。

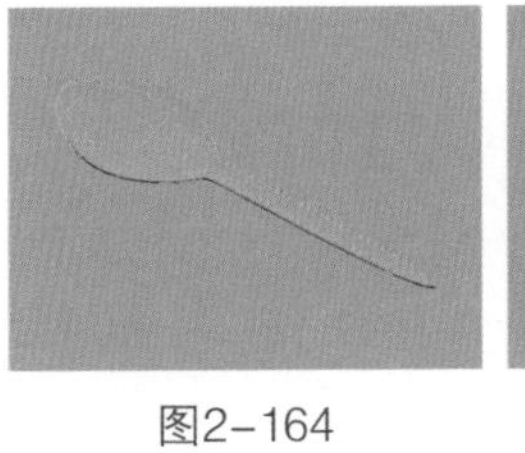

图2-164

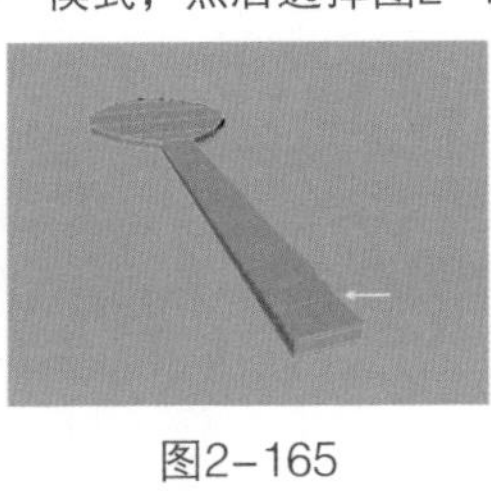

图2-165

图2-166

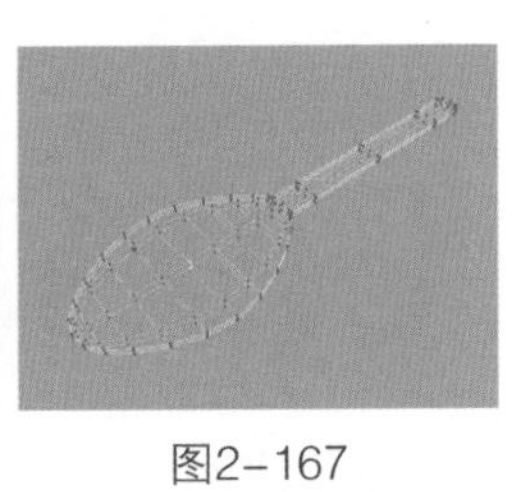

图2-167

提示

这里一定要框选，因为模型是有厚度的，点选会漏掉模型背面的顶点。

10 按B键开启“软选择”功能，然后在按住B键的同时单击鼠标左键不放并左右拖曳，调整软选择的范围，如图2-168所示。接着使用“移动工具”将选择的点沿y轴向下移动，效果如图2-169所示。

11 选择模型尾部的顶点，然后在“软选择”功能开启的情况下，使用“移动工具”将选择的点沿y轴向上移动，效果如图2-170所示。

12 按3键进入模型的光滑显示模式，然后使用“缩放工具”调整磁勺的造型曲线，如图2-171所示。

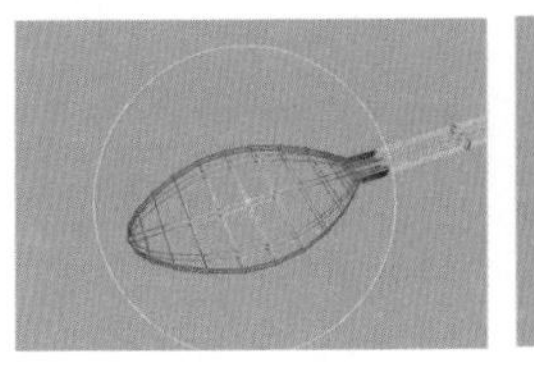

图2-168

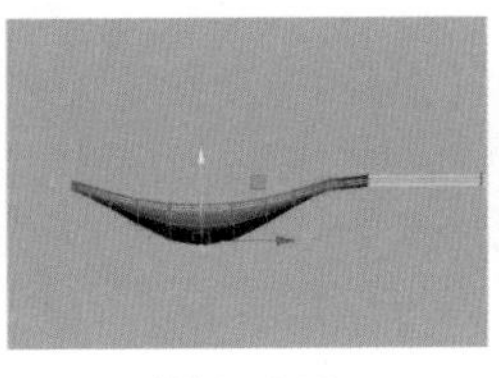

图2-169

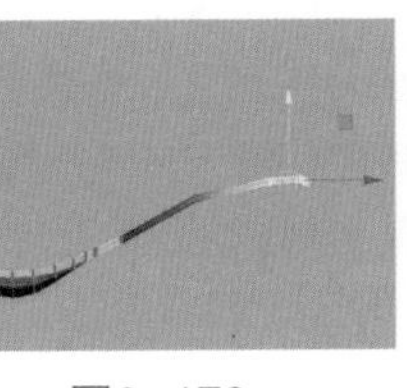

图2-170

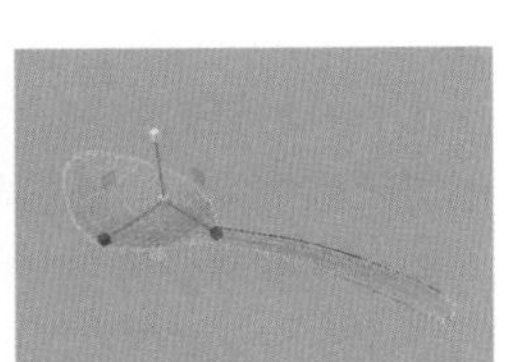

图2-171

13 执行“创建>多边形基本体>圆柱体”菜单命令，在视图中创建一个圆柱体，然后使用“缩放工具”将圆柱体压扁一些，如图2-172所示。

14 执行“创建>多边形基本体>立方体”菜单命令，在场景中创建一个立方体，然后使用“缩放工具”和“移动工具”调整立方体的形体和位置，如图2-173所示。

15 切换到立方体的“面”编辑模式，然后选择顶部的面，接着执行“编辑网格>挤出”菜单命令，并通过手柄将挤出的面调整至图2-174所示的大小。

16 调整各个模型组件的比例，最终效果如图2-175所示。

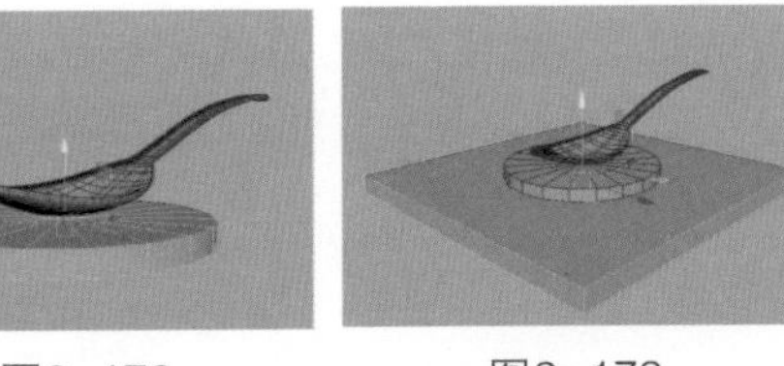

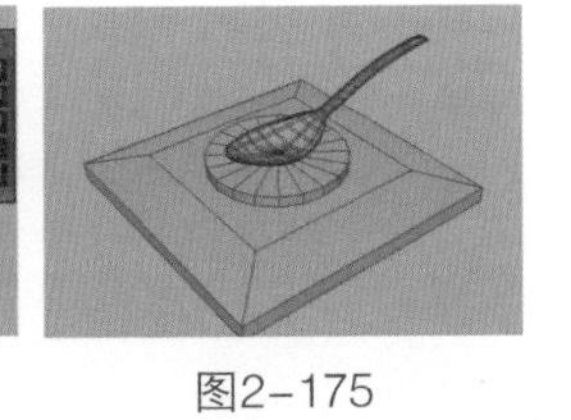

图2-172　图2-173　图2-174　图2-175

2.8 课后习题

本课安排了两个简单的课后习题供读者练习，这两个习题主要用来练习编辑多边形和挤出命令的操作方法。

课后习题 制作水晶

» 场景文件　无
» 实例文件　Examples>CH02>2.18.mb
» 视频名称　课后习题：制作水晶.mp4
» 技术掌握　练习创建和编辑多边形基本体的方法

在场景中创建一个圆柱体，然后对圆柱体进行分段，接着使用“合并到中心”命令将圆柱体顶部的点进行焊接，最后复制几个编辑好的模型，并使用“移动工具”和“旋转工具”对复制的模型进行摆放，如图2-176所示。

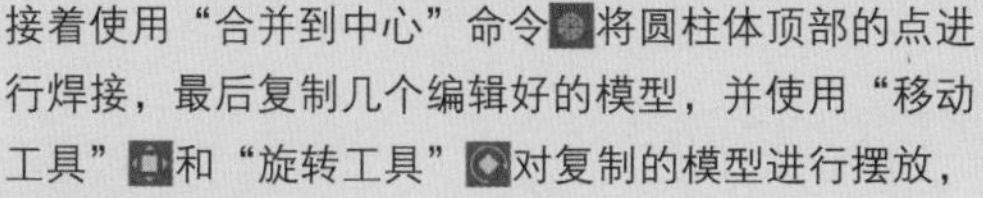

图2-176

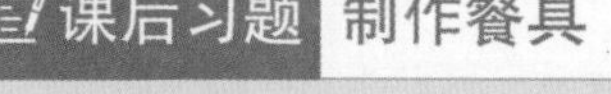

课后习题 制作餐具

» 场景文件　无
» 实例文件　Examples>CH02>2.19.mb
» 视频名称　课后习题：制作餐具.mp4
» 技术掌握　利用多边形面片制作模型，以及挤出工具的使用方法

本习题制作的是一个餐具模型，首先在场景中创建一个立方体，并使用“缩放工具”将其调整得短一些，然后进入其“面”级别，再选择侧面的圆形面，接着使用“挤出”工具将选择的面挤出一些，并使用“移动工具”沿y轴向上移动，制作出盘子的模型，最后使用与制作司南的磁勺一样的方法制作出餐勺的模型，案例效果如图2-177所示。

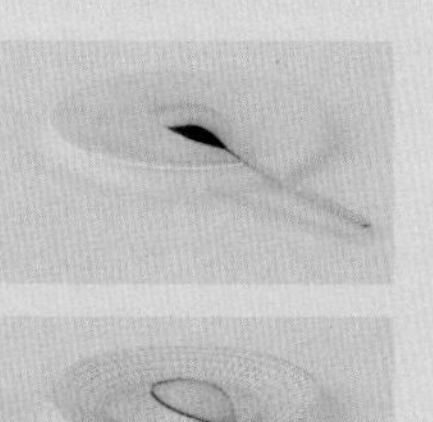
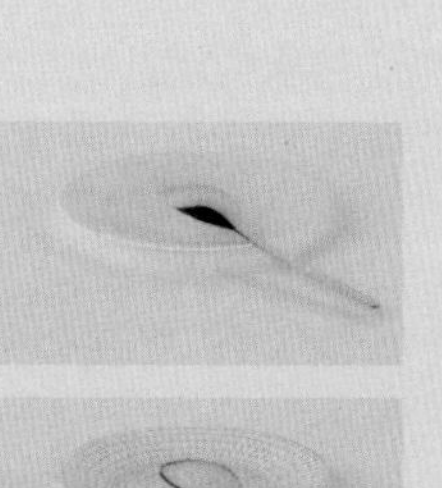

图2-177

2.9 本课笔记

第3课

NURBS建模

本课将介绍Maya 2016的NURBS建模技术，包括NURBS曲线与NURBS曲面的创建方法与编辑方法。这是一个非常重要的章节，在实际工作中运用到的NURBS建模技术基本上都包含在其中。

学习要点

- 了解NURBS的基础知识
- 掌握如何编辑NURBS对象
- 掌握如何创建NURBS对象
- 掌握NURBS建模的流程与方法

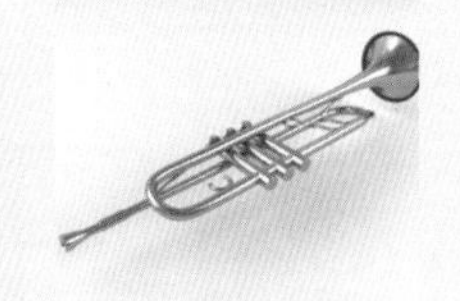

3.1 NURBS基础知识

NURBS是Non-Uniform Rational B-Spline（非均匀有理B样条曲线）的缩写。NURBS是用数学函数来描述曲线和曲面，并通过参数来控制精度，这种方法可以让NURBS对象达到任何想要的精度，这就是NURBS对象的最大优势。

现在NURBS建模已经成为一个行业标准，广泛应用于工业和动画领域。NURBS的有条理有组织的建模方法让用户很容易上手和理解，通过NURBS工具可以创建出高品质的模型，并且NURBS对象可以通过较少的点来控制平滑的曲线或曲面，很容易让曲面达到流线型效果。

3.1.1 NURBS建模方法

NURBS的建模方法可以分为以下两大类。

第1类：用原始的几何体进行变形以得到想要的造型，这种方法灵活多变，对美术功底要求比较高。

第2类：通过由点到线、由线到面的方法来塑造模型，这样创建出来的模型的精度较高，很适合创建工业领域的模型。

当然各种建模方法也可以穿插起来使用，然后配合Maya的雕刻工具、置换贴图（通过置换贴图可以将比较简单的模型模拟成比较复杂的模型）或者配合使用其他雕刻软件（如ZBrush）来制作出高精度的模型。图3-1所示是使用NURBS技术创建的一个怪物模型。

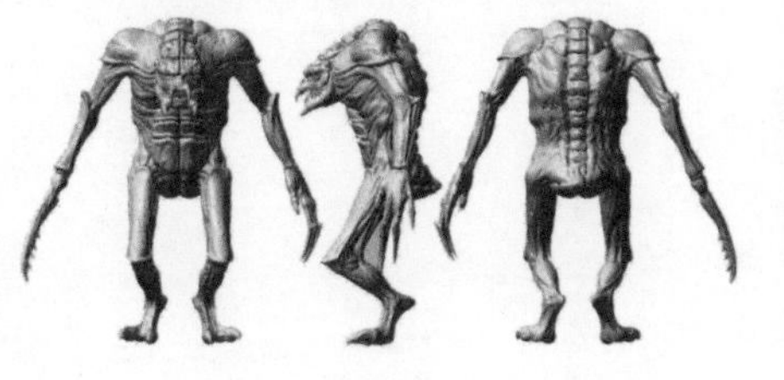

图3-1

3.1.2 NURBS对象的组成元素

NURBS的基本组成元素有点、曲线和曲面，这些基本元素可以构成复杂的高品质模型。

3.1.3 物体级别与基本元素间的切换

从物体级别切换到元素级别的方法主要有以下3种。

第1种：通过单击状态栏上的“按对象类型选择”工具和“按组件类型选择”工具来进行切换，前者是物体级别，后者是元素（次物体）级别。

第2种：通过快捷键来进行切换，重复按F8键可以实现物体级别和元素级别之间的切换。

第3种：使用右键快捷菜单来进行切换。

3.2 创建NURBS对象

在Maya中，最基本的NURBS对象分为NURBS曲线和NURBS基本体两种，这两种对象都可以直接创建出来。

3.2.1 创建NURBS曲线

“创建>曲线工具”菜单中提供了6种曲线绘制工具，如图3-2所示。

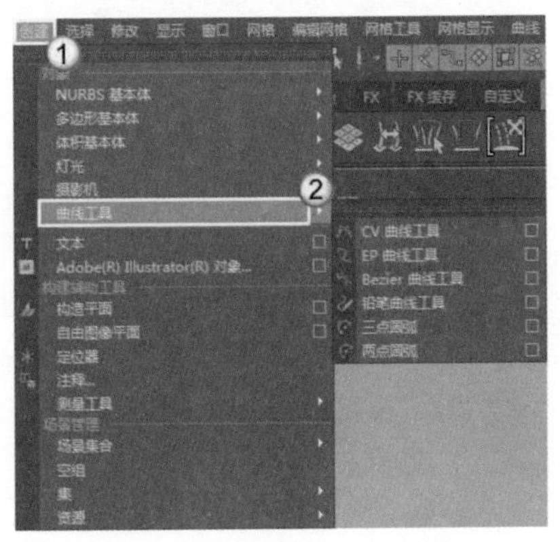

图3-2

1.CV曲线工具

“CV曲线工具”通过创建控制点来绘制曲线。单击“CV曲线工具”命令后面的按钮，打开“工具设置”对话框，如图3-3所示。

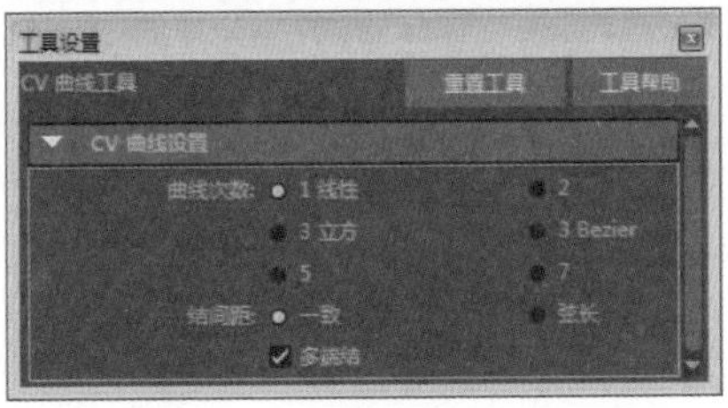

图3-3

常用参数介绍

曲线次数：该选项用来设置创建的曲线的次数。一般情况下都使用“1线性”或“3立方”曲线，特别是“3立方”曲线，如图3-4所示 。

结间距：设置曲线曲率的分布方式。

一致：该选项可以随意增加曲线的段数。

弦长：开启该选项后，创建的曲线可以具备更好的曲率分布。

多端结：开启该选项后，曲线的起始点和结束点位于两端的控制点上；如果关闭该选项，起始点和结束点之间会产生一定的距离，如图3-5所示。

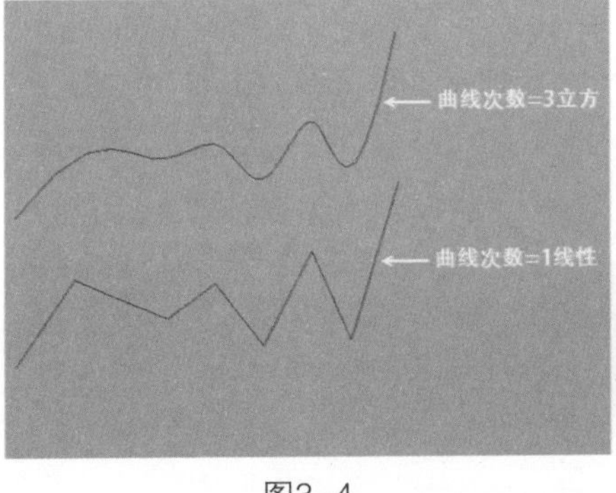

图3-4

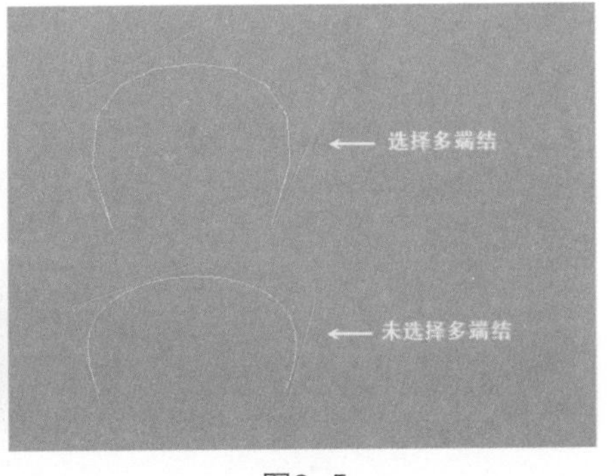

图3-5

重置工具：将“CV曲线工具”的所有参数恢复到默认设置。

工具帮助：单击该按钮可以打开Maya的帮助文档，该文档中会说明当前工具的具体功能。

2.EP曲线工具

“EP曲线工具”是绘制曲线的常用工具，通过该工具可以精确地控制曲线所经过的位置。单击“EP曲线工具”命令后面的按钮，打开“工具设置”对话框，这里的参数与“CV曲线工具”的参数完全一样，如图3-6所示。只是“EP曲线工具”是通过绘制编辑点的方式来绘制曲线，如图3-7所示。

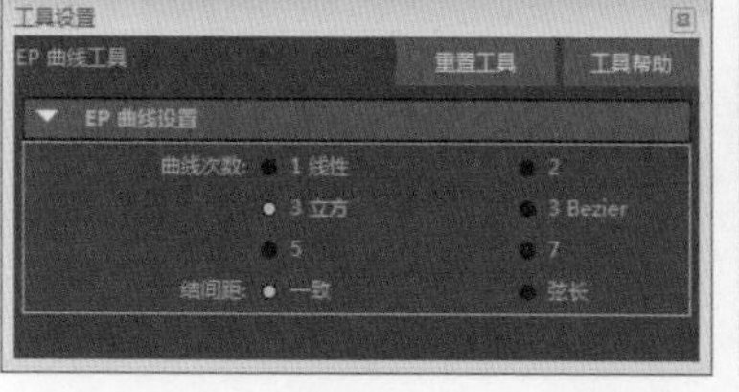

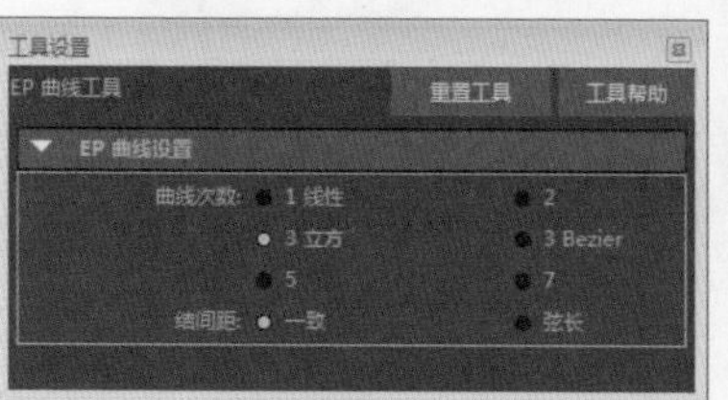

图3-6

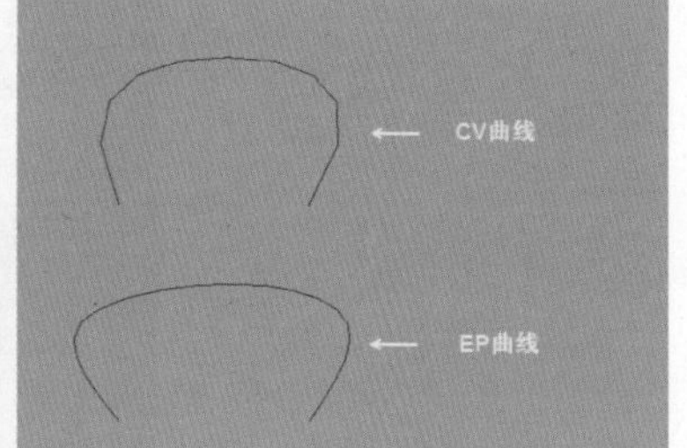

图3-7

3.Bezier曲线工具

“Bezier曲线工具”的运用非常广泛，在多个软件中都可以见到其身影，它主要是通过控制点来创建曲线，然后使用控制柄来调节曲线，如图3-8所示，单击“Bezier曲线工具”命令后面的按钮，打开“工具设置”面板，在这里可以选择操纵器以及切线的选择模式，如图3-9所示。

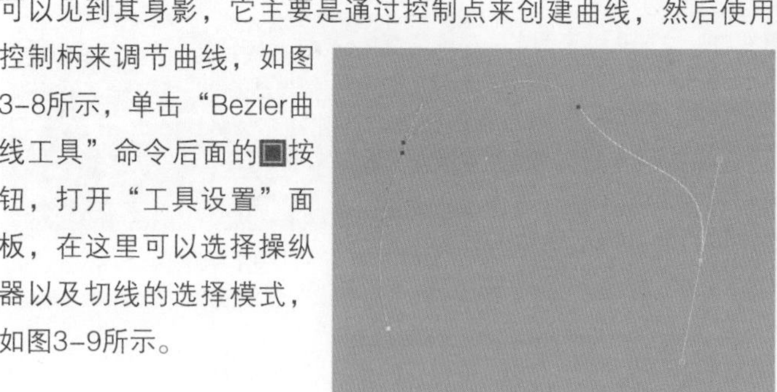

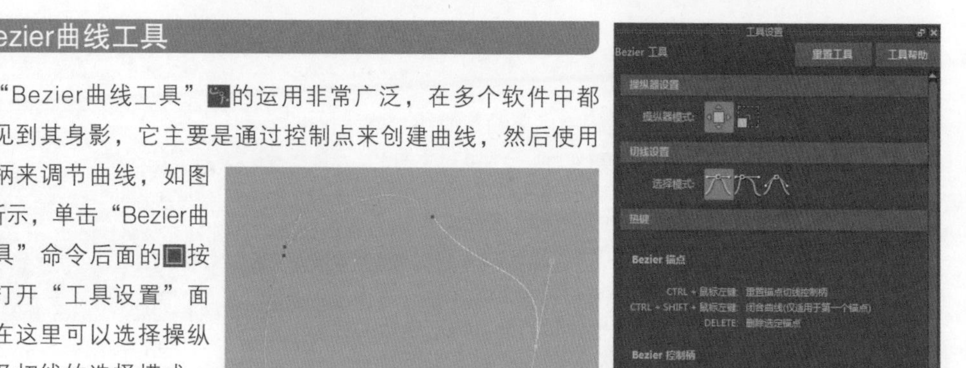

图3-8

图3-9

4.铅笔曲线工具

“铅笔曲线工具”是通过绘图的方式来创建曲线，可以直接使用“铅笔曲线工具”在视图中绘制曲线，也可以通过手绘板等绘图工具来绘制流畅的曲线，同时还可以使用“平滑曲线”命令和“重建曲线”命令对曲线进行平滑处理。“铅笔曲线工具”的参数很简单，和“CV曲线工具”的参数类似，如图3-10所示。

图3-10

提示

使用“铅笔曲线工具”绘制的曲线的缺点是控制点太多，如图3-11所示。绘制完成后难以对其进行设置，只有使用“平滑曲线”命令和“重建曲线”命令精减曲线上的控制点后，才能进行设置，但这两个命令会使曲线发生很大的变形，所以一般情况下都使用“CV曲线工具”和“EP曲线工具”来创建曲线。

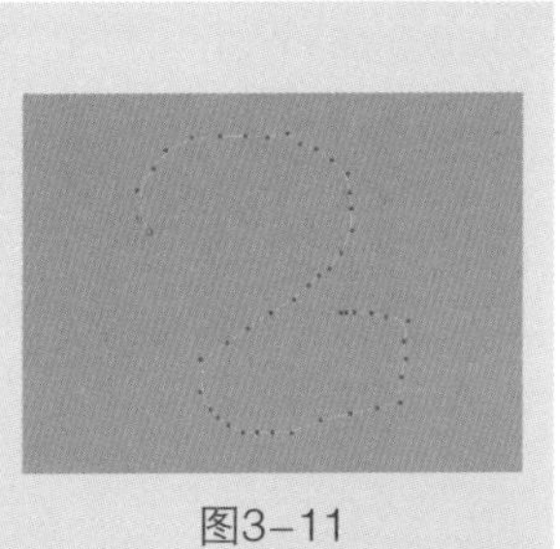

图3-11

5.圆弧工具

“三点圆弧”和“两点圆弧”命令可以用来创建圆弧曲线，绘制完成后，可以用鼠标中键再次对圆弧进行设置，如图3-12所示。

图3-12

命令介绍

三点圆弧：单击“三点圆弧”命令后面的按钮，可打开“工具设置”对话框，如图3-13所示。

圆弧度数：用来设置圆弧的度数，这里有“1线性”和3这两个选项可以选择。

截面数：用来设置曲线的截面段数，最少为4段。

两点圆弧：使用“两点圆弧”命令可以绘制出两点圆弧曲线，如图3-14所示。单击“两点圆弧”命令后面的按钮，打开“工具设置”对话框，如图3-15所示。

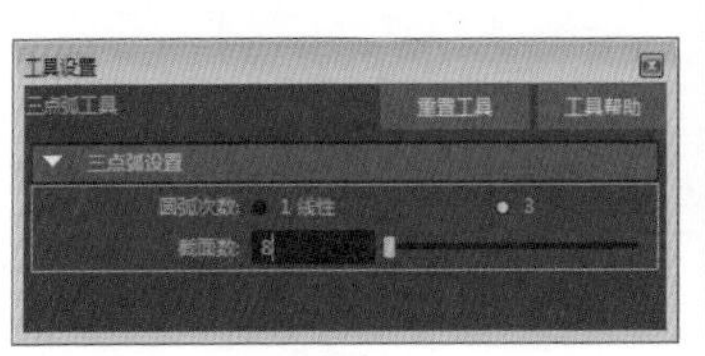

图3-13

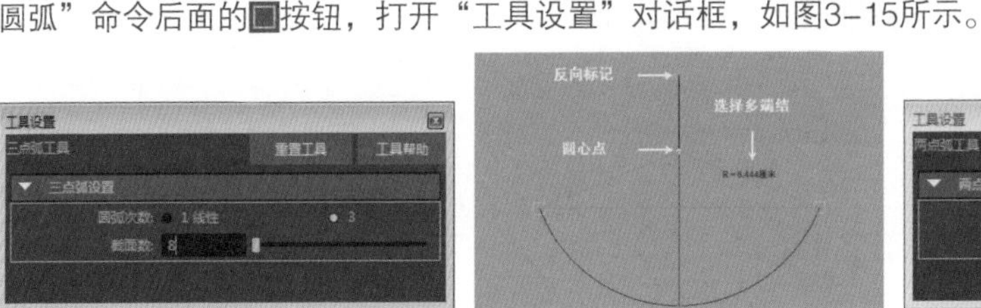

图3-14

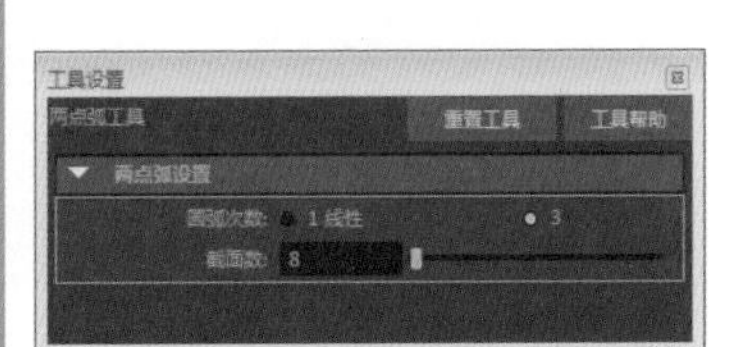

图3-15

操作练习 巧用曲线工具绘制螺旋线

- 场景文件 Scenes>CH03>3.1.mb
- 案例文件 Examples>CH03>3.1.mb
- 视频名称 操作练习：巧用曲线工具绘制螺旋线.mp4
- 技术掌握 掌握螺旋线的绘制技巧

本例使用曲线工具绘制的螺旋线效果如图3-16所示。

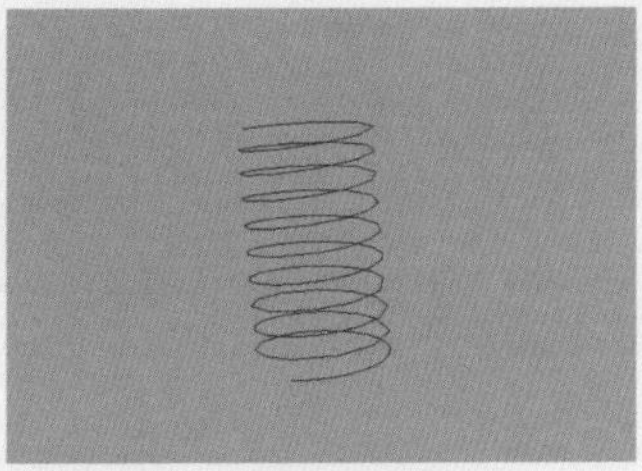

图3-16

01 打开学习资源中的“Scenes>CH03>3.1.mb”文件，场景中有一个零件模型，如图3-17所示。

02 选择模型的上头部分，然后执行“修改>激活”菜单命令，将其设置为工作表面，如图3-18所示。

03 执行“创建>曲线工具>CV曲线工具”菜单命令，然后在曲面上单击4次，创建4个控制点，如图3-19所示，接着按Insert键，当出现操作手柄时，按住鼠标中键将曲线一圈一圈地围绕在圆柱体上，最后按Enter键结束创建，效果如图3-20所示。

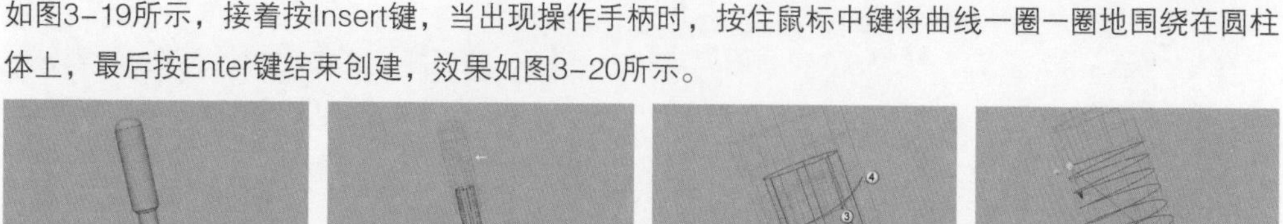

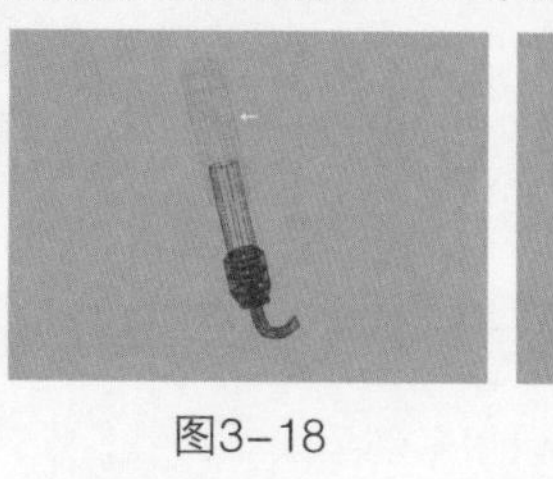

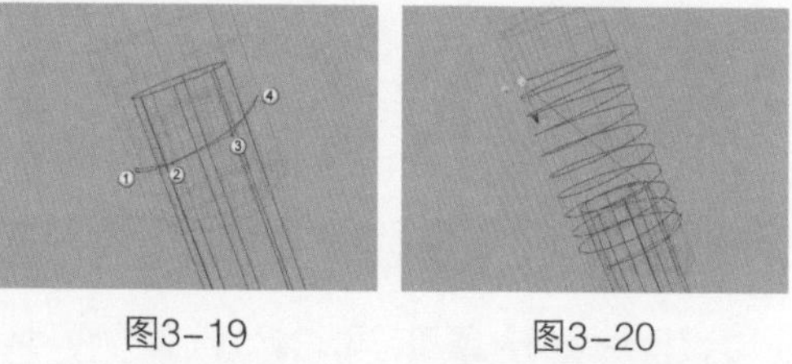

图3-17　图3-18　图3-19　图3-20

04 选择螺旋曲线，然后执行“曲线>复制曲面曲线”菜单命令，将螺旋线复制一份出来，如图3-21所示。

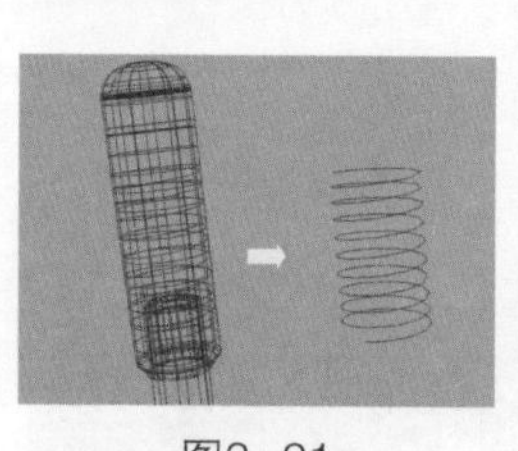

图3-21

提示

利用本例中的方法，还可以使用其他物体创建出各式各样的螺旋曲线，如图3-22所示。

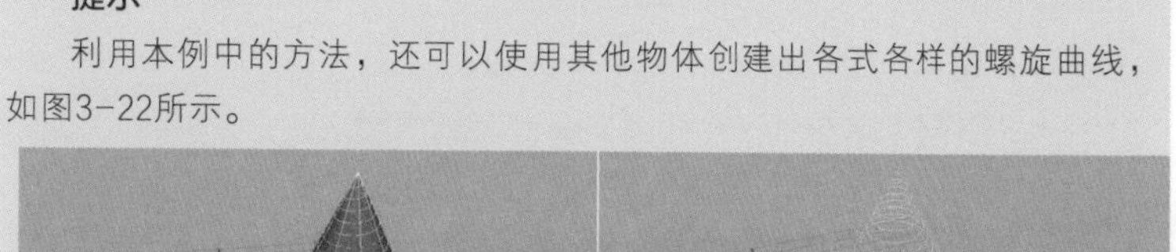

图3-22

3.2.2 文本

Maya可以通过输入文字来创建曲线、曲面、多边形曲面和倒角物体。单击“创建>文本”命令后面的按钮打开“文本曲线选项”对话框，如图3-23所示。

图3-23

常用参数介绍

文本：在这里面可以输入要创建的文本内容。

字体：设置文本字体的样式，单击后面的按钮可以打开“选择可扩展字体”对话框，在该对话框中可以设置文本的字体样式和大小等，如图3-24所示。

类型：设置要创建的文本对象的类型，有“曲线”“修剪”“多边形”和“倒角”这4个选项可以选择，如图3-25所示。

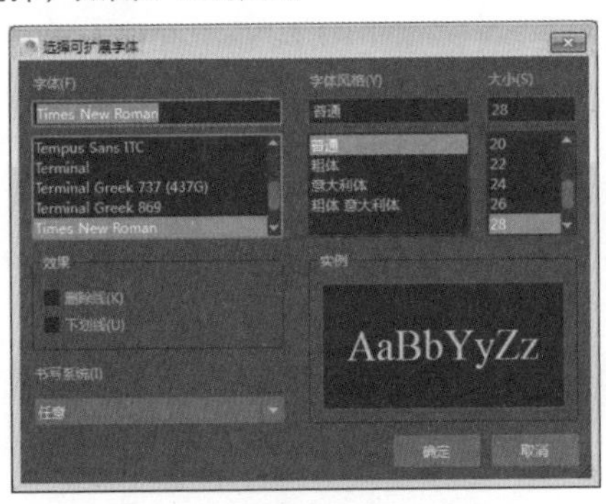

图3-24

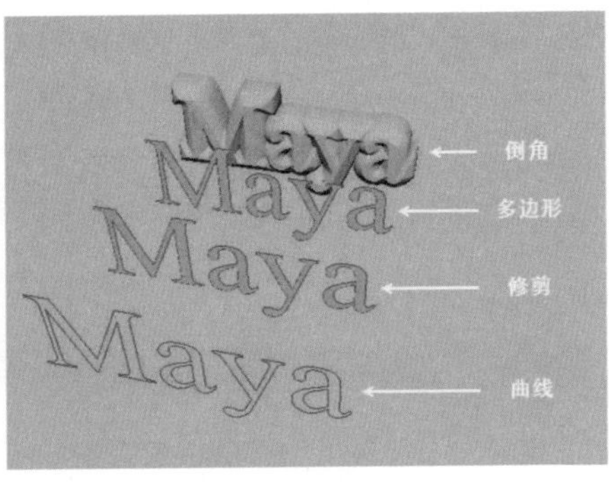

图3-25

3.2.3 Adobe（R）Illustrator（R）对象

Maya 2016可以直接读取Illustrator软件的源文件，即将Illustrator的路径作为曲线导入Maya中。Maya以前的老版本不支持中文输入，只有AI格式的源文件才能导入Maya中，而Maya 2016可以直接在文本里创建中文文本，同时也可以使用平面软件绘制出Logo等图形，然后保存为AI格式，再导入Maya中创建实体对象。

提示

Illustrator是Adobe公司出品的一款平面矢量软件，使用该软件可以很方便地绘制出各种形状的矢量图形。

单击“Adobe（R）Illustrator（R）对象”命令后面的■按钮，打开“Adobe（R）Illustrator（R）对象选项”对话框，如图3-26所示。

提示

从“类型”选项组中可以看出使用AI格式的路径可以创建出“曲线”和“倒角”对象。

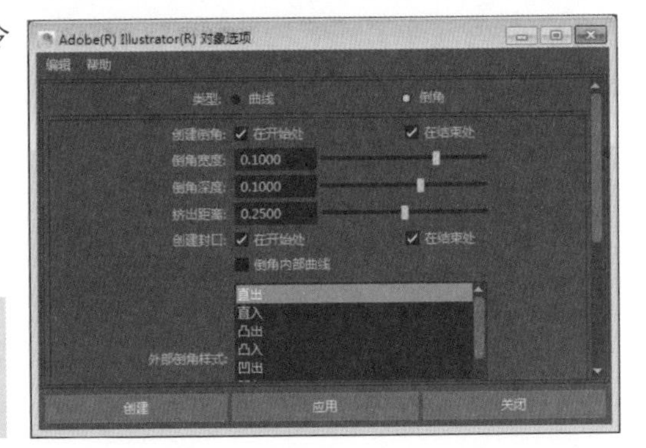

图3-26

3.2.4 创建NURBS基本体

在“创建>NURBS基本体”菜单下是曲面基本几何体的创建命令，用这些命令可以创建出最基本的曲面几何体对象，如图3-27所示。

Maya提供了两种建模方法，一种是直接创建一个几何体在指定的坐标上，几何体的大小也是提前设定的；另一种是交互式创建方法，这种创建方法是在选择命令后在视图中拖曳光标才能创建出几何体对象，大小和位置由光标的位置决定，这是Maya默认的创建方法。

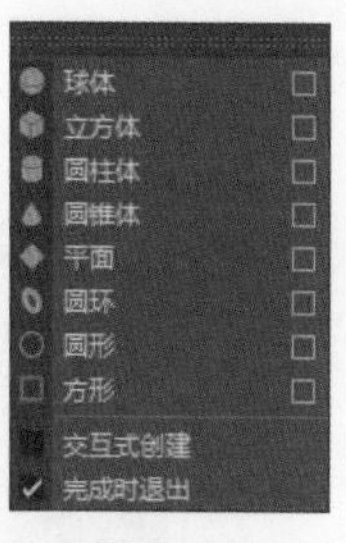

图3-27

提示

在“创建>NURBS基本体”菜单下选择“交互式创建”选项可以启用交互式创建方法。

1.球体

选择“球体”命令后在视图中拖曳光标就可以创建出曲面球体，拖曳的距离就是球体的半径。单击“球体”命令后面的按钮，打开“NURBS球体选项”对话框，如图3-28所示。

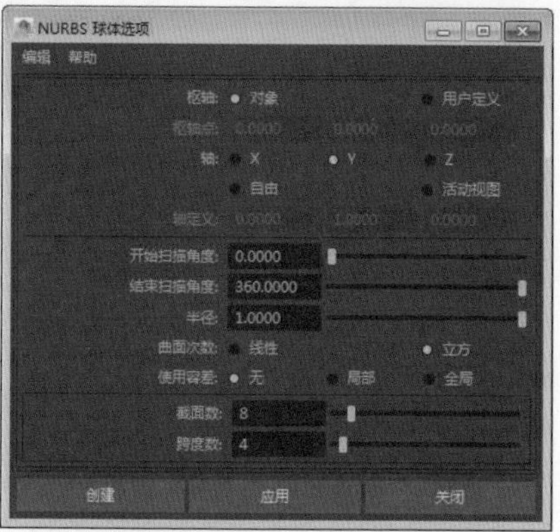

图3-28

常用参数介绍

开始扫描角度：设置球体的起始角度，其取值范围为0~360，可以产生不完整的球面。

提示

“开始扫描角度”值不能等于360°。如果等于360°，“开始扫描角度”就等于“结束扫描角度”，这时候创建球体，系统将会提示错误信息，在视图中也观察不到创建的对象。

结束扫描角度：用来设置球体终止的角度，其取值范围为0~360，可以产生不完整的球面，与“开始扫描角度”正好相反，如图3-29所示。

曲面次数：用来设置曲面的平滑度。“线性”为直线型，可形成尖锐的棱角；“立方”会形成平滑的曲面，如图3-30所示。

使用容差：该选项默认状态处于关闭状态，是另一种控制曲面精度的方法。

截面数：用来设置V向的分段数，最小值为4。

跨度数：用来设置U向的分段数，最小值为2。图3-31所示是使用不同分段数创建的球体对比。

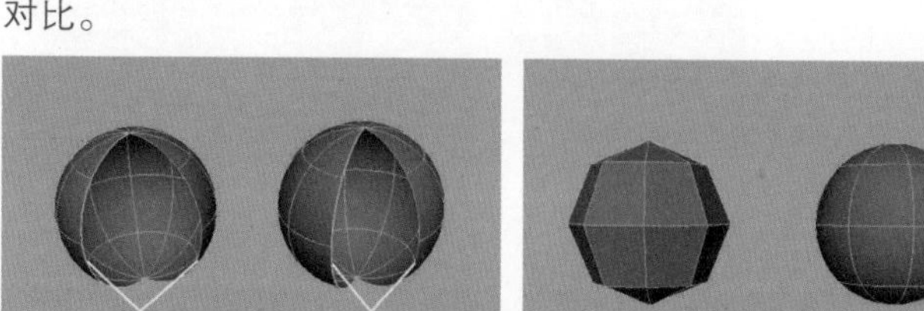

图3-29

图3-30

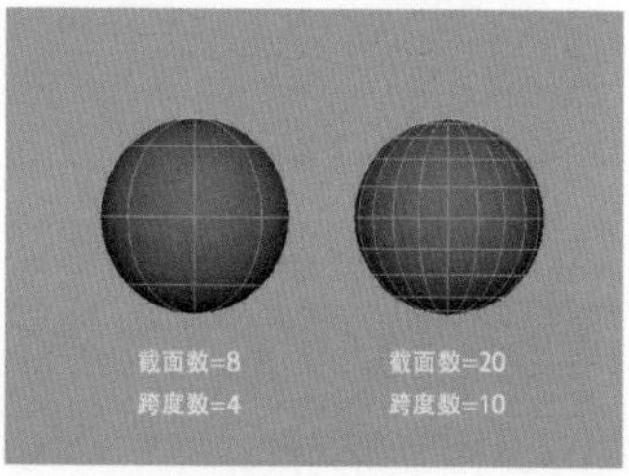

图3-31

半径：用来设置球体的大小。设置好半径后，直接在视图中单击鼠标可以创建出球体。

轴：用来设置球体中心轴的方向，有X、Y、Z、“自由”和“活动视图”这5个选项可以选择。选择“自由”选项可激活下面的坐标设置，该坐标与原点连线方向就是所创建球体的轴方向；选择“活动视图”选项后，所创建球体的轴方向将垂直于视图的工作平面，也就是视图中网格所在的平面，图3-32所示分别是在顶视图、前视图、侧视图中所创建的球体效果。

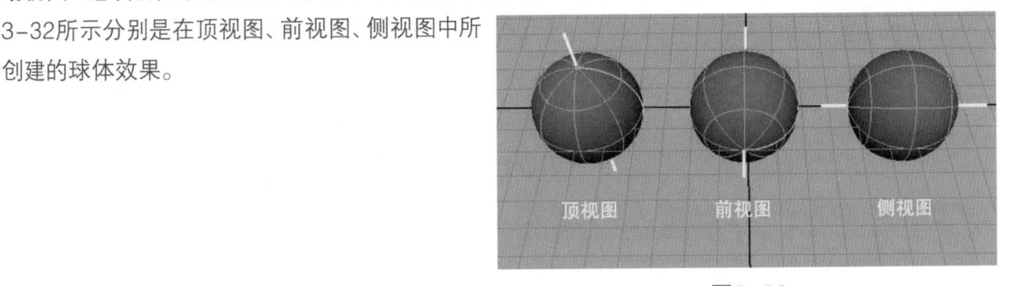

图3-32

2.立方体

单击“立方体”命令后面的按钮，打开“NURBS立方体选项”对话框，如图3-33所示。

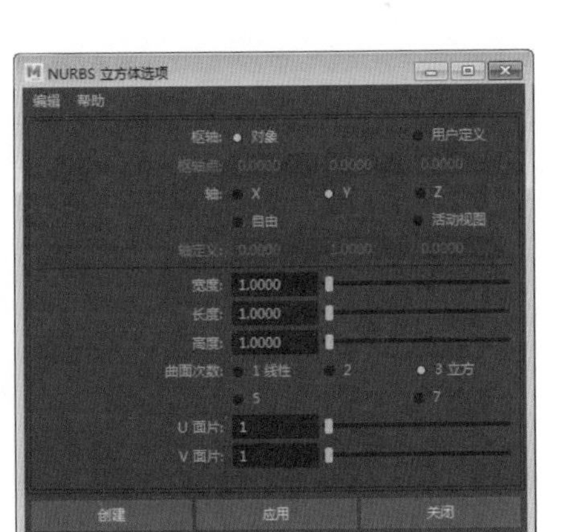

图3-33

常用参数介绍

> **提示**
> 该对话框中的大部分参数都与NURBS球体的参数相同，因此重复部分不进行讲解。

曲面次数：该选项比球体的创建参数多了2、5、7这3个次数。

U/V面片：设置U/V方向上的分段数。

宽度/长度/高度：分别用来设置立方体的宽、长、高。设置好相应的参数后，在视图里单击鼠标左键就可以创建出立方体。

> **提示**
> 创建的立方体由6个独立的平面组成，整个立方体为一个组，如图3-34所示。

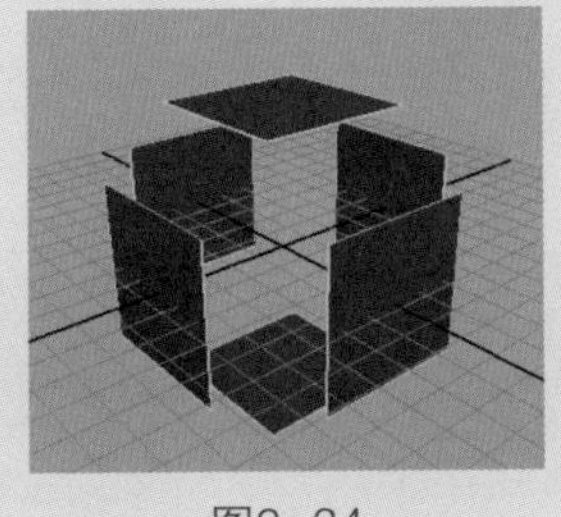

图3-34

3.圆柱体

单击“圆柱体”命令后面的按钮，打开“NURBS圆柱体选项”对话框，如图3-35所示。

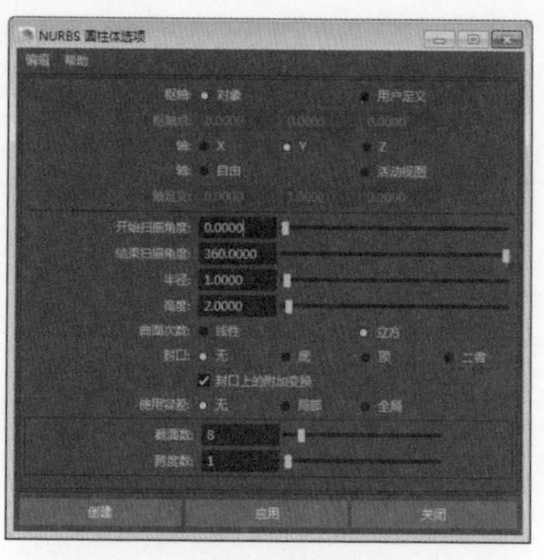

图3-35

常用参数介绍

封口：用来设置是否为圆柱体添加盖子，或者在哪一个方向上添加盖子。“无”选项表示不添加盖子；“底”选项表示在底部添加盖子，而顶部镂空；“顶”选项表示在顶部添加盖子，而底部镂空；“二者”选项表示在顶部和底部都添加盖子，如图3-36所示。

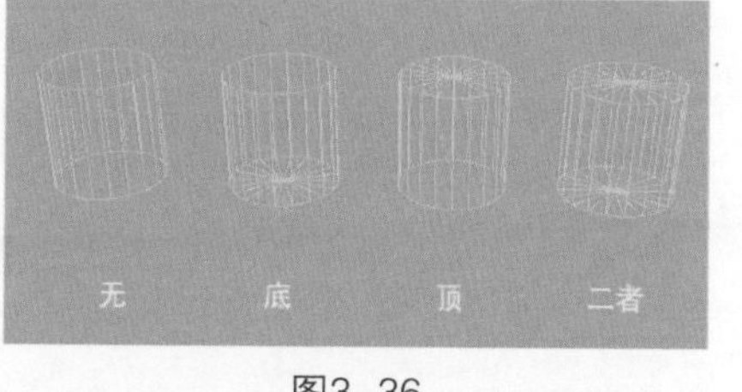

图3-36

封口上的附加变换：选择该选项时，盖子和圆柱体会变成一个整体；如果关闭该选项，盖子将作为圆柱体的子物体。

半径：设置圆柱体的半径。

高度：设置圆柱体的高度。

提示

在创建圆柱体时，只有使用单击鼠标左键的方式创建，设置的半径和高度值才起作用。

4.圆锥体

单击“圆锥体”命令后面的按钮，打开“NURBS圆锥体选项”对话框，如图3-37所示。

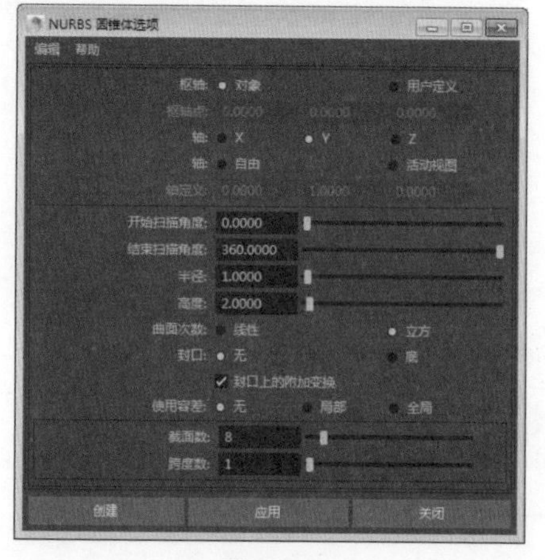

图3-37

5.平面

单击“平面”命令后面的按钮，打开“NURBS平面选项”对话框，如图3-38所示。

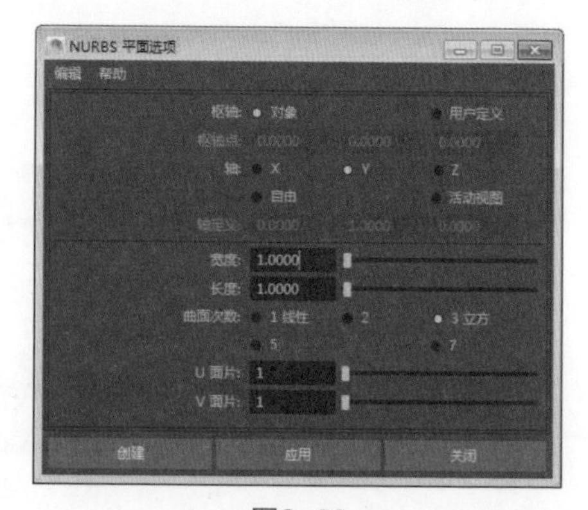

图3-38

6.圆环

单击“圆环”命令后面的按钮，打开“NURBS圆环选项”对话框，如图3-39所示。

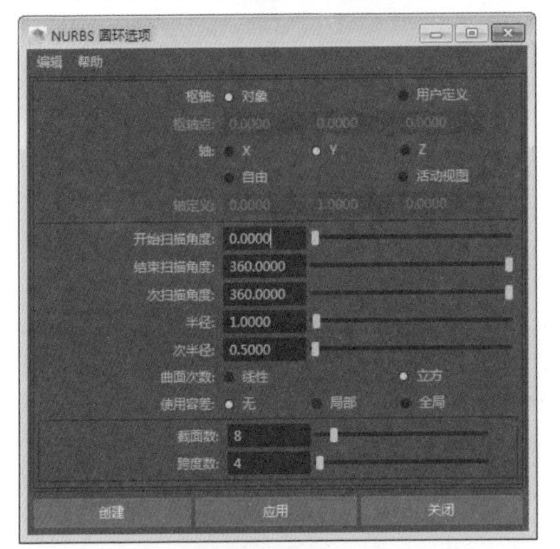

图3-39

常用参数介绍

次扫描角度：该选项表示在圆环截面上的角度，如图3-40所示。

次半径：设置圆环在截面上的半径。

半径：用来设置圆环整体半径的大小，如图3-41所示。

图3-40

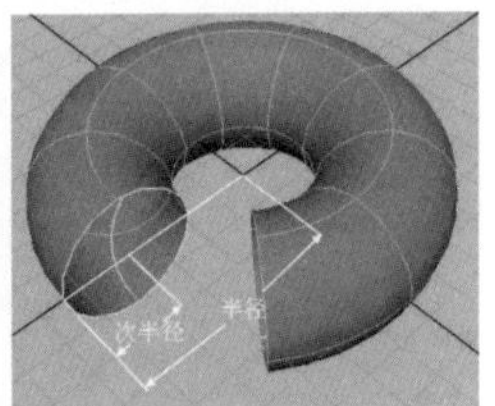

图3-41

7.圆形

单击“圆形”命令后面的按钮，打开“NURBS圆形选项”对话框，如图3-42所示。

常用参数介绍

截面数：用来设置圆的段数。

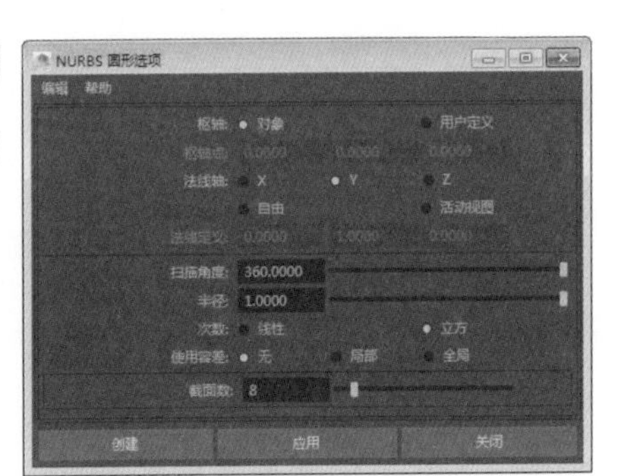

图3-42

8.方形

单击“方形”命令后面的按钮，打开“NURBS方形选项”对话框，如图3-43所示。

常用参数介绍

每个边的跨度数：用来设置每条边上的段数。

边1/2长度：分别用来设置两条对边的长度。

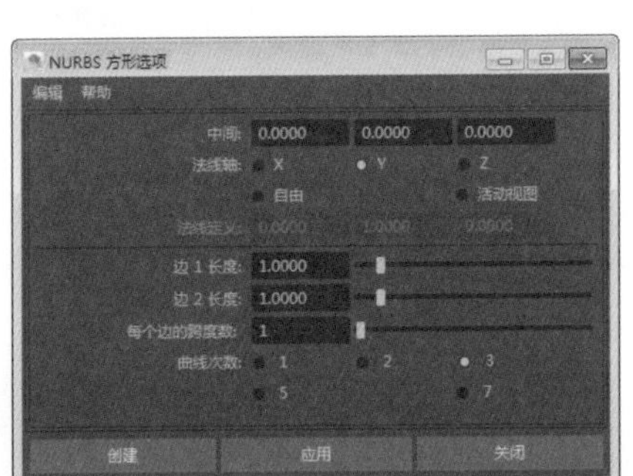

图3-43

提示

在实际工作中，经常会遇到切换显示模式的情况。如要将实体模式切换为“控制顶点”模式，那么可以在对象上按住鼠标右键，然后在打开的快捷菜单中选择“控制顶点”命令，如图3-44所示。如果要将“控制顶点”模式切换为“对象模式”，可以在对象上按住鼠标右键，然后在打开的菜单中选择“对象模式”命令，如图3-45所示。

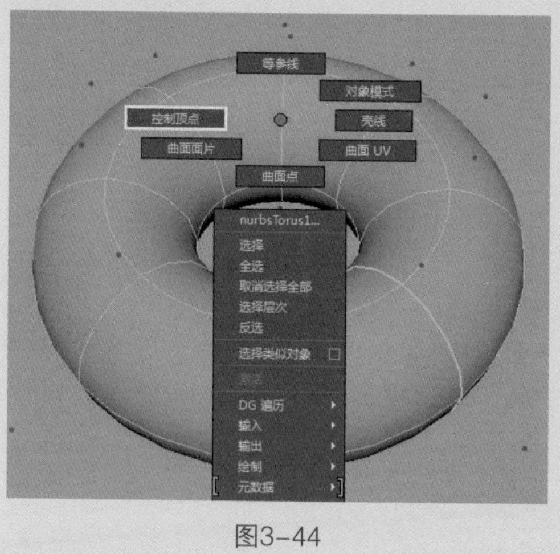

图3-44

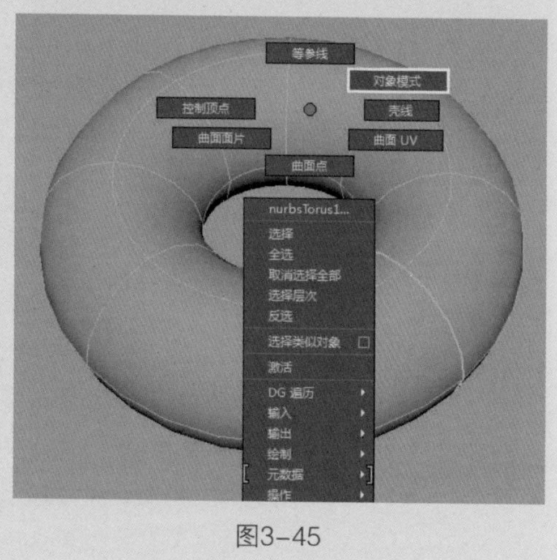

图3-45

3.3 编辑NURBS曲线

“曲线”菜单提供了大量的曲线编辑工具，包括“修改”和“编辑”两种类型，如图3-46所示。

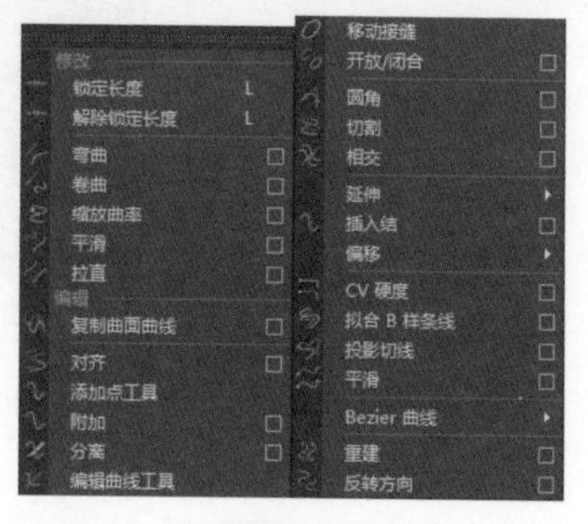

图3-46

3.3.1 复制曲面曲线

通过“复制曲面曲线”命令可以将曲面上的等参线、剪切边和曲面上的曲线复制出来。单击“复制曲面曲线”命令后面的按钮，打开“复制表面曲线选项”对话框，如图3-47所示。

图3-47

常用参数介绍

与原始对象分组：选择该选项后，可以让复制出来的曲线作为原曲面的子物体；关闭该选项时，复制出来的曲线将作为独立的物体。

可见曲面等参线：U/V和“二者”选项分别表示复制U向、V向和两个方向上的等参线。

提示

除了上面的复制方法，经常使用到的还有一种方法：首先进入曲面的等参线编辑模式，然后选择指定位置的等参线，接着执行“复制曲面曲线”命令，这样可以将指定位置的等参线单独复制出来，而不复制出其他等参线；若选择剪切边或曲面上的曲线进行复制，也不会复制出其他等参线。

操作练习 复制曲面上的曲线

- 场景文件 Scenes>CH03>3.2.mb
- 实例文件 Examples>CH03>3.2.mb
- 视频名称 操作练习：复制曲面上的曲线.mp4
- 技术掌握 掌握如何将曲面上的曲线复制出来

本例使用“复制曲面曲线”命令复制出来的曲线效果如图3-48所示。

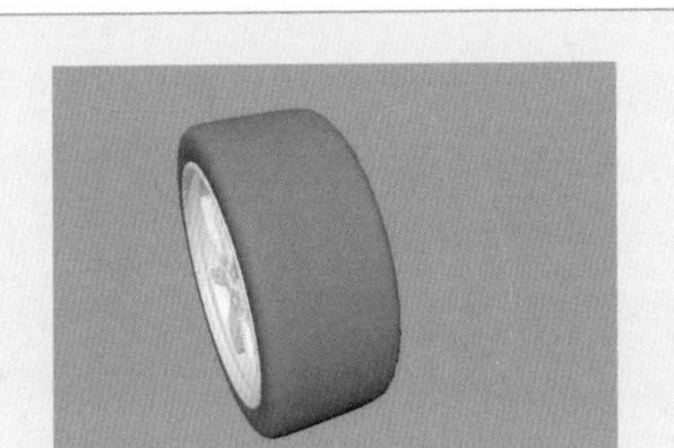

图3-48

01 打开学习资源中的“Scenes>CH03>3.2.mb”文件，场景中有一个车轮模型，如图3-49所示。

02 选择轮胎，然后按住鼠标右键，在打开的菜单中选择“等参线”命令，如图3-50所示。

图3-49

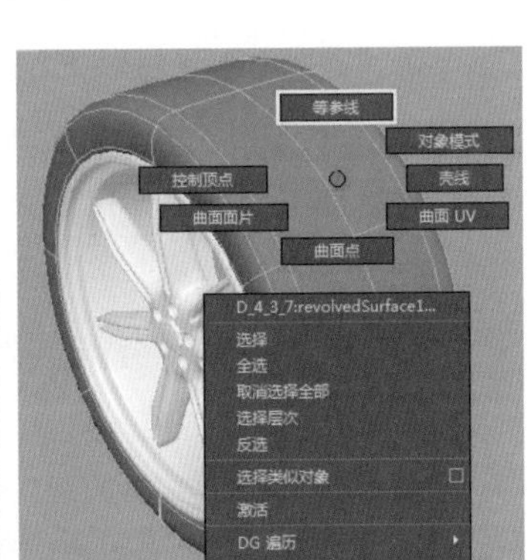

图3-50

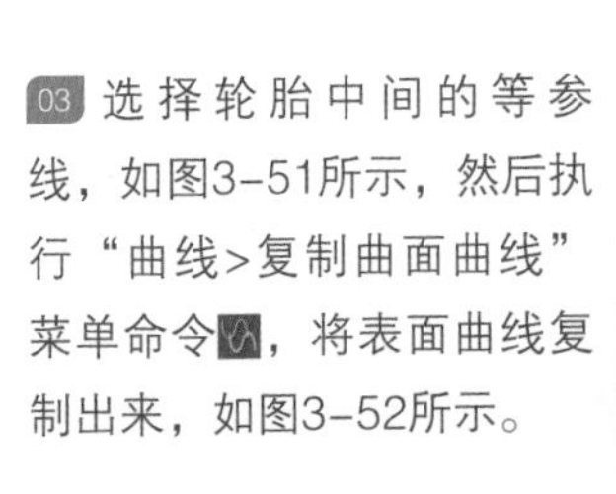

03 选择轮胎中间的等参线，如图3-51所示，然后执行“曲线>复制曲面曲线”菜单命令，将表面曲线复制出来，如图3-52所示。

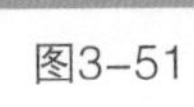

图3-51

图3-52

3.3.2 附加

使用“附加”命令可以将断开的曲线合并为一条整体曲线。单击“附加”命令后面的按钮，打开“附加曲线选项”对话框，如图3-53所示。

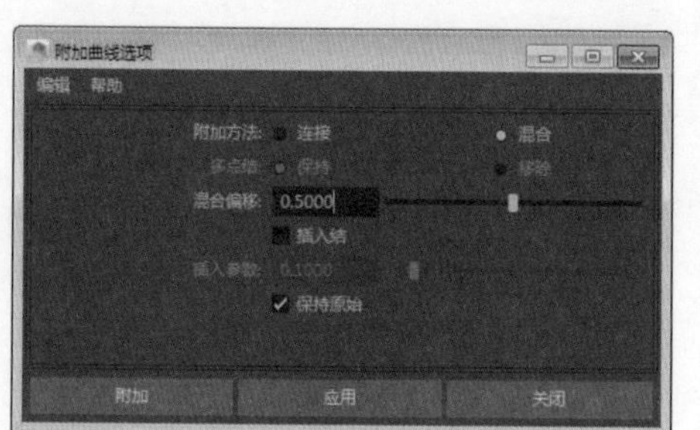

图3-53

常用参数介绍

附加方法：曲线的附加模式，包括“连接”和“混合”两个选项。“连接”方法可以直接将两条曲线连接起来，但不进行平滑处理，所以会产生尖锐的角；“混合”方法可使两条曲线的附加点以平滑的方式过渡，并且可以调节平滑度。

多点结：用来选择是否保留合并处的结构点。“保持”选项为保留结构点；“移除”为移除结构点，移除结构点时，附加处会变成平滑的连接效果，如图3-54所示。

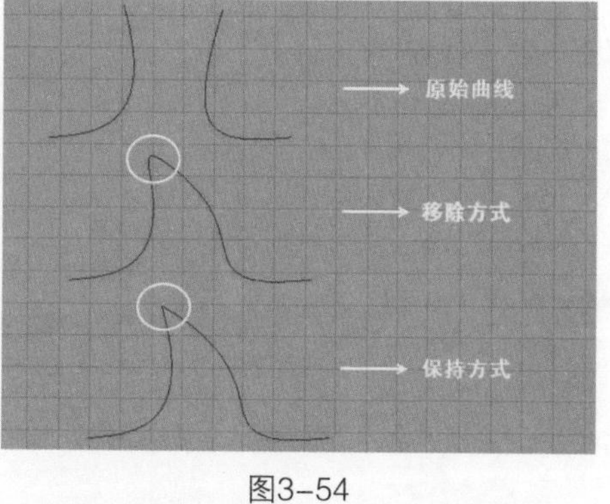

图3-54

混合偏移：当开启“混合”选项时，该选项用来控制附加曲线的连续性。

插入结：开启“混合”选项时，该选项可用来在合并处插入EP点，以改变曲线的平滑度。

保持原始：选择该选项时，合并后将保留原始的曲线；关闭该选项时，合并后将删除原始曲线。

操作练习 连接曲线

- 场景文件 Scenes>CH03>3.3.mb
- 实例文件 Examples>CH03>3.3.mb
- 视频名称 操作练习：连接曲线.mp4
- 技术掌握 掌握如何将断开的曲线连接为一条闭合的曲线

本例使用“附加曲线”命令将两段断开的曲线连接起来以后的效果如图3-55所示。

图3-55

01 打开学习资源中的“Scenes>CH03>3.3.mb”文件，场景中有一条曲线，如图3-56所示。

02 执行“窗口>大纲视图”菜单命令，打开“大纲视图”对话框，从该对话框中和视图中都可以观察到曲线是由两部分组成的，如图3-57所示。

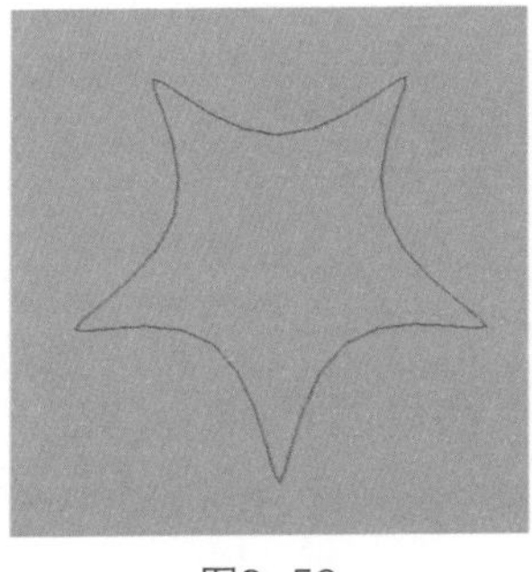

图3-56

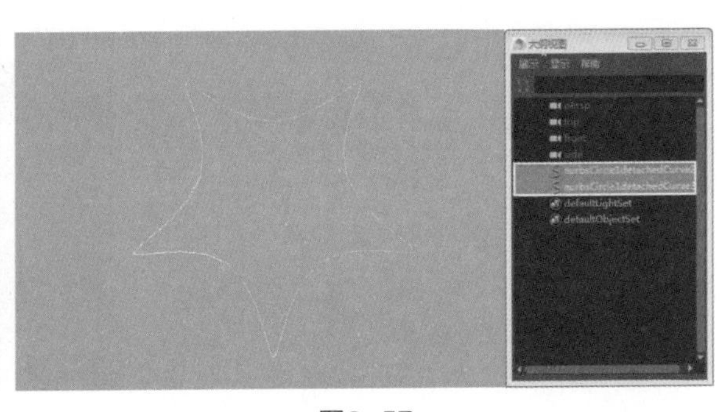

图3-57

03 选择两段曲线，单击“曲线>附加”菜单命令后面的按钮，然后在打开的“附加曲线选项”对话框中选择“连接”选项，接着单击“附加”按钮，如图3-58所示。最终效果如图3-59所示。

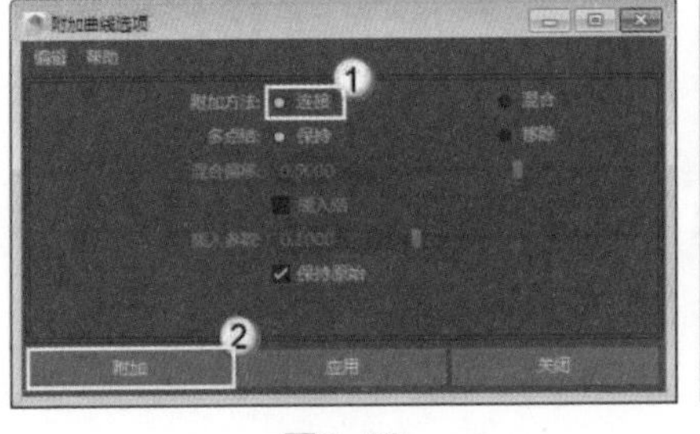

图3-58

图3-59

提示

“附加”命令在编辑曲线时经常使用到，熟练掌握该命令可以创建出复杂的曲线。曲线在创建时无法直接产生直角的硬边，这是由曲线本身的特性决定的，因此需要通过该命令将不同次数的曲线连接在一起。

3.3.3 分离

使用“分离”命令可以将一条曲线从指定的点分离开来，也可以将一条封闭的曲线分离成开放的曲线。单击“分离”命令后面的按钮，打开“分离曲线选项”对话框，如图3-60所示。

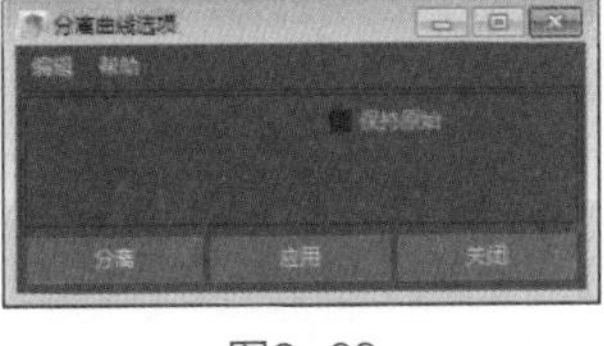

图3-60

常用参数介绍

保持原始：选择该选项时，执行“分离”命令后会保留原始的曲线。

3.3.4 圆角

使用“圆角”命令可以让两条相交曲线或两条分离曲线之间产生平滑的过渡曲线。单击“圆角”命令后面的按钮，打开“圆角曲线选项”对话框，如图3-61所示。

常用参数介绍

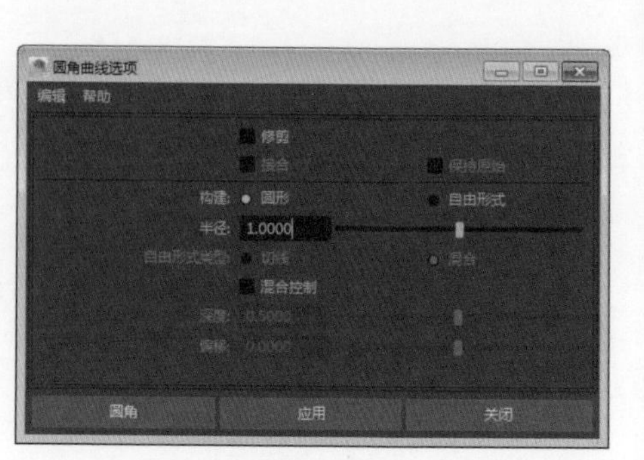

图3-61

修剪：开启该选项时，将在曲线倒角后删除原始曲线的多余部分。

接合：将修剪后的曲线合并成一条完整的曲线。

保持原始：保留倒角前的原始曲线。

构建：用来选择倒角部分曲线的构建方式。

圆形：倒角后的曲线为规则的圆形。

自由形式：倒角后的曲线为自由的曲线。

半径：设置倒角半径。

自由形式类型：用来设置自由倒角后曲线的连接方式。

切线：让连接处与切线方向保持一致。

混合：让连接处的曲率保持一致。

混合控制：选择该选项时，将激活混合控制的参数。

深度：控制曲线的弯曲深度。

偏移：用来设置倒角后曲线的左右倾斜度。

操作练习 为曲线创建圆角

» 场景文件 Scenes>CH03>3.4.mb
» 实例文件 Examples>CH03>3.4.mb
» 视频名称 操作练习：为曲线创建圆角.mp4
» 技术掌握 掌握如何为曲线创建圆角

本例使用“圆角”命令为曲线制作的圆角效果如图3-62所示。

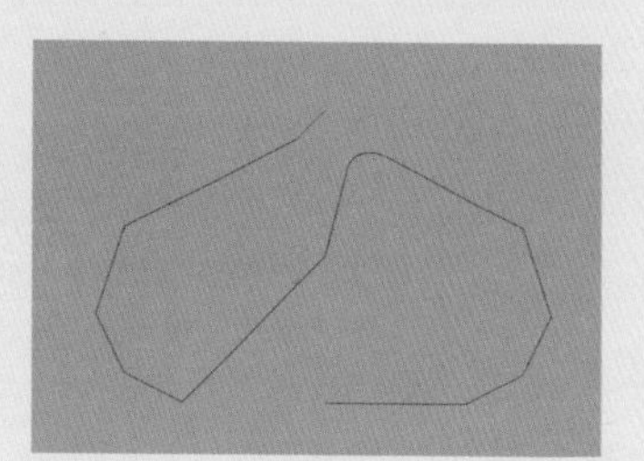

图3-62

01 打开学习资源中的“Scenes>CH03>3.4.mb”文件，场景中有一条曲线，如图3-63所示。

02 切换到“曲线点”编辑模式，然后在曲线中间的转折处添加两个曲线点，如图3-64所示。

图3-63

图3-64

03 单击“曲线>圆角”菜单命令后面的□按钮，打开“圆角曲线选项”对话框，然后选择“修剪”和“接合”选项，接着设置“构建”为“自由形式”，最后单击“圆角”按钮，如图3-65所示。此时，可以发现圆角后的曲线变得更加平滑了，效果如图3-66所示。

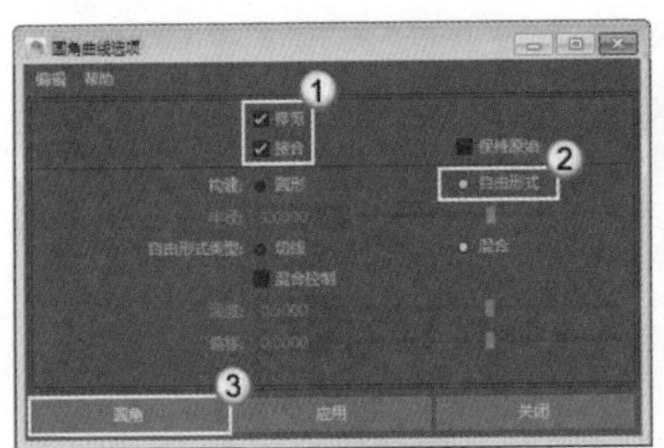

图3-65

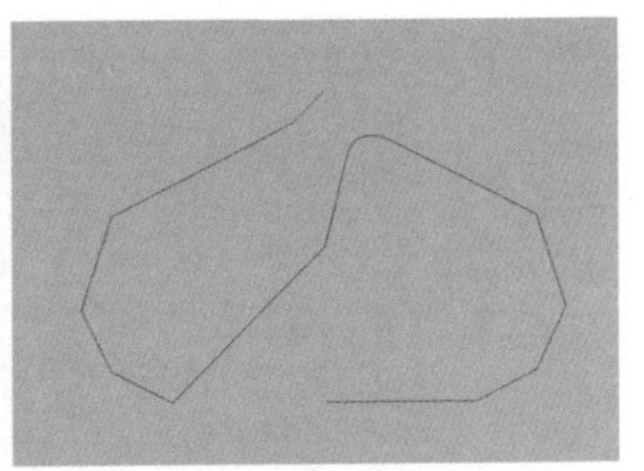
图3-66

3.3.5 插入结

使用“插入结”命令可以在曲线上插入编辑点，以增加曲线的可控点数量。单击“插入结”命令后面的按钮，打开“插入结选项”对话框，如图3-67所示。

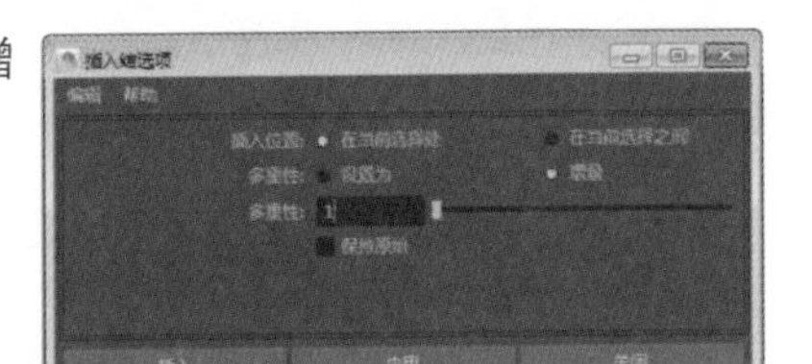

图3-67

常用参数介绍

插入位置：用来选择增加点的位置。

在当前选择处：将编辑点插入到指定的位置。

在当前选择之间：在选择点之间插入一定数目的编辑点。当选择该选项后，会将最下面的“多重性”选项更改为“要插入的结数”。

操作练习 插入编辑点

- 场景文件 Scenes>CH03>3.5.mb
- 实例文件 Examples>CH03>3.5.mb
- 视频名称 操作练习：插入编辑点.mp4
- 技术掌握 掌握如何在曲线上插入编辑点

本例使用“插入结”命令在曲线上插入编辑点后的效果如图3-68所示。

图3-68

01 打开学习资源中的“Scenes>CH03>3.5.mb”文件，场景中有一条曲线，如图3-69所示。

02 选择曲线，然后切换到“编辑点”编辑模式，接着选择图3-70所示的点，再打开“插入结选项”对话框，设置“插入位置”为“在当前选择之前”、“要插入的结数”为4，最后单击“插入”按钮，如图3-71所示，效果如图3-72所示。

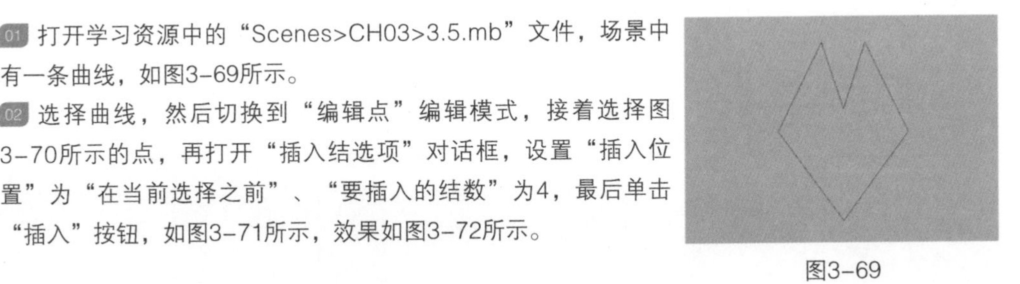
图3-69

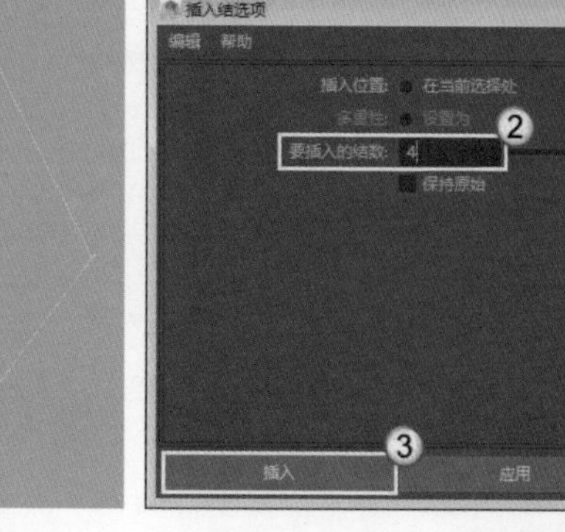

图3-70

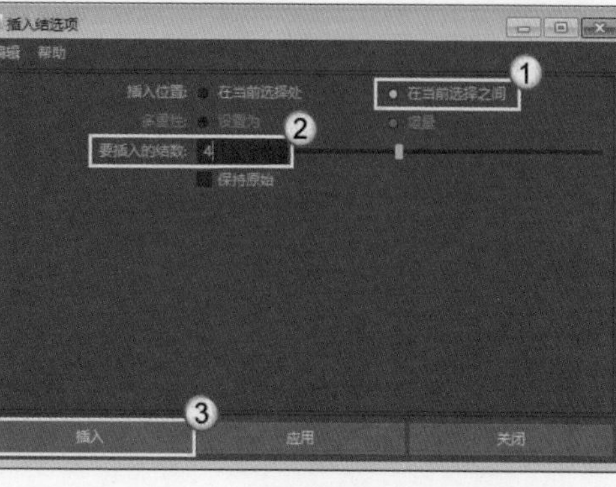

图3-71

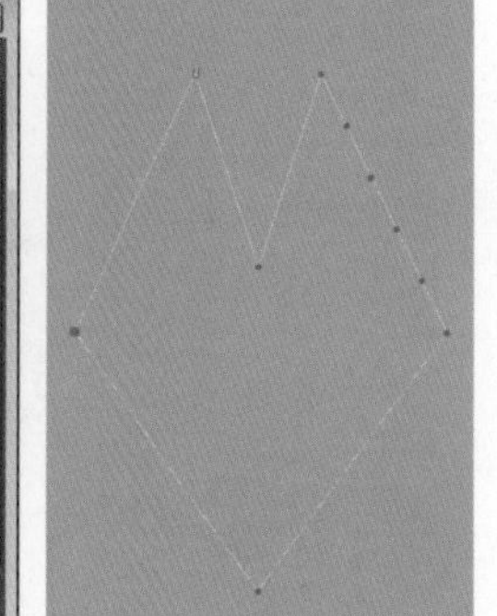

图3-72

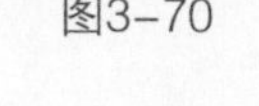

3.3.6 重建

使用“重建”命令可以修改曲线的一些属性，如结构点的数量和次数等。在使用“铅笔曲线工具”绘制曲线时，还可以使用“重建”命令对曲线进行平滑处理。单击“重建”命令后面的□按钮，打开“重建曲线选项”对话框，如图3-73所示。

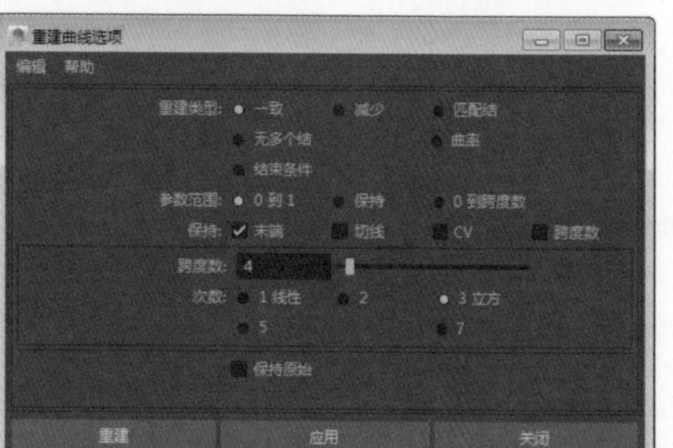

图3-73

常用参数介绍

重建类型：选择重建的类型。

一致：用统一方式来重建曲线。

减少：由“容差”值来决定重建曲线的精简度。

匹配结：通过设置一条参考曲线来重建原始曲线，可重复执行，原始曲线将无穷趋向于参考曲线的形状。

无多个结：删除曲线上的附加结构点，保持原始曲线的段数。

曲率：在保持原始曲线形状和度数不变的情况下，插入更多的编辑点。

结束条件：在曲线的终点指定或除去重合点。

操作练习 重建曲线

» 场景文件 Scenes>CH03>3.6.mb
» 实例文件 Examples>CH03>3.6.mb
» 视频名称 操作练习：重建曲线.mp4
» 技术掌握 掌握如何改变曲线的属性

本例使用“重建”命令重建曲线后的效果如图3-74所示。

图3-74

01 打开学习资源中的“Scenes>CH03>3.6.mb”文件，场景中有一条曲线，如图3-75所示。

02 选择曲线，然后切换到“控制顶点”编辑模式，如图3-76所示。此时的曲线点较多，而且点的分布不均匀。

图3-75

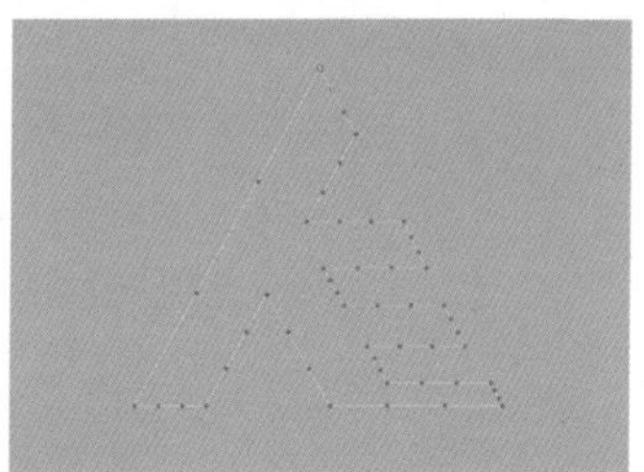
图3-76

03 将曲线的编辑模式切换到“对象模式”，然后打开“重建曲线选项”对话框，接着设置“跨度数”为30，最后单击“重建”按钮，如图3-77所示。将曲线的编辑模式切换到“控制顶点”，效果如图3-78所示。

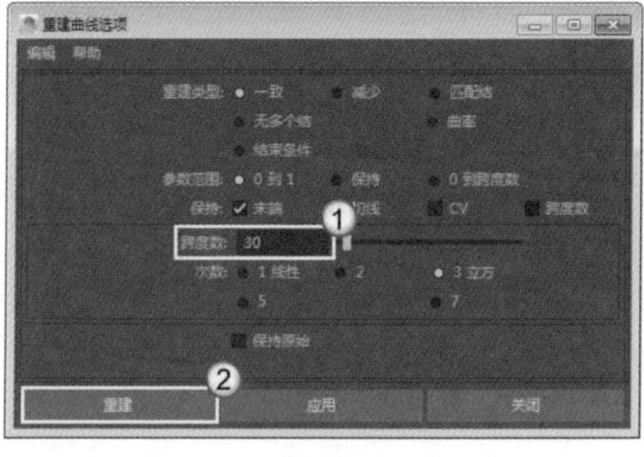

图3-77

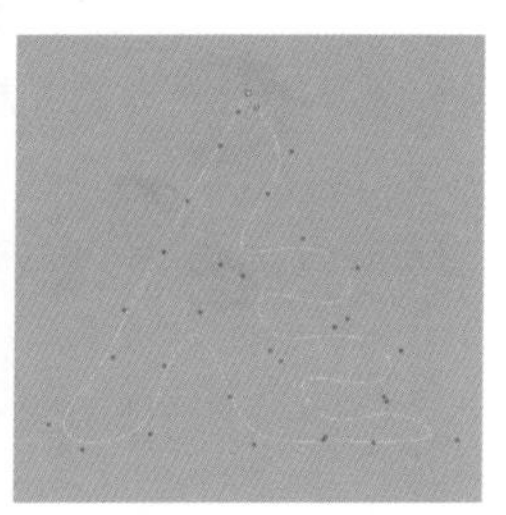

图3-78

3.3.7 反转方向

使用“反转方向”命令可以反转曲线的起始方向。单击“反转方向”命令后面的按钮，打开“反转曲线选项”对话框，如图3-79所示。

常用参数介绍

保持原始：选择该选项后，将保留原始的曲线，同时原始曲线的方向也将被保留下来。

图3-79

3.4 曲面菜单

“曲面”菜单提供了大量的曲面编辑工具，包括“创建”和“编辑NURBS曲面”两种类型，如图3-80所示。

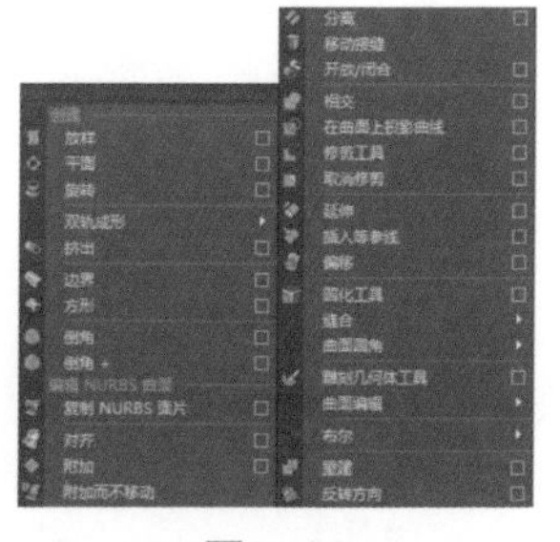
图3-80

3.4.1 放样

使用“放样”命令可以将多条轮廓线生成一个曲面。单击“放样”命令后面的按钮，打开“放样选项”对话框，如图3-81所示。

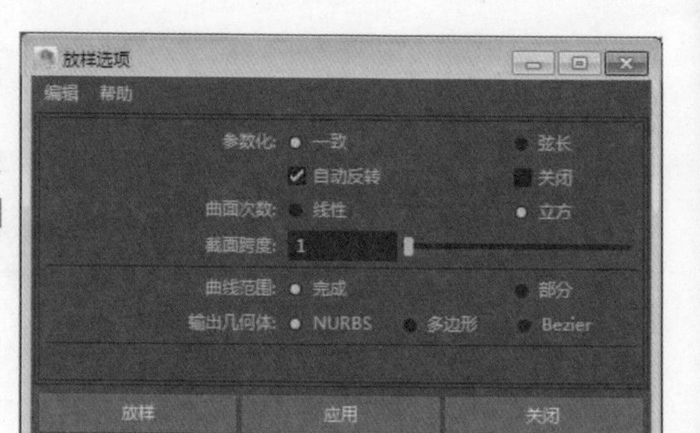

图3-81

常用参数介绍

参数化：用来改变放样曲面的V向参数值。

一致：统一生成的曲面在V方向上的参数值。

弦长：使生成的曲面在V方向上的参数值等于轮廓线之间的距离。

自动反转：在放样时，因为曲线方向的不同会产生曲面扭曲现象，该选项可以自动统一曲线的方向，使曲面不产生扭曲现象。

关闭：选择该选项后，生成的曲面会自动闭合。

截面跨度：用来设置生成曲面的分段数。

操作练习 用“放样”命令创建弹簧

» 场景文件 Scenes>CH03>3.7.mb
» 实例文件 Examples>CH03>3.7.mb
» 视频名称 操作练习：用“放样”命令创建弹簧.mp4
» 技术掌握 掌握“放样”命令的用法

本例使用“放样”命令创建的弹簧效果如图3-82所示。

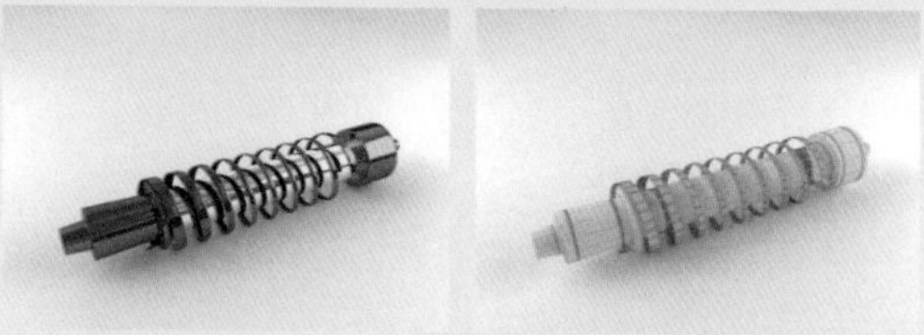

图3-82

01 打开学习资源中的“Scenes>CH03>3.7.mb”文件，场景中有一个多边形模型和两条曲线，如图3-83所示。

02 选择两条曲线，然后执行“曲面>放样”菜单命令，效果如图3-84所示。

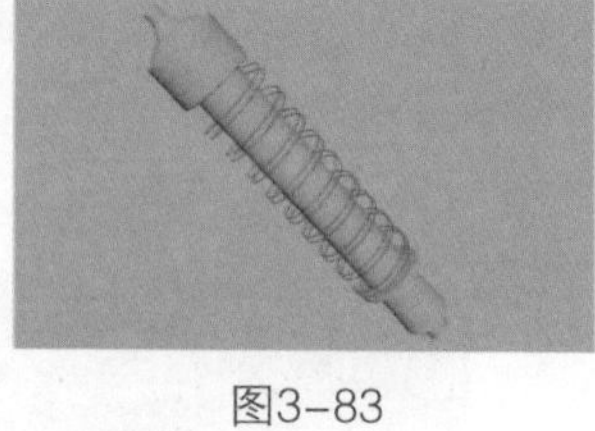
图3-83

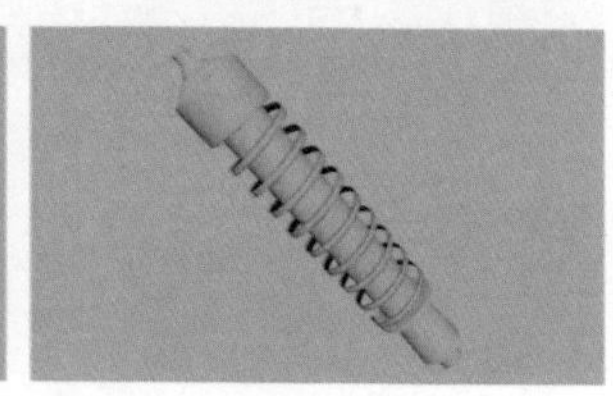
图3-84

3.4.2 平面

使用“平面”命令可以将封闭的曲线、路径和剪切边等生成一个平面，但这些曲线、路径和剪切边都必须位于同一平面内。单击“平面”命令后面的按钮，打开“平面修剪曲面选项”对话框，如图3-85所示。

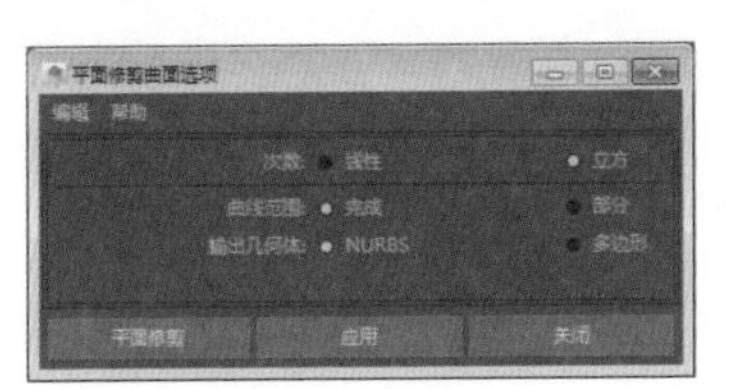

图3-85

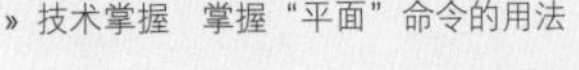

操作练习 用“平面”命令创建雕花

- 场景文件 Scenes>CH03>3.8.mb
- 实例文件 Examples>CH03>3.8.mb
- 视频名称 操作练习：用“平面”命令创建雕花.mp4
- 技术掌握 掌握“平面”命令的用法

本例使用“平面”命令创建的雕花模型效果如图3-86所示。

图3-86

01 打开学习资源中的“Scenes>CH03>3.8.mb”文件，场景中有一些曲线，如图3-87所示。

02 选择所有的曲线，然后执行“曲面>平面”菜单命令，效果如图3-88所示。

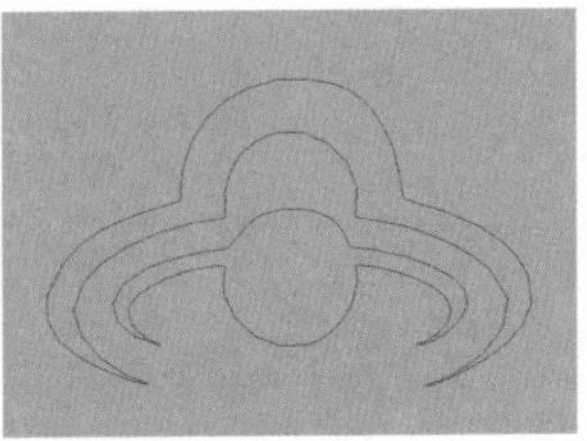

图3-87

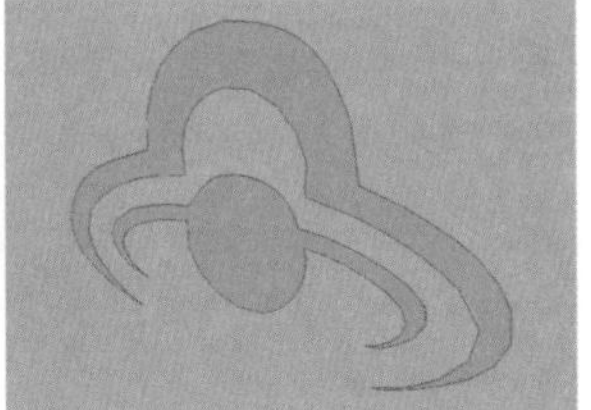

图3-88

3.4.3 旋转

使用“旋转”命令可以将一条曲线的轮廓线生成一个曲面，并且可以随意控制旋转角度。单击“旋转”命令后面的按钮，打开“旋转选项”对话框，如图3-89所示。

常用参数介绍

轴预设：用来设置曲线旋转的轴向，共有X、Y、Z和“自由”这4个选项。

枢轴：用来设置旋转轴心点的位置。

对象：以自身的轴心位置作为旋转方向。

预设：通过坐标来设置轴心点的位置。

枢轴点：用来设置枢轴点的坐标。

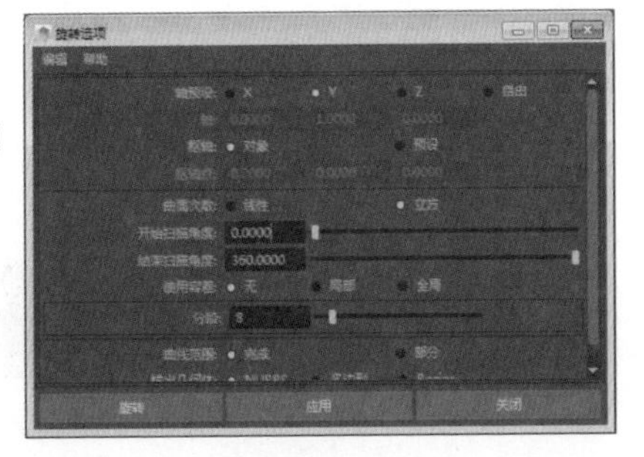

图3-89

曲面次数：用来设置生成的曲面的次数。

线性：表示为1阶，可生成不平滑的曲面。

立方：可生成平滑的曲面。

开始/结束扫描角度：用来设置开始/结束扫描的角度。

使用容差：用来设置旋转的精度。

分段：用来设置生成曲线的段数。段数越多，精度越高。

输出几何体：用来选择输出几何体的类型，有NURBS、多边形、细分曲面和Bezier这4种类型。

操作练习 用“旋转”命令创建花瓶

» 场景文件 无
» 实例文件 Examples>CH03>3.9.mb
» 视频名称 操作练习：用“旋转”命令创建花瓶.mp4
» 技术掌握 掌握“旋转”命令的用法

本例使用“旋转”命令制作的花瓶效果如图3-90所示。

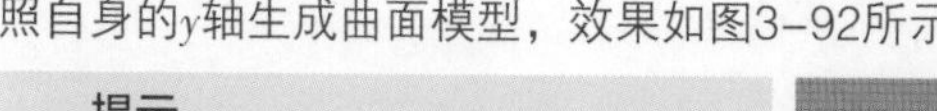

图3-90

01 切换到front（前）视图，然后执行“创建>曲线工具>CV曲线工具”菜单命令，并在前视图中绘制图3-91所示的曲线。

02 将视图切换到透视图，然后选择曲线，接着执行“曲面>旋转”菜单命令，此时曲线就会按照自身的y轴生成曲面模型，效果如图3-92所示。

提示

在绘制曲线的时候，曲线的起点（也就是底端的水平直线的左端点）要位于y轴上，可以通过开启“捕捉到栅格”工具来捕捉。另外，按住Shift键可以绘制出水平或者垂直的直线。

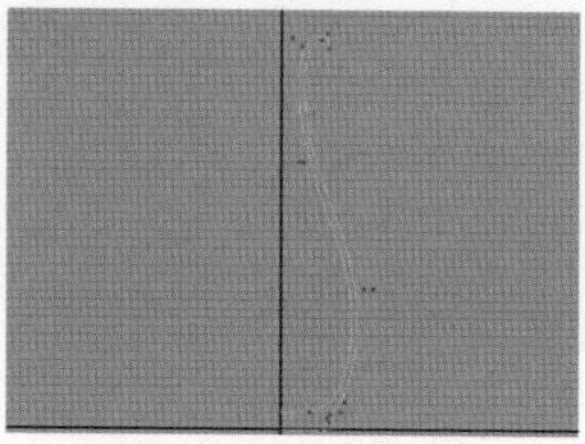

图3-91

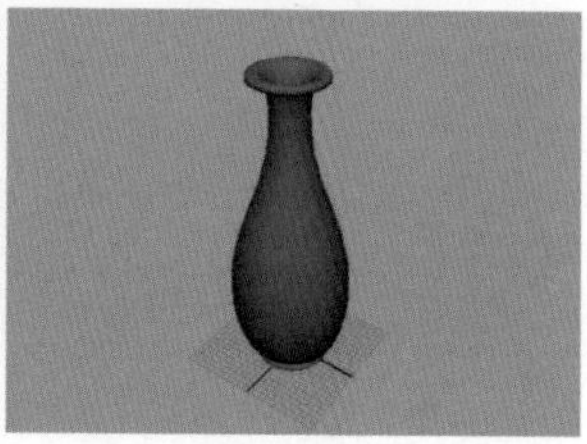

图3-92

3.4.4 双轨成形

“双轨成形”命令包含3个子命令，分别是“双轨成形1工具”、“双轨成形2工具”和“双轨成形3+工具”，如图3-93所示。

双轨成形 1 工具
双轨成形 2 工具
双轨成形 3+ 工具

图3-93

1.双轨成形1工具

使用“双轨成形1工具” 可以让一条轮廓线沿两条路径线进行扫描，从而生成曲面。单击“双轨成形1工具”命令后面的按钮，打开“双轨成形1选项”对话框，如图3-94所示。

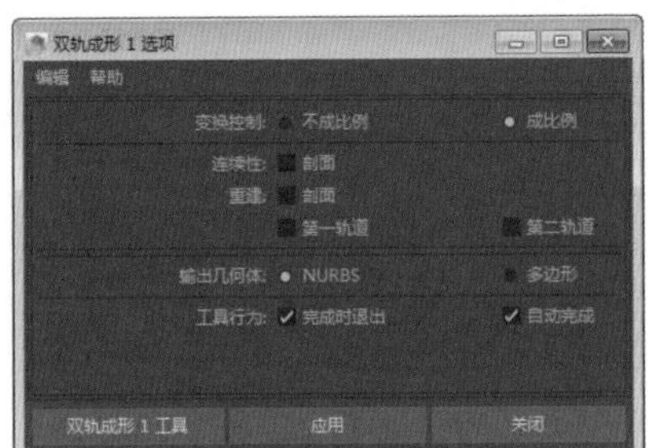
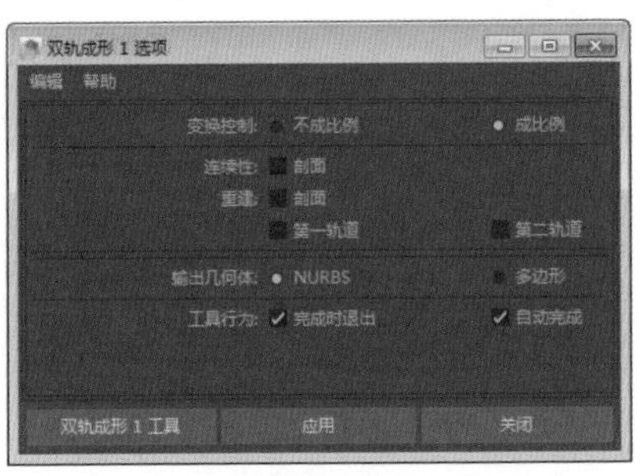

图3-94

常用参数介绍

变换控制：用来设置轮廓线的成形方式。

不成比例：以不成比例的方式扫描曲线。

成比例：以成比例的方式扫描曲线。

连续性：保持曲面切线方向的连续性。

重建：重建轮廓线和路径曲线。

第一轨道：重建第1次选择的路径。

第二轨道：重建第2次选择的路径。

2.双轨成形2工具

使用“双轨成形2工具” 可以沿着两条路径线在两条轮廓线之间生成一个曲面。单击“双轨成形2工具”命令后面的按钮，打开“双轨成形2选项”对话框，如图3-95所示。

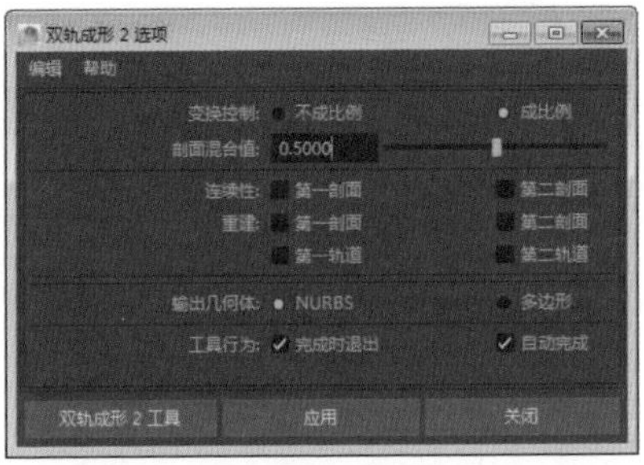

图3-95

3.双轨成形3+工具

使用“双轨成形3+工具” 可以通过两条路径曲线和多条轮廓曲线来生成曲面。单击“双轨成形3+工具”命令后面的按钮，打开“双轨成形3+选项”对话框，如图3-96所示。

图3-96

操作练习 用双轨成形2工具创建曲面

» 场景文件 Scenes>CH03>3.10.mb

» 实例文件 Examples>CH03>3.10.mb

» 视频名称 操作练习：用双轨成形2工具创建曲面.mp4

» 技术掌握 掌握双轨成形2工具的用法

本例使用“双轨成形2工具” 生成曲面，效果如图3-97所示。

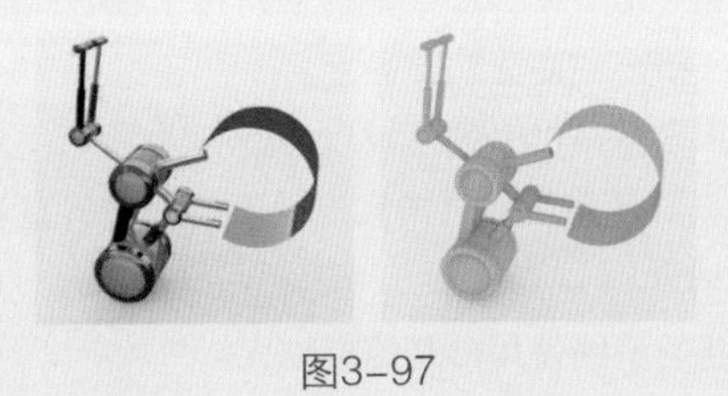

图3-97

01 打开学习资源中的“Scene>CH03>3.10.mb”文件，场景中有一些曲线和曲面，如图3-98所示。

02 按住C键捕捉曲线的端点，然后使用“EP曲线工具”命令在曲线的两端绘制两条直线，如图3-99所示。

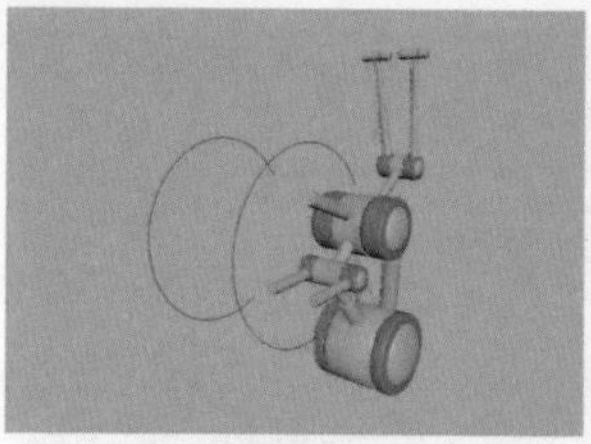

图3-98

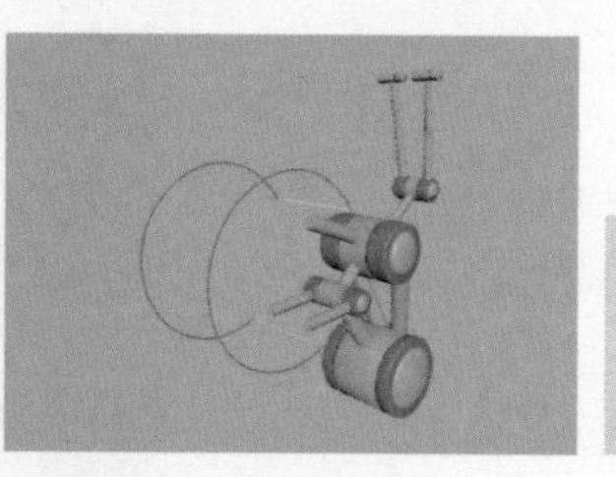

图3-99

提示

轮廓线和曲线必须相交，否则不能生成曲面。

03 选择两条弧线，然后按住Shift键加选连接弧线的两条直线，执行“曲面>双轨成形>双轨成形2工具”菜单命令，最终效果如图3-100所示。

提示

双轨成形工具里的其他命令使用方法一样，只要明确路径曲线和轮廓曲线，就能绘制想要的效果。

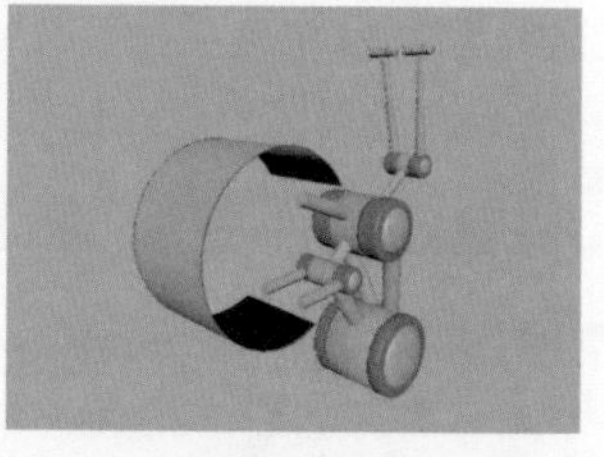

图3-100

3.4.5 挤出

使用“挤出”命令可将一条任何类型的轮廓曲线沿着另一条曲线的大小生成曲面。单击“挤出”命令后面的按钮，打开“挤出选项”对话框，如图3-101所示。

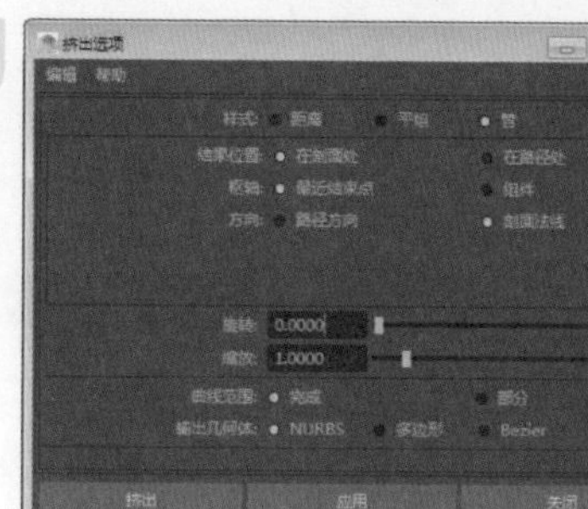

图3-101

常用参数介绍

样式：用来设置挤出的样式。

距离：将曲线沿指定距离进行挤出。

平坦：将轮廓线沿路径曲线进行挤出，但在挤出过程中始终平行于自身的轮廓线。

管：将轮廓线以与路径曲线相切的方式挤出曲面，这是默认的创建方式。图3-102所示是3种挤出方式生成的曲面效果。

结果位置：决定曲面挤出的位置。

在剖面处：挤出的曲面在轮廓线上。如果轴心点没有在轮廓线的几何中心，那么挤出的曲面将位于轴心点上。

在路径处：挤出的曲面在路径上。

枢轴：用来设置挤出时的枢轴点类型。

最近结束点：使用路径上最靠近轮廓曲线边界盒中心的端点作为枢轴点。

组件：让各轮廓线使用自身的枢轴点。

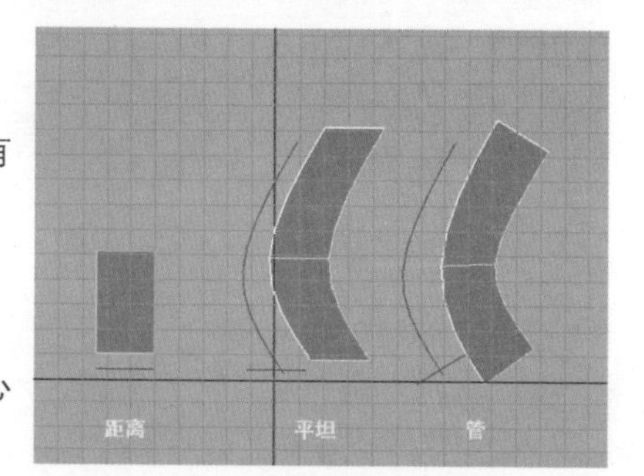

图3-102

方向：用来设置挤出曲面的方向。

路径方向：沿着路径的方向挤出曲面。

剖面法线：沿着轮廓线的法线方向挤出曲面。

旋转：设置挤出的曲面的旋转角度。

缩放：设置挤出的曲面的缩放量。

操作练习 用“挤出”命令制作喇叭

» 场景文件 Scenes>CH03>3.11.mb
» 实例文件 Examples>CH03>3.11.mb
» 视频名称 操作练习：用“挤出”命令制作喇叭.mp4
» 技术掌握 掌握“挤出”命令的用法

本例使用“挤出”命令生成曲面，效果如图3-103所示。

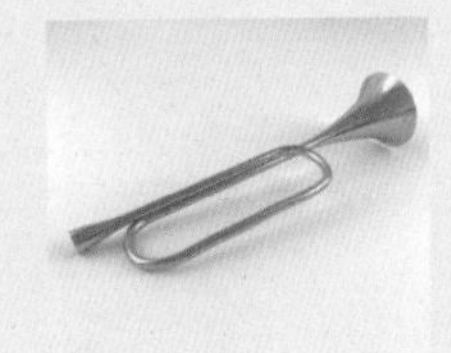
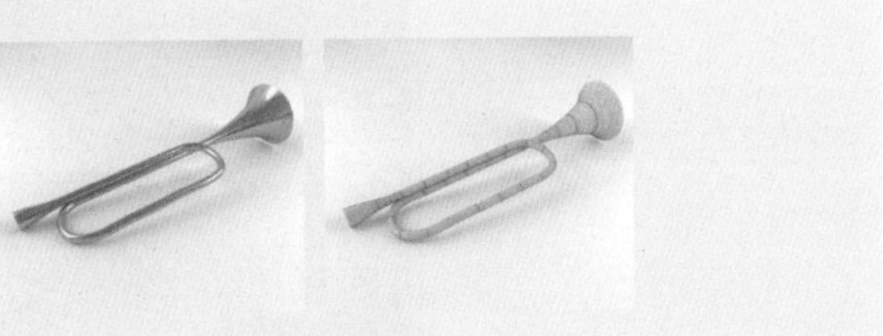

图3-103

01 打开学习资源中的“Scenes>CH03>3.11.mb”文件，场景中有一条曲线，如图3-104所示。

02 使用“圆形”命令新建一条圆形曲线，然后调整曲线的方向和大小，如图3-105所示。使用“捕捉到曲线”工具将圆形曲线捕捉到另一条曲线的起点，如图3-106所示。

图3-104

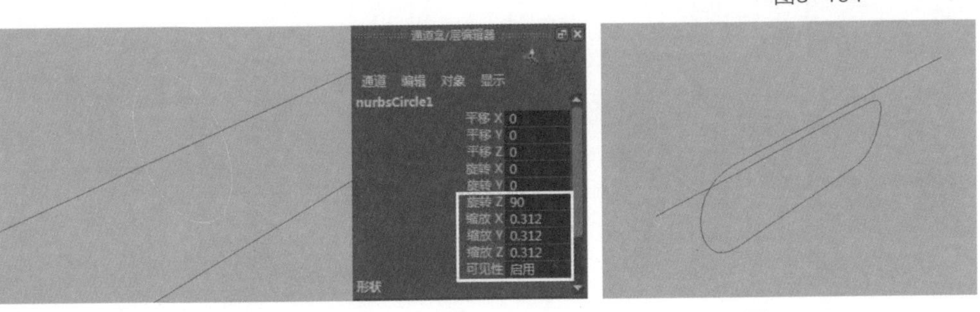

图3-105

图3-106

03 选择圆形曲线，然后加选另一条曲线，接着执行“曲面>挤出”菜单命令，效果如图3-107所示（模型呈黑色说明法线方向有误）。

04 切换到“控制顶点”编辑模式，然后调整喇叭前部的造型，如图3-108所示，接着调整喇叭尾部的造型，如图3-109所示。

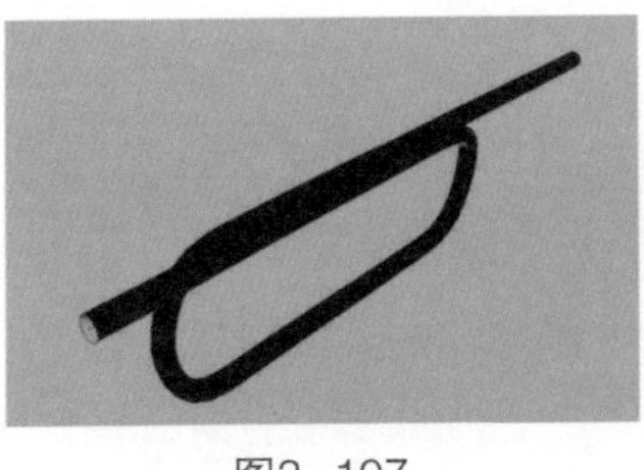

图3-107

图3-108

图3-109

3.4.6 倒角+

“倒角+”命令■是“倒角”命令的升级版，该命令集合了非常多的倒角效果。单击“倒角+”命令后面的■按钮，打开“倒角+选项”对话框，如图3-110所示。

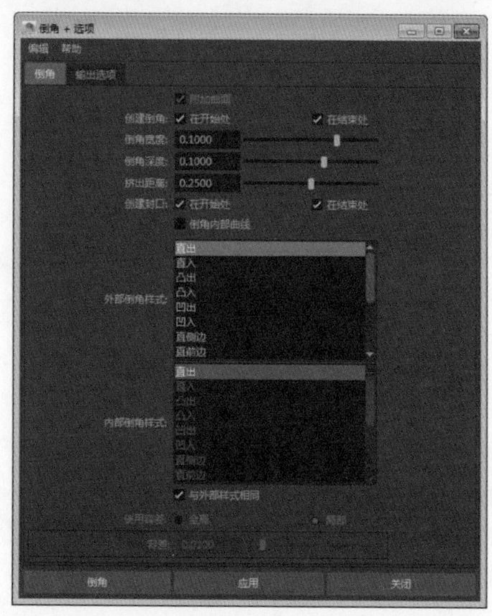

图3-110

操作练习 用“倒角+”命令创建倒角模型

» 场景文件 Scenes>CH03>3.12.mb

» 实例文件 Examples>CH03>3.12.mb

» 视频名称 操作练习：用“倒角+”命令创建倒角模型.mp4

» 技术掌握 掌握“倒角+”命令的用法

本例使用“倒角+”命令■制作的倒角模型效果如图3-111所示。

图3-111

01 打开学习资源中的“Scenes>CH03>3.12.mb”文件，场景中有一条曲线，如图3-112所示。

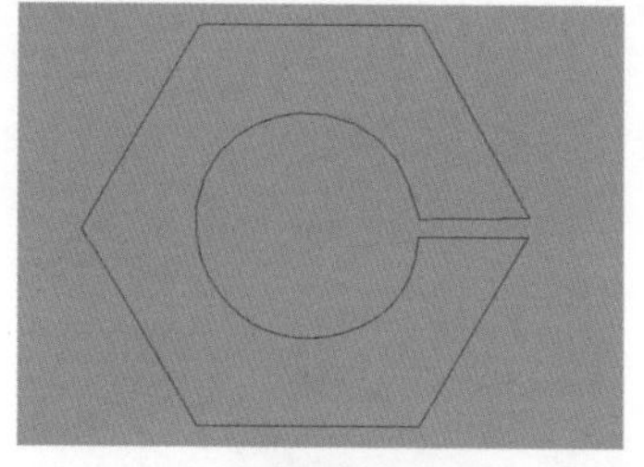

图3-112

02 选择曲线，然后打开“倒角+选项”对话框，接着设置“倒角宽度”为0.1、“倒角深度”为0.1、“挤出距离”为0.25、“外部倒角样式”为“直出”，最后单击“倒角”按钮，如图3-113

所示，效果如图3-114所示。

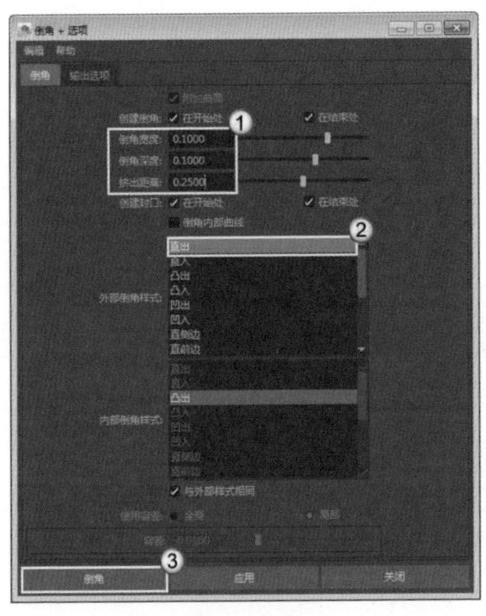

图3-113

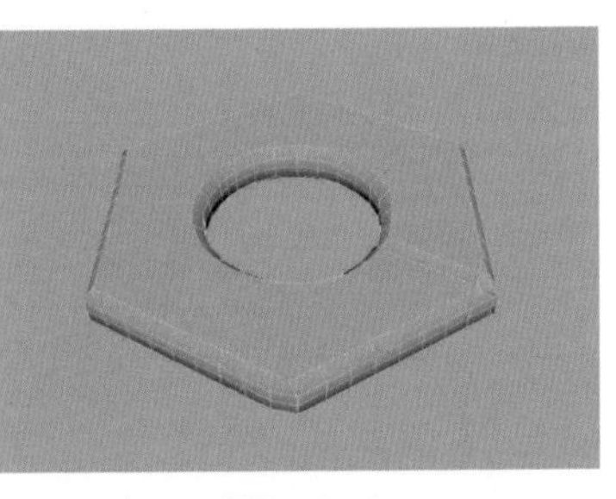

图3-114

提示

对曲线进行倒角后，可以在右侧的“通道盒/层编辑器”面板中修改倒角的类型，如图3-115所示。用户可以选择不同的倒角类型来生成想要的曲面，图3-116所示是“直入”倒角效果。

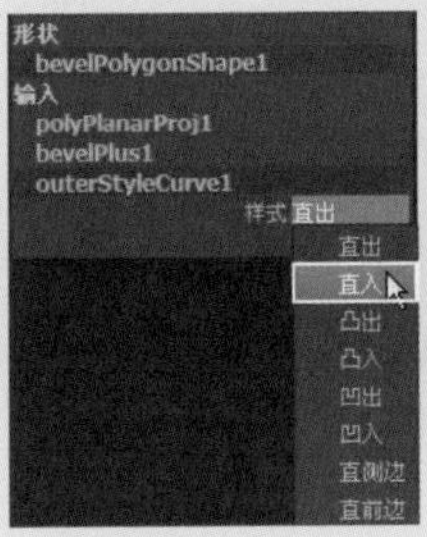

图3-115

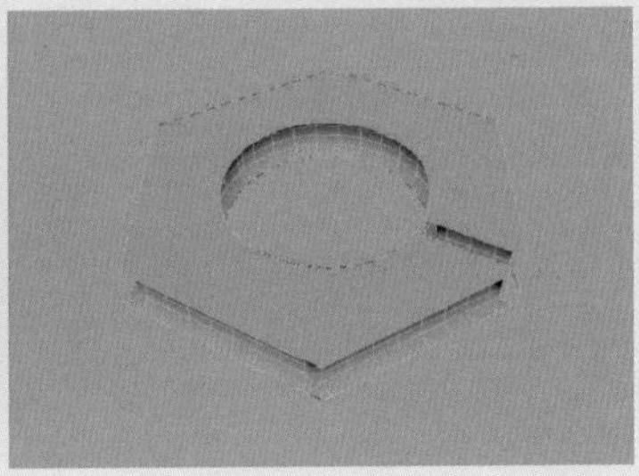

图3-116

3.4.7 复制NURBS面片

使用“复制NURBS面片”命令可以将NURBS物体上的曲面面片复制出来，并且会形成一个独立的物体。单击“复制NURBS面片”命令后面的按钮，打开“复制NURBS面片选项”对话框，如图3-117所示。

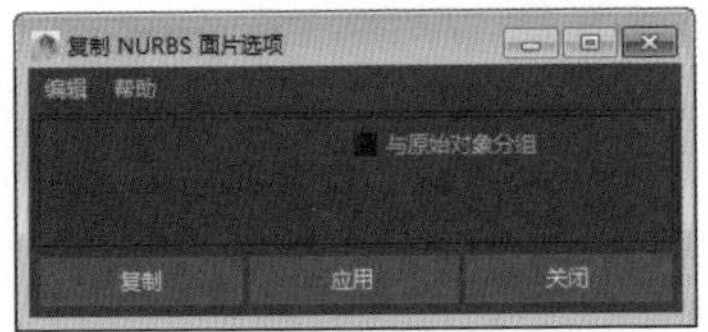

图3-117

常用参数介绍

与原始对象分组：选择该选项时，复制出来的面片将作为原始物体的子物体。

3.4.8 附加

使用“附加”命令可以将两个曲面附加在一起形成一个曲面，也可以选择曲面上的等参线，然后在两个曲面上指定位置进行合并。单击“附加”命令后面的按钮，打开“附加曲面选项”对话框，如图3-118所示。

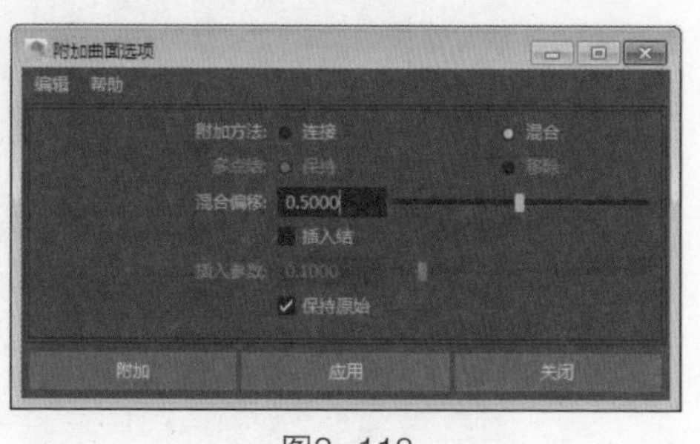

图3-118

常用参数介绍

附加方法：用来选择曲面的附加方式。

连接：不改变原始曲面的形态进行合并。

混合：让两个曲面以平滑的方式进行合并。

多点结：使用“连接”方式进行合并时，该选项可以用来决定曲面结合处的复合结构点是否保留下来。

混合偏移：设置曲面的偏移倾向。

插入结：在曲面的合并部分插入两条等参线，使合并后的曲面更加平滑。

插入参数：用来控制等参线的插入位置。

操作练习 用“附加”命令合并曲面

» 场景文件 Scenes>CH03>3.13.mb
» 实例文件 Examples>CH03>3.13.mb
» 视频名称 操作练习：用“附加”命令合并曲面.mp4
» 技术掌握 掌握“附加”命令的用法

本例主要针对“附加”命令的用法进行练习，效果如图3-119所示。

图3-119

01 打开学习资源中的“Scenes>CH03>3.13.mb”文件，场景中有一个动物模型，如图3-120所示。

02 其中一段鬃毛是由两部分组成的，如图3-121所示。选择两段鬃毛模型，然后执行“曲面>附加”菜单命令，效果如图3-122所示。

图3-120

图3-121

图3-122

3.4.9 在曲面上投影曲线

使用“在曲面上投影曲线”命令可以将曲线按照某种投射方法投影到曲面上，以形成曲面曲线。打开“在曲面上投影曲线选项”对话框，如图3-123所示。

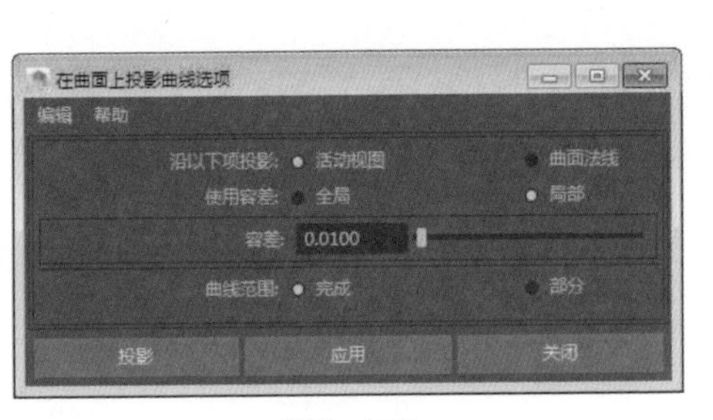

图3-123

常用参数介绍

沿以下项投影：用来选择投影的方式。

活动视图：用垂直于当前激活视图的方向作为投影方向。

曲面法线：用垂直于曲面的方向作为投影方向。

操作练习 将曲线投影到曲面上

- 场景文件 Scenes>CH03>3.14.mb
- 实例文件 Examples>CH03>3.14.mb
- 视频名称 操作练习：将曲线投影到曲面上.mp4
- 技术掌握 掌握“在曲面上投影曲线”命令的用法

本例使用“在曲面上投影曲线”命令将曲线投影到曲面上，效果如图3-124所示。

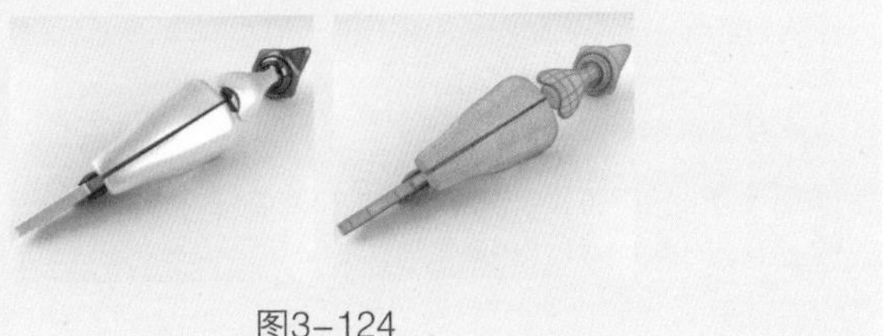

图3-124

01 打开学习资源中的“Scenes>CH03>3.14.mb”文件，场景中有一些曲面和曲线，如图3-125所示。

02 切换到top（上）视图，然后选择图3-126所示的曲线和曲面，接着执行“曲线>在曲面上投影曲线”菜单命令，效果如图3-127所示。

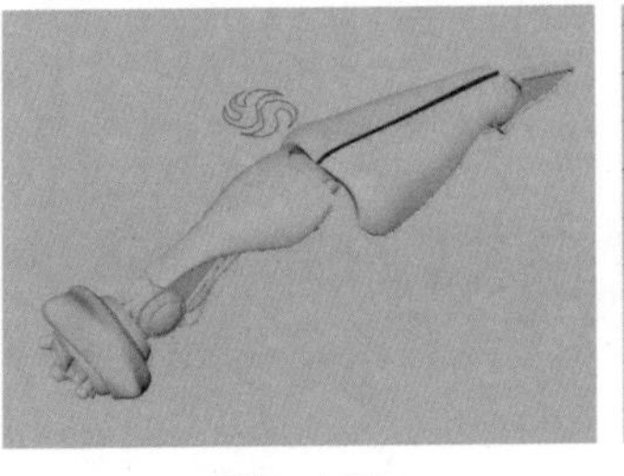

图3-125

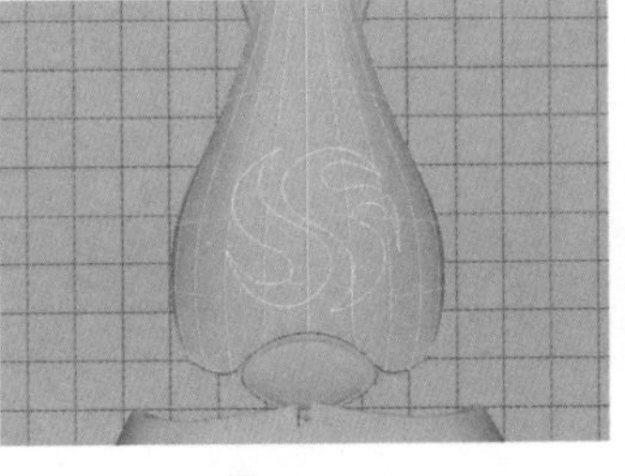

图3-126

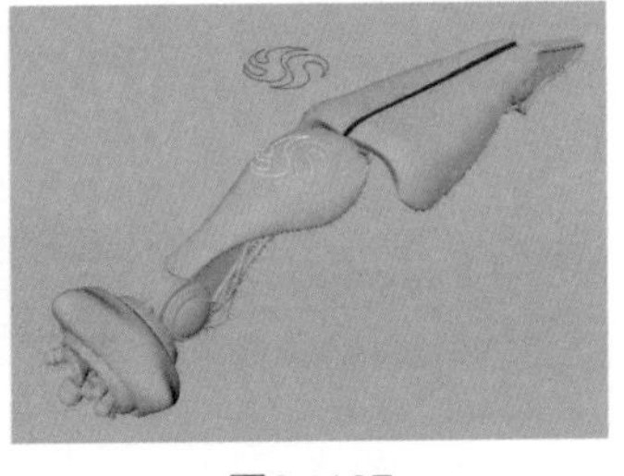

图3-127

提示

“在曲面上投影曲线”命令会根据当前摄影机的角度进行投影，因此建议切换到合适的视图中操作。如果在persp（透）视图中投影，可能会因为视觉误差造成错误的结果，如图3-128所示。

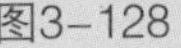

图3-128

3.4.10 修剪工具

使用“修剪工具”可以根据曲面上的曲线来对曲面进行修剪。单击“修剪”命令后面的按钮，打开“工具设置”对话框，如图3-129所示。

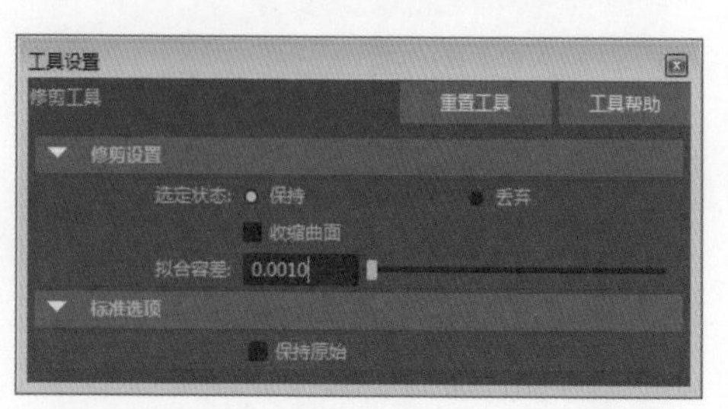

图3-129

常用参数介绍

选定状态：用来决定选择的部分是保留还是丢弃。

保持：保留选择部分，去除未选择部分。

丢弃：保留未选择部分，去掉选择部分。

操作练习 根据曲面曲线修剪曲面

» 场景文件 Scenes>CH03>3.15.mb
» 实例文件 Examples>CH03>3.15.mb
» 视频名称 操作练习：根据曲面曲线修剪曲面.mp4
» 技术掌握 掌握修剪工具的用法

本例使用“修剪工具”在曲面上修剪特定形状，效果如图3-130所示。

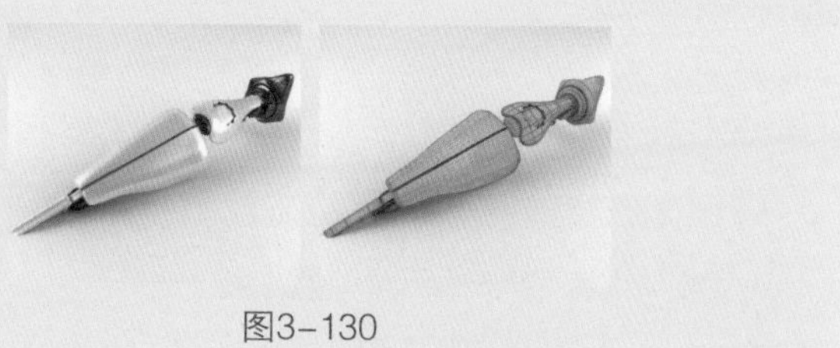

图3-130

01 打开学习资源中的“Scenes>CH03>3.15.mb”文件，场景中有一个曲面模型，并且曲面上有一段投影的曲线，如图3-131所示。

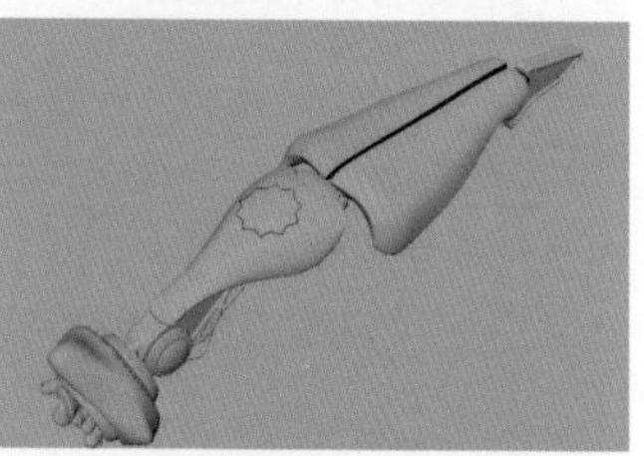

图3-131

02 选择曲线所在的曲面，然后执行“曲面>修剪工具”菜单命令。此时，曲面会变为白色线框，如图3-132所示。接着单击曲线外围的任一地方，如图3-133所示。最后按Enter键完成操作，效果如图3-134所示。

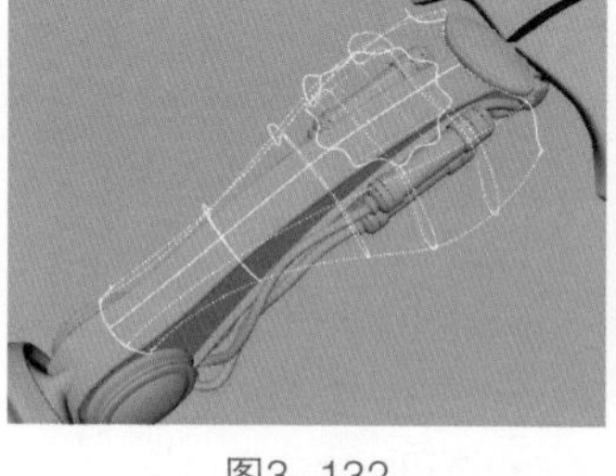

图3-132

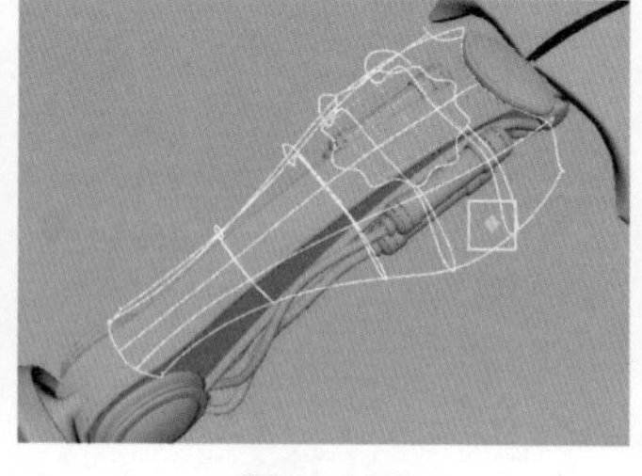

图3-133

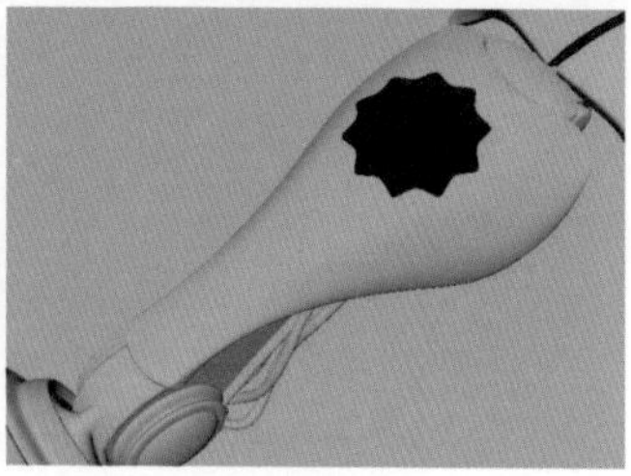

图3-134

3.4.11 插入等参线

使用“插入等参线”命令可以在曲面的指定位置插入等参线，而不改变曲面的形状，当然也可以在选择的等参线之间添加一定数目的等参线。单击“插入等参线”命令后面的按钮，打开

“插入等参线选项”对话框，如图3-135所示。

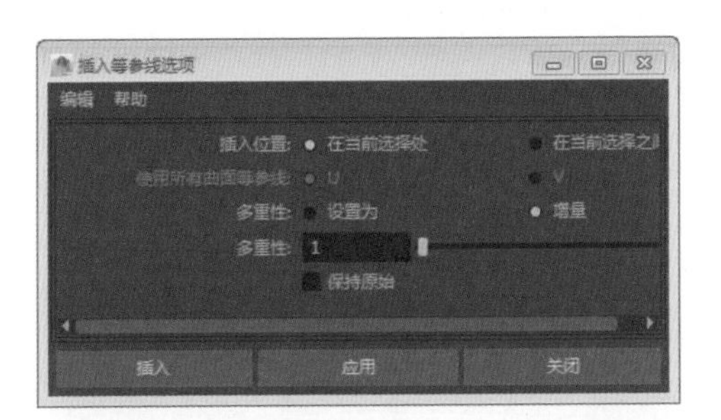

图3-135

常用参数介绍

插入位置：用来选择插入等参线的位置。

在当前选择处：在选择的位置插入等参线。

在当前选择之间：在选择的两条等参线之间插入一定数目的等参线。开启该选项下面会出现一个“要插入的等参线数”选项，该选项主要用来设置插入等参线的数目，如图3-136所示。

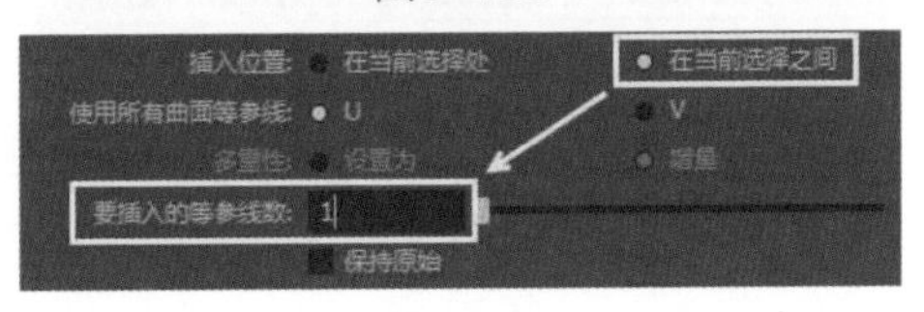

图3-136

3.4.12 偏移

使用“偏移”命令可以在原始曲面的法线方向上平行复制出一个新的曲面，并且可以设置其偏移距离。单击“偏移”命令后面的按钮，打开“偏移曲面选项”对话框，如图3-137所示。

图3-137

常用参数介绍

方法：用来设置曲面的偏移方式。

曲面拟合：在保持曲面曲率的情况下复制一个偏移曲面。

CV拟合：在保持曲面CV控制点位置偏移的情况下复制一个偏移曲面。

偏移距离：用来设置曲面的偏移距离。

操作练习 偏移复制曲面

- 场景文件 Scenes>CH03>3.16.mb
- 实例文件 Examples>CH03>3.16.mb
- 视频名称 操作练习：偏移复制曲面.mp4
- 技术掌握 掌握“偏移”命令的用法

本例使用“偏移”命令将曲面进行偏移复制，效果如图3-138所示。

图3-138

01 打开学习资源中的“Scenes>CH03>3.16.mb”文件，场景中有一个曲面模型，如图3-139所示。

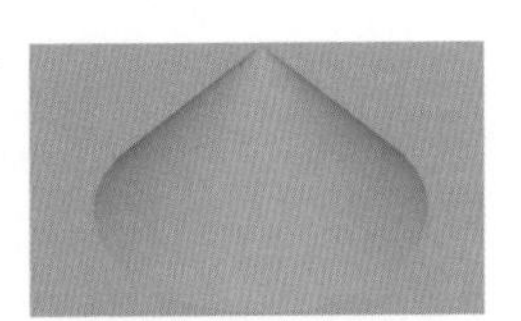

图3-139

02 选择曲面模型，然后打开“偏移曲面选项”对话框，接着设置“偏移距离”为2，最后单击“应用”按钮，如图3-140所示，效果如图3-141所示。

03 单击“应用”按钮4次，最终效果如图3-142所示。

图3-140

图3-141

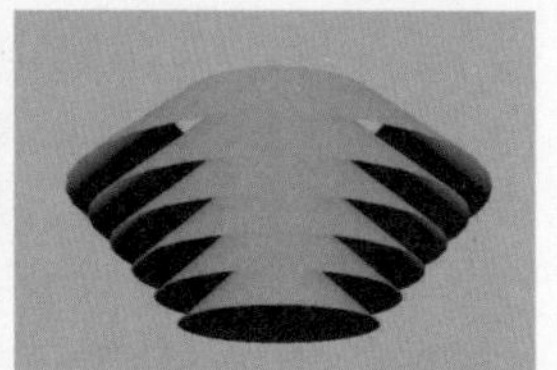

图3-142

3.4.13 圆化工具

使用“圆化工具”可以圆化曲面的公共边，在倒角过程中可以通过手柄来调整倒角半径。单击“圆化工具”命令后面的按钮，打开该工具的“工具设置”对话框，如图3-143所示。

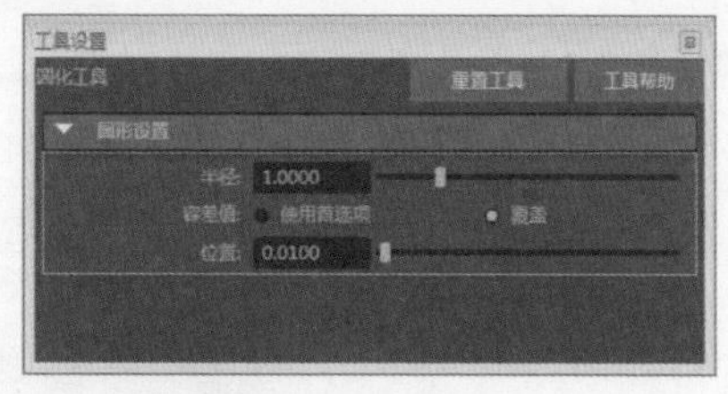

图3-143

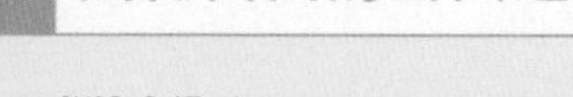

操作练习 圆化曲面的公共边

» 场景文件 Scenes>CH03>3.17.mb
» 实例文件 Examples>CH03>3.17.mb
» 视频名称 操作练习：圆化曲面的公共边.mp4
» 技术掌握 掌握如何圆化曲面的公共边

本例使用“圆化工具”将曲面的公共边进行圆化，效果如图3-144所示。

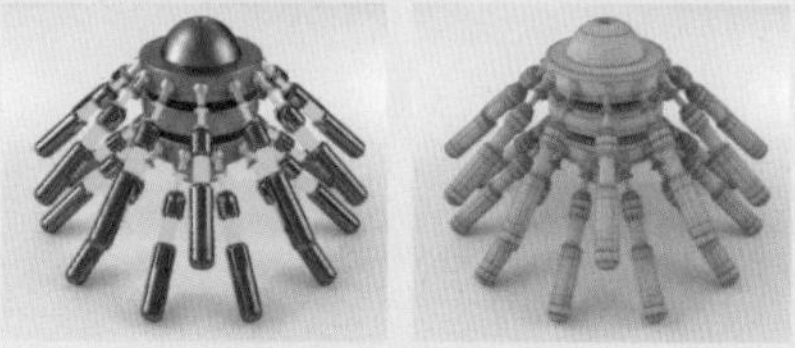

图3-144

01 打开学习资源中的“Scenes>CH03>3.17.mb”文件，场景中有一个曲面模型，如图3-145所示。

02 执行“曲面>圆化工具”菜单命令，然后框选底部两个相交的曲面，如图3-146所示。

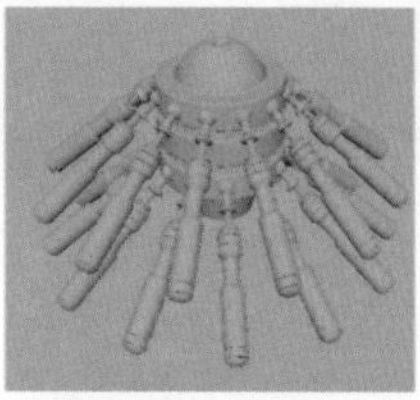

图3-145

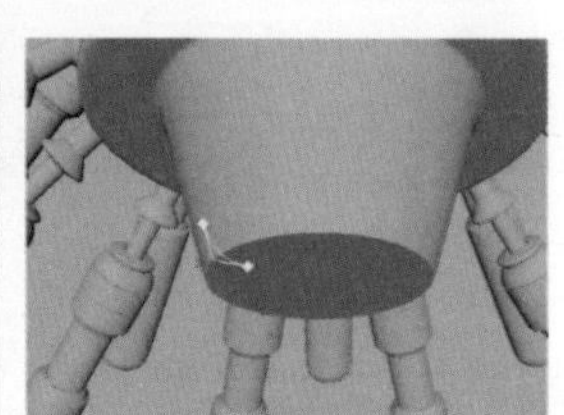

图3-146

03 选择生成的黄色操作手柄，然后在“通道盒/层编辑器”面板中设置“半径[0]”为0.5，如图3-147所示，接着按Enter键完成操作，效果如图3-148所示。

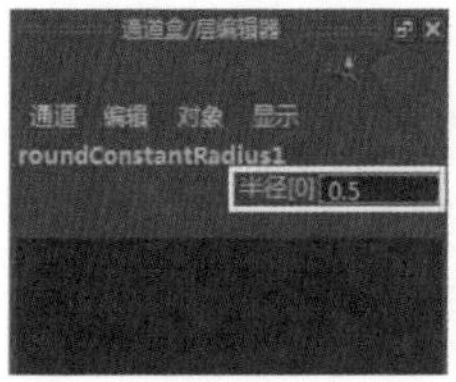

图3-147

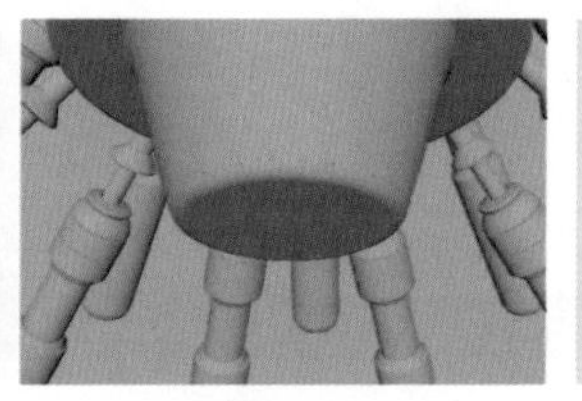

图3-148

提示

在圆化曲面时，曲面与曲面之间的夹角需要在15°~165°，否则不能产生正确的结果；倒角的两个独立面的重合边的长度也要保持一致，否则只能在短边上产生倒角效果。

3.4.14 曲面圆角

“曲面圆角”命令包含3个子命令，分别是“圆形圆角”、“自由形式圆角”和“圆角混合工具”，如图3-149所示。

图3-149

1.圆形圆角

使用“圆形圆角”命令可以在两个现有曲面之间创建圆角曲面。单击“圆形圆角”命令后面的按钮，打开“圆形圆角选项”对话框，如图3-150所示。

图3-150

常用参数介绍

在曲面上创建曲线：选择该选项后，在创建光滑曲面的同时会在曲面与曲面的交界处创建一条曲面曲线，以方便修剪操作。

反转主曲面法线：该选项用于反转主要曲面的法线方向，并且会直接影响到创建的光滑曲面的方向。

反转次曲面法线：该选项用于反转次要曲面的法线方向。

半径：设置圆角的半径。

提示

上面的两个反转曲面法线方向选项只是在命令执行过程中反转法线方向，而在命令结束后，实际的曲面方向并没有发生改变。

2.自由形式圆角

“自由形式圆角”命令是通过选择两个曲面上的等参线、曲面曲线或修剪边界来产生光滑的过渡曲面。单击“自由形式圆角”命令后面的按钮，打开“自由形式圆角选项”对话框，如图3-151所示。

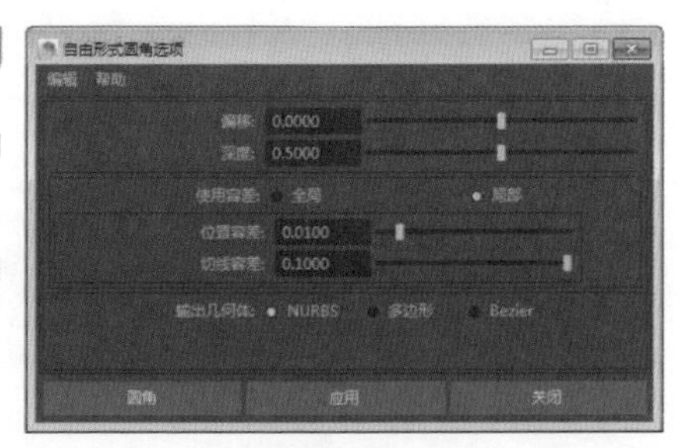

图3-151

常用参数介绍

偏移：设置圆角曲面的偏移距离。

深度：设置圆角曲面的曲率变化。

3.圆角混合工具

“圆角混合工具”命令可以使用手柄直接选择等参线、曲面曲线或修剪边界来定义想要倒角的位置。单击“圆角混合工具”命令后面的按钮，打开“圆角混合选项”对话框，如图3-152所示。

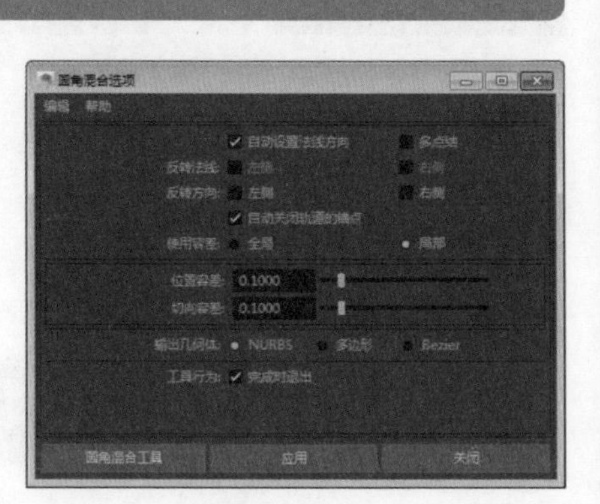

图3-152

常用参数介绍

自动设置法线方向：选择该选项后，Maya会自动设置曲面的法线方向。

反转法线：当关闭“自动设置法线方向”选项时，该选项才可选，主要用来反转曲面的法线方向。“左侧”表示反转第1次选择曲面的法线方向；“右侧”表示反转第2次选择曲面的法线方向。

反转方向：当关闭“自动设置法线方向”选项时，该选项可以用来纠正圆角的扭曲效果。

自动关闭轨道的锚点：用于纠正两个封闭曲面之间圆角产生的扭曲效果。

操作练习 在曲面间创建圆角曲面

» 场景文件 Scenes>CH03>3.18.mb

» 实例文件 Examples>CH03>3.18.mb

» 视频名称 操作练习：在曲面间创建圆角曲面.mp4

» 技术掌握 掌握如何在曲面间创建圆角曲面

本例使用“圆形圆角”命令在曲面间创建的圆角效果如图3-153所示。

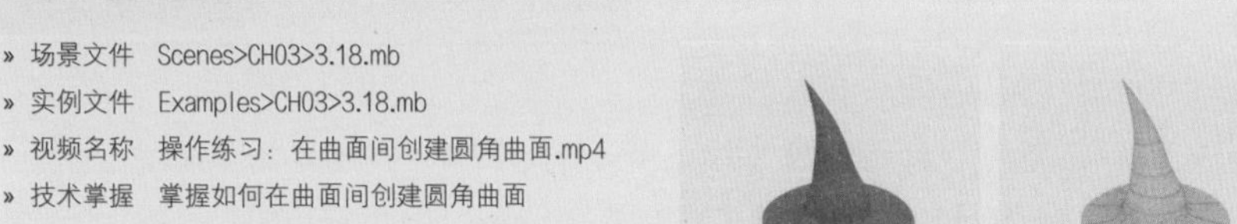

图3-153

01 打开学习资源中的“Scenes>CH03>3.18.mb”文件，场景中有一个帽子模型，如图3-154所示。

02 选择所有的模型，然后执行“曲面>曲面圆角>圆形圆角”菜单命令，如图3-155所示。

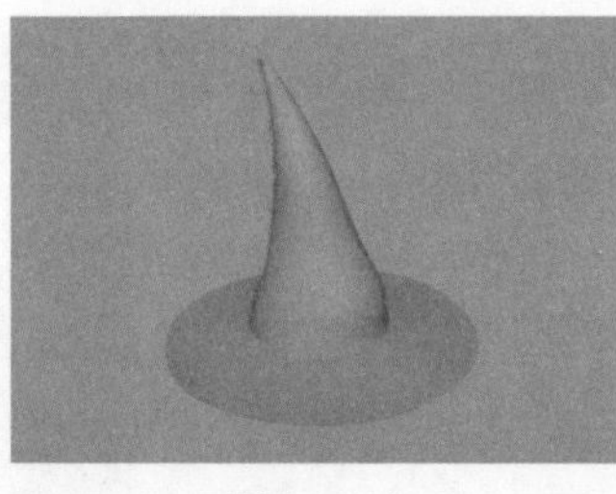

图3-154

图3-155

3.4.15 雕刻几何体工具

Maya的“雕刻几何体工具”是一个很有特色的工具，可以用画笔直接在三维模型上进行雕刻。“雕刻几何体工具”其实就是对曲面上的CV控制点进行推、拉等操作来达到变形效果。单击“雕刻几何体工具”命令后面的按钮，打开该工具的“工具设置”对话框，如图3-156所示。

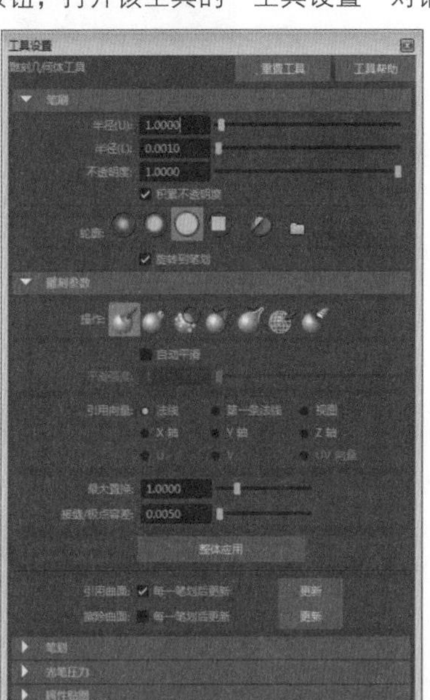

图3-156

常用参数介绍

半径（U）：用来设置笔刷的最大半径上限。

半径（L）：用来设置笔刷的最小半径下限。

不透明度：用于控制笔刷压力的不透明度。

轮廓：用来设置笔刷的形状。

操作：用来设置笔刷的绘制方式，共有7种绘制方式，如图3-157所示。

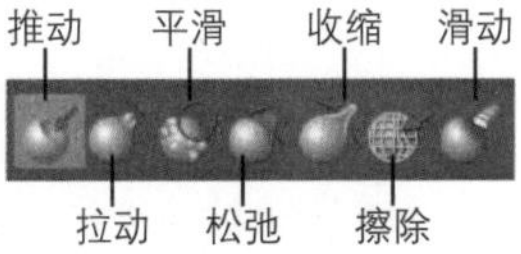

推动 平滑 收缩 滑动 拉动 松弛 擦除

图3-157

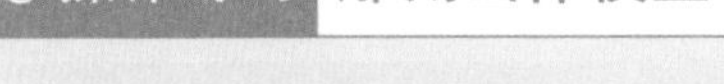

操作练习 雕刻山体模型

» 场景文件 Scenes>CH03>3.19.mb
» 实例文件 Examples>CH03>3.19.mb
» 视频名称 操作练习：雕刻山体模型.mp4
» 技术掌握 掌握雕刻几何体工具的用法

本例使用“雕刻几何体工具”雕刻山体模型，效果如图3-158所示。

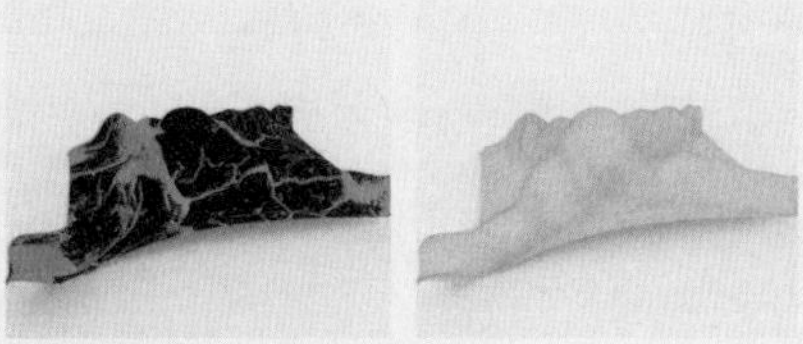

图3-158

01 打开学习资源中的“Scenes>CH03>3.19.mb”文件，场景中有一个曲面模型，如图3-159所示。

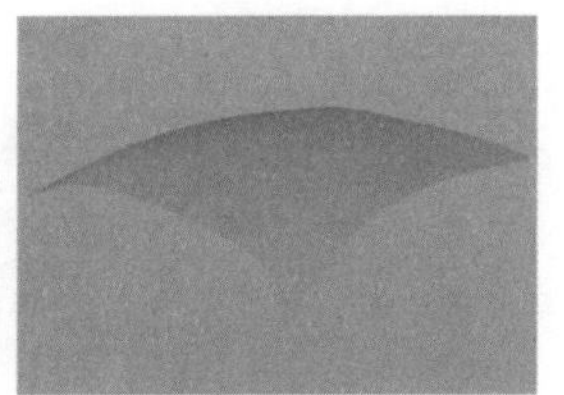

图3-159

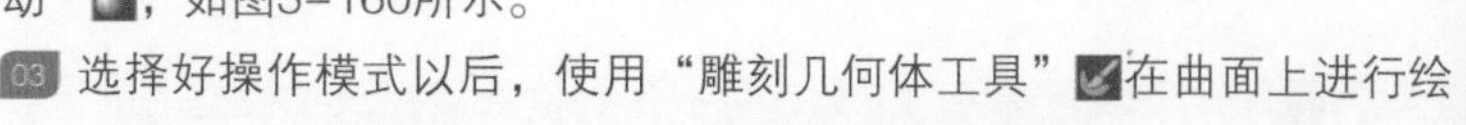

02 选择“雕刻几何体工具”，然后打开“工具设置”对话框，接着设置“操作”模式为“拉动”，如图3-160所示。

03 选择好操作模式以后，使用“雕刻几何体工具”在曲面上进行绘制，使其成为山体形状，完成后的效果如图3-161所示。

图3-160

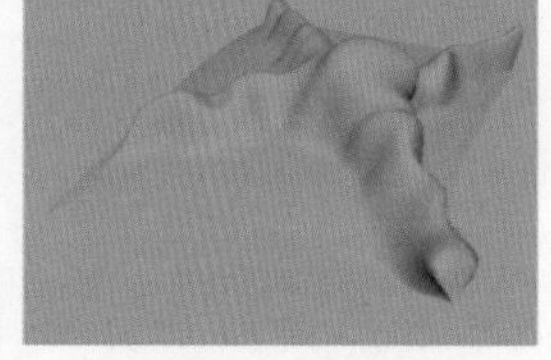

图3-161

3.4.16 曲面编辑

“曲面编辑”命令包含3个子命令，分别是“曲面编辑工具”、“断开切线”和“平滑切线”，如图3-162所示。

图3-162

1.曲面编辑工具

使用“曲面编辑工具”可以对曲面进行编辑（推、拉操作）。单击“曲面编辑工具”命令后面的按钮，打开该工具的“工具设置”对话框，如图3-163所示。

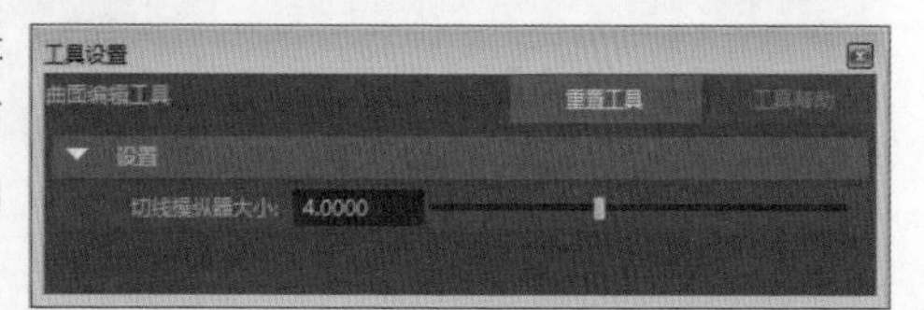

图3-163

常用参数介绍

切线操纵器大小：设置切线操纵器的控制力度。

2.断开切线

使用“断开切线”命令可以沿所选等参线插入若干条等参线，以断开表面切线。

3.平滑切线

使用“平滑切线”命令可以将曲面上的切线变得平滑。

3.4.17 布尔

“布尔”命令可以对两个相交的曲面对象进行并集、差集、交集计算，确切地说也是一种修剪操作。“布尔”命令包含3个子命令，分别是“并集工具”、“差集工具”和“交集工具”，如图3-164所示。

图3-164

下面以“并集工具”为例来讲解“布尔”命令的使用方法。单击“并集工具”命令后面的按钮，打开“NURBS布尔并集选项”对话框，如图3-165所示。

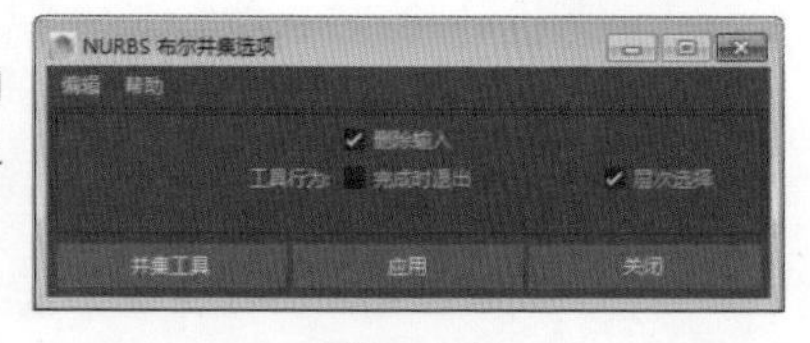

图3-165

常用参数介绍

删除输入：选择该选项后，在关闭历史记录的情况下，可以删除布尔运算的输入参数。

工具行为：用来选择布尔工具的特性。

完成后退出：如果关闭该选项，在布尔运算操作完成后，会继续使用布尔工具，这样不必继续在菜单中选择布尔工具就可以进行下一次的布尔运算。

层级选择：选择该选项后，选择物体进行布尔运算时，会选择物体所在层级的根节点。如果需要对群组中的对象或者子物体进行布尔运算，需要关闭该选项。

提示

布尔运算的操作方法比较简单。首先选择相关的运算工具，然后选择一个或多个曲面作为布尔运算的第1组曲面，接着按Enter键，再选择另外一个或多个曲面作为布尔运算的第2组曲面就可以进行布尔运算了。

布尔运算有3种运算方式："并集工具"可以去除两个曲面物体的相交部分，保留未相交的部分；"差集工具"用来消去对象上与其他对象的相交部分，同时其他对象也会被去除；使用"交集工具"命令后，可以保留两个曲面物体的相交部分，但是会去除其余部分。

操作练习 布尔运算

» 场景文件 Scenes>CH03>3.20.mb
» 实例文件 Examples>CH03>3.20.mb
» 视频名称 操作练习：布尔运算.mp4
» 技术掌握 掌握"布尔"命令的用法

本例使用"布尔"命令创建的差集效果如图3-166所示。

图3-166

01 打开学习资源中的"Scenes>CH03>3.20.mb"文件，场景中有两个零件模型，如图3-167所示。

02 选择小模型，然后使用"捕捉到栅格"工具将模型的枢轴捕捉到网格中心，如图3-168所示。

图3-167

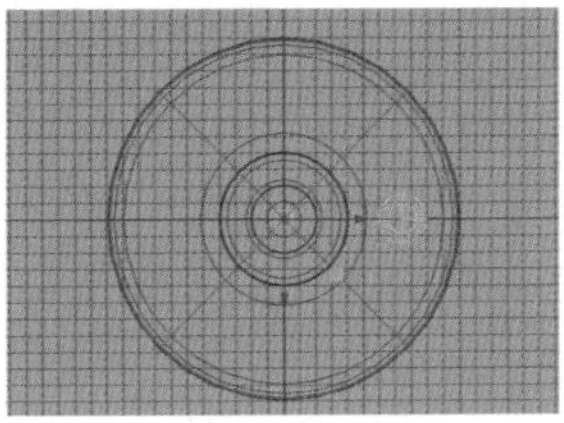

图3-168

03 打开"特殊复制选项"对话框，然后设置"旋转"为（0，45，0）、"副本数"为7，接着单击"特殊复制"按钮，如图3-169所示，效果如图3-170所示。

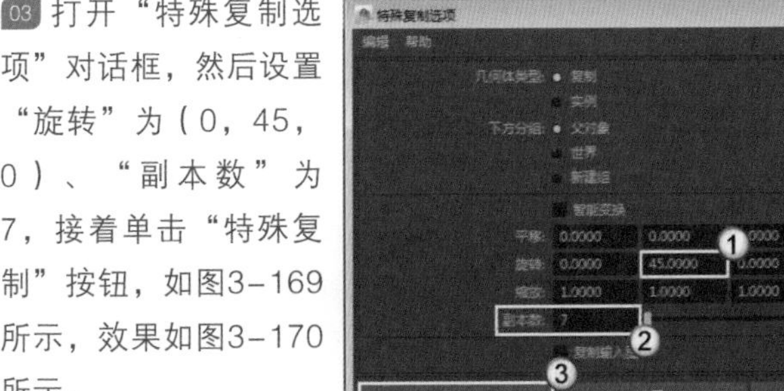

图3-169

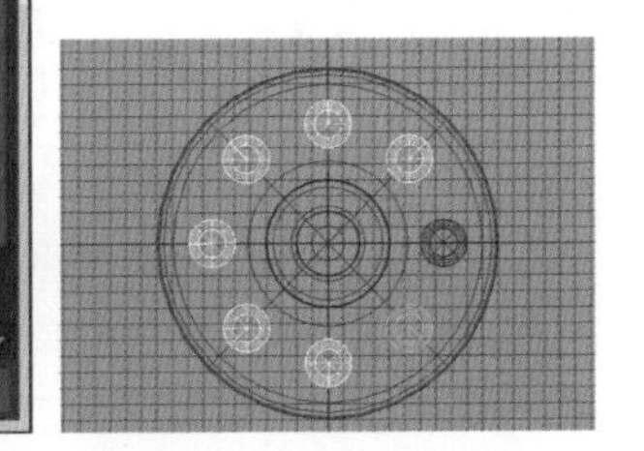

图3-170

04 执行“曲面>布尔>差集工具”菜单命令，然后选择中间的大模型，接着按Enter键，最后选择边缘的小模型，如图3-171所示，效果如图3-172所示。

05 使用同样的方法处理其余7个小零件，最终效果如图3-173所示。

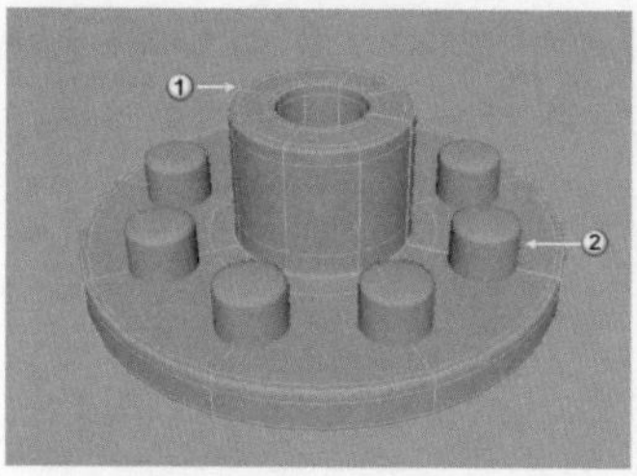

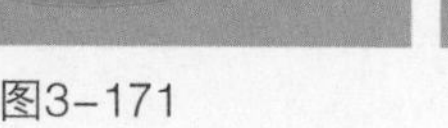

图3-171

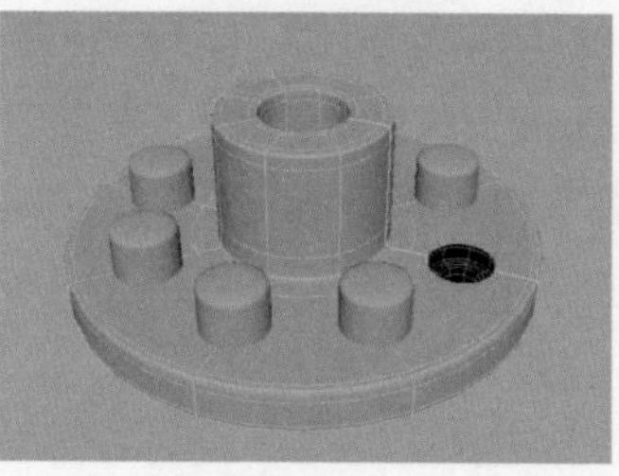

图3-172

图3-173

提示

在对其他部件进行布尔处理时，建议先清除模型的构建历史，不然可能会出错。

3.4.18 重建

“重建”命令是一个经常使用到的命令，在使用“放样”等命令使曲线生成曲面时，容易造成曲面上的曲线分布不均的现象，这时就可以使用该命令来重新分布曲面的UV方向。单击“重建”命令后面的按钮，打开“重建曲面选项”对话框，如图3-174所示。

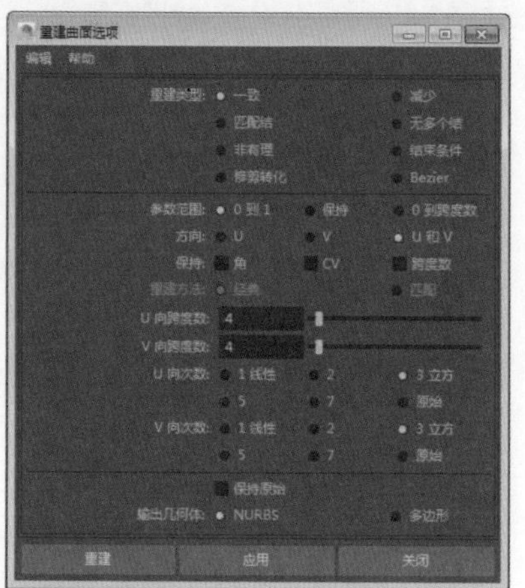

图3-174

常用参数介绍

重建类型：用来设置重建的类型，这里提供了8种重建类型，分别是“一致”“减少”“匹配结”“无多个结”“非有理”“结束条件”“修剪转化”和Bezier。

参数范围：用来设置重建曲面后UV的参数范围。

0到1：将UV参数值的范围定义在0~1。

保持：重建曲面后，UV方向的参数值范围保留原始范围值不变。

0到跨度数：重建曲面后，UV方向的范围值是0到实际的段数。

方向：设置沿着曲面的哪个方向来重建曲面。

保持：设置重建后要保留的参数。

角：让重建后的曲面的边角保持不变。

CV：让重建后的曲面的控制点数目保持不变。

跨度数：让重建后的曲面的分段数保持不变。

U/V向跨度数：用来设置重建后的曲面在U/V方向上的段数。

U/V向次数：设置重建后的曲面的U/V方向上的次数。

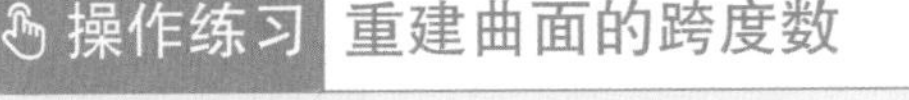

操作练习 重建曲面的跨度数

- 场景文件 Scenes>CH03>3.21.mb
- 实例文件 Examples>CH03>3.21.mb
- 视频名称 操作练习：重建曲面的跨度数.mp4
- 技术掌握 掌握如何重建曲面的属性

本例使用“重建”命令将曲面的跨度数进行重建后的效果如图3-175所示。

图3-175

01 打开学习资源中的“Scenes>CH03>3.21.mb”文件，场景中有一个杯子模型，如图3-176所示。

图3-176

02 选择模型，可以观察到模型的段数很少，如图3-177所示。选择模型，然后打开“重建曲面选项”对话框，接着设置“U向跨度数”为30、“V向跨度数”为20，单击“重建”按钮，如图3-178所示，效果如图3-179所示。

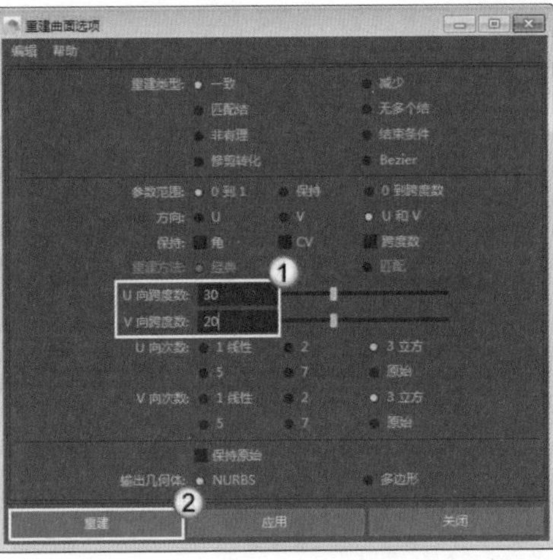

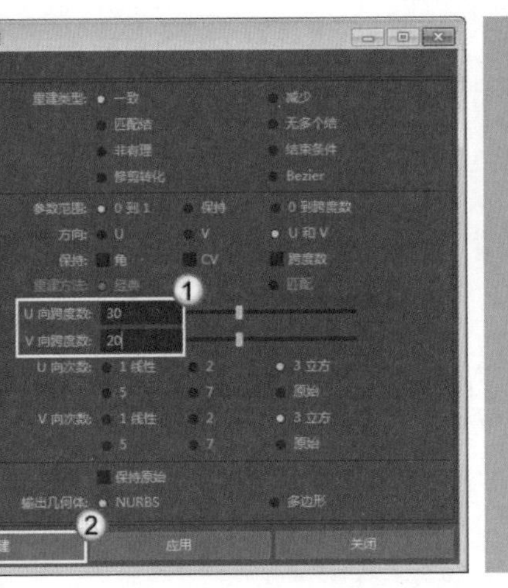

图3-177　　图3-178　　图3-179

3.4.19 反转方向

使用“反转方向”命令可以改变曲面的UV方向，以达到改变曲面法线方向的目的。单击“反转方向”命令后面的按钮，打开“反转曲面方向选项”对话框，如图3-180所示。

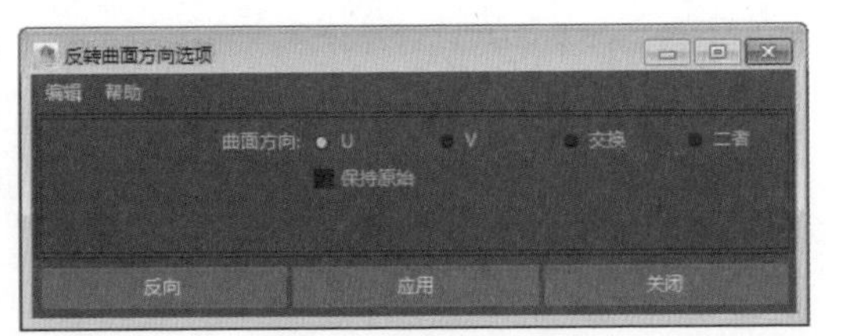

图3-180

常用参数介绍

曲面方向：用来设置曲面的反转方向。

U：表示反转曲面的U方向。

V：表示反转曲面的V方向。

交换：表示交换曲面的UV方向。

二者：表示同时反转曲面的UV方向。

操作练习 反转法线方向

» 场景文件 Scenes>CH03>3.22.mb
» 实例文件 Examples>CH03>3.22.mb
» 视频名称 操作练习：反转法线方向.mp4
» 技术掌握 掌握如何反转曲面法线的方向

本例主要针对"反转方向"命令进行练习，图3-181所示是用来练习的模型。

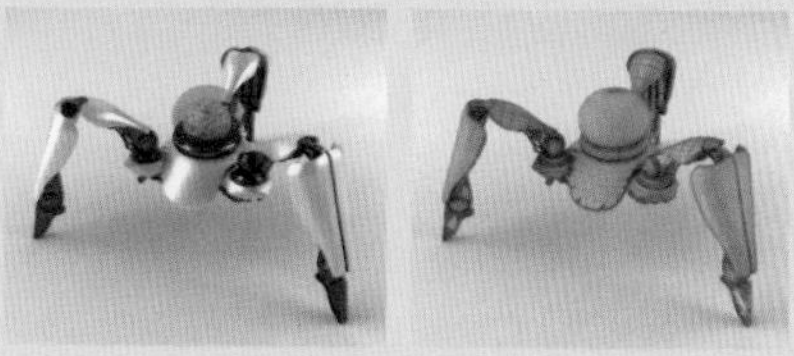

图3-181

01 打开学习资源中的"Scenes>CH03>3.22.mb"文件，场景中有一个机器人模型，如图3-182所示。

02 从图3-182中可以看出机器人中间有一个黑色的曲面，说明该曲面的法线方向有误。选择黑色曲面，然后执行"曲面>反转方向"菜单命令，如图3-183所示。

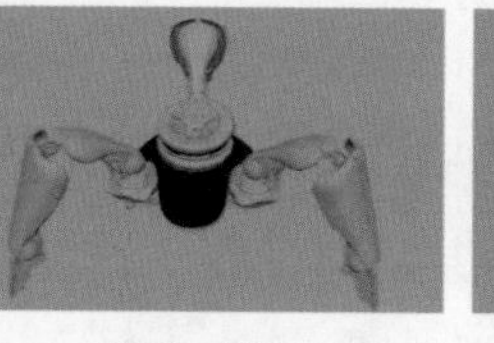

图3-182

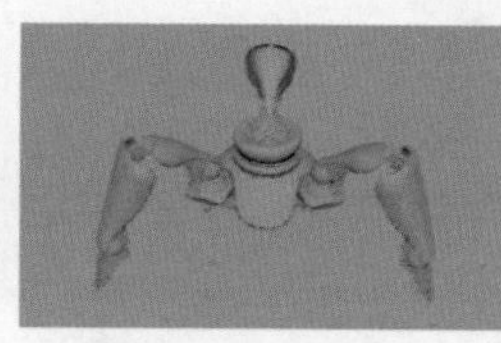

图3-183

提示

选择曲面，然后执行"显示>NURBS>法线（着色模式）"菜单命令，也可以显示出曲面的法线方向，如图3-184所示。

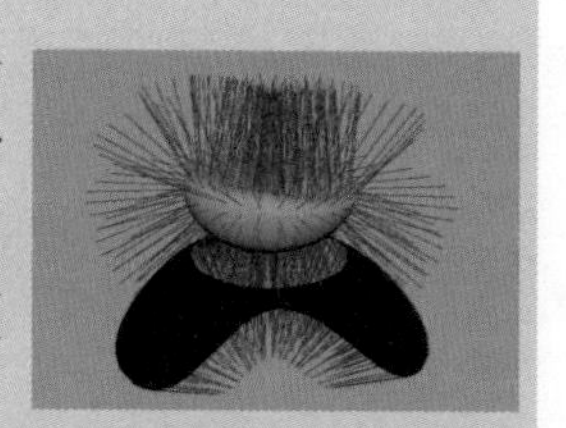

图3-184

3.5 综合练习：制作沙漏

» 场景文件 无
» 实例文件 Examples>CH02>3.23mb
» 视频名称 综合练习：制作沙漏.mp4
» 技术掌握 掌握通过附加曲线命令制作复杂曲线的方法

本例将制作一个沙漏模型，模型的各个部分均由不规则形体组成，主要的模型都是通过对曲线进行旋转获得，因此本例的重点在于复杂曲线的制作技巧，案例效果如图3-185所示。

图3-185

01 进入前视图，然后执行"创建>弧工具>两点圆弧"菜单命令，接着在场景中绘制一段两点圆弧，默认情况下生成的圆弧是朝向左侧的，如图3-186所示。通过拖曳手柄将圆弧反转过来，如图3-187所示。

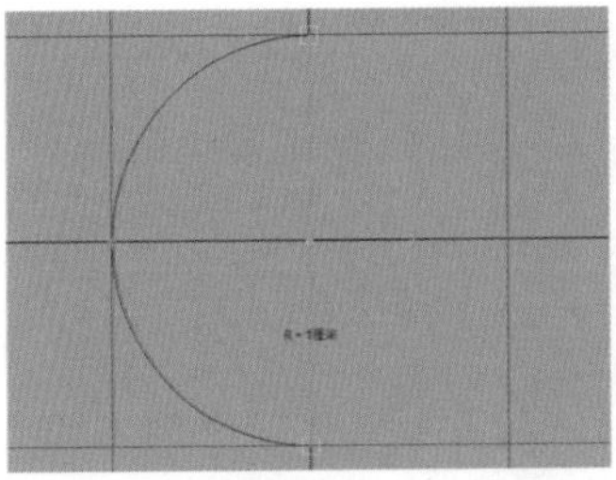

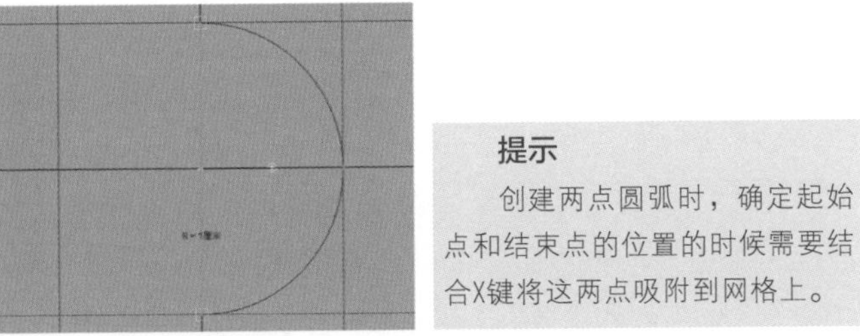

图3-186　　图3-187

> **提示**
>
> 创建两点圆弧时，确定起始点和结束点的位置的时候需要结合X键将这两点吸附到网格上。

02 选择圆弧曲线，然后在“曲线>重建”菜单命令后面单击■按钮，接着在打开的“重建曲线选项”对话框中设置“跨度数”为5，最后单击“重建”按钮，如图3-188所示。

03 选择曲线，然后按快捷键Ctrl+D复制出一条曲线，接着使用“移动工具”将复制出来的曲线向上拖曳至和原曲线有一点缝隙的位置，如图3-189所示。

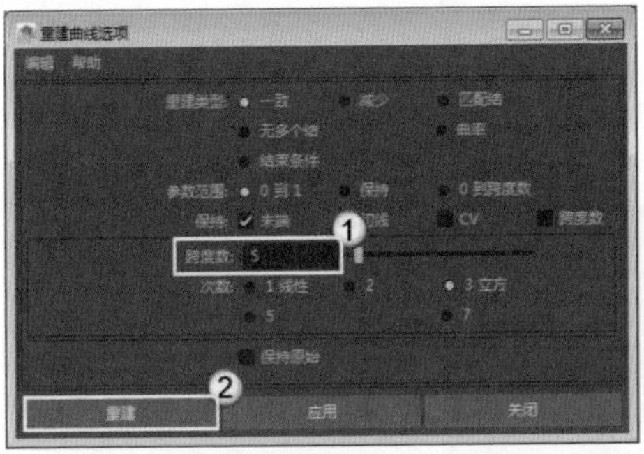

图3-188

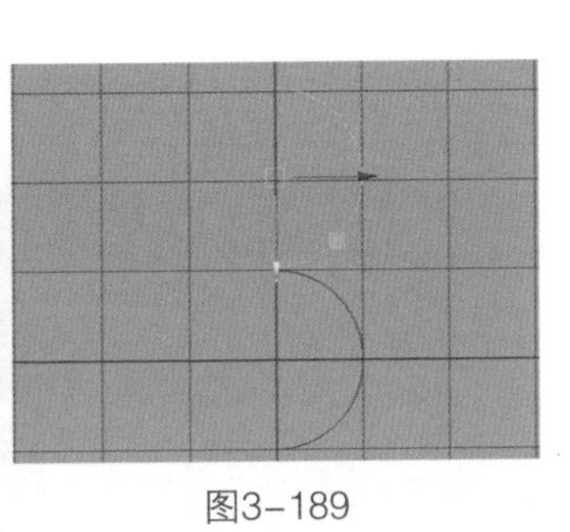

图3-189

04 在“曲线>附加”菜单命令后面单击■按钮，然后在打开的“附加曲线选项”对话框中关闭“保持原始”选项，最后单击“附加”按钮，如图3-190所示，曲线效果如图3-191所示。

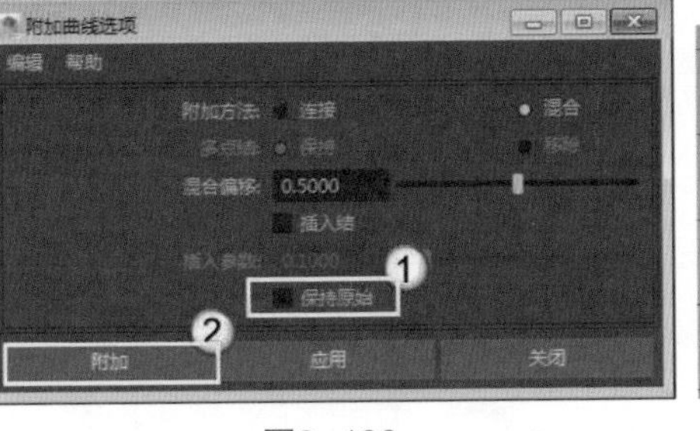

图3-190

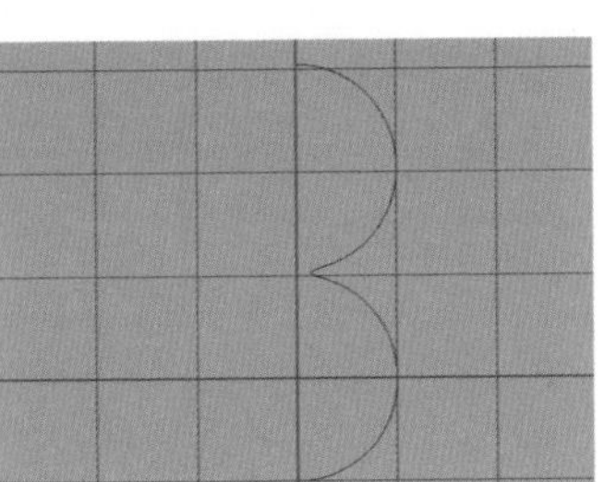

图3-191

05 选择曲线，然后执行“曲面>旋转”菜单命令，生成的曲面效果如图3-192所示。

06 选择曲线，然后进入曲线的“控制顶点”编辑模式，接着使用“移动工具”和“缩放工具”将曲线上的控制点按照图3-193所示的形状进行调整。

07 在“创建>NURBS基本体>圆柱体”菜单命令后面单击■按钮，然后在打开的“NURBS圆柱体选项”对话框中设置“半径”为1.3、“高度”为0.3，接着设置“封口”为“二者”，最后单击“创建”按钮，如图3-194所示。

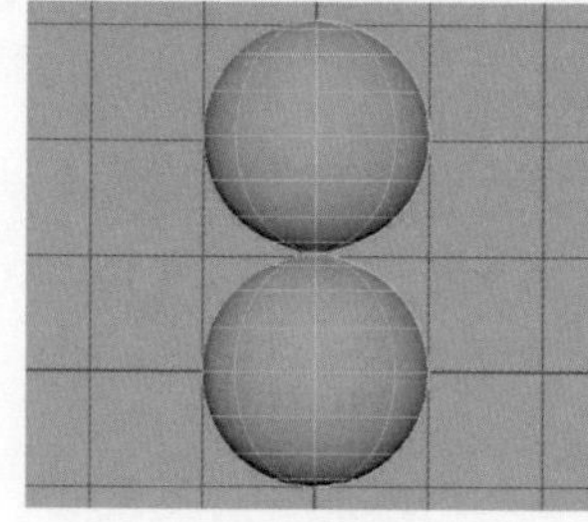

图3-192

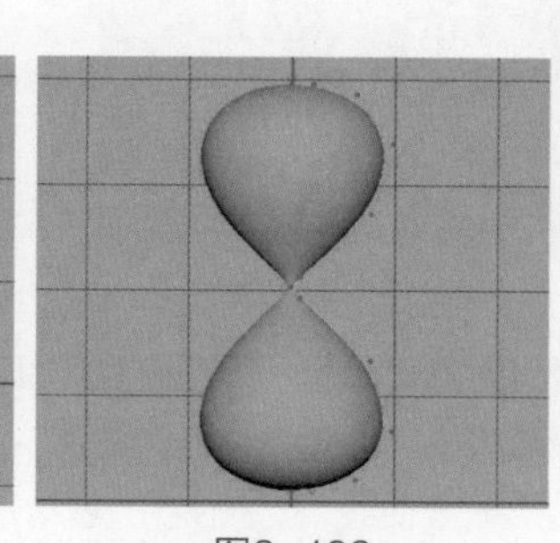

图3-193

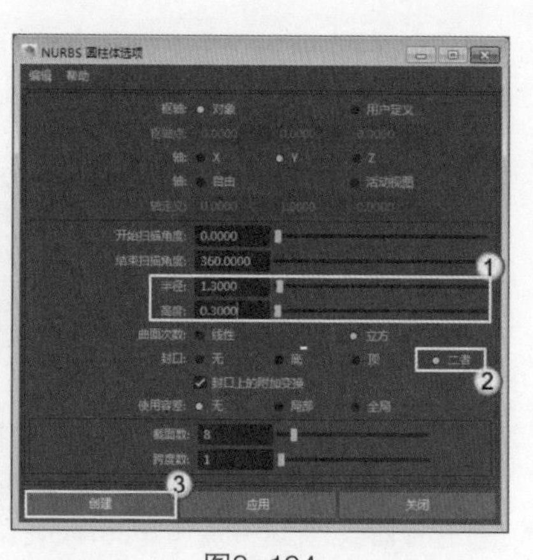

图3-194

08 执行“曲面>圆化工具”菜单命令，然后选择底座的边缘，接着在“通道盒/层编辑器”面板中设置“半径”为0.05，最后按Enter键完成操作，如图3-195所示，模型效果如图3-196所示。

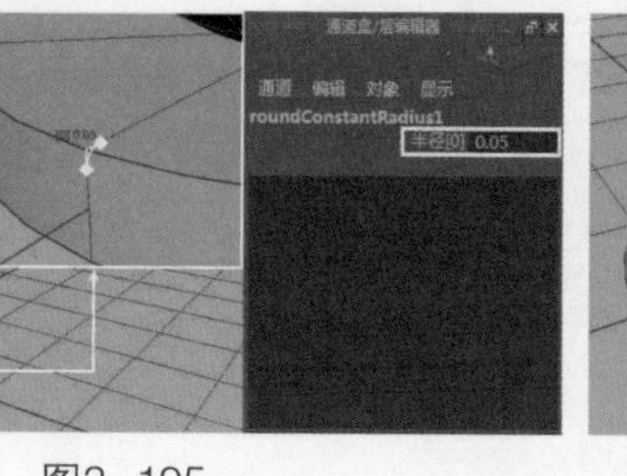

图3-195

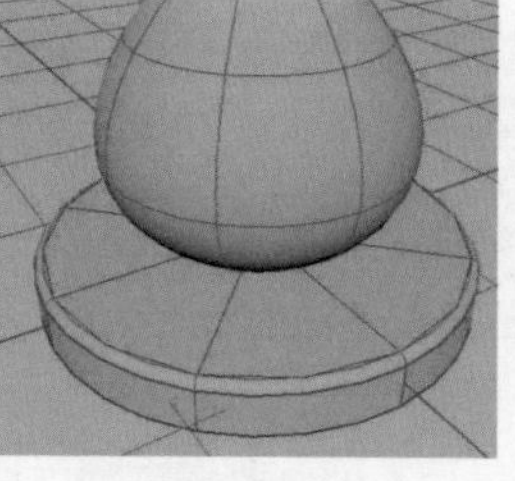

图3-196

提示

在圆化曲面时，曲面与曲面之间的夹角需要在15°~165°，否则不能产生正确的结果。圆化的两个独立面的重合边的长度要保持一致，否则只能在短边上产生圆化效果。

09 使用同样的方法对圆柱体的底部边缘也进行圆化操作，如图3-197所示。

10 框选底部圆柱体的所有模型，然后按快捷键Ctrl+D将其复制一份，接着使用“移动工具”将复制出来的模型拖曳到沙罐模型的顶部，如图3-198所示。

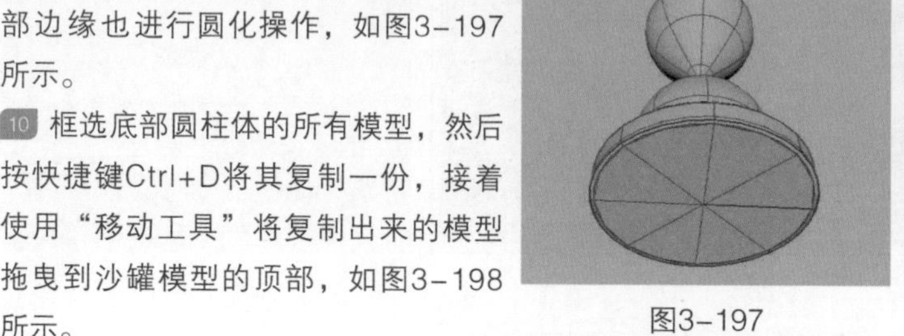

图3-197

图3-198

11 执行“创建>EP曲线工具”菜单命令，然后在前视图中绘制一条图3-199所示的曲线。

12 按Insert键激活枢轴操作手柄，然后将枢轴拖曳到图3-200所示的位置，操作完成以后再次按Insert键关闭枢轴操作手柄。

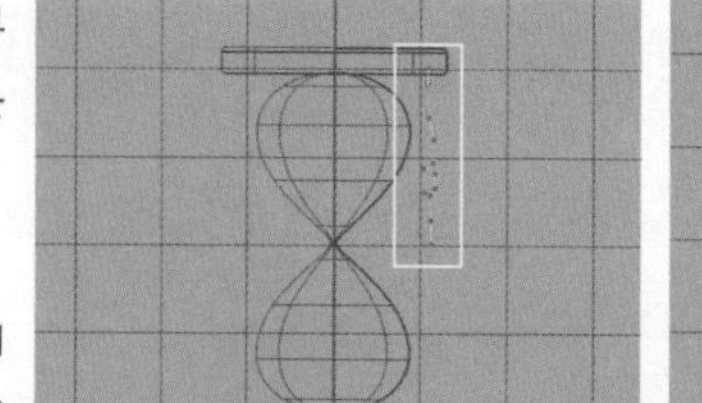

图3-199

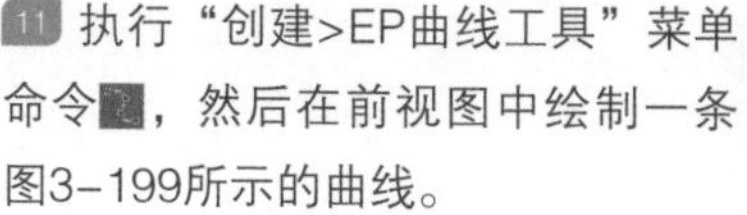

图3-200

13 选择曲线，然后按快捷键Ctrl+D复制出一条曲线，接着在“通道盒/层编辑器”面板中将“缩放Y”设置为-1，如图3-201所示。

14 选择两条曲线，在“曲线>附加”菜单命令后面单击按钮，然后在打开的“附加曲线选项”对话框中关闭“保持原始”选项，接着单击“附加”按钮，如图3-202所示。

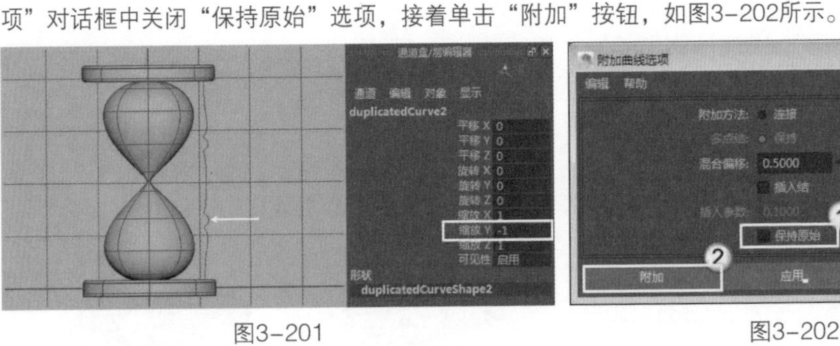

图3-201

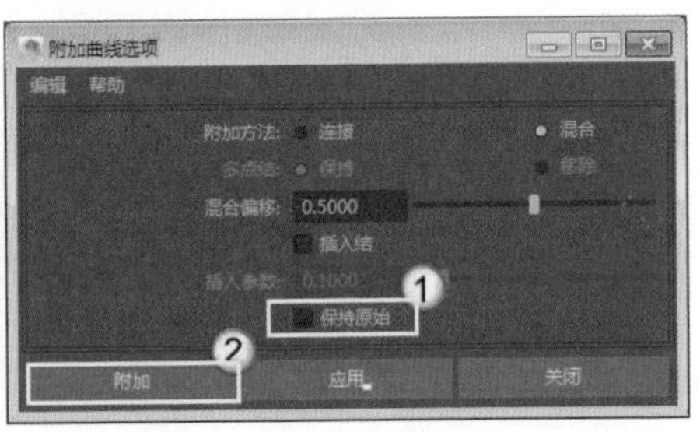

图3-202

15 选择曲线，执行“曲面>旋转”菜单命令，生成沙漏支柱的曲面模型，如图3-203所示。

16 在顶视图中复制出3个沙漏支柱的曲面模型，然后使用“移动工具”将它们分别拖曳到图3-204所示的位置。

17 选择所有的物体模型，然后执行“编辑>按类型删除>历史”菜单命令，清除所有模型的历史记录，接着执行“设置>冻结变换”菜单命令，冻结物体“通道盒/层编辑器”面板中的属性，效果如图3-205所示。

图3-203

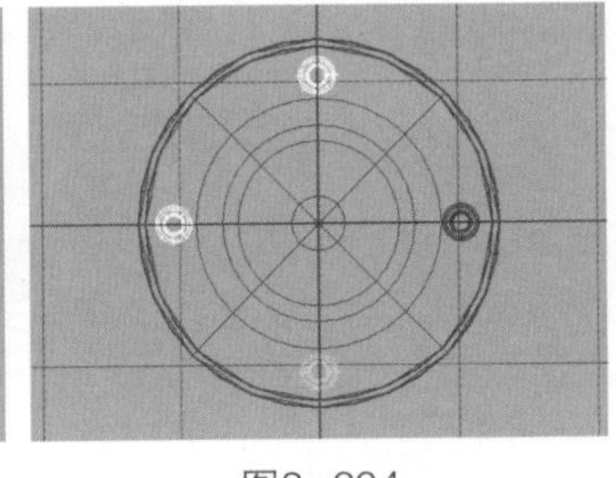

图3-204

图3-205

18 确保所有的物体模型处于选择状态，然后按快捷键Ctrl+G成组物体模型，接着执行“窗口>大纲视图”菜单命令，并在“大纲视图”窗口中删除无用的曲线和节点，最后将group1的名称设置为sandglass，效果如图3-206所示。

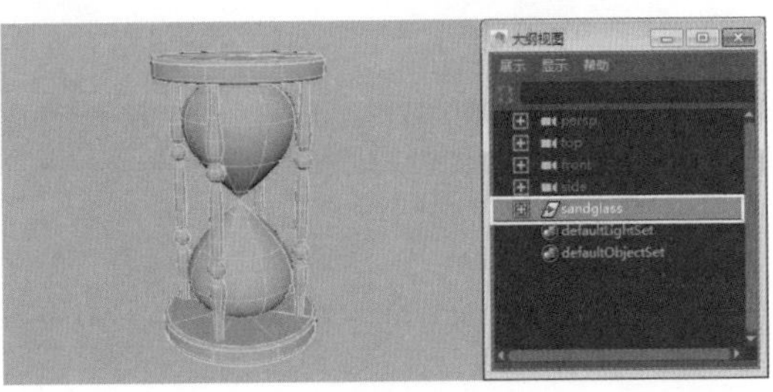

图3-206

3.6 课后习题

本课安排了两个简单的课后习题供读者练习，这两个习题主要用来练习NURBS曲线建模的方法，以及NURBS建模技术的流程。

课后习题 制作桌子

- 场景文件 无
- 实例文件 Examples>CH02>3.24.mb
- 视频名称 课后习题：制作桌子.mp4
- 技术掌握 掌握NURBS曲线建模的方法

首先绘制EP曲线，然后通过“旋转”命令制作出桌面模型，接着使用同样的方法制作出桌腿的模型，最后复制出其他3个桌腿模型，效果如图3-207所示。

图3-207

课后习题 制作小号

- 场景文件 无
- 习题文件 Examples>CH03>3.25.mb
- 视频名称 课后习题：制作小号.mp4
- 练习目标 练习NURBS建模技术的流程与方法

本例将要制作的小号模型比较复杂，使用到的工具和命令也较多。通过本例的制作不仅可以巩固曲面建模工具的使用方法，还可以了解高精度模型的制作思路和流程，案例效果如图3-208所示。

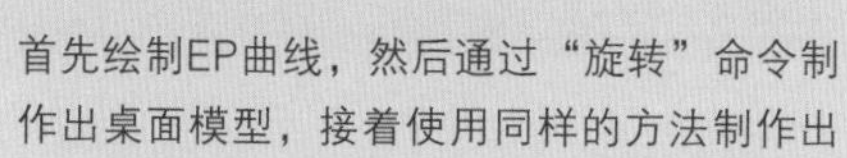

图3-208

3.7 本课笔记

第4课

灯光的运用

本课将介绍Maya 2016的灯光技术，具体包含灯光的类型、属性等。灯光和摄影机是Maya以及很多三维软件不可缺少的内容，虽然本课内容较少，但请读者务必对各种灯光勤加练习，这样才能制作出优秀的光影作品。

学习要点

- 了解灯光的概念
- 掌握灯光的基本操作
- 掌握灯光的类型
- 掌握灯光的属性及布置技巧

4.1 灯光概述

光是作品中非常重要的组成部分，也是作品的灵魂所在。物体的造型与质感都需要用光来刻画和体现，没有灯光的场景将是一片漆黑，什么也观察不到。

在现实生活中，一盏灯光可以照亮一个空间，并且会产生衰减，而物体也会反射光线，从而照亮灯光无法直接照射到的地方。在三维软件的空间中（在默认情况下），灯光中的光线只能照射到直接到达的地方，因此要想得到现实生活中的光照效果，就必须创建多盏灯光从不同角度来对场景进行照明。图4-1所示是一张布光十分精彩的作品。

Maya中有6种灯光类型，分别是“环境光”“平行光”“点光源”“聚光灯”“区域光”和“体积光”，如图4-2所示。

图4-1

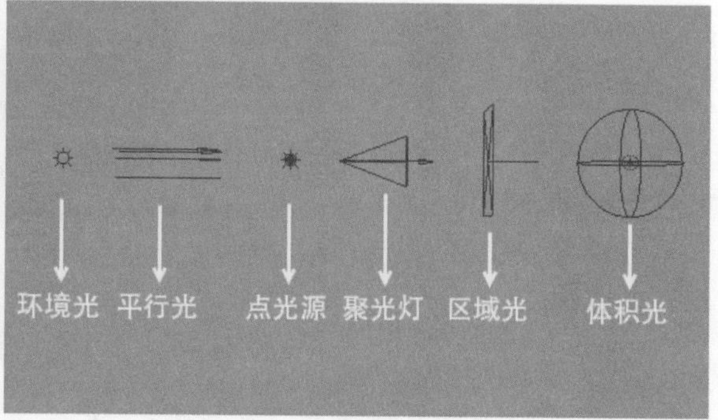

图4-2

提示

灯光有助于表达场景的情感和氛围，按灯光在场景中的功能可以将灯光分为主光、辅助光和背景光3种类型。这3种类型的灯光经常需要在场景中配合运用才能完美地体现出场景的氛围。

主光：在一个场景中，主光是对画面起主导作用的光源。主光不一定只有一个光源，但它一定是起主要照明作用的光源，因为它决定了画面的基本照明和情感氛围。

辅助光：辅助光是对场景起辅助照明的灯光，它可以有效地调和物体的阴影和细节区域。

背景光：背景光也叫“边缘光”，它是通过照亮对象的边缘将目标对象从背景中分离出来，通常放置在3/4关键光的正对面，并且只对物体的边缘起作用，可以产生很小的高光反射区域。

除了以上3种灯光外，在实际工作中还经常使用到轮廓光、装饰光和实际光。

轮廓光：轮廓光是用于勾勒物体轮廓的灯光，它可以使物体更加突出，拉开物体与背景的空间距离，以增强画面的纵深感。

装饰光：装饰光一般用来补充画面中布光不足的地方的光，以及增强某些物体的细节效果。

实际光：实际光是指在场景中实际出现的照明来源，如台灯、车灯、闪电和野外燃烧的火焰等。

由于场景中的灯光与自然界中的灯光是不同的，在能达到相同效果的情况下，应尽量减少灯光的数量和降低灯光的参数值，这样可以节省渲染时间。同时，灯光越多，灯光管理也越困难，所以不需要的灯光最好删除。使用灯光排除也是提高渲染效率的好方法，因为从一些光源中排除一些物体可以节省渲染时间。

这6种灯光的特征各不相同，所以各自的用途也不同。在后面的内容中，将逐步对这6种灯光的特征进行详细讲解。

4.2 灯光的类型

展开“创建>灯光”菜单，可以观察到Maya的6种内置灯光，分别是环境光、平行光、点光源、聚光灯、区域光、体积光，如图4-3所示。

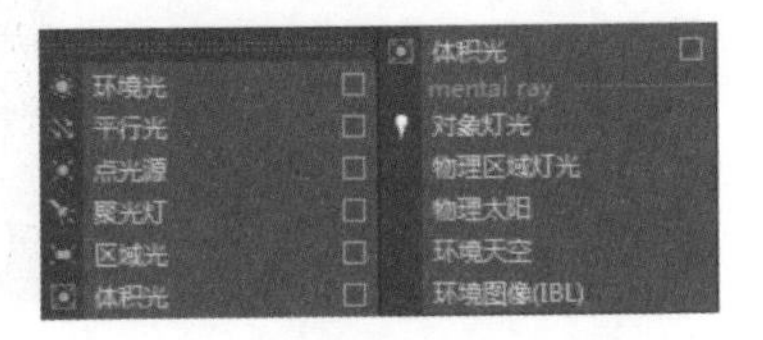

图4-3

灯光介绍

“环境光” 发出的光线能够均匀地照射场景中的所有物体，可以模拟现实生活中物体受周围环境照射的效果，类似于漫反射光照，如图4-4所示。

提示

环境光的一部分光线可以向各个方向进行传播，并且是均匀地照射物体，而另外一部分光线则是从光源位置发射出来的（类似点光源）。环境光多用于室外场景，使用了环境光后，凹凸贴图可能无效或不明显，并且环境光只有光线跟踪阴影，而没有深度贴图阴影。

图4-4

“平行光” 的照明效果只与灯光的方向有关，与其位置没有任何关系，就像太阳光一样，其光线是相互平行的，不会产生夹角，如图4-5所示。当然这是理论概念，现实生活中的光线很难达到绝对的平行，只要光线接近平行，就默认为是平行光。

提示

平行光没有一个明显的光照范围，经常用于室外全局光照来模拟太阳光照。平行光没有灯光衰减，所以要使用灯光衰减时只能用其他的灯光来代替平行光。

图4-5

“点光源” 就像一个灯泡，从一个点向外发射光线，所以点光源产生的阴影是发散状的，如图4-6所示。

提示

点光源是一种衰减类型的灯光，离点光源越近，光照强度越大。点光源实际上是一种理想的灯光，因为其光源体积是无限小的，它是Maya中使用最频繁的灯光。

图4-6

"体积光"是一种特殊的灯光，可以为灯光的照明空间约束一个特定的区域，只对这个特定区域内的物体产生照明，而其他的空间则不会产生照明，如图4-7所示。

提示

体积光的体积大小决定了光照范围和灯光的强度衰减，只有体积光范围内的对象才会被照亮。体积光还可以作为负灯使用，以吸收场景中多余的光线。

图4-7

"区域光"是一种矩形状的光源，在使用光线跟踪阴影时可以获得很好的阴影效果，如图4-8所示。区域光与其他灯光有很大的区别，如聚光灯或点光源的发光点都只有一个，而区域光的发光点是一个区域，可以产生很真实的柔和阴影。

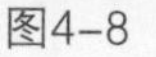

图4-8

"聚光灯"是一种非常重要的灯光，在实际工作中经常被使用到。聚光灯具有明显的光照范围，类似于手电筒的照明效果，在三维空间中形成一个圆锥形的照射范围，如图4-9所示。聚光灯能够突出重点，在很多场景中都会被使用到，如室内、室外和单个的物体。在室内和室外均可以用来模拟太阳的光照射效果，同时也可以突出单个产品，强调某个对象的存在。

提示

聚光灯不但可以实现衰减效果，使光线的过渡变得更加柔和，同时还可以通过参数来控制它的半影效果，从而产生柔和的过渡边缘。

图4-9

4.3 灯光的基本操作

在Maya中，灯光的操作方法主要有以下3种。

第1种：创建灯光后，使用"移动工具"、"缩放工具"和"旋转工具"对灯光的位置、大小和方向进行调整，如图4-10所示。这种方法控制起来不是很方便。

第2种：创建灯光后，按T键打开灯光的目标点和发光点的控制手柄，这样可以很方便地调整灯光的照明方式，能够准确地确定目标点的位置，如图4-11所示。同时还有一个扩展手柄，可以对灯光的一些特殊属性进行调整，如光照范围和灯光雾等。

第3种：创建灯光后，可以通过视图菜单中“面板>沿选定对象观看”命令将灯光作为视觉出发点来观察整个场景，如图4-12所示。这种方法准确且直观，在实际操作中经常使用到。

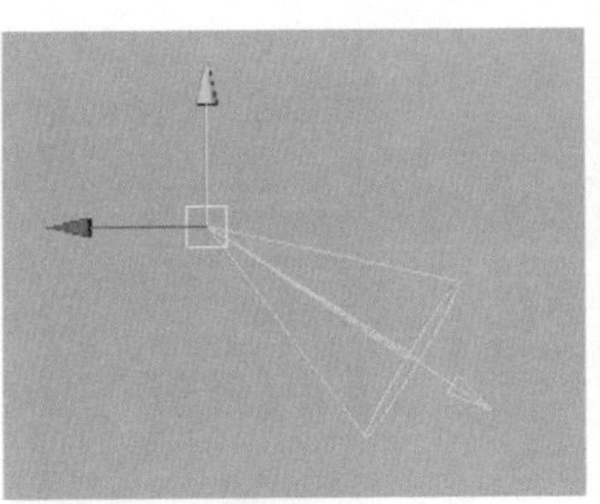

图4-10

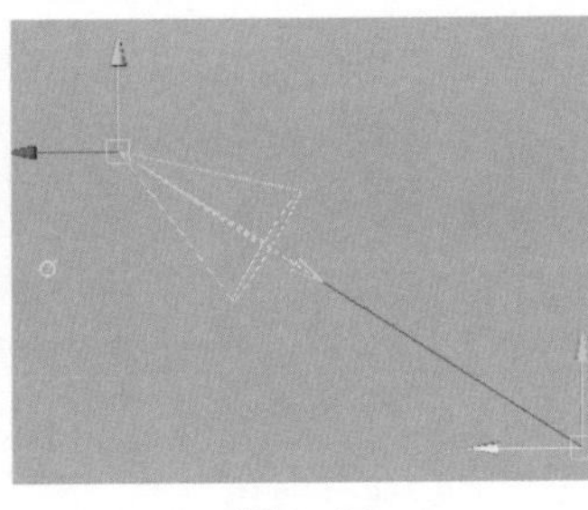

图4-11

图4-12

4.4 灯光的属性

因为6种灯光的基本属性都大同小异，所以这里选用比较典型的聚光灯来讲解灯光的属性设置。

首先执行“创建>灯光>聚光灯”菜单命令，在场景中创建一盏聚光灯，然后按快捷键Ctrl+A打开聚光灯的“属性编辑器”对话框，如图4-13所示。

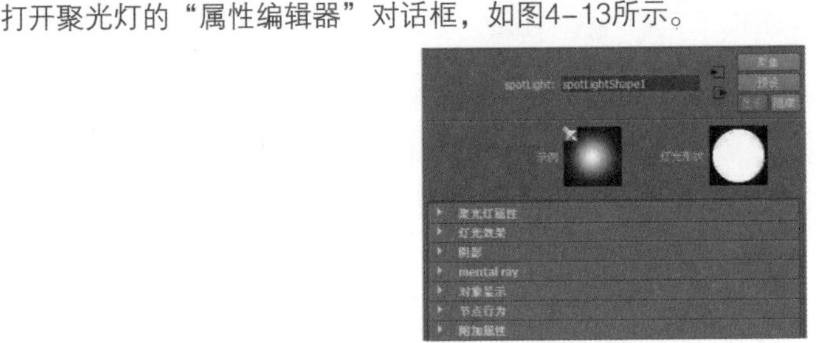

图4-13

4.4.1 聚光灯属性

展开“聚光灯属性”卷展栏，如图4-14所示。在该卷展栏中可以对聚光灯的基本属性进行设置。

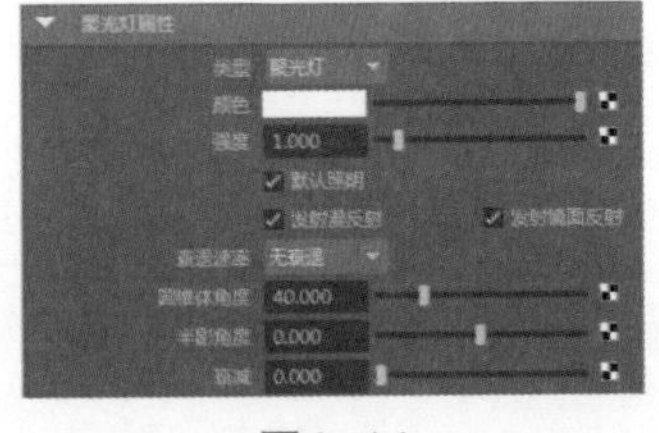

图4-14

参数介绍

类型：选择灯光的类型。这里讲的是聚光灯，可以通过“类型”将聚光灯设置为点光源、平行光或体积光等。

> **提示**
> 当改变灯光类型时，相同部分的属性将被保留下来，而不同的部分将使用默认参数来代替。

颜色：设置灯光的颜色。Maya中的颜色模式有RGB和HSV两种，双击色块可以打开调色板，如图4-15所示。系统默认的是HSV颜色模式，这种模式是通过色相、饱和度和明度来控制颜色。这种颜色调节方法的好处是明度值可以无限提高，而且可以是负值。

图4-15

强度：设置灯光的发光强度。该参数同样也可以为负值，为负值时表示吸收光线，用来降低某处的亮度。

默认照明：选择该选项后，灯光才起照明作用；如果关闭该选项，灯光将不起任何照明作用。

发射漫反射：选择该选项后，灯光会在物体上产生漫反射效果，反之将不会产生漫反射效果。

发射镜面反射：选择该选项后，灯光将在物体上产生高光效果，反之灯光将不会产生高光效果。

> **提示**
> 可以通过一些有一定形状的灯光在物体上产生靓丽的高光效果。

衰退速率：设置灯光强度的衰减方式，共有以下4种。

无衰减：除了衰减类灯光外，其他的灯光将不会产生衰减效果。

线性：灯光呈线性衰减，衰减速度相对较慢。

二次方：灯光与现实生活中的衰减方式一样，以二次方的方式进行衰减。

立方：灯光衰减速度很快，以三次方的方式进行衰减。

圆锥体角度：用来控制聚光灯照射的范围。该参数是聚光灯特有的属性，默认值为40，其数值不宜设置得太大，图4-16所示为不同“圆锥体角度”数值的聚光灯对比。

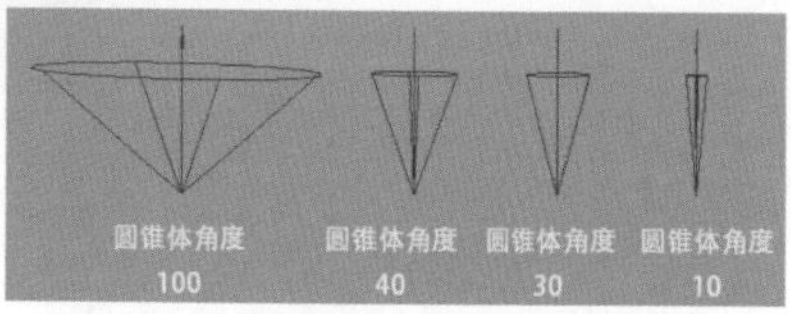

图4-16

> **提示**
> 如果使用视图菜单中的“面板>沿选定对象观看”命令将灯光作为视角出发点，那么“圆锥体角度”就是视野的范围。

半影角度：用来控制聚光灯在照射范围内产生向内或向外的扩散效果。

> **提示**
> “半影角度”也是聚光灯特有的属性，其有效范围为-179.994°~179.994°。该值为正时，表示向外扩散，为负时表示向内扩散。该属性可以使光照范围的边界产生非常自然的过渡效果，图4-17所示是该值为0°、5°、15°和30°时的效果对比。

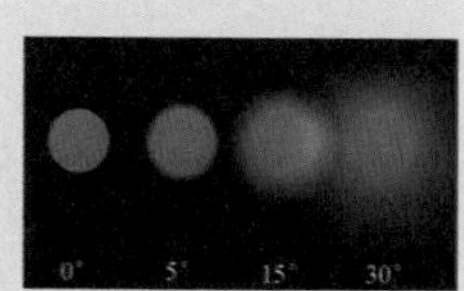

图4-17

衰减：用来控制聚光灯在照射范围内从边界到中心的衰减效果，其取值范围为0~255。值越大，衰减的强度越大。

4.4.2 灯光效果

展开“灯光效果”卷展栏，如图4-18所示。该卷展栏下的参数主要用来制作灯光特效，如灯光雾和灯光辉光等。

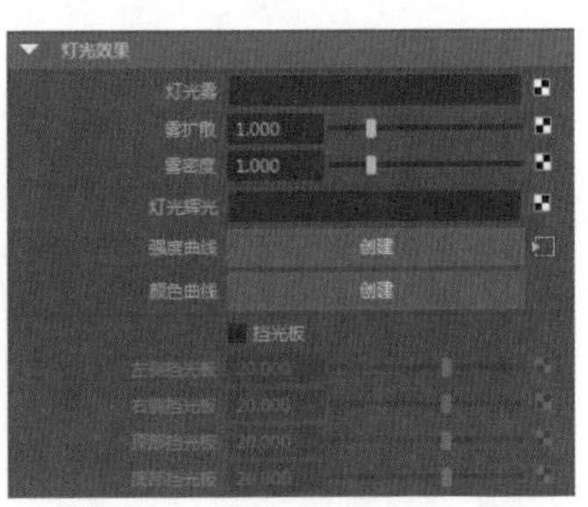

图4-18

1.灯光雾

“灯光雾”可产生雾状的体积光。如在一个黑暗的房间里，从顶部照射一束阳光进来，通过空气里的灰尘可以观察到阳光的路径。

参数介绍

灯光雾：单击右边的▣按钮，可以创建灯光雾。

雾扩散：用来控制灯光雾边界的扩散效果。

雾密度：用来控制灯光雾的密度。

2.灯光辉光

“灯光辉光”主要用来制作光晕特效。单击“灯光辉光”属性右边的▣按钮，打开辉光参数设置面板，如图4-19所示。

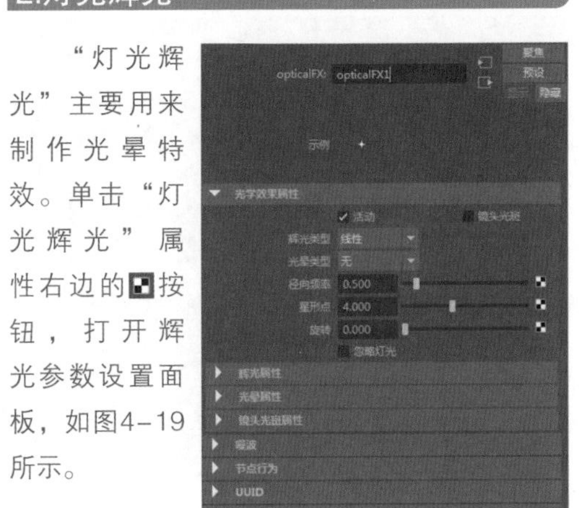

图4-19

操作练习 制作角色灯光雾

- 场景文件 Scenes>CH04>4.1.mb
- 实例文件 Examples>CH04>4.1.mb
- 视频名称 操作练习：制作角色灯光雾.mp4
- 技术掌握 掌握如何为角色创建灯光雾

本例为角色制作的灯光雾效果如图4-20所示。

图4-20

01 打开学习资源中的“Scenes>CH04>4.1.mb”文件，文件中有一个室内场景，如图4-21所示。

02 新建一盏聚光灯，然后调整灯光的位置、方向和大小，如图4-22所示。

图4-21

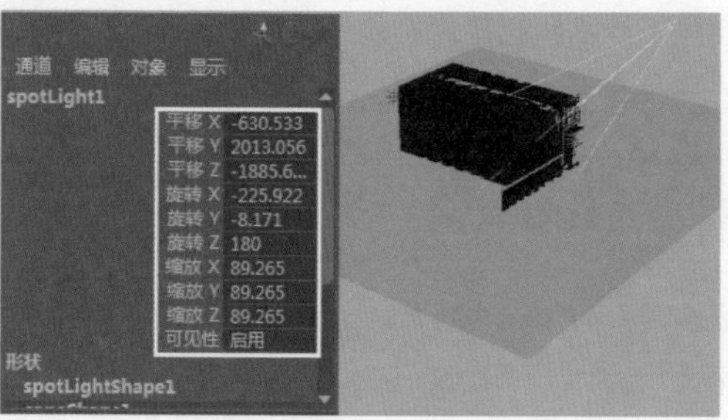

图4-22

03 按快捷键Ctrl+A打开属性编辑器，然后设置“颜色”为（R:223，G:255，B:255）、“强度”为2000、“衰退速率”为“线性”、“圆锥体角度”为31、“半影角度”为-4，如图4-23所示。

04 展开“灯光效果”卷展栏，然后单击“灯光雾”属性后面的按钮，为聚光灯加载灯光雾效果，如图4-24所示。这时聚光灯会多出一个锥角，这就是灯光雾的照射范围，如图4-25所示。

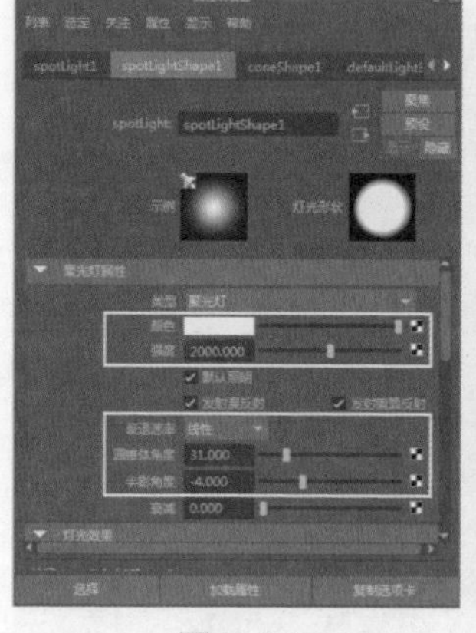

图4-23

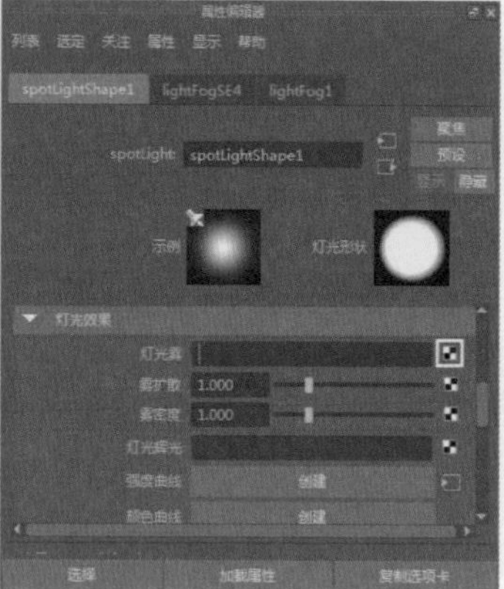

图4-24

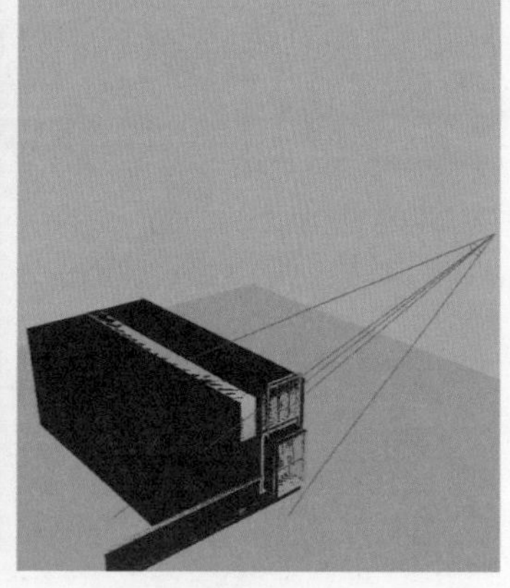

图4-25

提示

在Maya中创建一个节点以后，Maya会自动切换到该节点的属性设置面板。若要返回到最高层级设置面板或转到下一层级面板，可以单击面板右上角的“转到输入连接”按钮和“转到输出连接”按钮。

05 设置“雾扩散”为2、“雾密度”为1.5，如图4-26所示，然后在“渲染视图”对话框中执行“渲染>渲染>camera1”命令，渲染效果如图4-27所示。

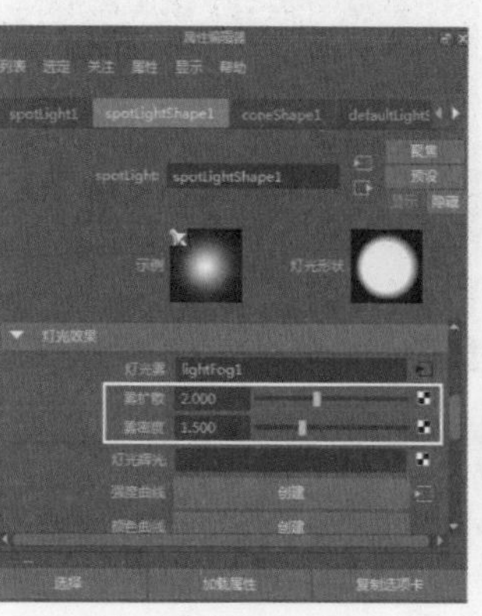

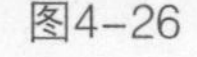

图4-26

图4-27

操作练习 打断灯光链接

» 场景文件 Scenes>CH04>4.2.mb
» 实例文件 Examples>CH04>4.2.mb
» 视频名称 操作练习：打断灯光链接.mp4
» 技术掌握 掌握如何打断灯光链接

图4-28

在创建灯光的过程中，有时需要为场景中的一些物体进行照明，但又不希望这盏灯光影响到场景中的其他物体，这时就需要使用灯光链接，让灯光只对一个或几个物体起作用，如图4-28所示（上图为未打断灯光链接，下图为打断了灯光链接）。

01 打开学习资源中的“Scenes>CH04>4.2.mb”文件，文件中有一个静物场景，如图4-29所示。

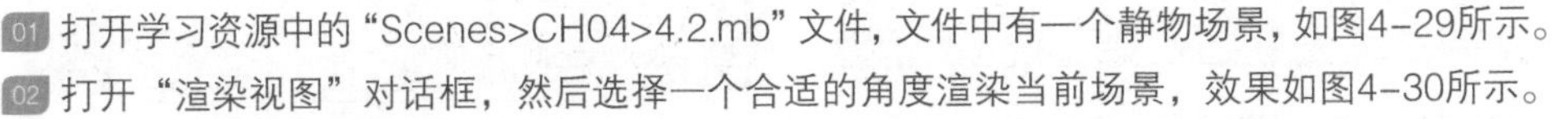

02 打开“渲染视图”对话框，然后选择一个合适的角度渲染当前场景，效果如图4-30所示。

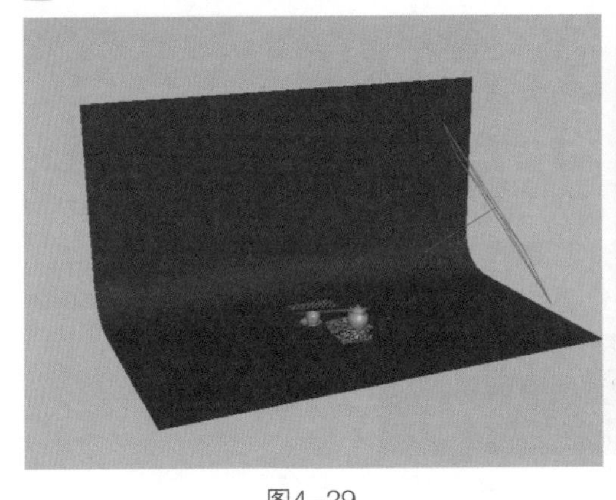

图4-29

图4-30

03 执行“窗口>关系编辑器>灯光链接>以灯光为中心”菜单命令，如图4-31所示，然后在打开的“关系编辑器”对话框中选择左侧列表中的areaLight1节点，接着取消选择右侧列表中的Napkin节点，如图4-32所示。

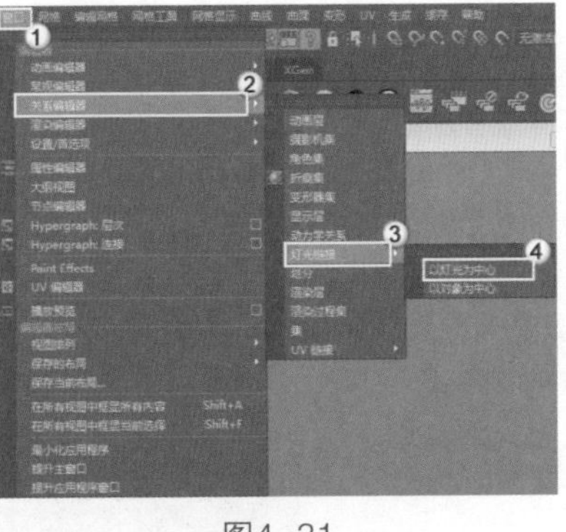

图4-31

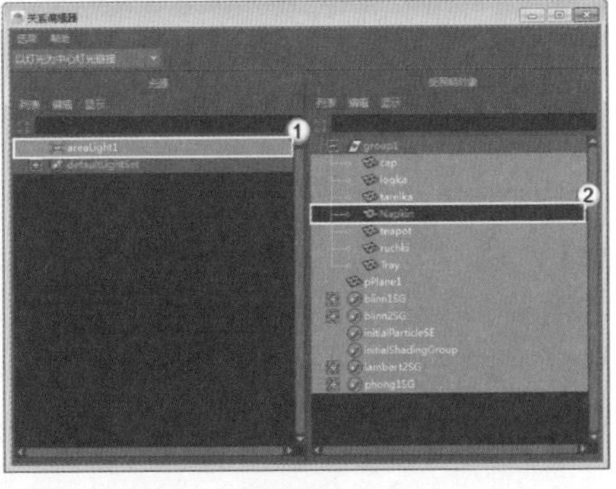

图4-32

04 渲染当前场景，效果如图4-33所示。从图中可以看到，因为Napkin和areaLight1取消了关联，所以模型不再受灯光影响。

提示

除了通过选择灯光和物体的方法来打断灯光链接外，还可以通过对象与灯光的"关系编辑器"来进行调节，如图4-34所示。这两种方式能达到相同的效果。

图4-33

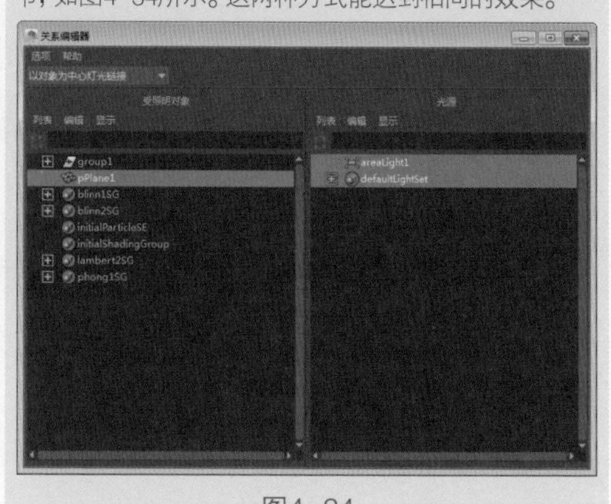

图4-34

4.4.3 阴影

阴影在场景中具有非常重要的地位，它可以增强场景的层次感与真实感。Maya有"深度贴图阴影"和"光线跟踪阴影"两种阴影模式，如图4-35所示。"深度贴图阴影"是使用阴影贴图来模拟阴影效果；"光线跟踪阴影"是通过跟踪光线路径来生成阴影，可以使透明物体产生透明的阴影效果。

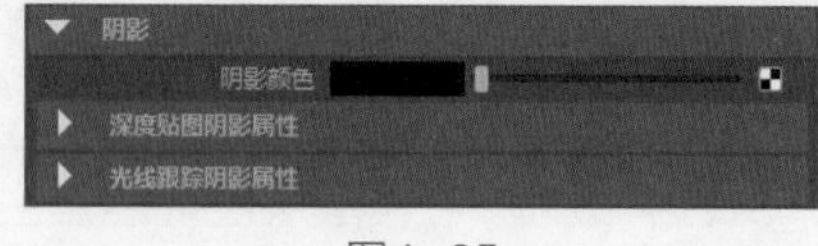

图4-35

1.深度贴图阴影属性

展开"深度贴图阴影属性"卷展栏，如图4-36所示。

图4-36

参数介绍

使用深度贴图阴影：控制是否开启"深度贴图阴影"功能。

分辨率：控制深度贴图阴影的大小。数值越小，阴影质量越粗糙，渲染速度越快，反之阴影质量越高，渲染速度也就越慢。

使用中间距离：如果禁用该选项，Maya会为深度贴图中的每个像素计算灯光与最近阴影投射曲面之间的距离。如果灯光与另一个阴影投射曲面之间的距离大于深度贴图距离，则该曲面位于阴影中。

使用自动聚焦：选择该选项后，Maya会自动缩放深度贴图，使其仅填充灯光所照明的区域中包含阴影投射对象的区域。

聚焦：用于在灯光照明的区域内缩放深度贴图的角度。

过滤器大小：用来控制阴影边界的模糊程度。

偏移：设置深度贴图移向或远离灯光的偏移距离。

雾阴影强度：控制出现在灯光雾中的阴影的黑暗度，有效范围为1~10。

雾阴影采样：控制出现在灯光雾中的阴影的精度。

基于磁盘的深度贴图：包含以下3个选项。

禁用：Maya会在渲染过程中创建新的深度贴图。

覆盖现有深度贴图：Maya会创建新的深度贴图，并将其保存到磁盘。如果磁盘上已经存在深度贴图，Maya会覆盖这些深度贴图。

重用现有深度贴图：Maya会进行检查以确定深度贴图是否在先前已保存到磁盘。如果已保存到磁盘，Maya会使用这些深度贴图，而不是创建新的深度贴图。如果未保存到磁盘，Maya会创建新的深度贴图，然后将其保存到磁盘。

阴影贴图文件名：Maya保存到磁盘的深度贴图文件的名称。

添加场景名称：将场景名添加到Maya并保存到磁盘的深度贴图文件的名称中。

添加灯光名称：将灯光名添加到Maya并保存到磁盘的深度贴图文件的名称中。

添加帧扩展名：如果选择该选项，Maya会为每个帧保存一个深度贴图，然后将帧扩展名添加到深度贴图文件的名称中。

使用宏：仅当“基于磁盘的深度贴图”设定为“重用现有深度贴图”时才可用。它是指宏脚本的路径和名称，Maya会运行该宏脚本，以从磁盘中读取深度贴图时更新该深度贴图。

仅使用单一深度贴图：仅适用于聚光灯。如果选择该选项，Maya会为聚光灯生成单一深度贴图。

使用X/Y/Z+贴图：控制Maya为灯光生成的深度贴图的数量和方向。

使用X/Y/Z–贴图：控制Maya为灯光生成的深度贴图的数量和方向。

2.光线跟踪阴影属性

展开“光线跟踪阴影属性”卷展栏，如图4–37所示。

参数介绍

使用光线跟踪阴影：控制是否开启“光线跟踪阴影”功能。

灯光半径：控制阴影边界模糊的程度。数值越大，阴影边界越模糊，反之阴影边界就越清晰。

阴影光线数：用来控制光线跟踪阴影的质量。数值越大，阴影质量越高，渲染速度就越慢。

光线深度限制：用来控制光线在投射阴影前被折射或反射的最大次数限制。

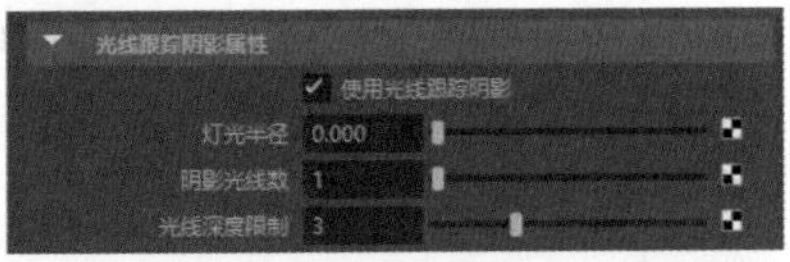

光线跟踪阴影属性
使用光线跟踪阴影
灯光半径 0.000
阴影光线数 1
光线深度限制 3

图4–37

3.深度贴图阴影与光线跟踪阴影的区别

“深度贴图阴影”是通过计算光与物体之间的位置来产生阴影贴图，不能使透明物体产生透明的阴影，渲染速度相对比较快；“光线跟踪阴影”通过跟踪光线路径来生成阴影，可以生成比较真实的阴影效果，并且可以使透明物体生成透明的阴影。

操作练习 使用光线跟踪阴影

- 场景文件 Scenes>CH04>4.3.mb
- 实例文件 Examples>CH04>4.3.mb
- 视频名称 操作练习：使用光线跟踪阴影.mp4
- 技术掌握 掌握光线跟踪阴影的运用

本例使用“光线跟踪阴影”技术制作的灯光阴影效果如图4-38所示。

图4-38

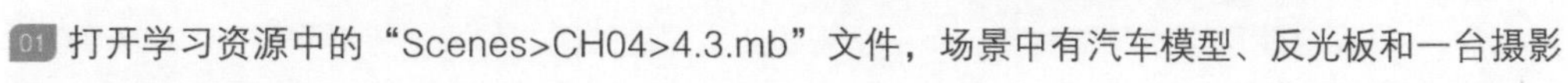

01 打开学习资源中的“Scenes>CH04>4.3.mb”文件，场景中有汽车模型、反光板和一台摄影机，如图4-39所示。

02 打开“渲染视图”对话框，然后将渲染器设置为mental ray，接着执行“渲染>渲染>camera1”命令，效果如图4-40所示。

03 创建一盏区域光，然后调整区域光的位置、大小和方向，如图4-41所示。

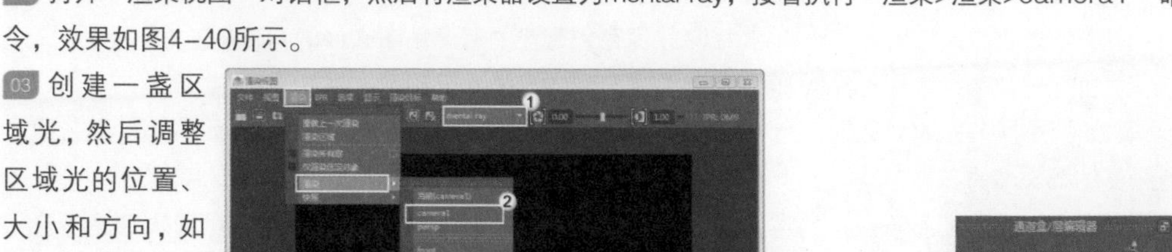

图4-39 图4-40 图4-41

04 选择区域光，然后在属性编辑器中设置“强度”为3，接着展开“阴影>光线跟踪阴影属性”卷展栏，再选择“使用光线跟踪阴影”选项，最后设置“阴影光线数”为15，如图4-42所示。

05 在“渲染视图”对话框中执行“渲染>渲染>camera1”命令，渲染效果如图4-43所示。

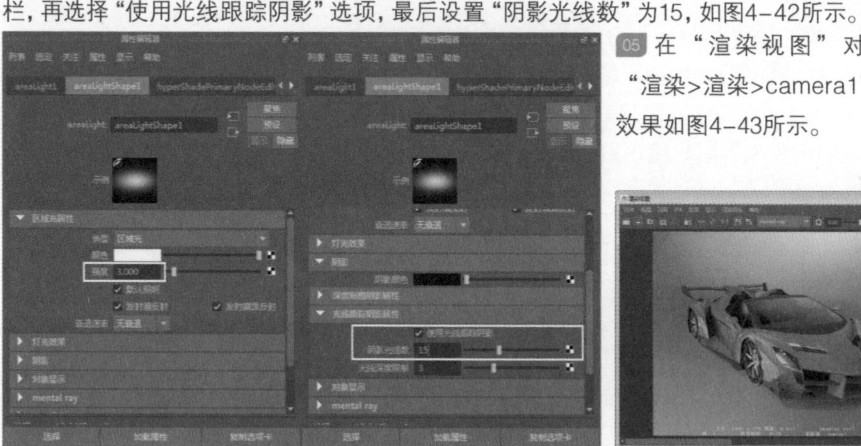

图4-42 图4-43

4.5 综合练习：模拟太阳和天空照明

» 场景文件 Scenes>CH04>4.4.mb
» 实例文件 Examples>CH04>4.4.mb
» 视频名称 综合练习：模拟太阳和天空照明.mp4
» 技术掌握 掌握物理太阳和天空照明的使用方法

灯光是作品的灵魂，正是因为有了灯光的存在，才使画面具有一定氛围。本案例主要介绍如何使用Maya的“物理太阳和天空照明”功能，效果如图4-44所示。

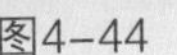

图4-44

01 打开学习资源中的“Scenes>CH04>4.4.mb”文件，场景中有一个城市模型，如图4-45所示。

02 单击状态栏中的“渲染设置”按钮，在打开的“渲染设置”对话框中设置渲染器为mental ray渲染器，然后切换到Scene（场景）选项卡，接着在“环境”卷展栏中单击“物理太阳和天空”后面的“创建”按钮，如图4-46所示。

03 打开大纲视图，可以发现Maya新建了一个sunDirection节点，如图4-47所示。

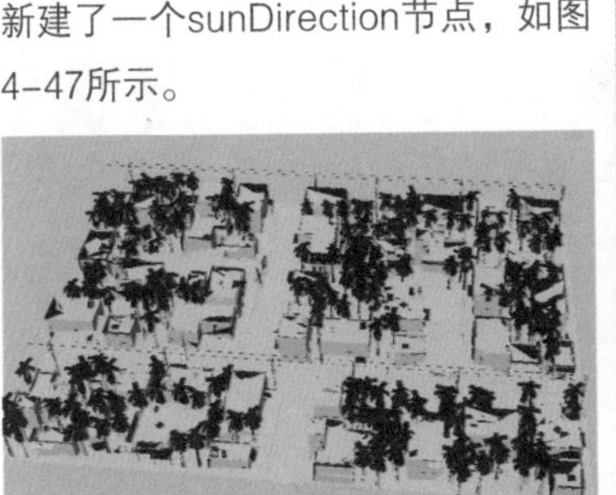

图4-45

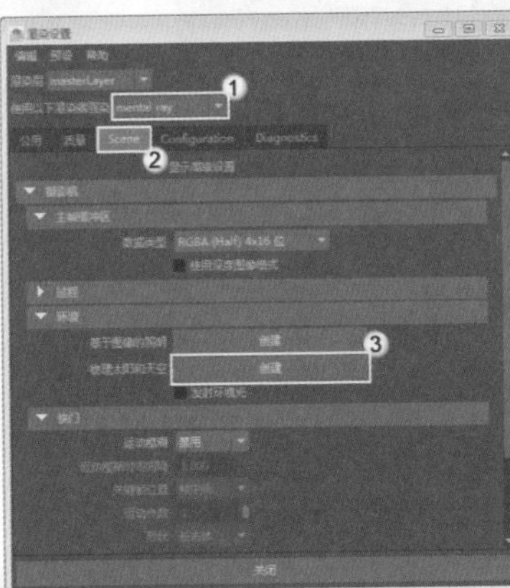

图4-46

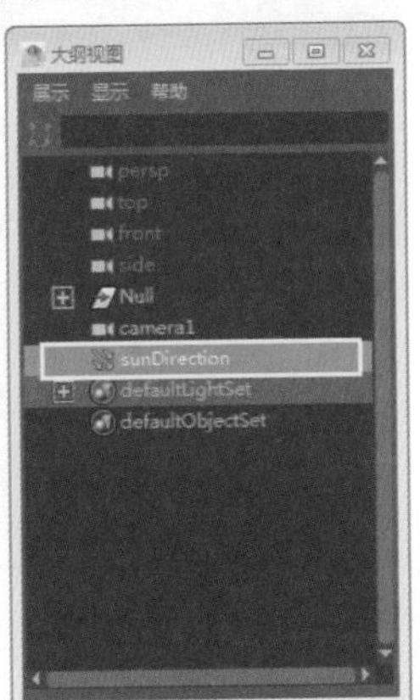

图4-47

提示

在创建了物理太阳和天空后，Maya会自动创建一个sunDirection节点，该节点实际上是一个平行光，用来模拟不同时段的太阳效果。

04 选择sunDirection节点，然后调整其大小、位置和方向，接着在“渲染视图”对话框中执行“渲染>渲染>camera1”命令，渲染效果如图4-48所示。

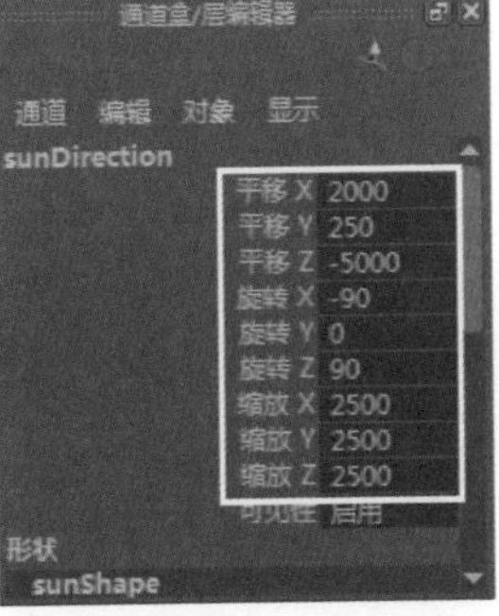

图4-48

提示

sunDirection节点的“平移”和“缩放”属性不影响物理太阳的效果，这里只是为了便于选择和调整该节点，所以修改了“平移”和“缩放”属性。

05 选择sunDirection节点，然后将“旋转Z”修改为30，接着在“渲染视图”对话框中执行“渲染>渲染>camera1”命令，渲染效果如图4-49所示。

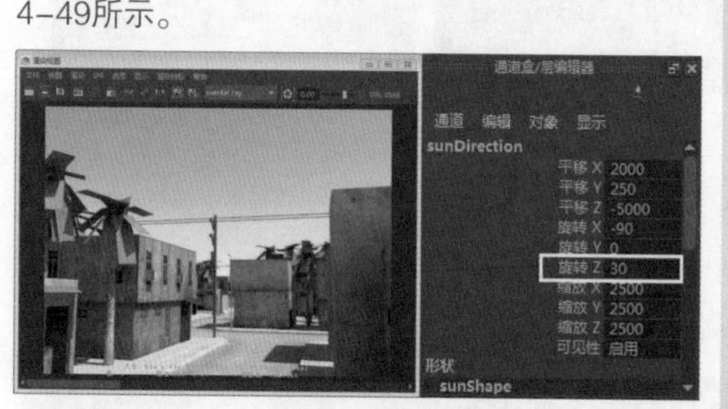

图4-49

提示

如果不想保留物理太阳和天空效果，可以在“渲染设置”对话框中单击“物理太阳和天空”后面的“删除”按钮，如图4-50所示。

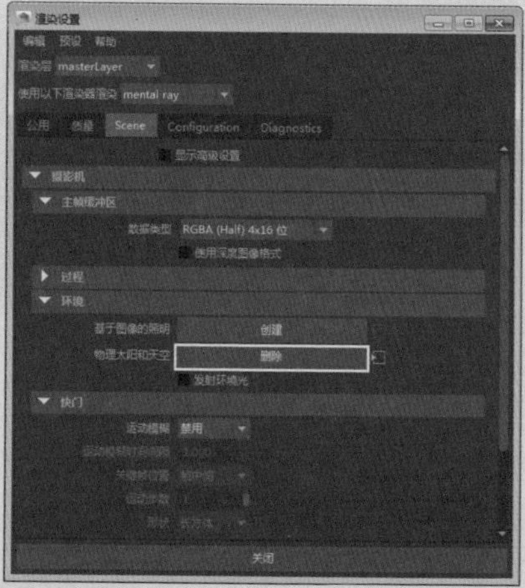

图4-50

4.6 课后习题

本课安排了一个简单的课后习题供读者练习，这个习题主要用来练习聚光灯和区域光的综合运用。

课后习题 灯光阴影贴图

» 场景文件 Scenes>CH04>4.5.mb
» 实例文件 Examples>CH04>4.5.mb
» 视频名称 课后习题：灯光阴影贴图.mp4
» 技术掌握 掌握灯光的综合运用

本例主要介绍聚光灯、区域光以及灯光的阴影的综合运用，效果如图4-51所示。

图4-51

4.7 本课笔记

第5课

05

摄影机的运用

本课将介绍Maya 2016的摄影机技术，包含摄影机的类型、摄影机的基本设置、摄影机的工具等。Maya中的摄影机可以模拟现实中的摄影机，为目标对象创建一个固定视角、制作摄影机漫游动画等。本课内容比较简单，读者只需要掌握比较重要的知识即可，如“景深”的运用。

学习要点

- 了解摄影机的类型
- 掌握摄影机工具的使用方法
- 掌握摄影机的基本设置
- 掌握摄影机景深特效的制作方法

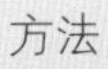

5.1 摄影机的类型

Maya默认的场景中有4台摄影机，一个透视图摄影机和3个正交视图摄影机。执行“创建>摄影机”菜单下的命令可以创建一台新的摄影机，如图5-1所示。

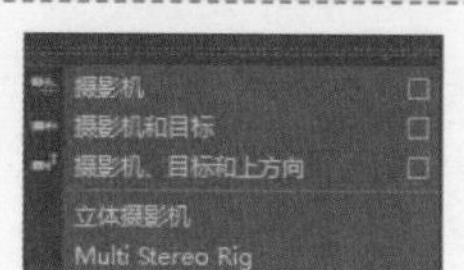

图5-1

5.1.1 摄影机

“摄影机”是最基本的摄影机，可以用于静态场景和简单的动画场景，如图5-2所示。单击“创建>摄影机>摄影机”命令后面的按钮，打开“创建摄影机选项”对话框，如图5-3所示。

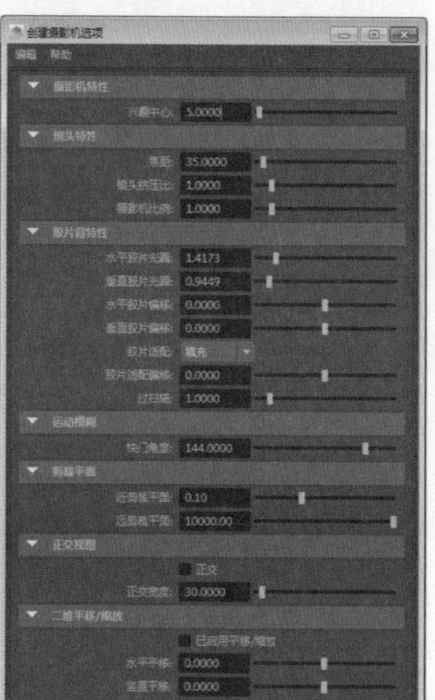

图5-3

参数介绍

兴趣中心：设置摄影机到兴趣中心的距离（以场景的线性工作单位为测量单位）。

焦距：设置摄影机的焦距（以mm为测量单位），有效值范围为2.5~3500。增加焦距值可以拉近摄影机镜头，并放大对象在摄影机视图中的大小。减小焦距可以拉远摄影机镜头，并缩小对象在摄影机视图中的大小。

镜头挤压比：设置摄影机镜头水平压缩图像的程度。大多数摄影机不会压缩所录制的图像，因此其“镜头挤压比”为1。但是有些摄影机（如变形摄影机）会水平压缩图像，使大纵横比（宽度）的图像落在胶片的方形区域内。

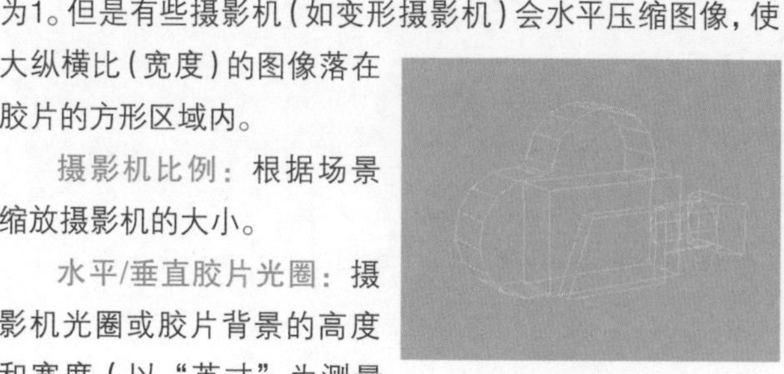

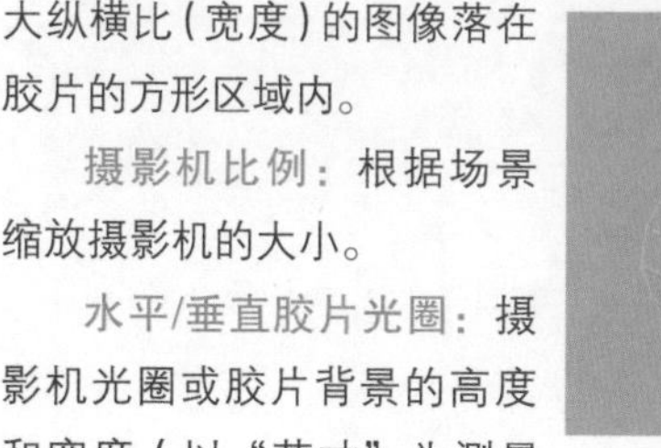

图5-2

摄影机比例：根据场景缩放摄影机的大小。

水平/垂直胶片光圈：摄影机光圈或胶片背景的高度和宽度（以“英寸”为测量单位）。

水平/垂直胶片偏移：在场景的垂直和水平方向上偏移分辨率门和胶片门。

胶片适配：控制分辨率门相对于胶片门的大小。如果分辨率门和胶片门具有相同的纵横比，则“胶片适配”的设置不起作用。后面的下拉选项中包含以下4个选项，如图5-4所示。

图5-4

水平/垂直：使分辨率门水平/垂直适配胶片门。

填充：使分辨率门适配胶片门。

过扫描：使胶片门适配分辨率门。

胶片适配偏移：设置分辨率门相对于胶片门的偏移量，测量单位为“英寸”。

过扫描：仅缩放摄影机视图（非渲染图像）中的场景大小。调整“过扫描” 值可以查看比实际渲染更多或更少的场景。

快门角度：会影响运动模糊对象的模糊度。快门角度设置越大，对象越模糊。

近/远剪裁平面：对于硬件渲染、矢量渲染和mentalray渲染，这两个选项表示透视摄影机或正交摄影机的近裁剪平面和远剪裁平面的距离。

正交：如果选择该选项，则摄影机为正交摄影机。

正交宽度：设置正交摄影机的宽度（以“英寸”为单位）。正交摄影机宽度可以控制摄影机的可见场景范围。

已启用平移/缩放：启用“二维平移/缩放工具”。

水平/竖直平移：设置在水平/垂直方向上的移动距离。

缩放：对视图进行缩放。

5.1.2 摄影机和目标

执行“摄影机和目标”命令可以创建一台带目标点的摄影机，如图5-5所示。这种摄影机主要用于比较复杂的动画场景，如追踪鸟的飞行路线。

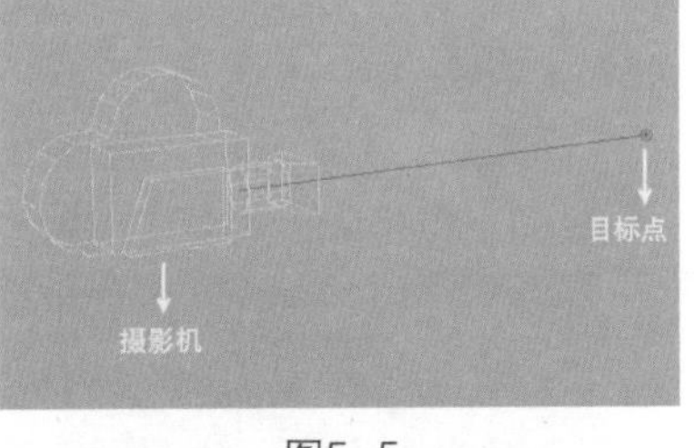

图5-5

5.1.3 摄影机、目标和上方向

执行“摄影机、目标和上方向”命令可以创建一台带两个目标点的摄影机，一个目标点朝向摄影机的前方，另一个位于摄影机的上方，如图5-6所示。这种摄影机可以指定摄影机的哪一端必须朝上，适用于更为复杂的动画场景，如让摄影机随着转动的过山车一起移动。

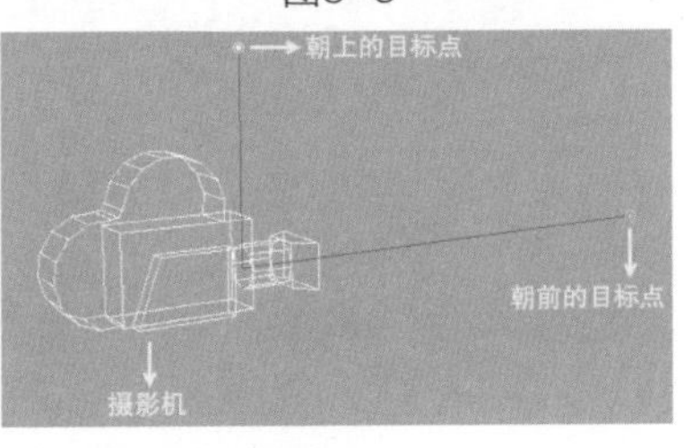

图5-6

5.2 摄影机的基本设置

展开视图菜单中的“视图>摄影机设置”菜单，如图5-7所示。该菜单下的命令可以用来设置摄影机。

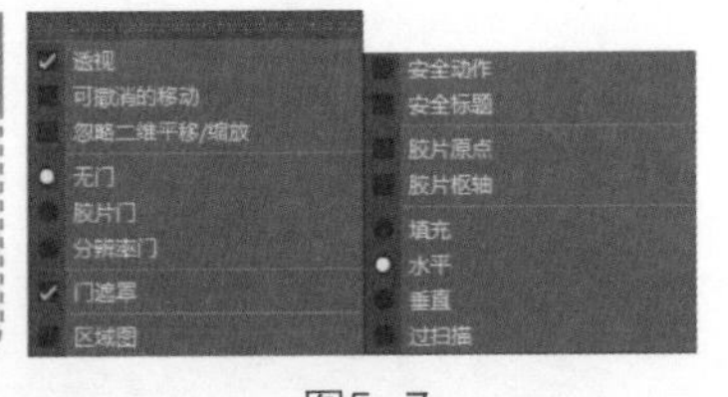

图5-7

参数介绍

透视：选择该选项时，摄影机将变成为透视摄影机，视图也会变成透视图，如图5-8所示；若不选择该选项，视图将变为正交视图，如图5-9所示。

可撤销的移动：如果选择该选项，则所有的摄影机移动（如翻滚、平移和缩放）将写入“脚本编辑器”，如图5-10所示。

忽略二维平移/缩放：选择该选项后，可以忽略“二维平移/缩放”的设置，从而使场景视图显示在完整摄影机视图中。

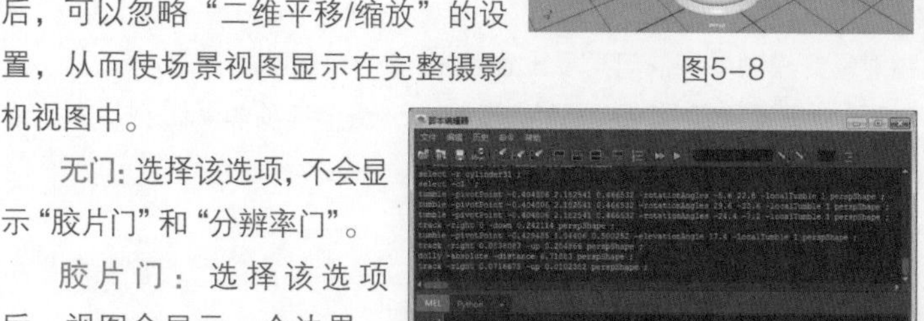

图5-8

图5-9

无门：选择该选项，不会显示“胶片门”和“分辨率门”。

胶片门：选择该选项后，视图会显示一个边界，用于指示摄影机视图的区域，如图5-11所示。

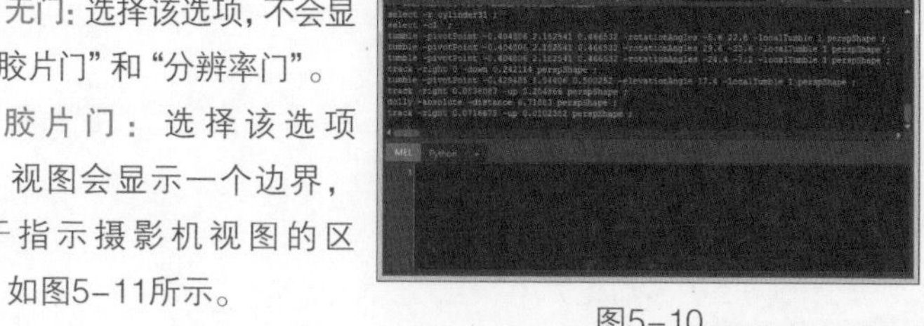

图5-10

图5-11

分辨率门：选择该选项后，可以显示出摄影机的渲染框。在这个渲染框内的物体都会被渲染出来，而超出渲染框的区域将不会被渲染出来。图5-12和图5-13所示分别是分辨率为640×480和1024×768时的范围对比。

门遮罩：选择该选项后，可以更改“胶片门”或“分辨率门”之外的区域的不透明度和颜色。

区域图：选择该选项后，可以显示栅格，如图5-14所示。该栅格表示12个标准单元动画区域的大小。

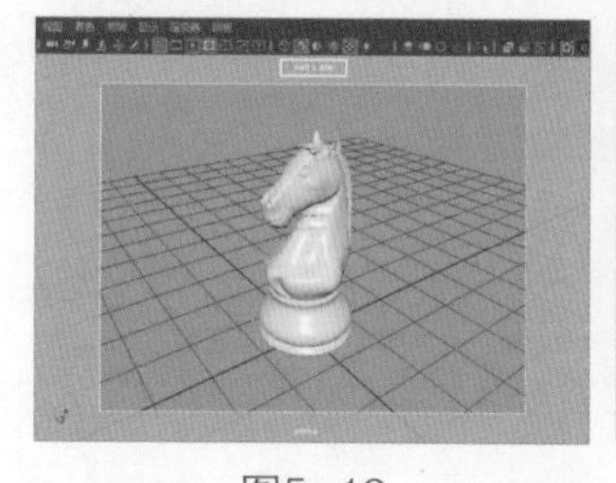

图5-12

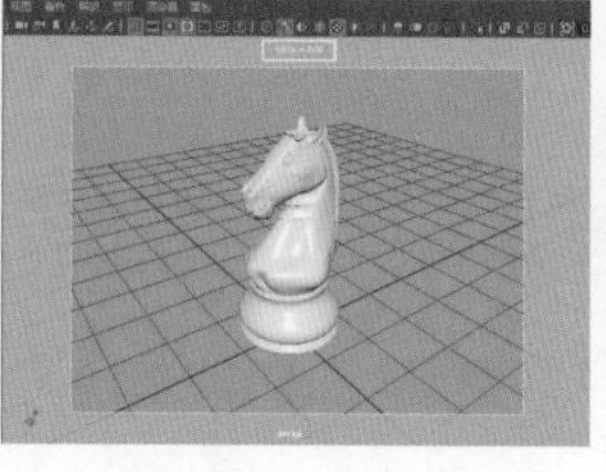

图5-13

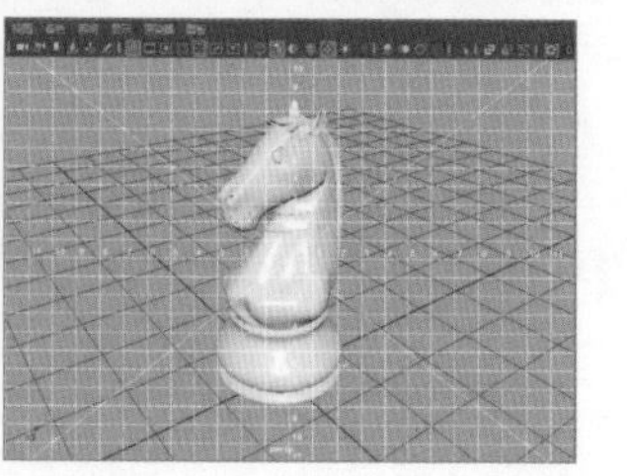

图5-14

安全动作：该选项主要针对场景中的人物对象。在一般情况下，场景中的人物都不要超出安全动作框的范围（占渲染画面的90%），如图5-15所示。

安全标题：该选项主要针对场景中的字幕或标题。字幕或标题一般不要超安全标题框的范围（占渲染画面的80%），如图5-16所示。

胶片原点：在通过摄影机查看时，显示胶片原点助手，如图5-17所示。

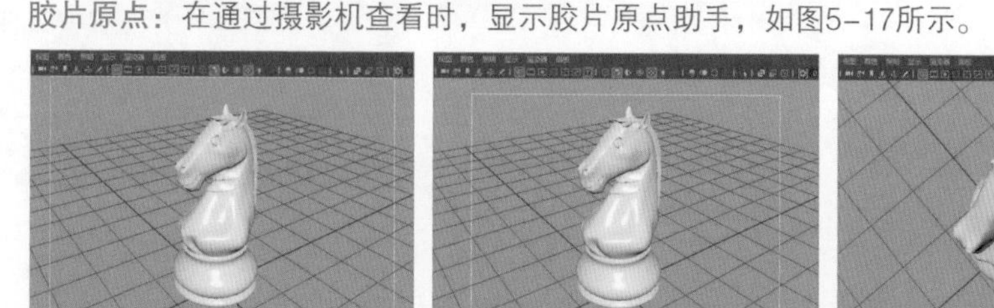

图5-15

图5-16

图5-17

胶片枢轴：在通过摄影机查看时，显示胶片枢轴助手，如图5-18所示。

填充：选择该选项后，可以使“分辨率门”尽量充满“胶片门”，但不会超出“胶片门”的范围，如图5-19所示。

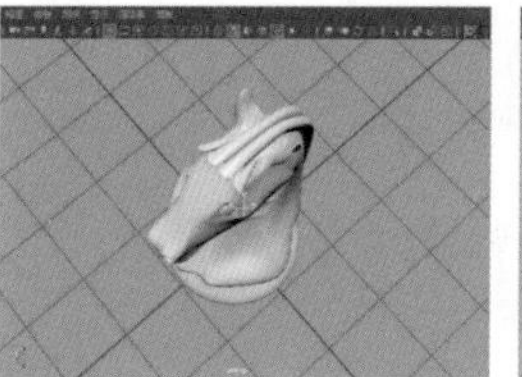
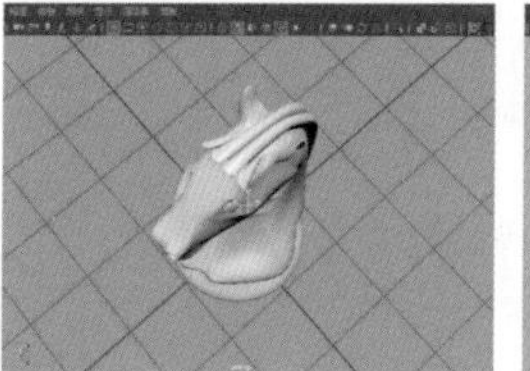
图5-18

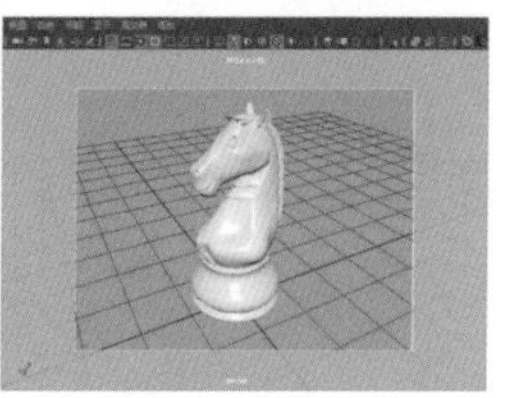
图5-19

水平/垂直：选择“水平”选项，可以使“分辨率门”在水平方向上尽量充满视图，如图5-20所示；选择“垂直”选项，可以使“分辨率门”在垂直方向上尽量充满视图，如图5-21所示。

过扫描：选择该选项后，可以使胶片门适配分辨率门，也就是将图像按照实际分辨率显示出来，如图5-22所示。

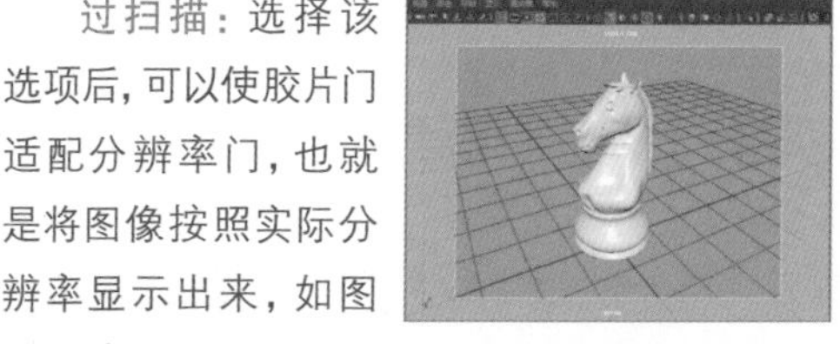
图5-20

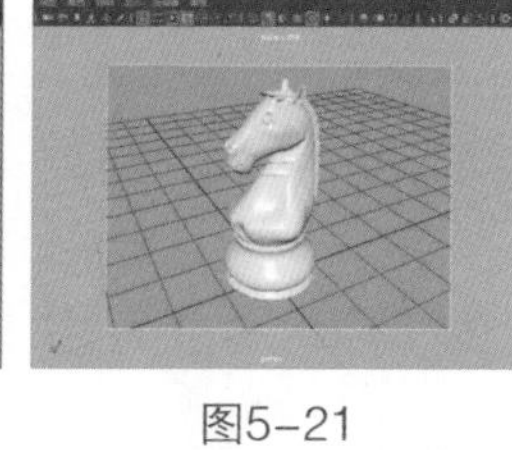
图5-21

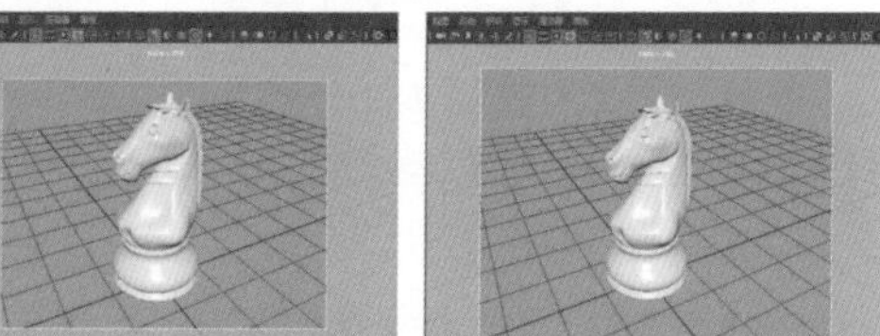
图5-22

5.3 摄影机工具

展开视图菜单中的“视图>摄影机工具”菜单，如图5-23所示。该菜单下全部是对摄影机进行操作的工具。

图5-23

5.3.1 侧滚工具

“侧滚工具”主要用来旋转视图摄影机，快捷键为Alt+鼠标左键。打开该工具的“工具设置”对话框，如图5-24所示。

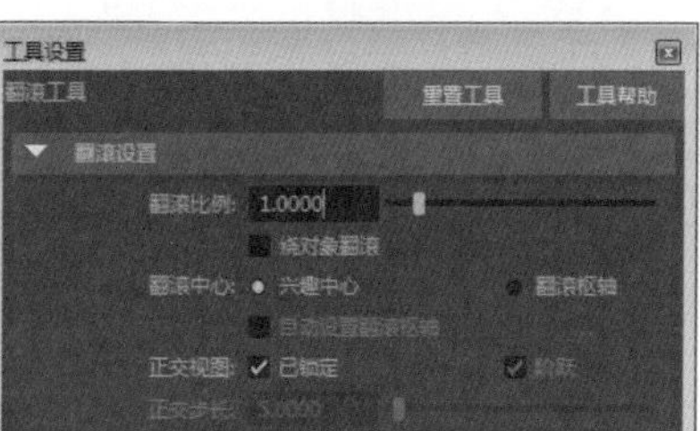

图5-24

参数介绍

翻滚比例：设置摄影机移动的速度，默认值为 1。

绕对象翻滚：选择该选项后，在开始翻滚时，“翻滚工具”图标位于某个对象上，则可以使用该对象作为翻滚枢轴。

翻滚中心：控制摄影机翻滚时围绕的点。

兴趣中心：摄影机绕其兴趣中心翻滚。

翻滚枢轴：摄影机绕其枢轴点翻滚。

正交视图：包含“已锁定”和“阶跃”两个选项。

已锁定：选择该选项后，则无法翻滚正交摄影机；如果关闭该选项，则可以翻滚正交摄影机。

阶跃：选择该选项后，则能够以离散步数翻滚正交摄影机。通过“阶跃”操作，可以轻松返回到默认视图位置。

正交步长：在关闭“已锁定”并选择“阶跃”选项的情况下，该选项用来设置翻滚正交摄影机时所用的步长角度。

提示

“侧滚工具”的快捷键是Alt+鼠标左键，按住Alt+Shift+鼠标左键可以在一个方向上翻转视图。

5.3.2 平移工具

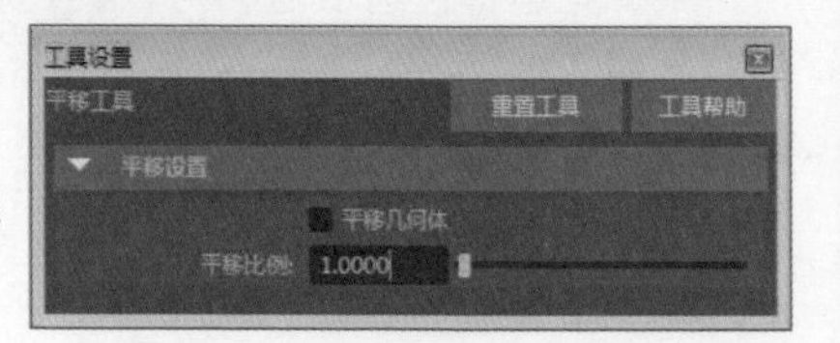

图5-25

使用“平移工具”可以在水平线上移动视图摄影机，快捷键为Alt+鼠标中键。打开该工具的“工具设置”对话框，如图5-25所示。

参数介绍

平移几何体：选择该选项后，视图中的物体与光标的移动是同步的。在移动视图时，光标相对于视图中的对象位置不会再发生变化。

平移比例：该选项用来设置移动视图的速度，系统默认的移动速度为1。

提示

“平移工具”的快捷键是Alt+鼠标中键，按住Alt+Shift+鼠标中键可以在一个方向上移动视图。

5.3.3 推拉工具

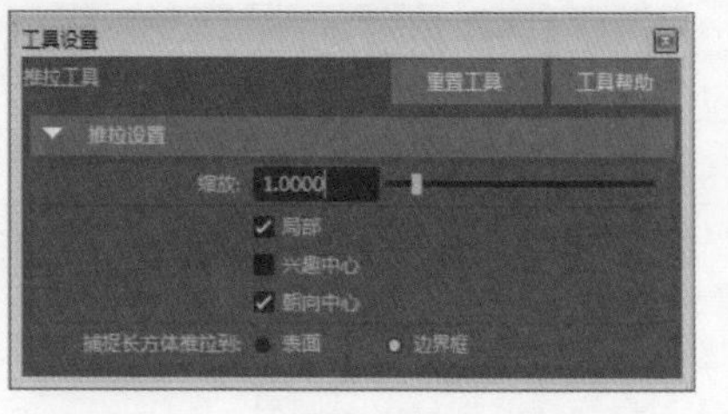

图5-26

使用“推拉工具”可以推拉视图摄影机，快捷键为Alt+鼠标右键或Alt+鼠标左键+鼠标中键。打开该工具的“工具设置”对话框，如图5-26所示。

常用参数介绍

缩放：该选项用来设置推拉视图的速度，系统默认的推拉速度为1。

局部：选择该选项后，可以在摄影机视图中进行拖动，并且可以让摄影机朝向或远离其兴趣中心移动。如果关闭该选项，也可以在摄影机视图中进行拖动，但可以让摄影机及其兴趣中心一同沿摄影机的视线移动。

兴趣中心：选择该选项后，在摄影机视图中使用鼠标中键进行拖动，可以让摄影机的兴趣中心朝向或远离摄影机移动。

朝向中心：如果关闭该选项，可以在开始推拉时朝向“推拉工具”图标的当前位置进行推拉。

捕捉长方体推拉到：当使用快捷键Ctrl+Alt推拉摄影机时，可以把兴趣中心移动到蚂蚁线区域。

表面：选择该选项后，在对象上执行长方体推拉时，兴趣中心将移动到对象的曲面上。

边界框：选择该选项后，在对象上执行长方体推拉时，兴趣中心将移动到对象边界框的中心。

5.3.4 缩放工具

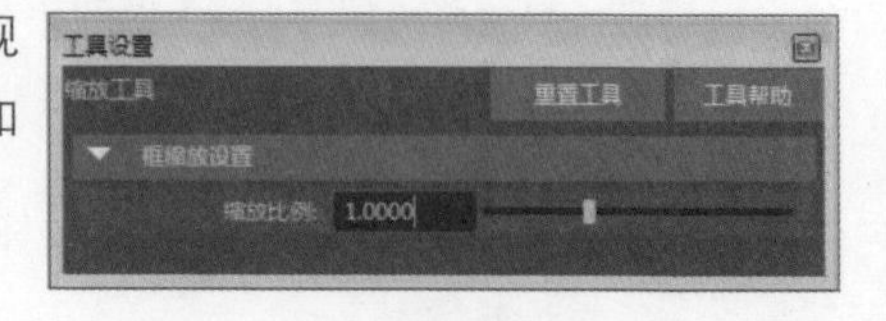

图5-27

“缩放工具”主要用来缩放视图摄影机，以改变视图摄影机的焦距。打开该工具的“工具设置”对话框，如图5-27所示。

常用参数介绍

缩放比例：该选项用来设置缩放视图的速度，系统默认的缩放速度为1。

5.3.5 二维平移/缩放工具

使用“二维平移/缩放工具” 可以在二维视图中进行平移和缩放摄影机，并且可以在场景视图中查看结果。使用该功能可以在进行精确跟踪、放置或对位工作时查看特定区域中的详细信息，而无须实际移动摄影机。打开该工具的“工具设置”对话框，如图5-28所示。

图5-28

常用参数介绍

缩放比例：该选项用来设置缩放视图的速度，系统默认的缩放速度为1。

模式：包含“二维平移”和“二维缩放”这两种模式。

二维平移：对视图进行移动操作。

二维缩放：对视图进行缩放操作。

5.3.6 油性铅笔工具

执行“油性铅笔工具”命令后，将会打开“油性铅笔”对话框，如图5-29所示。在该对话框中，可以使用虚拟记号笔在场景视图上绘制图案。

图5-29

5.3.7 侧滚工具

使用“侧滚工具” 可以左右摇晃视图摄影机。打开该工具的“工具设置”对话框，如图5-30所示。

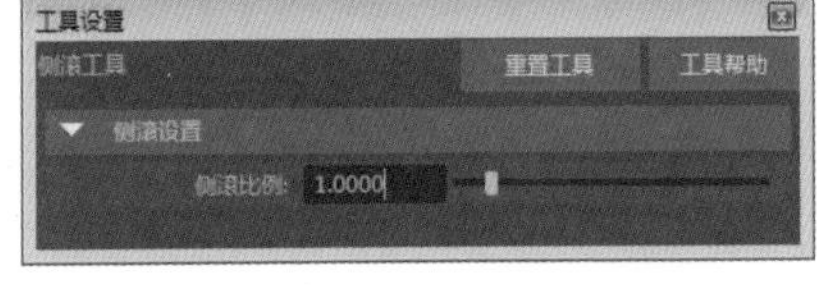

图5-30

参数介绍

侧滚比例：该选项用来设置摇晃视图的速度，系统默认的滚动速度为1。

5.3.8 方位角仰角工具

使用“方位角仰角工具” 可以对正交视图进行旋转操作。打开该工具的“工具设置”对话框，如图5-31所示。

图5-31

常用参数介绍

比例：该选项用来旋转正交视图的速度，系统默认值为1。

旋转类型：包含“偏转俯仰”和“方位角仰角”两种类型。

偏转俯仰：摄影机向左或向右的旋转角度称为偏转，向上或向下的旋转角度称为俯仰。

方位角仰角：摄影机视线相对于地平面垂直平面的角称为方位角，摄影机视线相对于地平面的角称为仰角。

5.3.9 偏转-俯仰工具

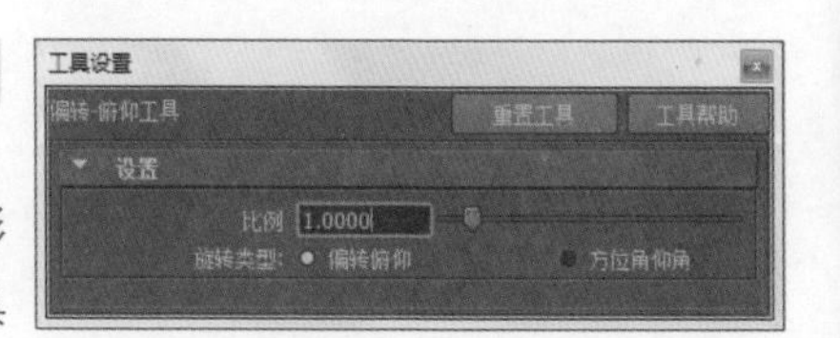

图5-32

使用“偏转-俯仰工具” 可以向上或向下旋转摄影机视图，也可以向左或向右旋转摄影机视图。打开该工具的“工具设置”对话框，如图5-32所示。

> **提示**
> “偏转-俯仰工具” 的参数与“方位角仰角工具” 的参数相同，这里不再重复讲解。

5.3.10 飞行工具

使用“飞行工具”可以让摄影机飞行穿过场景，不会受几何体约束。按住Ctrl键并向上拖动可以向前飞行，向下拖动可以向后飞行。若要更改摄影机方向，可以松开Ctrl键然后拖动鼠标左键。

5.3.11 漫游工具

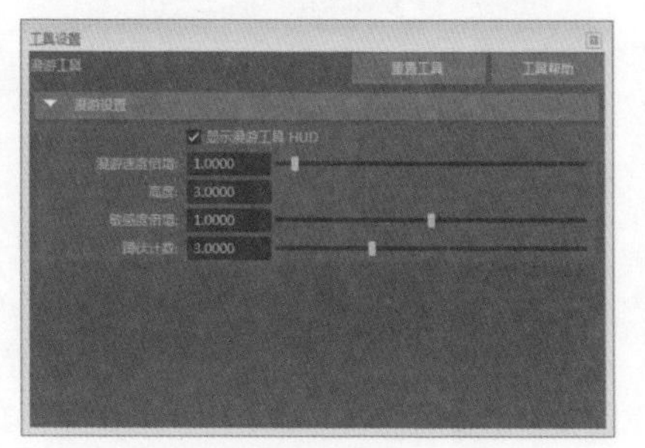

图5-33

“漫游工具” 可用于从第一人称透视浏览场景，类似于在游戏的场景中穿梭。打开该工具的“工具设置”对话框，如图5-33所示。

常用参数介绍

显示漫游工具 HUD：选择该选项后可以显示平视显示仪（HUD）消息。

漫游速度倍增：控制漫游速度的速率。

高度：指定摄影机和地平面之间的距离。

敏感度倍增：控制鼠标的敏感度级别。

蹲伏计数：在蹲伏模式下，控制摄影机移向此平面的距离。

5.4 景深

“景深”就是指拍摄主题前后所能在一张照片上成像的空间层次的深度。简单地说，景深就是聚焦清晰的焦点前后“可接受的清晰区域”，如图5-34所示。景深可以很好地突出主题，不同景深参数下的景深效果也不相同。

图5-34

5.5 综合练习：制作景深特效

» 场景文件　Scenes>CH05>5.1.mb
» 实例文件　Examples>CH05>5.1.mb
» 视频名称　综合练习：制作景深特效.mp4
» 技术掌握　掌握摄影机景深特效的制作方法

本例主要针对摄影机中最为重要的“景深”功能进行介绍（以实例形式），如图5-35所示。

图5-35

01 打开学习资源中的“Scenes>CH05>5.1.mb”文件，场景中有一些静物，如图5-36所示。

图5-36

02 单击状态栏上的“打开渲染视图”按钮打开“渲染视图”对话框，如图5-37所示，然后在该对话框中执行“渲染>渲染>camera1”命令，如图5-38所示。经过一段时间的渲染后，将会得到图5-39所示的效果。

图5-37

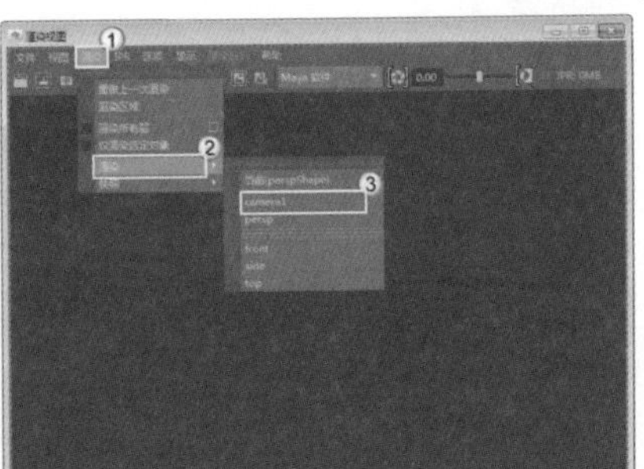

图5-38

图5-39

03 从图5-39中可以看出，渲染图并没有景深效果。在大纲视图中选择camera1节点，然后按快捷键Ctrl+A打开属性编辑器，接着展开“景深”卷展栏，再选择“景深”选项，最后设置“聚焦距离”为21、“F制光圈”为5，如图5-40所示。

提示

“聚焦距离”属性用来设置景深范围的最远点与摄影机的距离；“F制光圈”属性用来设置景深强度，值越大，景深越大。

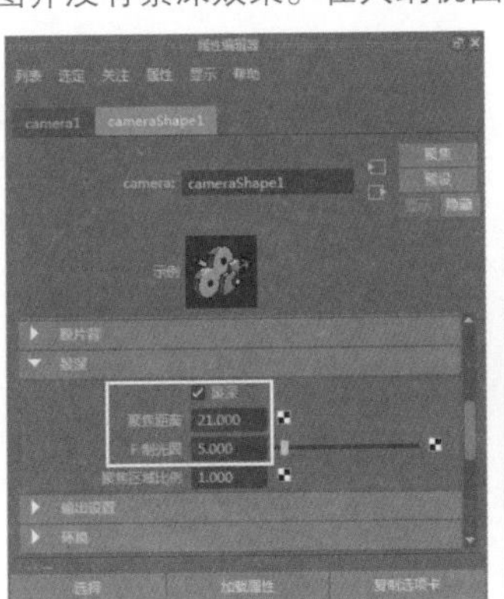

图5-40

04 在“渲染视图”对话框中执行“渲染>渲染>camera1”命令，效果如图5-41所示。

图5-41

提示

执行“显示>题头显示>对象详细信息”菜单命令，如图5-42所示。然后将当前视图切换到摄影机，接着在视图中选择要计算距离的物体，在视图的右上角就能看到计算出来的距离，如图5-43所示。

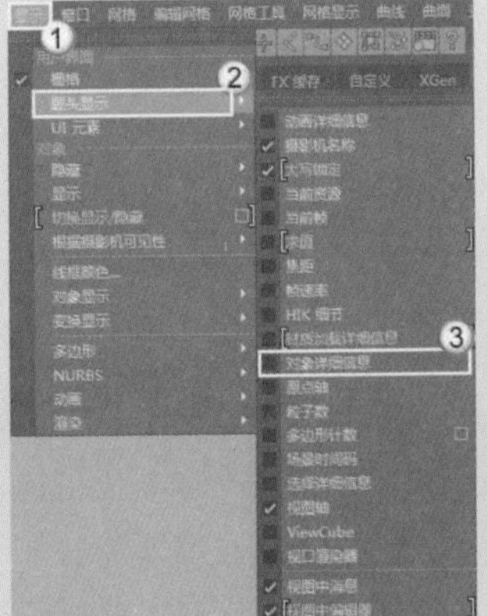

图5-42

图5-43

5.6 课后习题

本课安排了一个简单的课后习题供读者练习，这个习题主要用来练习使用摄影机制作景深效果的操作方法。

课后习题 制作象棋景深特效

- 场景文件 Scenes>CH05>5.2.mb
- 实例文件 Examples>CH05>5.2.mb
- 视频名称 课后习题：制作象棋景深特效.mp4
- 技术掌握 巩固摄影机景深特效的制作方法

本例主要针对摄影机中最为重要的“景深”功能进行练习，如图5-44所示。

图5-44

5.7 本课笔记

第6课

材质与纹理

本课将介绍Maya 2016的材质与纹理技术，包括材质编辑器的用法、材质类型、材质属性、纹理运用等知识。本课是一个非常重要的部分，也是本书中较难的部分，请读者务必对本课实例中的常见材质多加练习，以掌握材质设置的方法与技巧。

学习要点

- 掌握材质编辑器的使用方法
- 掌握材质的三大类型
- 掌握常用材质的通用属性与制作方法
- 了解纹理的作用
- 掌握纹理属性的设置方法

6.1 材质概述

材质主要用于表现物体的颜色、质地、纹理、透明度和光泽等特性，依靠各种类型的材质可以制作出现实世界中的任何物体，如图6-1所示。一幅完美的作品除了需要优秀的模型和良好的光照外，同时也需要具有精美的材质。材质不仅可以模拟现实和超现实的质感，同时也可以增强模型的细节，如图6-2所示。

图6-1

图6-2

6.2 材质编辑器

要在Maya中创建和编辑材质，首先要学会使用Hypershade对话框（Hypershade就是材质编辑器）。Hypershade对话框是以节点网格的方式来编辑材质，使用起来非常方便。在Hypershade对话框中可以很清楚地观察到一个材质的网格结构，并且可以随时在任意两个材质节点之间创建或打断连接。

执行“窗口>渲染编辑器>Hypershade”菜单命令，打开Hypershade对话框，如图6-3所示。

图6-3

提示

菜单栏中包含了Hypershade对话框中的所有功能，但一般常用的功能都可以通过窗口中的浏览器、创建栏、工作区、材质查看器和特性编辑器面板来完成。

6.2.1 浏览器

“浏览器”面板列出了场景中的材质、纹理和灯光等内容。这些内容根据类型，被安排在对应的选项卡下，如图6-4所示。

图6-4

功能介绍

样例更新：激活该按钮后，允许样例自动更新；禁用时，如果样例参数已更改，则会禁止样例更新。

作为图标查看：使“浏览器”面板中的材质以图标的形式显示。

作为列表查看：使“浏览器”面板中的材质以名称的形式显示。

作为小样例查看：使“浏览器”面板中的材质以小样例显示。

作为中等样例查看：使“浏览器”面板中的材质以中等样例显示。

作为大样例查看：使“浏览器”面板中的材质以大样例显示。

作为超大样例查看：使“浏览器”面板中的材质以超大样例显示。

按名称排序：使“浏览器”面板中的材质按名称排序。

按类型排序：使“浏览器”面板中的材质按类型排序。

按时间排序：使“浏览器”面板中的材质按时间排序。

按反转顺序排序：使“浏览器”面板中的材质的排列顺序反转。

6.2.2 材质查看器

“材质查看器”面板可以实时显示材质的效果，显示的效果趋近于最终的渲染效果，是测试材质效果的理想方式，如图6-5所示。在该面板顶部可以设置渲染器的类型、渲染的样式和HDRI环境贴图，如图6-6所示。

图6-5

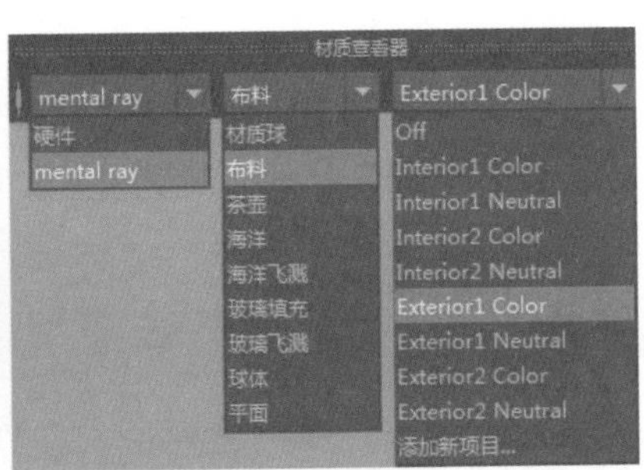

图6-6

6.2.3 创建栏

“创建栏”面板可以用来创建材质、纹理、灯光和工具等节点，该面板的左侧是渲染器中的类别，右侧则是对应的节点，如图6-7所示。直接单击创建栏中的材质球，就可以在“浏览器”面板中创建出材质节点。

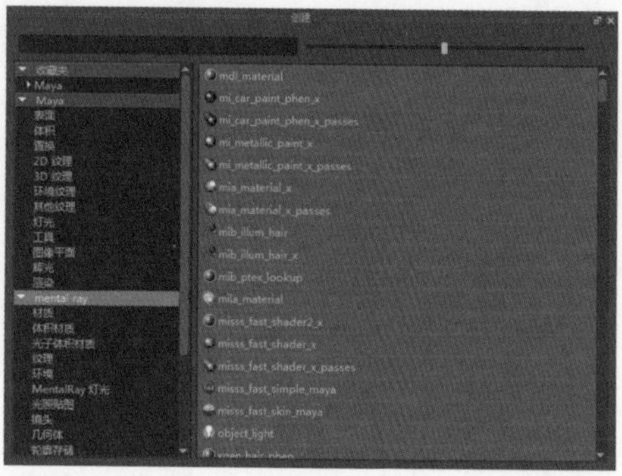

图6-7

6.2.4 工作区

“工作区”面板主要用来编辑材质节点，在这里可以编辑出复杂的材质节点网格，如图6-8所示。在材质上单击鼠标右键，通过打开的快捷菜单可以快速将材质指定给选定对象。

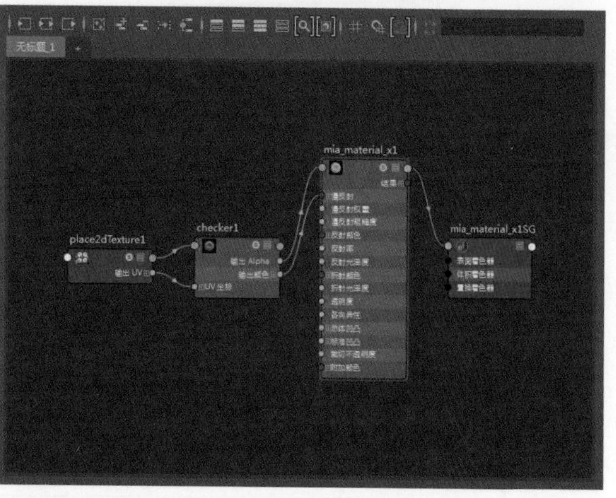

图6-8

功能介绍

输入连接：显示选定材质的输入连接节点。

输入和输出连接：显示选定材质的输入和输出连接节点。

输出连接：显示选定材质的输出连接节点。

清除图表：用来清除工作区域内的节点网格。

将选定节点添加到图表中：将选定节点添加到现有图表中。此选项不会绘制选定节点的输入或输出连接，它仅将选定节点添加到现有图表中。

从图表中移除选定节点：通过移除选定节点可自定义图表布局。若要从图表中移除某节点，请选择该节点并单击此图标。

排布图表：重新排列图表中的选定节点；如果未选定任何节点，则重新排列图表中的所有节点。

简单模式：将选定节点的视图模式更改为简单模式，以便仅显示输入和输出主端口。

已连接模式：将选定节点的视图模式更改为已连接模式，以便显示输入和输出主端口，以及任何已连接属性。

完全模式：将选定节点的视图模式更改为完全模式，以便显示输入和输出主端口，以及主节点属性。

自定义属性视图：在视图中显示在Hypershade中创建的所有节点。

切换过滤器字段：通过启用和禁用此图标的显示，可以在显示和隐藏属性过滤器字段之间切换。

切换样例大小：通过启用和禁用此图标的显示，可以在较大或较小节点样例大小之间切换。

栅格显示：打开和关闭栅格背景。

栅格捕捉：打开和关闭栅格捕捉。启用该选项可将节点捕捉到栅格。

文本过滤器指示器：单击以清除任何已应用的过滤器（隐含过滤器除外）并使图表返回其默认内容。

6.2.5 特性编辑器

“特性编辑器”面板可以查看节点的部分属性，该面板实际上是“属性编辑器”的删减版，如图6-9所示。

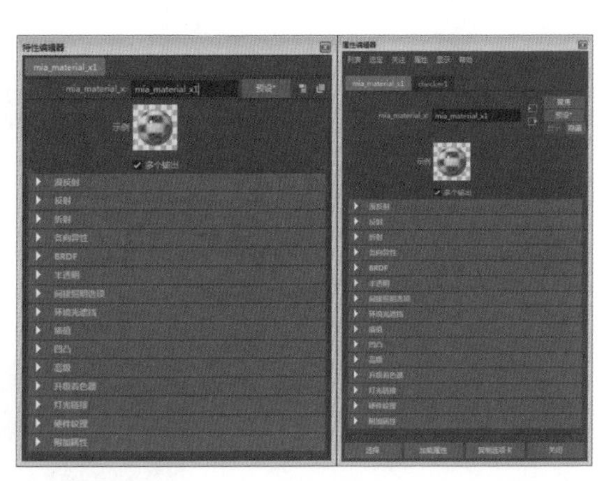

图6-9

6.3 材质类型

在“创建栏”面板中列出了Maya所有的材质类型，包含“表面”“体积”“2D 纹理”和“置换”等12大类型，如图6-10所示。

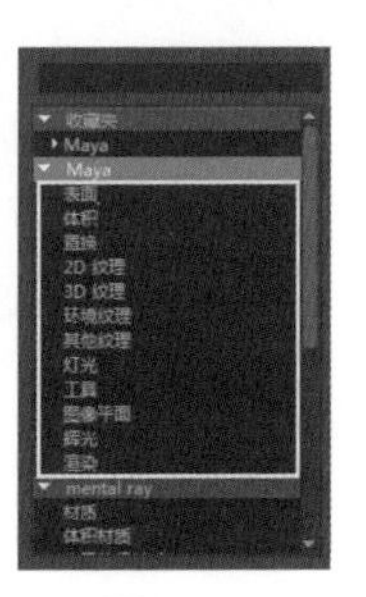

图6-10

6.3.1 表面材质

“表面”材质总共有19种类型，常用表面材质如图6-11所示。表面材质都是很常用的材质类型，物体的表面基本上都是表面材质。

常用表面材质介绍

各向异性：该材质用来模拟物体表面带有细密凹槽的材质效果，如光盘、细纹金属和光滑的布料等，如图6-12所示。

Blinn：这是使用频率非常高的一种材质，主要用来模拟具有金属质感和强烈反射效果的材质，如图6-13所示。

头发管着色器：该材质是一种管状材质，主要用来模拟细小的管状物体（如头发），如图6-14所示。

图6-11

Lambert：这是使用频率非常高的一种材质，主要用来制作表面不会产生镜面高光的物体，如墙面、砖和土壤等具有粗糙表面的物体。Lambert材质是一种基础材质，无论是何种模型，其初始材质都是Lambert材质，如图6-15所示。

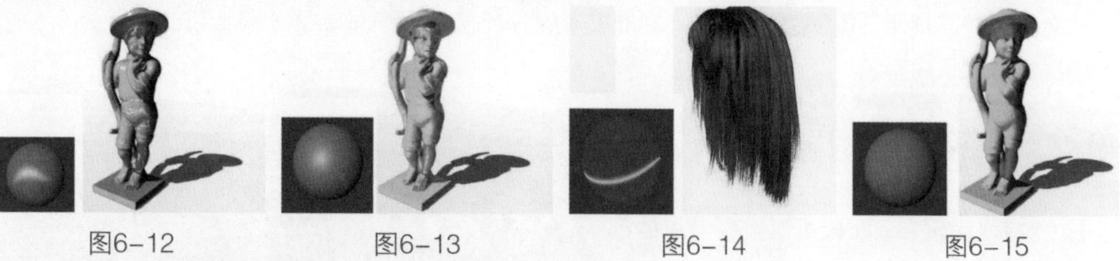

图6-12　　图6-13　　图6-14　　图6-15

分层着色器：该材质可以混合两种或多种材质，也可以混合两种或多种纹理，从而得到一个新的材质或纹理。

海洋着色器：该材质主要用来模拟海洋的表面效果，如图6-16所示。

Phong：该材质主要用来制作表面比较平滑且具有光泽的塑料效果，如图6-17所示。

Phong E：该材质是Phong材质的升级版，其特性和Phong材质相同，但该材质产生的高光更加柔和，并且能调节的参数也更多，如图6-18所示。

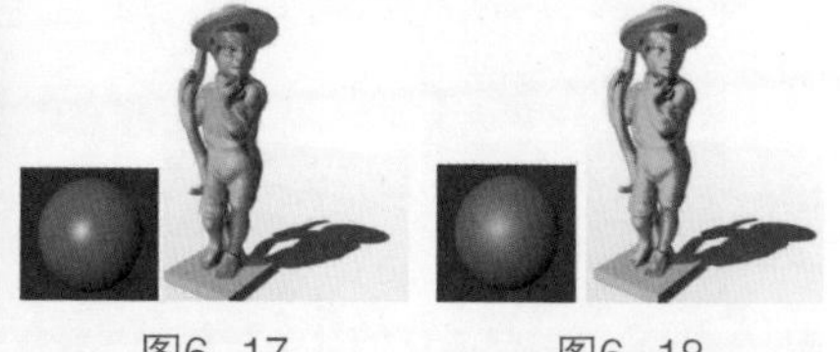

图6-16　　图6-17　　图6-18

渐变着色器：该材质在色彩变化方面具有更多的可控特性，可以用来模拟具有色彩渐变的材质效果。

着色贴图：该材质主要用来模拟卡通风格的材质，可以用来创建各种非照片效果的表面。

表面着色器：这种材质不进行任何材质计算，它可以直接把其他属性和它的颜色、辉光颜色和不透明度属性连接起来，如可以把非渲染属性（移动、缩放、旋转等属性）和物体表面的颜色连接起来。当移动物体时，物体的颜色也会发生变化。

使用背景：该材质可以用来合成背景图像。

6.3.2 体积材质

“体积”材质包括6种类型，如图6-19所示。

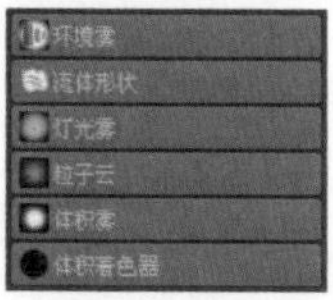

图6-19

体积材质介绍

环境雾：主要用来设置场景的雾气效果。

流体形状：主要用来设置流体的形态。

灯光雾：主要用来模拟灯光产生的薄雾效果。

粒子云：主要用来设置粒子的材质，该材质是粒子的专用材质。

体积雾：主要用来控制体积节点的密度。

体积着色器：主要用来控制体积材质的色彩和不透明度等特性。

6.3.3 置换材质

“置换”材质包括“C肌肉着色器”材质和“置换”材质两种，如图6-20所示。

图6-20

置换材质介绍

C肌肉着色器：该材质主要用来保护模型的中缝，它是另一种置换材质。原来在Zbrush中完成的置换贴图，用这个材质可以消除UV的接缝，而且速度比“置换”材质要快很多。

置换：用来制作表面的凹凸效果。与“凹凸”贴图相比，“置换”材质所产生的凹凸是在模型表面产生的真实凹凸效果，而“凹凸”贴图只是使用贴图来模拟凹凸效果，所以模型本身的形态不会发生变化，其渲染速度要比“置换”材质快。

6.4 编辑材质

在制作材质时，往往需要将多个节点连接在一起，而且制作完的材质要赋予到模型上才能看到最终效果。

6.4.1 连接节点

Maya中的很多属性都可以连接其他节点，无论是材质，还是其他对象，都可以通过连接节点来完成复杂的效果。

如果属性名称的后面提供了按钮，那么该属性便是可以连接其他节点的。单击按钮将会打开“创建渲染节点”对话框，如图6-21所示，在该对话框中可以选择需要连接的节点。

如果已经创建好相应的节点，那么可以将光标移至节点上，然后按住鼠标中键并拖曳至属性上，松开鼠标后就能将节点连接到属性上，如图6-22所示。

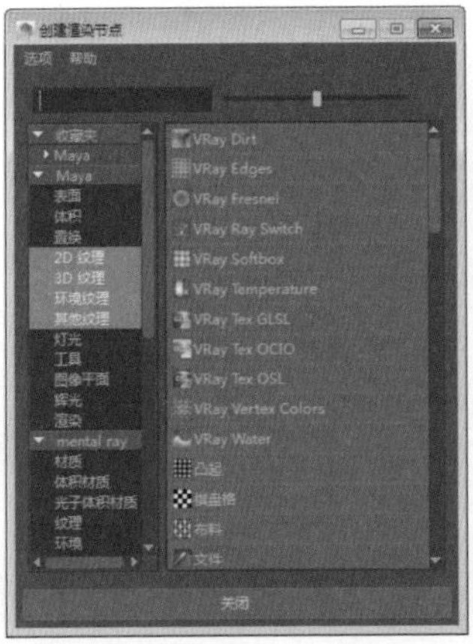

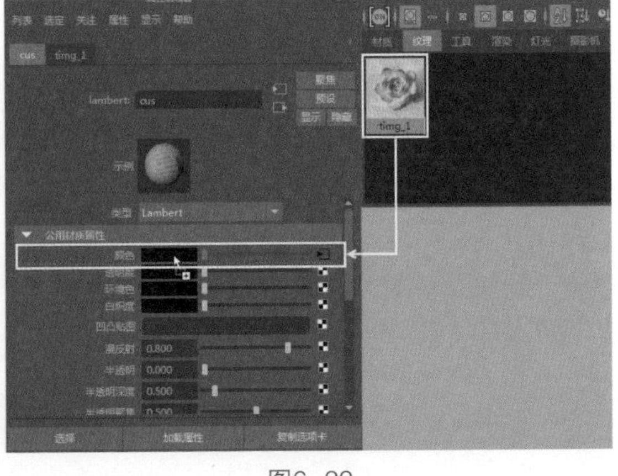

图6-21 图6-22

提示

当属性连接了节点后，后面的按钮会变成状，单击按钮可以跳转到连接的节点上。

如果想将属性与属性连接，那么可以在Hypershade对话框中执行“窗口>连接编辑器”命令，如图6-23所示。

在打开的“连接编辑器”对话框中，单击“重新加载左/右侧”按钮将相应的节点添加到列表中，如图6-24所示，然后在左、右两侧列表中选择需要连接的属性，当属性名称呈斜体并带有蓝色背景时，说明两个属性已经连接，如图6-25所示。

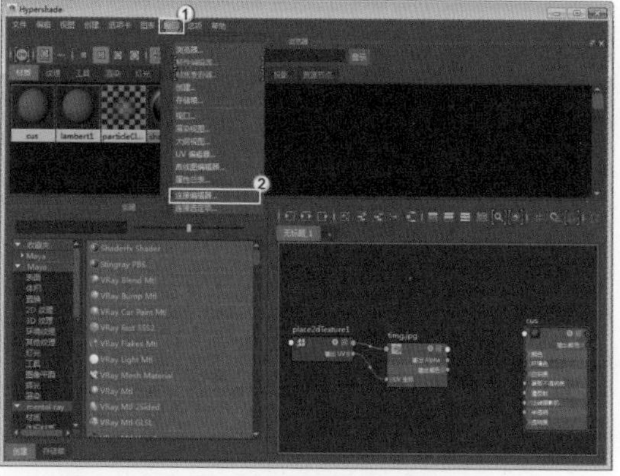

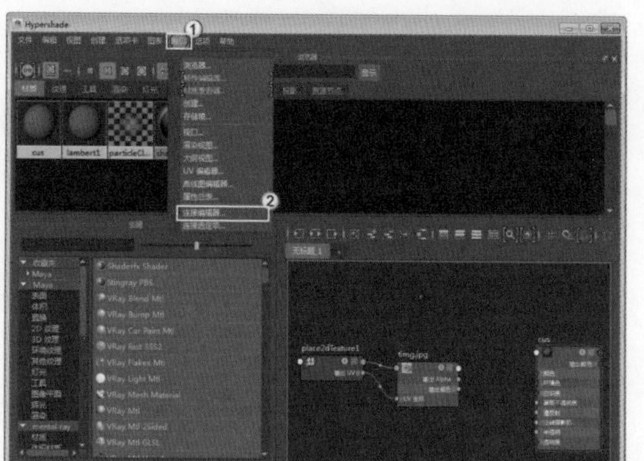

图6-23

图6-24

图6-25

6.4.2 赋予材质

在Hypershade对话框中制作好材质后，要将材质赋予模型，才能在模型上显示材质的效果。赋予材质的方法主要有3种。

第1种：将光标移至材质球上，然后按住鼠标中键并拖曳到模型上，松开鼠标后即可为模型赋予材质，如图6-26所示。

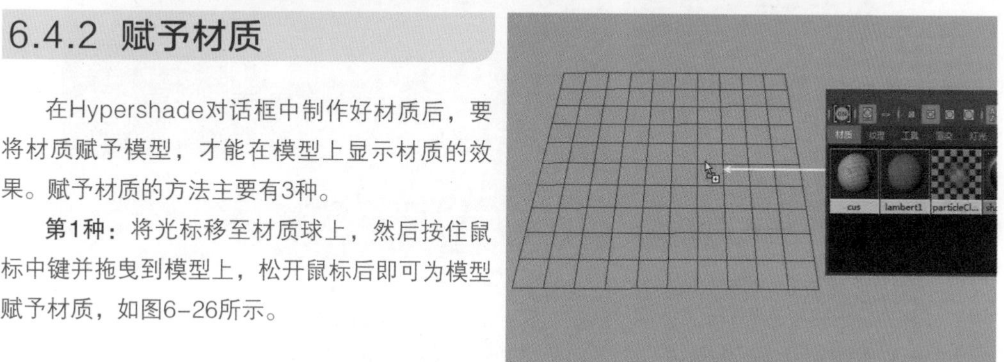

图6-26

第2种：选择模型，然后将光标移至材质球上，接着单击鼠标右键，在打开的菜单中选择“为当前选择指定材质”命令，如图6-27所示。

第3种：将光标移至模型上，然后单击鼠标右键，在打开的菜单中选择“指定现有材质”中的材质节点，如图6-28所示。

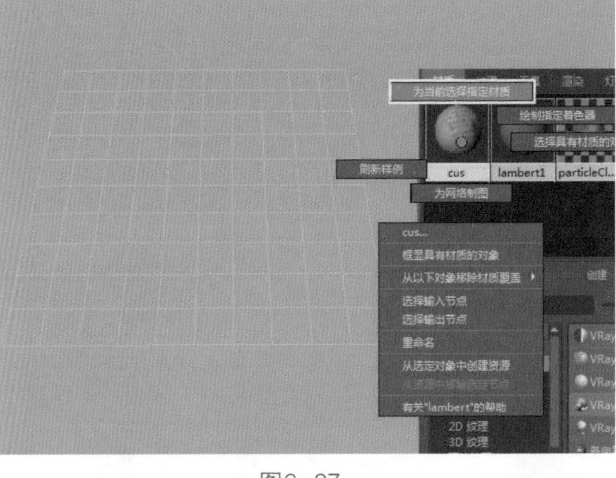

图6-27

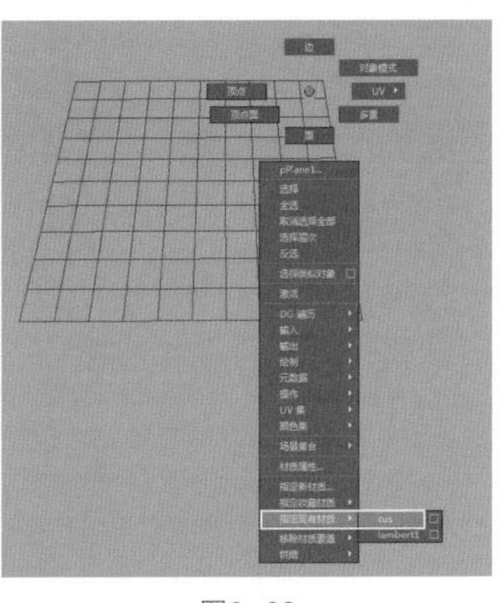
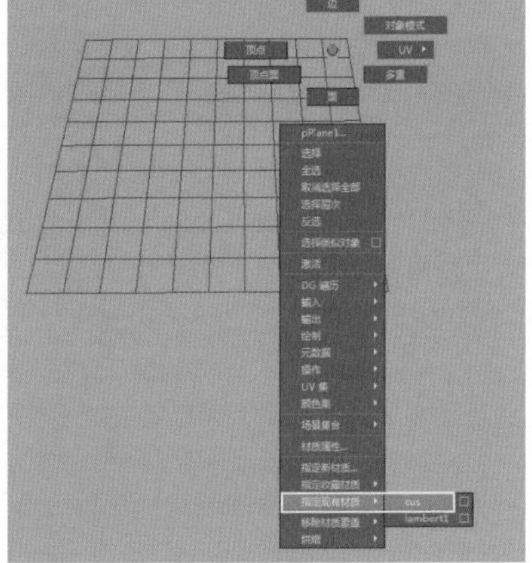

图6-28

6.5 材质属性

每种材质都有自己的属性，但各种材质之间又具有一些相同的属性。本节就对材质的公用属性进行介绍。

各向异性、Blinn、Lambert、Phong和Phong E材质具有一些共同的属性，因此只需要掌握其中一种材质的属性即可。

在创建栏中单击Blinn材质球，在工作区域中创建一个Blinn材质，然后再双击材质节点或按快捷键Ctrl+A，打开该材质的属性编辑器，图6-29所示的是材质的公用属性。

常用参数介绍

颜色：颜色是材质最基本的属性，即物体的固有色。颜色决定了物体在环境中所呈现的色调，在调节时可以采用RGB颜色模式或HSV颜色模式来定义材质的固有颜色，当然也可以使用纹理贴图来模拟材质的颜色，如图6-30所示。

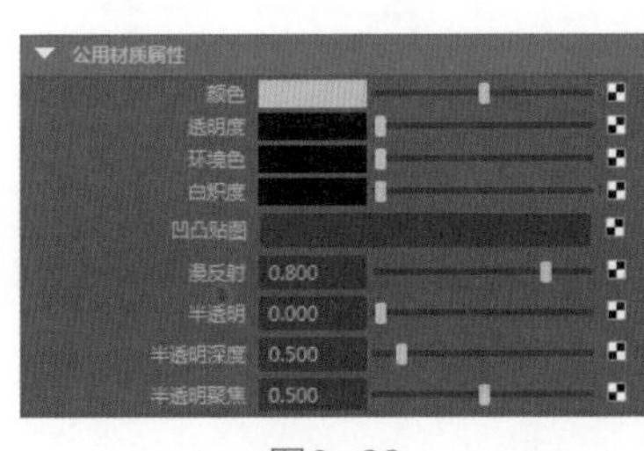

图6-29

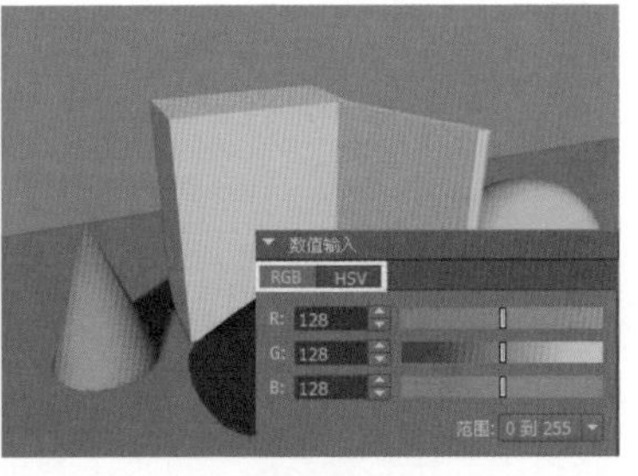

图6-30

提示

以下是3种常见的颜色模式。

RGB颜色模式：该模式是工业界的一种颜色标准模式，是通过R（红）、G（绿）、B（蓝）3个颜色通道的变化以及它们相互之间的叠加来得到各式各样的颜色效果，如图6-31所示。RGB颜色模式几乎包括了人类视眼所能感知的所有颜色，是目前运用极广的颜色系统。另外，本书所有颜色设置均采用RGB颜色模式。

HSV颜色模式：H（Hue）代表色相，S（Saturation）代表色彩的饱和度，V（Value）代表色彩的明度，它是Maya默认的颜色模式，但是调节起来没有RGB颜色模式方便，如图6-32所示。

CMYK颜色模式：该颜色模式是通过C（青）、M（洋红）、Y（黄）、K（黑）4种颜色变化以及它们相互之间的叠加来得到各种颜色效果，如图6-33所示。CMYK颜色模式是专用的印刷模式，但是在Maya中不能创建带有CMYK颜色的图像，如果使用CMYK颜色模式的贴图，Maya可能会显示错误。CMYK颜色模式的颜色数量要少于RGB颜色模式的颜色数量，所以印刷出的颜色往往没有屏幕上显示出来的颜色鲜艳。

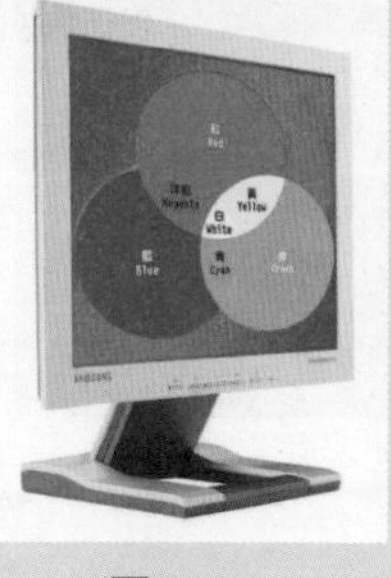

图6-31

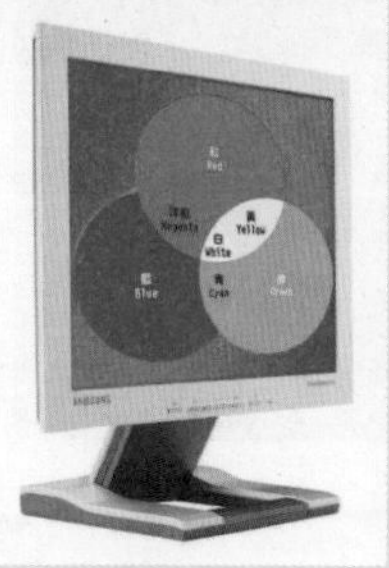

图6-32

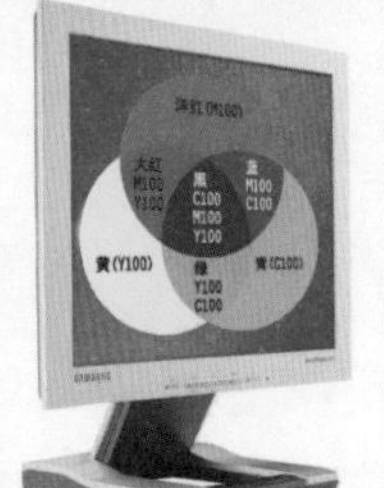

图6-33

透明度：“透明度”属性决定了在物体后面的物体的可见程度，如图6-34所示。在默认情况下，物体的表面是完全不透明的（黑色代表完全不透明，白色代表完全透明）。

提示

在大多数情况下，“透明度”属性和“颜色”属性可以一起控制色彩的透明效果。

图6-34

环境色：“环境色”是指由周围环境作用于物体所呈现出来的颜色，即物体背光部分的颜色，图6-35和图6-36所示是在黑色和黄色环境色下的球体效果。

提示

在默认情况下，材质的环境色都是黑色，而在实际工作中为了得到更真实的渲染效果（在不增加辅助光照的情况下），可以通过调整物体材质的环境色来得到良好的视觉效果。当环境色变亮时，它可以改变被照亮部分的颜色，使两种颜色互相混合。另外，环境色还可以作为光源来使用。

图6-35

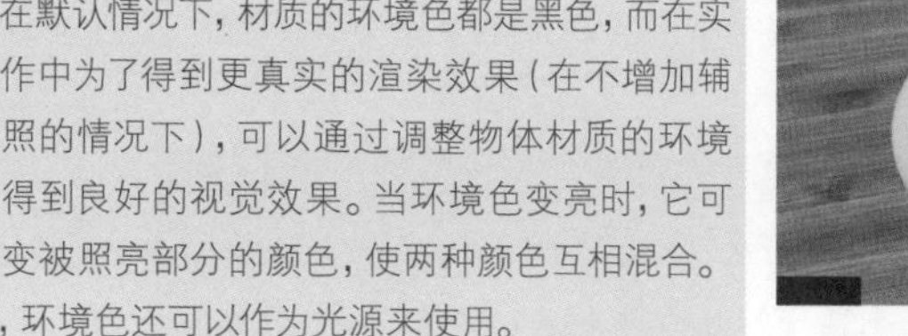

图6-36

白炽度：材质的“白炽度”属性可以使物体表面产生自发光效果，图6-37和图6-38所示是不同颜色的自发光效果。在自然界中，一些物体的表面能够自我照明，也有一些物体的表面能够产生辉光，如在模拟熔岩时就可以使用“白炽度”属性来模拟。“白炽度”属性虽然可以使物体表面产生自发光效果，但并非真实的发光，也就是说具有自发光效果的物体并不是光源，没有任何照明作用，只是看上去好像在发光一样，它和“环境色”属性的区别是一个是主动发光，一个是被动发光。

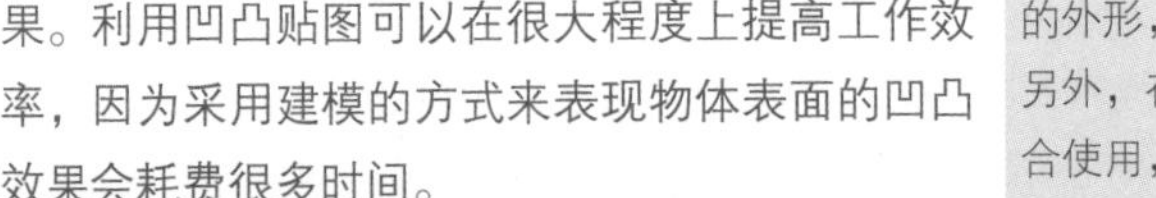

凹凸贴图：“凹凸贴图”属性可以通过设置一张纹理贴图来使物体的表面产生凹凸不平的效果。利用凹凸贴图可以在很大程度上提高工作效率，因为采用建模的方式来表现物体表面的凹凸效果会耗费很多时间。

图6-37

图6-38

提示

凹凸贴图只是视觉假象，而置换材质会影响模型的外形，所以凹凸贴图的渲染速度要快于置换材质。另外，在使用凹凸贴图时，一般要与灰度贴图一起配合使用，如图6-39所示。

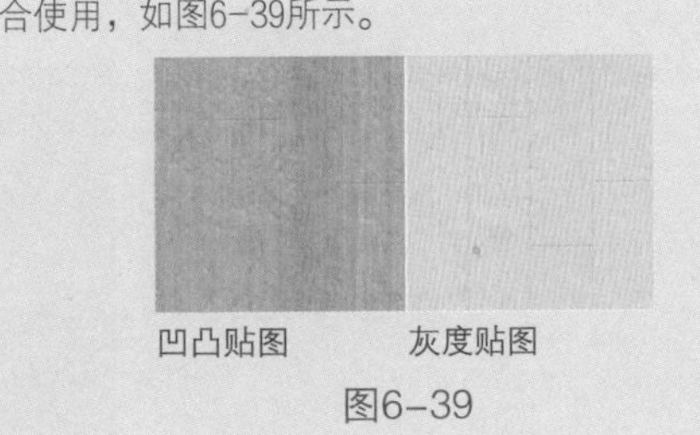

图6-39

漫反射：“漫反射”属性表示物体对光线的反射程度，较小的值表明该物体对光线的反射能力较弱（如透明的物体）；较大的值表明物体对光线的反射能力较强（如较粗糙的表面）。“漫反射”属性的默认值是0.8，在一般情况下，默认值就可以渲染出较好的效果。虽然在材质编辑过程中并不会经常对“漫反射”属性值进行调整，但是它对材质颜色的影响却非常大。当“漫反射”值为0时，材质的环境色将替代物体的固有色；当“漫反射”值为1时，材质的环境色可以增加图像的鲜艳程度。在渲染真实的自然材质时，使用较小的“漫反射”值即可得到较好的渲染效果，如图6-40所示。

半透明：“半透明”属性可以使物体呈现出透明效果。在现实生活中经常可以看到这样的物体，如蜡烛、树叶、皮肤和灯罩等，如图6-41所示。当“半透明”数值为0时，表示关闭材质的透明属性，然而随着数值的增大，材质的透光能力将逐渐增强。

图6-40

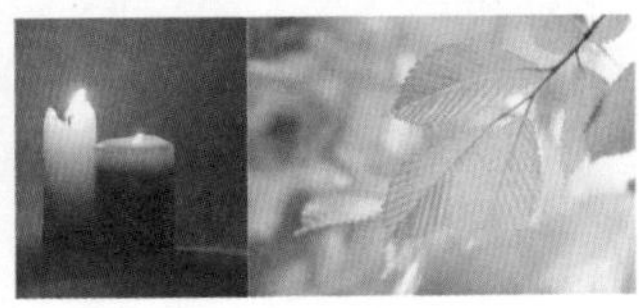

图6-41

提示

在设置透明效果时，“半透明”相当于一个灯光，只有当“半透明”设置为一个大于0的数值时，透明效果才能起作用。

半透明深度：“半透明深度”属性可以控制阴影投射的距离。该值越大，阴影穿透物体的能力越强，从而映射在物体的另一面。

半透明聚焦：“半透明聚焦”属性可以控制在物体内部由于光线散射造成的扩散效果。该数值越小，光线的扩散范围越大，反之就越小。

操作练习 制作冰雕材质

- 场景文件 Scenes>CH06>6.1.mb
- 实例文件 Examples>CH06>6.1.mb
- 视频名称 操作练习：制作冰雕材质.mp4
- 技术掌握 掌握冰雕材质的制作方法

本例用Phong材质配合一些纹理节点制作的冰雕和材质球如图6-42所示。

图6-42

01 打开学习资源中的“Scenes>CH06>6.1.mb”文件，场景中有一个雕塑模型，如图6-43所示。

02 在Hypershade对话框中创建一个Phong材质节点，然后在“特性编辑器”面板中设置“颜色”和“环境色”为白色、“余弦幂”为11.5、“镜面反射颜色”为白色，如图6-44所示。

03 展开“光线跟踪选项”卷展栏，然后选择“折射”选项，接着设置“折射率”为1.5、“灯光吸收”为1、“表面厚度”为0.8，如图6-45所示。

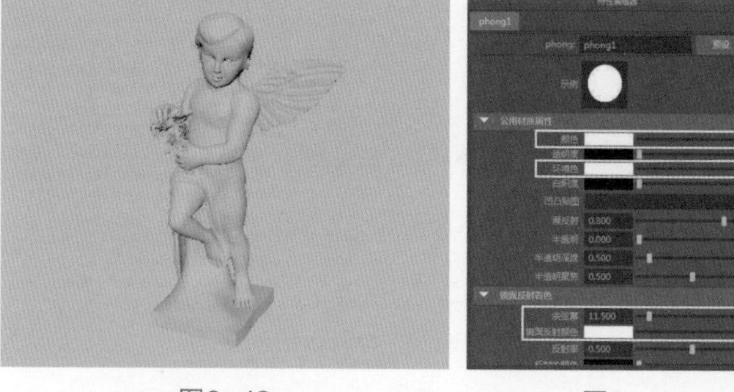

图6-43

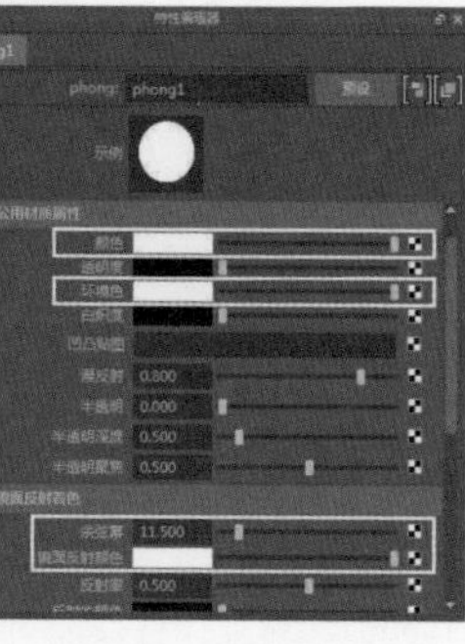

图6-44

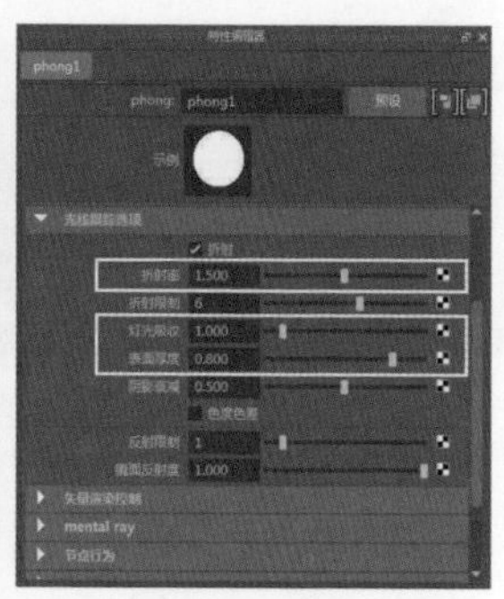

图6-45

04 在“创建栏”面板中选择“工具>混合颜色”节点，如图6-46所示，然后在“特性编辑器”面板中设置“颜色1”为白色、“颜色2”为（R:171，G:171，B:171），如图6-47所示。

图6-46

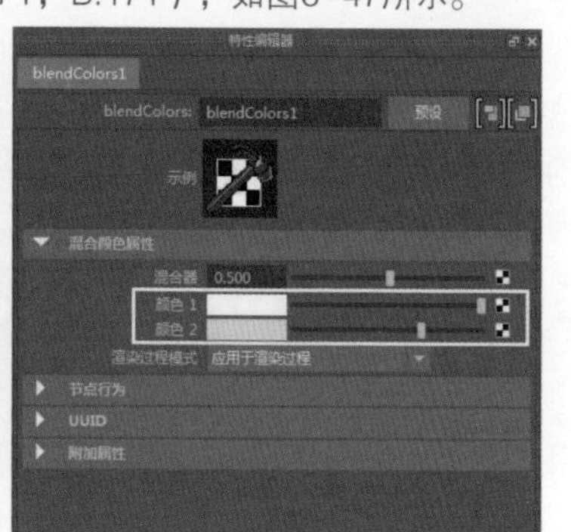

图6-47

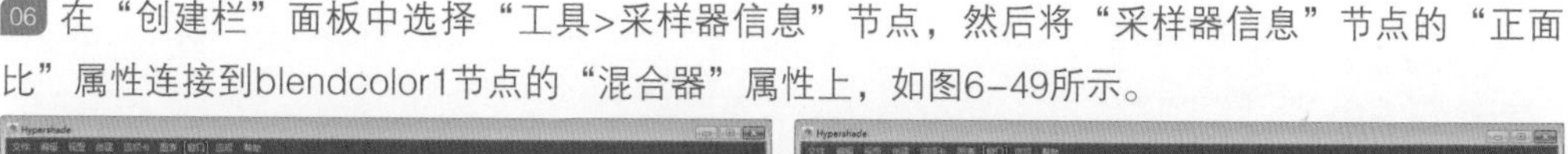

05 在“工作区”面板中选择phong1节点，然后将blendcolor1节点连接到phong1节点的“透明度”属性上，如图6-48所示。

06 在“创建栏”面板中选择“工具>采样器信息”节点，然后将“采样器信息”节点的“正面比”属性连接到blendcolor1节点的“混合器”属性上，如图6-49所示。

图6-48

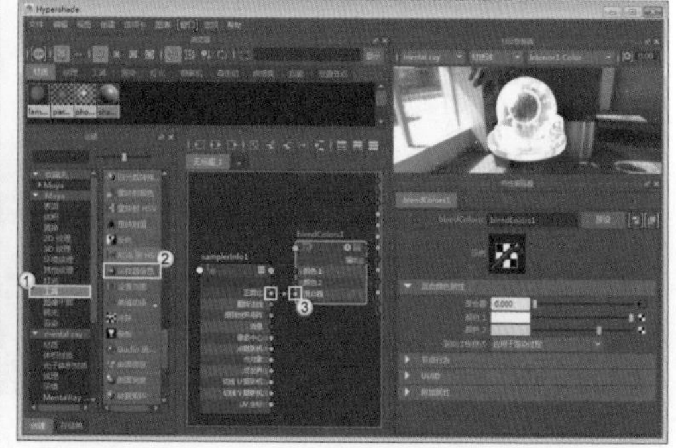

图6-49

07 在“创建栏”面板中选择“3D纹理>匀值分形”节点，然后在“特性编辑器”面板中设置“振幅”为0.4、“比率”为0.6，如图6-50所示。

08 在“工作区”面板中选择phong1节点，然后将solidFractal1节点连接到phong1节点的“凹凸贴图”属性上，如图6-51所示。

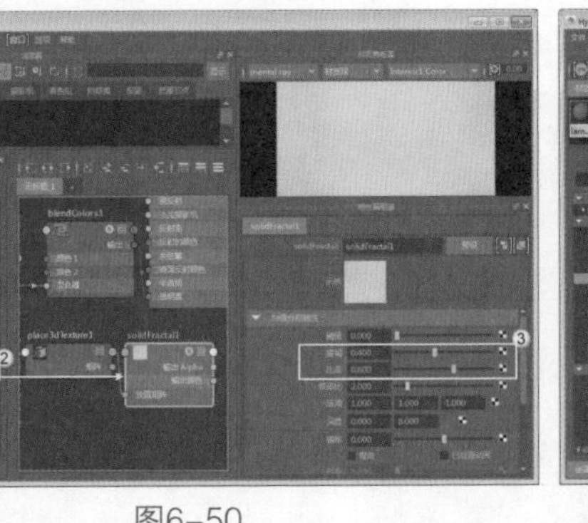

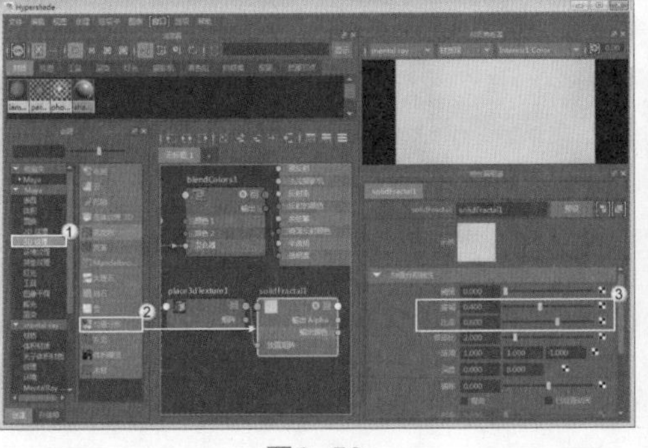

图6-50

图6-51

09 选择bump3d1节点，然后在“特性编辑器”面板中设置“凹凸深度”为0.9，如图6-52所示。

10 在“创建栏”面板中选择“工具>凹凸 2D”节点，然后选择bump2d1节点，如图6-53所示，接着执行Hypershade对话框中的“窗口>连接编辑器”命令，打开“连接编辑器”对话框，如图6-54所示。

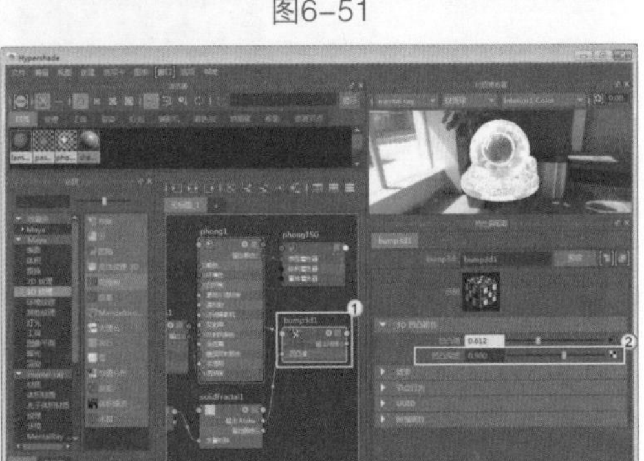

图6-52

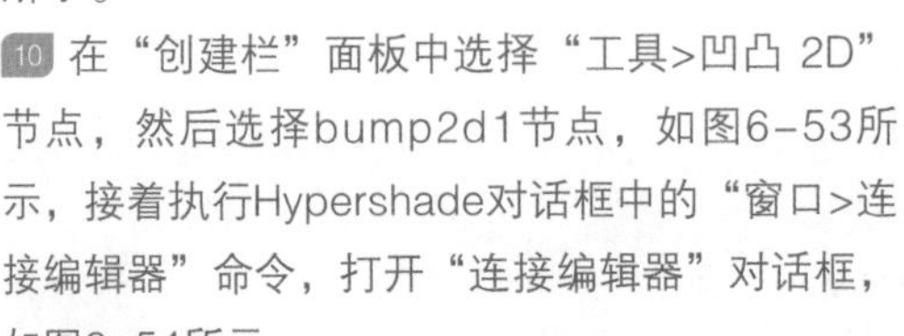

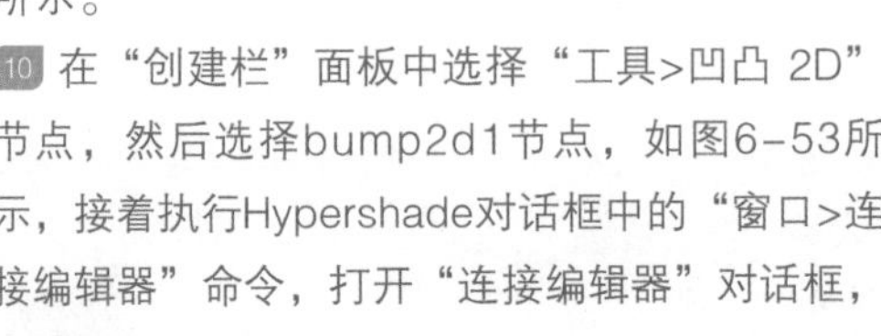

图6-53

图6-54

11 在“工作区”面板中选择bump3d1节点，然后在“连接编辑器”对话框中单击“重新加载右侧”按钮重新加载右侧，将bump3d1节点的信息加载到右侧列表中，如图6-55所示。

12 在“连接编辑器”对话框中，选择“右侧显示>显示隐藏项”选项，然后在左侧的列表中选择outNormal属性，在右侧的列表中选择normalCamera属性，如图6-56所示。这样，bump2d1节点的outNormal属性就与bump3d1节点的normalCamera属性连接了。

提示

注意，在默认情况下，节点的一部分属性处于隐藏状态，可以在“连接编辑器”对话框中执行“右侧显示>显示隐藏项”命令将其显示出来。同理，如果要显示左侧的隐藏属性，则执行“左侧显示>显示隐藏项”命令。

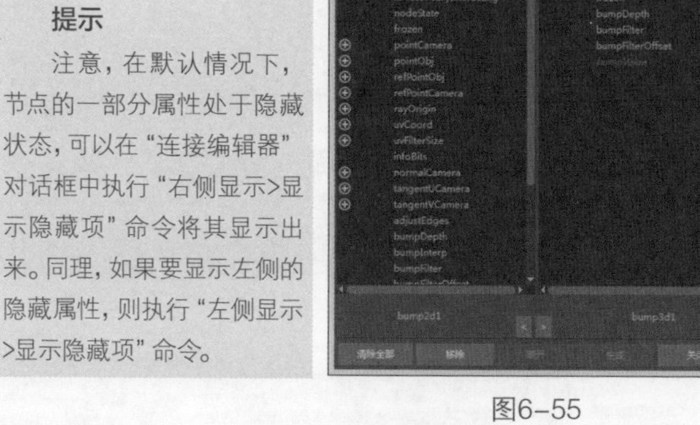
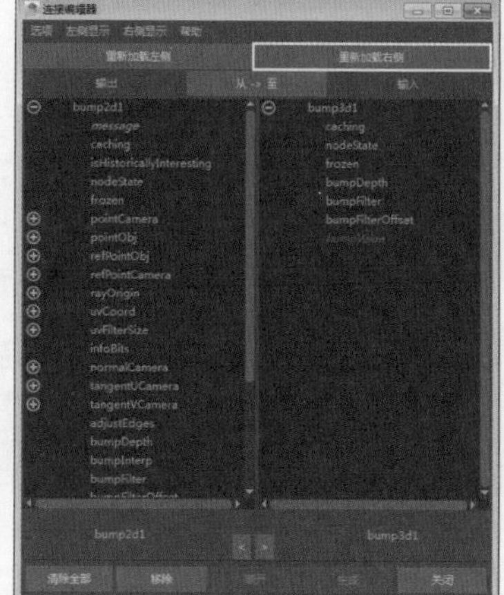

图6-55

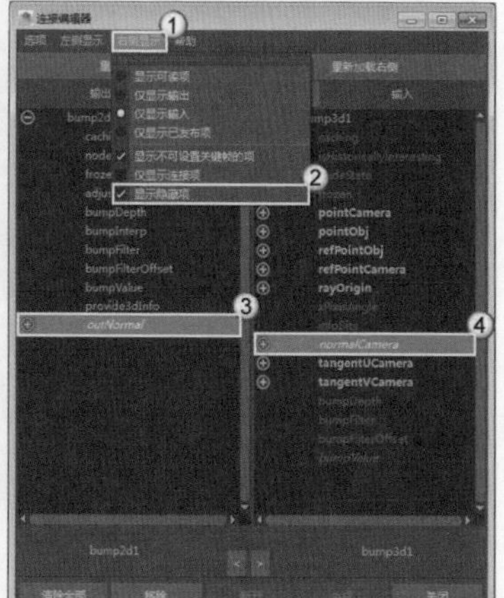

图6-56

13 在“创建栏”面板中选择“2D 纹理>噪波”节点，如图6-57所示。然后选择bump2d1节点，将“噪波”节点连接到bump2d1节点的“凹凸值”属性，接着设置“凹凸深度”为0.04，如图6-58所示。

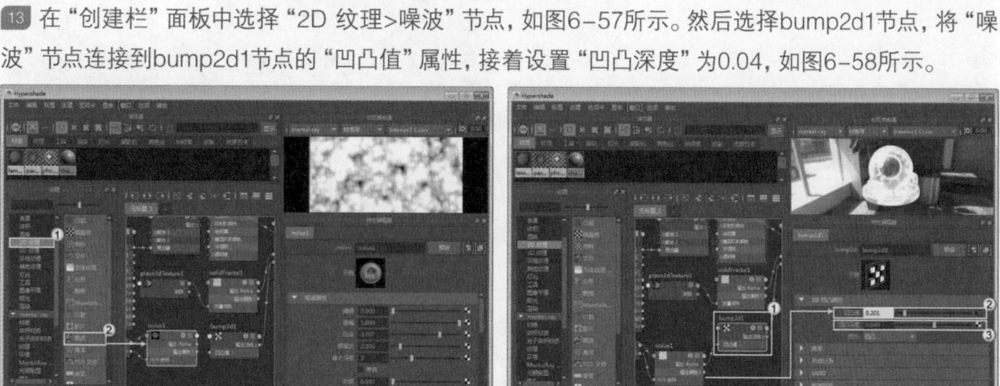

图6-57

图6-58

14 将制作好的Phong材质球赋予场景中的模型，然后打开“渲染视图”对话框，接着设置渲染器为mental ray，最后单击“渲染当前帧”按钮，如图6-59所示。最终效果如图6-60所示。

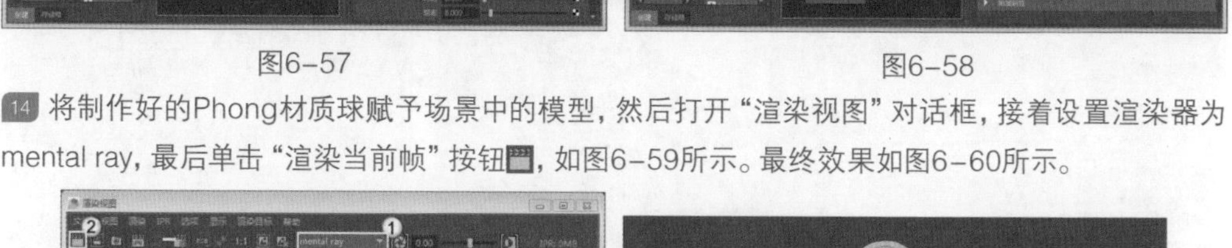

图6-59

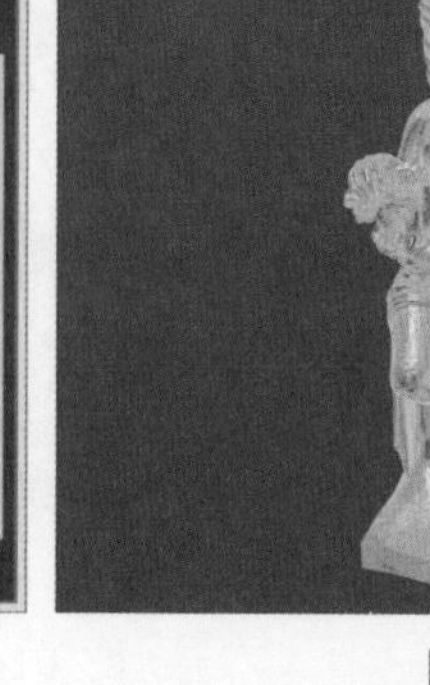

图6-60

6.6 纹理概述

当模型被指定材质时，Maya会迅速对灯光做出反应，以表现出不同的材质特性，如固有色、高光、透明度和反射等。但模型额外的细节，如凹凸、刮痕和图案可以用纹理贴图来实现，这样可以增强物体的真实感。通过对模型添加纹理贴图，可以丰富模型的细节，图6-61所示是一些很真实的纹理贴图。

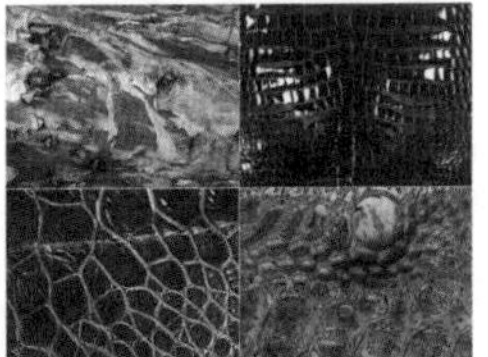
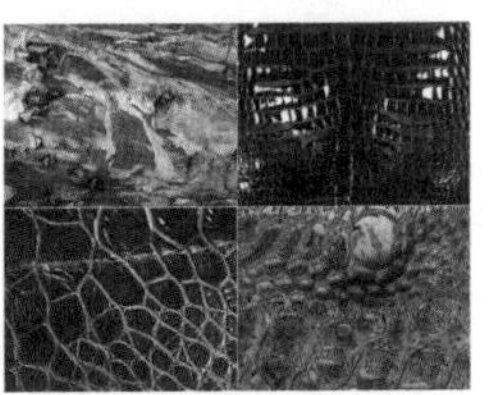

图6-61

6.6.1 纹理的类型

材质、纹理、工具节点和灯光的大多数属性都可以使用纹理贴图。纹理可以分为二维纹理、三维纹理、环境纹理和层纹理4大类型。二维和三维纹理主要作用于物体本身，Maya提供了一些二维和三维的纹理类型，并且用户可以自行制作纹理贴图，如图6-62所示。三维软件中的纹理贴图的工作原理比较类似，不同软件中的相同材质也有着相似的属性，因此其他软件的贴图经验也可以应用在Maya中。

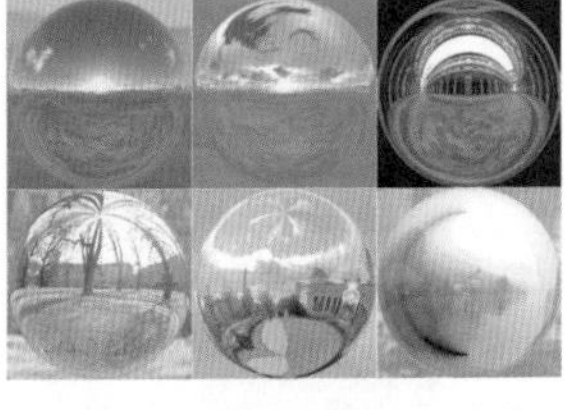

图6-62

6.6.2 纹理的作用

模型制作完成后，要根据模型的外观来选择合适的贴图类型，并且要考虑材质的高光、透明度和反射属性。指定材质后，可以利用Maya的节点功能使材质表现出特有的效果，以增强物体的表现力，如图6-63所示。

图6-63

二维纹理作用于物体表面，与三维纹理不同，二维纹理的效果取决于投射和UV坐标，而三维纹理不受其外观的限制，可以将纹理的图案作用于物体的内部。二维纹理就像动物外面的皮毛，而三维纹理可以将纹理延伸到物体的内部，无论物体如何改变外观，三维纹理都是不变的。

环境纹理并不直接作用于物体，主要用于模拟周围的环境，可以影响到材质的高光和反射，不同类型的环境纹理模拟的环境外形是不一样的。

使用纹理贴图可以在很大程度上降低建模的工作量，弥补模型在细节上的不足。同时也可以通过对纹理的控制，制作出在现实生活中不存在的材质效果。

6.7 创建与编辑UV

在Maya中划分多边形UV非常方便，Maya为多边形的UV提供了多种创建与编辑方式。切换到“建模”模块，在UV菜单下提供了大量的创建与编辑多边形UV的命令，如图6-64所示。

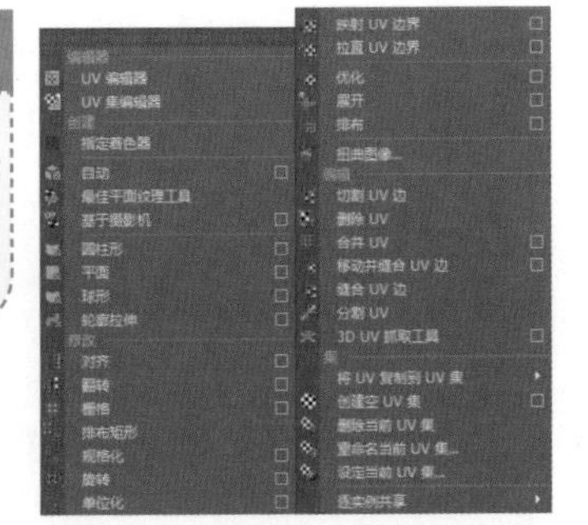

图6-64

6.7.1 UV映射类型

为多边形设定UV映射坐标的方式有4种，分别是“平面映射”“圆柱形映射”“球形映射”和“自动映射”，如图6-65所示。

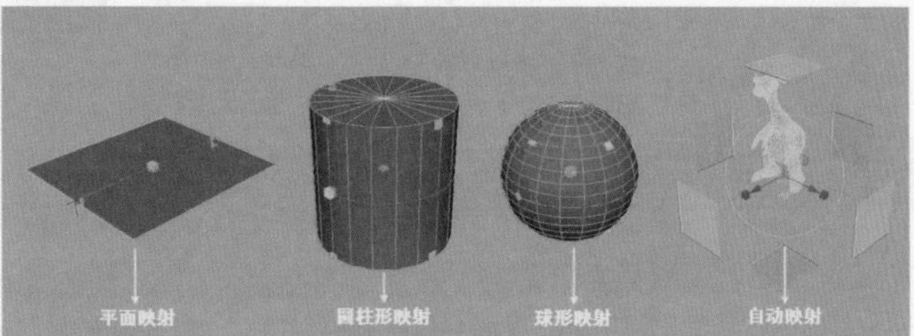

图6-65

提示

在为物体设定UV坐标时，会出现一个映射控制手柄，可以使用这个控制手柄对坐标进行交互式操作，如图6-66所示。在调整纹理映射时，可以结合控制手柄和“UV编辑器”来精确定位贴图坐标。

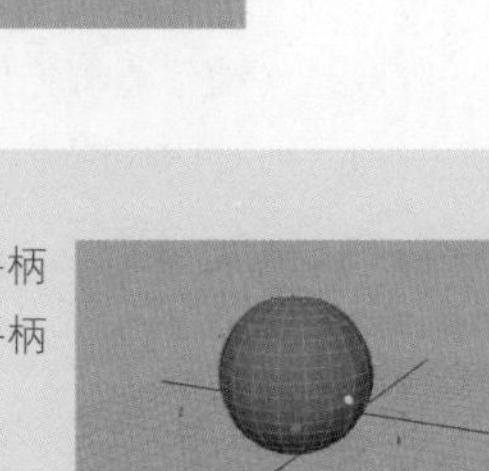
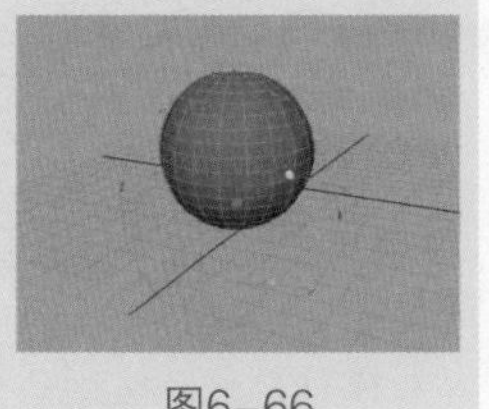

图6-66

6.7.2 UV坐标的设置原则

合理地安排和分配UV是一项非常重要的技术，在分配UV时要注意以下两点。

第1点：应该确保所有的UV网格分布在0~1的纹理空间中。“UV编辑器”对话框中的默认设置是通过网格来定义UV的坐标，这是因为如果UV超过0~1的纹理空间范围，纹理贴图就会在相应的顶点重复。

第2点：要避免UV之间的重叠。UV点相互连接形成网状结构，称为“UV网格面片”。如果“UV网格面片”相互重叠，那么纹理映射就会在相应的顶点重复。因此在设置UV时，应尽量避免UV重叠，只有在为一个物体设置相同的纹理时，才能将“UV网格面片”重叠在一起进行放置。

6.7.3 UV编辑器

执行“窗口>UV编辑器”菜单命令，打开“UV编辑器”对话框，如图6-67所示。“UV编辑器”对话框可以用于查看多边形和细分曲面的UV纹理坐标，并且可以用交互方式对其进行编辑。

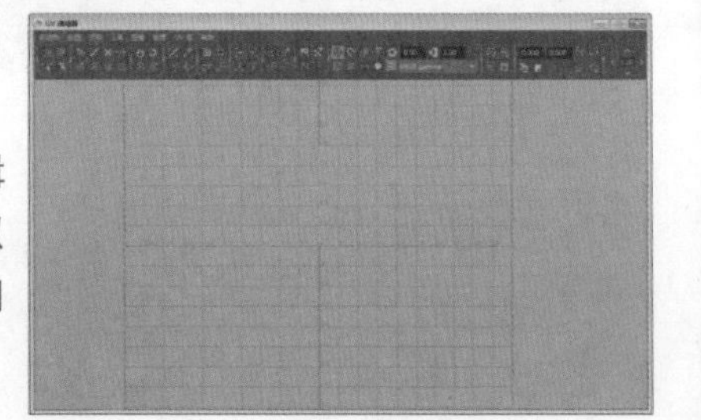

图6-67

操作练习 划分角色的UV

» 场景文件 Scenes>CH06>6.2.mb
» 实例文件 Examples>CH06>6.2.mb
» 视频名称 操作练习：划分角色的UV.mp4
» 技术掌握 掌握角色UV的几种划分方法

在为一个模型制作贴图之前，首先需要对这个模型的UV进行划分。划分UV是一项十分繁杂的工作，需要细心加耐心才能完成。下面以一个牦牛模型为例来讲解模型UV的几种划分方法，图6-68所示是本例的渲染效果及划分完成的UV纹理。

图6-68

01 打开学习资源中的“Scenes>CH06>6.2.mb”文件，场景中有一个卡通牦牛模型，如图6-69所示。

图6-69

02 从图6-69中可以看出，模型虽带有贴图，但是由于UV的问题，贴图显示的效果很不理想。选择牦牛的身体模型，然后单击“UV>平面”菜单命令后面的□按钮，在打开的“平面映射选项”对话框中设置“投影源”为“X轴”，接着单击“投影”按钮，如图6-70所示，效果如图6-71所示。

03 从图6-71中可以看出，牦牛的贴图效果基本正确，下面处理细节。选择牦牛身体模型，然后执行“窗口>UV编辑器”菜单命令，接着在打开的“UV编辑器”对话框中将光标移至模型网格上，再按住鼠标右键，最后在打开的菜单中选择UV命令，如图6-72所示。

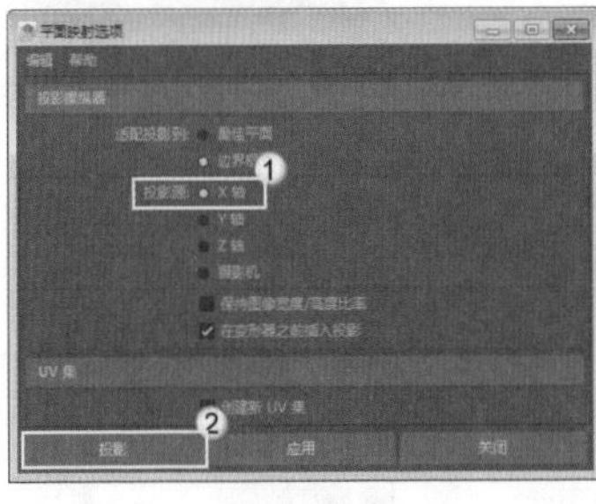

图6-70

图6-71

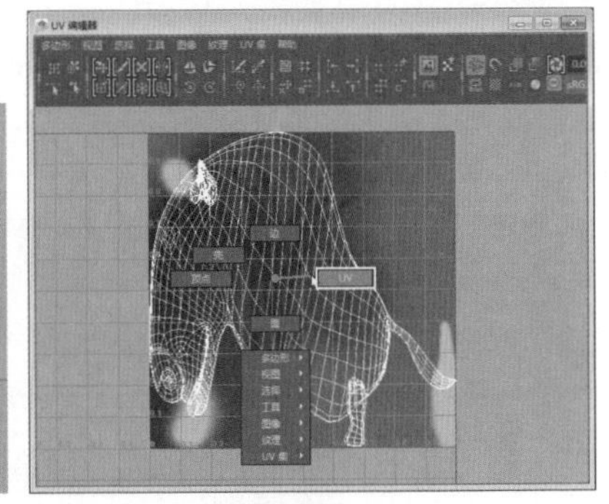

图6-72

04 此时切换到模型的UV编辑模式。选择整个模型的UV编辑点，然后按R键激活“缩放工具”，接着沿x轴拉长，如图6-73所示，再按W键激活“移动工具”，最后将UV编辑点向右移动，使UV编辑点的主体部分放在第一象限中，如图6-74所示。

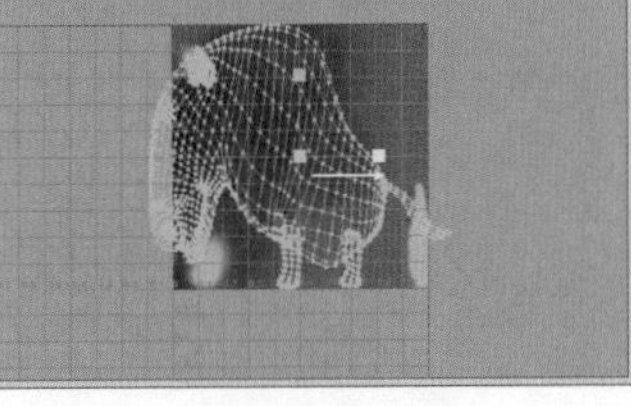

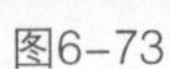

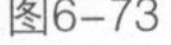

图6-73

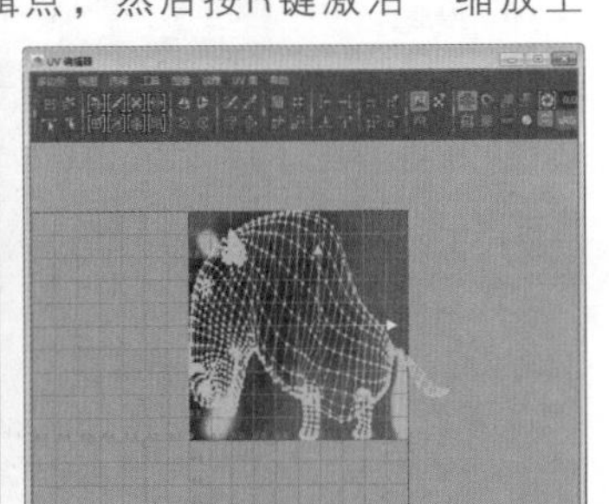

图6-74

05 按住Alt+鼠标右键，拖曳光标来调整视图缩放比例，然后选择尾巴处的UV编辑点，如图6-75所示。使用“缩放/旋转/移动工具”调整尾巴处的UV编辑点，如图6-76所示。

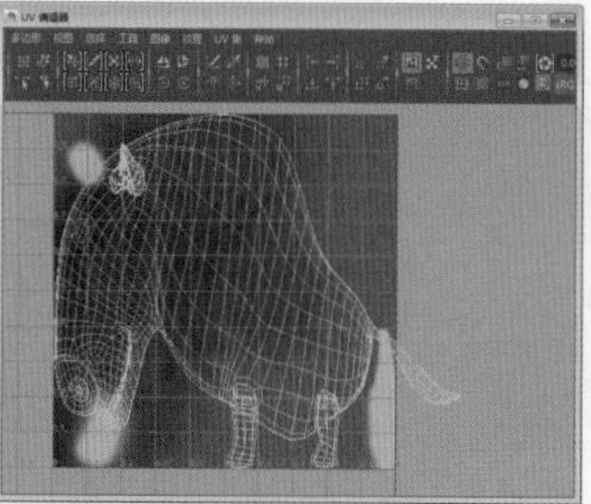

图6-75

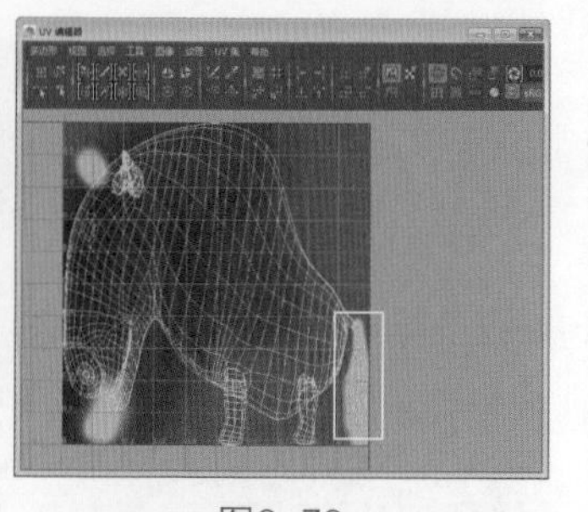

图6-76

06 选择“抓取 UV 工具”，然后通过拖曳将牦牛下巴处的网格调整到黄色区域里，如图6-77所示。使用相同的方法调整头部的网格，如图6-78所示。

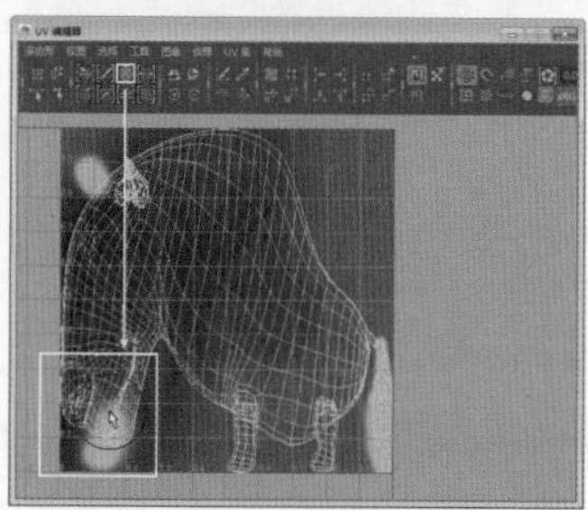

图6-77

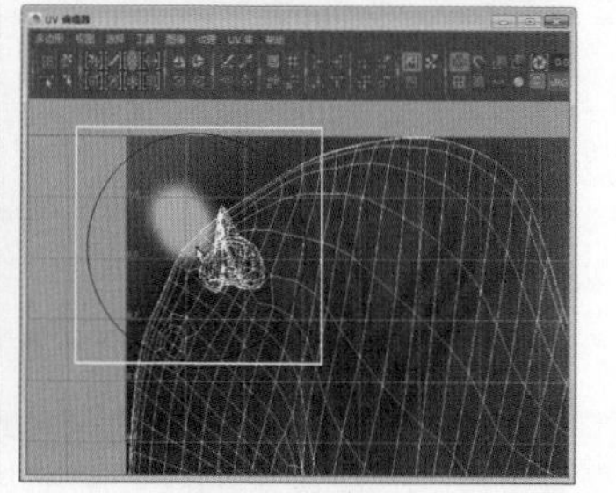

图6-78

提示

在使用“抓取 UV 工具”时，可以通过按住B+鼠标左键并拖曳来改变笔刷大小。此方法可以调整各种笔刷的大小。

07 调整完成后，可以在视图中观察划分完UV后的贴图效果，如图6-79所示。

提示

注意，划分UV这一环节是在制作贴图之前完成的，案例只是为了直观描述如何划分UV，没有按照正常的制作流程进行。

图6-79

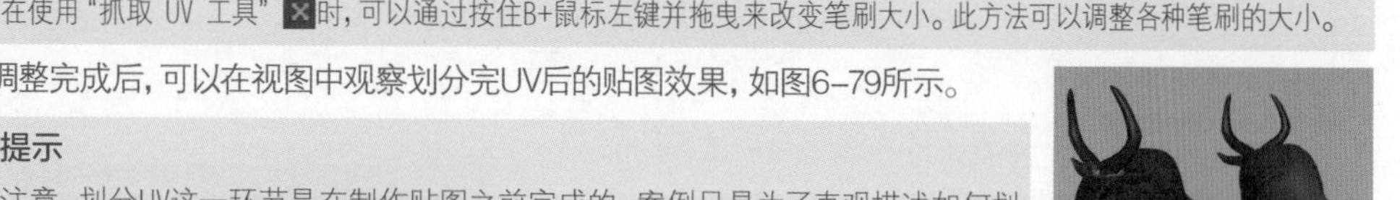

6.8 纹理的属性

在Maya中，常用的纹理有“2D纹理”和“3D纹理”，如图6-80和图6-81所示。

在Maya中可以创建3种类型的纹理，分别是正常纹理、投影纹理和蒙版纹理（在纹理上单击鼠标右键，在打开的菜单中即可看到这3种纹理），如图6-82所示。下面就针对这3种纹理进行讲解。

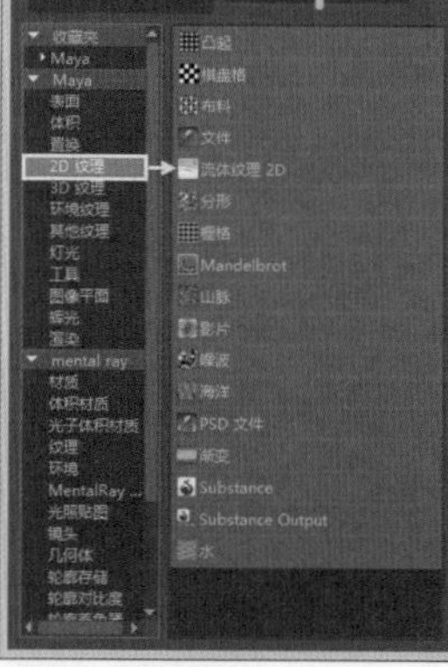

图6-80

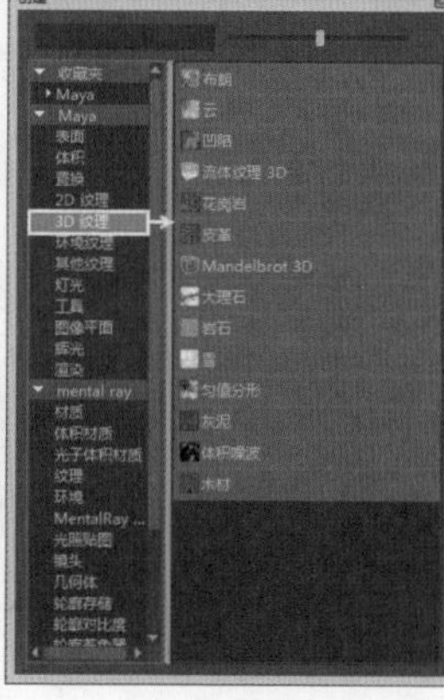

图6-81

图6-82

6.8.1 正常纹理

打开Hypershade对话框，然后创建一个“布料”纹理节点，如图6-83所示，接着双击与其相连的place2dTexture节点，打开其“特性编辑器”对话框，如图6-84所示。

2D纹理放置属性参数介绍

交互式放置：单击该按钮后，可以使用鼠标中键对纹理进行移动、缩放和旋转等交互式操作，如图6-85所示。

覆盖：控制纹理的覆盖范围，图6-86所示分别是设置该值为（1,1）和（3,3）时的纹理覆盖效果。

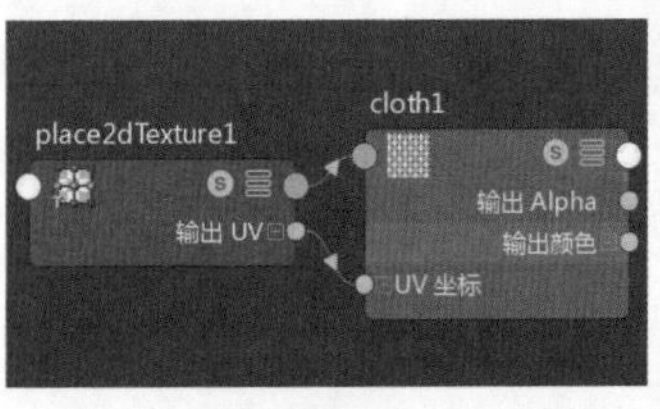

图6-83

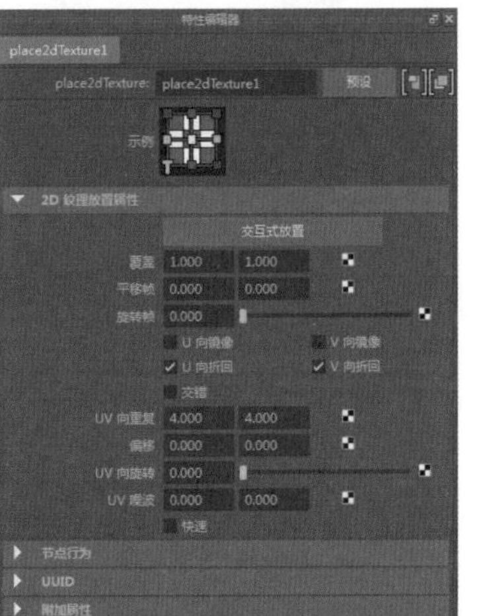

图6-84

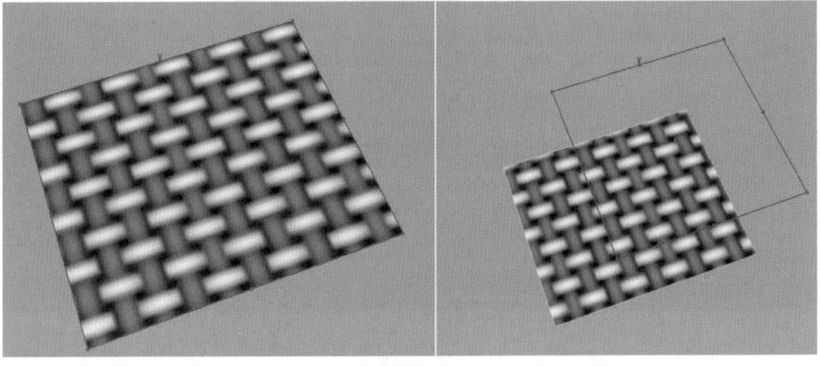

图6-85

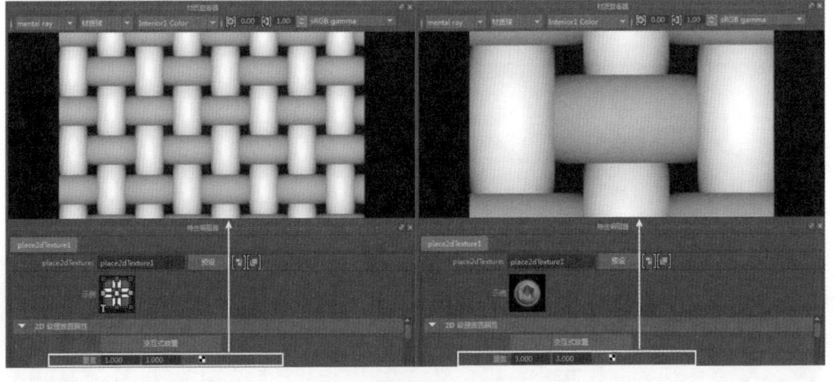

图6-86

平移帧：控制纹理的偏移量，图6-87所示是将纹理在U向上平移了2，在V向上平移了1后的纹理效果。

旋转帧：控制纹理的旋转量，图6-88所示是将纹理旋转了45°后的效果。

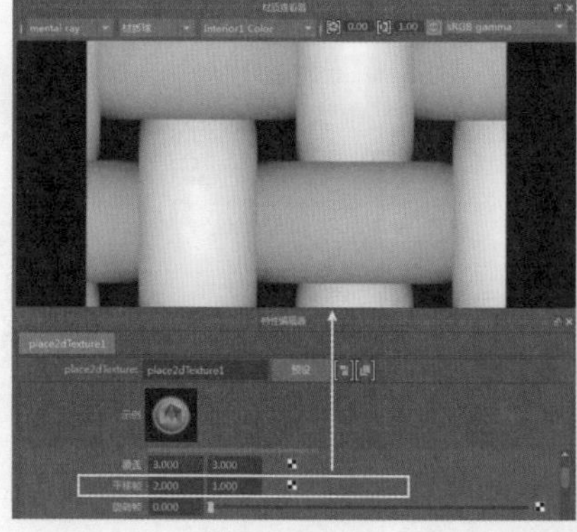

图6-87

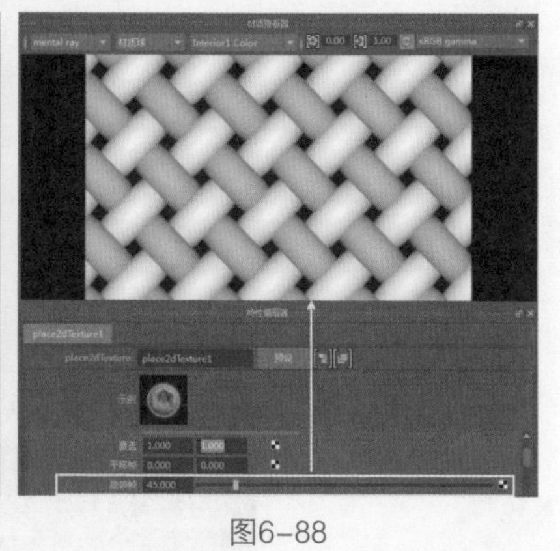

图6-88

U/V向镜像：表示在U/V方向上镜像纹理，图6-89所示分别是在U向上和V向上镜像的纹理效果。

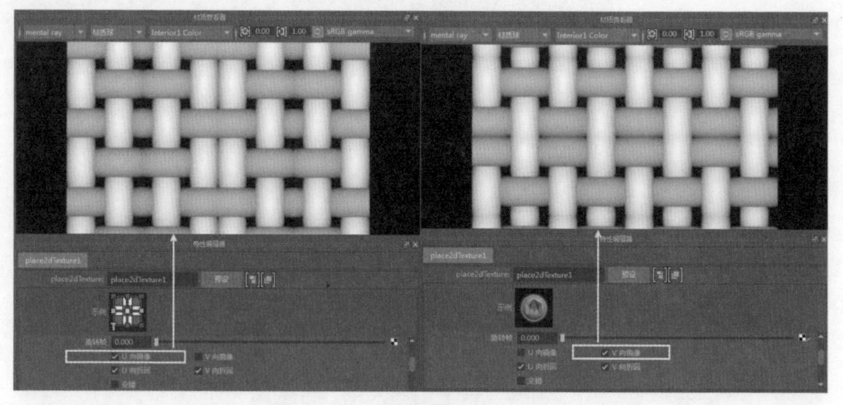

图6-89

U/V向折回：表示纹理UV的重复程度，一般情况下都采用默认设置。

交错：该选项一般在制作砖墙纹理时使用，可以使纹理之间相互交错，图6-90所示是选择该选项前和后的纹理对比。

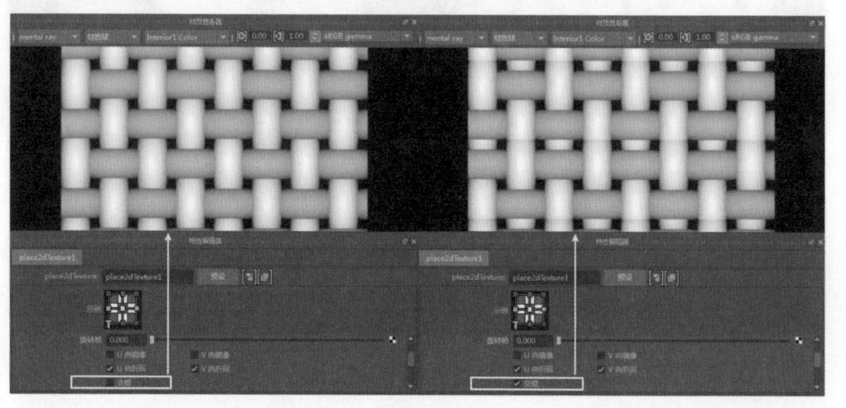

图6-90

UV向重复：用来设置UV的重复程度，图6-91所示分别是设置该值为（3,3）与（1,3）时的纹理效果。

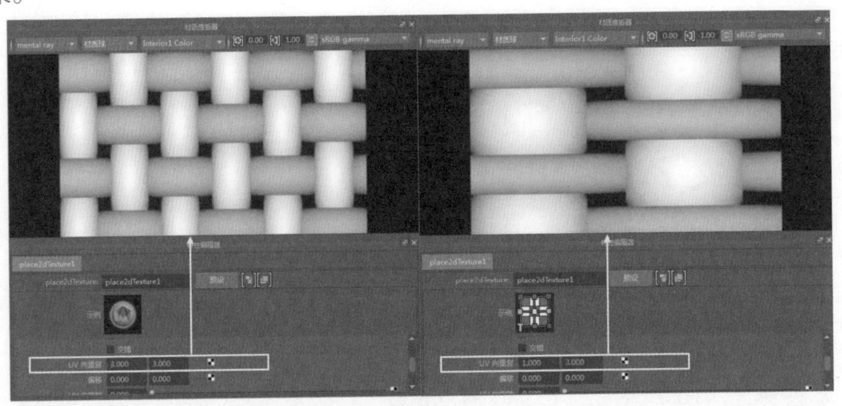

图6-91

偏移：设置UV的偏移量，图6-92所示分别是在U向上和V向上偏移了0.2后的效果。

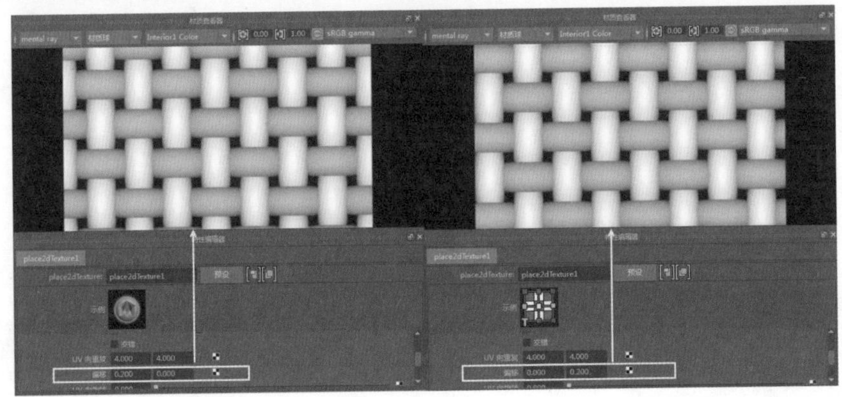

图6-92

UV向旋转：该选项和“旋转帧”选项都可以对纹理进行旋转，不同的是该选项旋转的是纹理的UV，“旋转帧”选项旋转的是纹理，图6-93所示是设置该值为30时的效果。

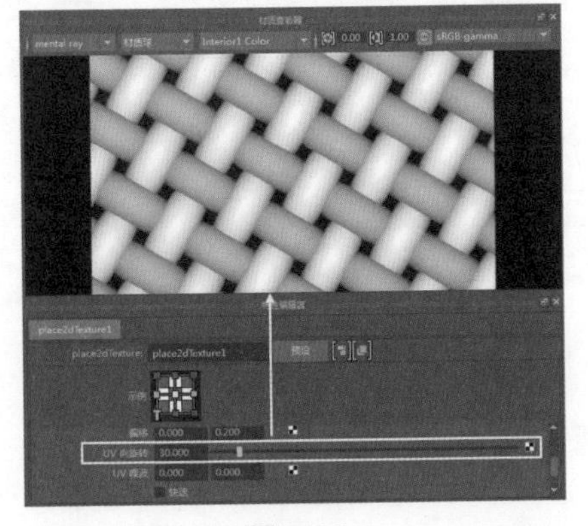

图6-93

UV噪波：该选项用来对纹理的UV添加噪波效果，图6-94所示分别是设置该值为（0.1，0.1）和（2,2）时的效果。

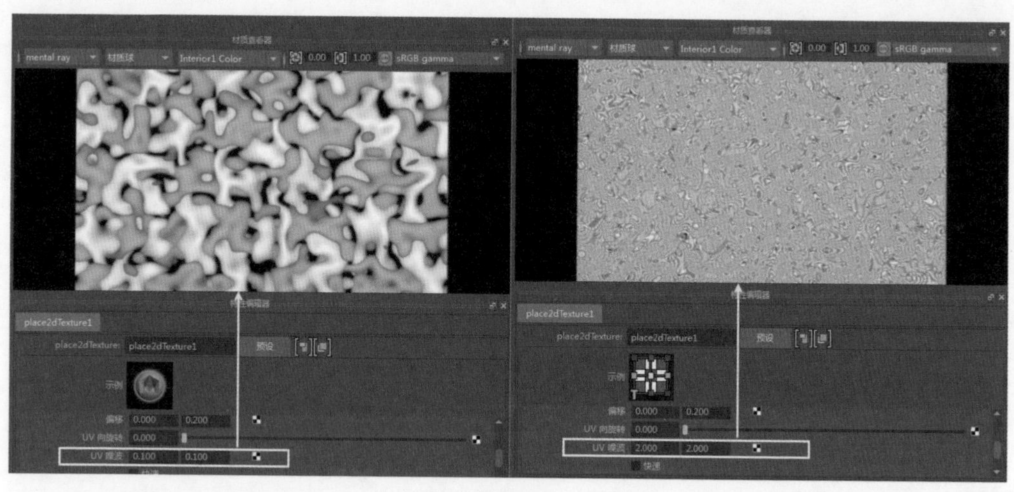

图6-94

6.8.2 投影纹理

在“棋盘格”纹理上单击鼠标右键，在打开的菜单中选择“创建为投影”命令，如图6-95所示。这样可以创建一个带“投影”节点的“棋盘格”节点，如图6-96所示。

双击projection1节点，打开其“特性编辑器”对话框，如图6-97所示。

图6-95

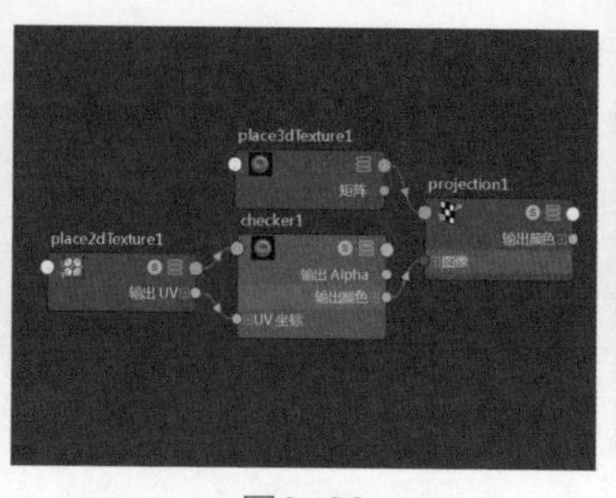

图6-96

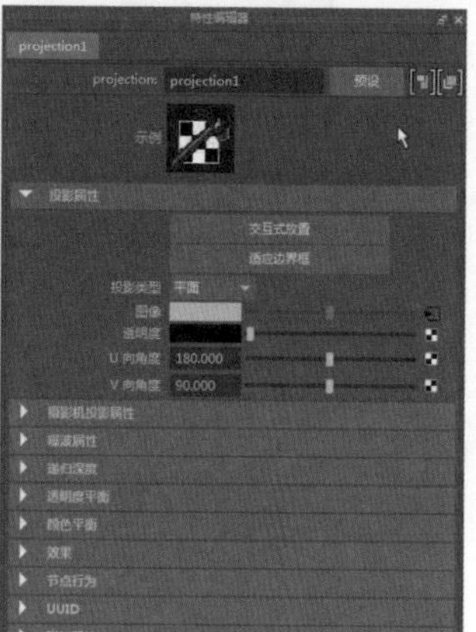

图6-97

常用参数介绍

交互式放置 交互式放置 ：在场景视图中显示投影操纵器。

适应边界框 适应边界框 ：使纹理贴图与贴图对象或集的边界框重叠。

投影类型：选择2D纹理的投影方式，共有以下9种方式。

禁用：关闭投影功能。

平面：主要用于平面物体，图6-98所示的贴图中有个手柄工具，通过这个手柄可以对贴图坐标进行旋转、移动和缩放操作。

球形：主要用于球形物体，其手柄工具的用法与“平面”投影相同，如图6-99所示。

圆柱体：主要用于圆柱形物体，如图6-100所示。

球：与“球形”投影类似，但是这种类型的投影不能调整UV方向的位移和缩放参数，如图6-101所示。

图6-98

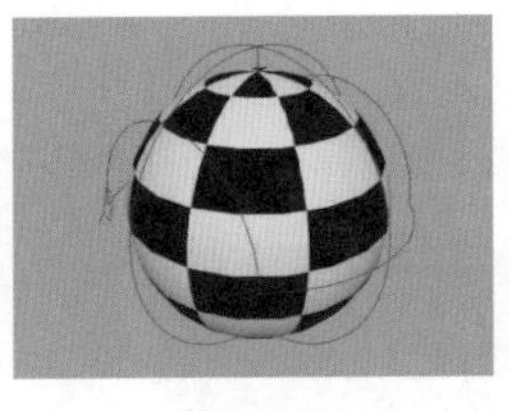

图6-99

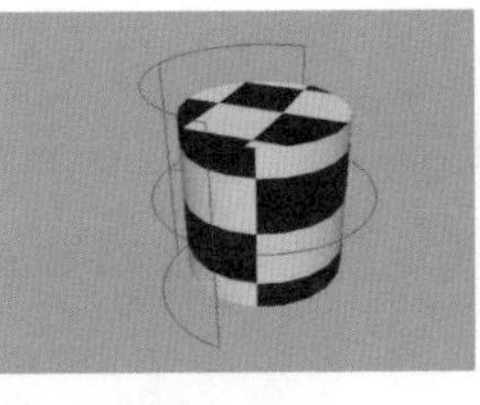

图6-100

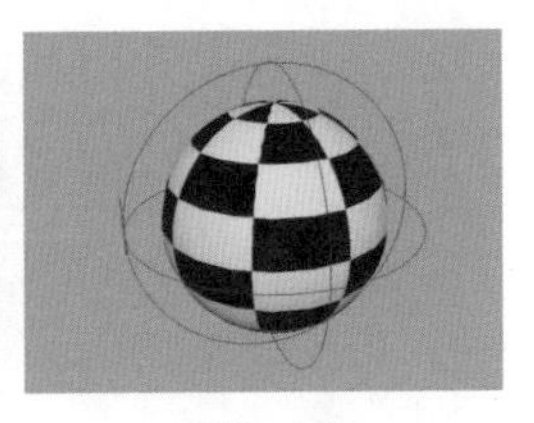

图6-101

立方：主要用于立方体，可以投射到物体6个不同的方向上，适合于具有6个面的模型，如图6-102所示。

三平面：这种投影可以沿着指定的轴向通过挤压方式将纹理投射到模型上，也可以运用于圆柱体以及圆柱体的顶部，如图6-103所示。

同心：这种贴图坐标是从同心圆的中心出发，由内向外产生纹理的投影方式，可以使物体纹理呈现出一个同心圆的纹理形状，如图6-104所示。

透视：这种投影是通过摄影机的视点将纹理投射到模型上，一般需要在场景中自定义一台摄影机，如图6-105所示。

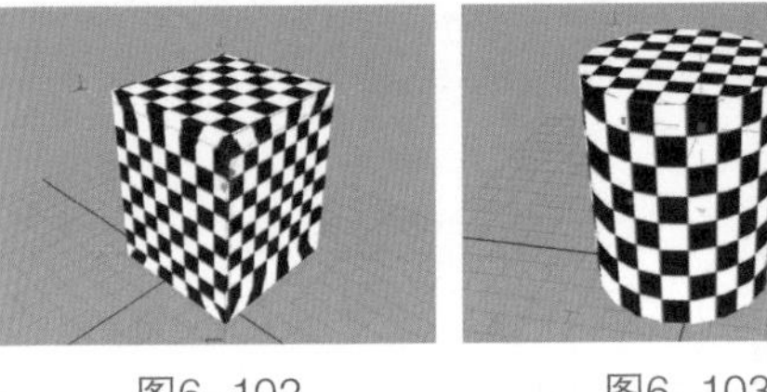

图6-102

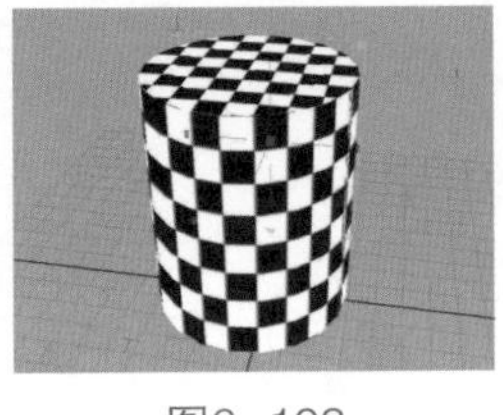

图6-103

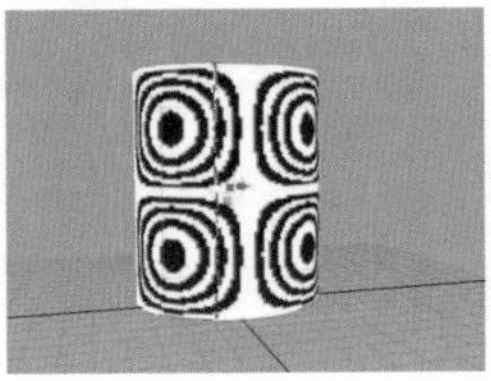

图6-104

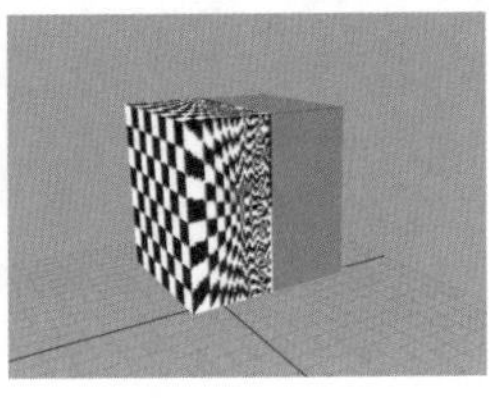

图6-105

图像：设置投影的纹理。

透明度：设置纹理的透明度。

U/V向角度：仅限“球形”和“圆柱体”投影，主要用来更改U/V向的角度。

6.8.3 蒙版纹理

“蒙版”纹理可以使某一特定图像作为2D纹理将其映射到物体表面的特定区域，并且可以通过控制“蒙版”纹理的节点来定义遮罩区域，如图6-106所示。

提示

“蒙版”纹理主要用来制作带标签的物体，如酒瓶等。

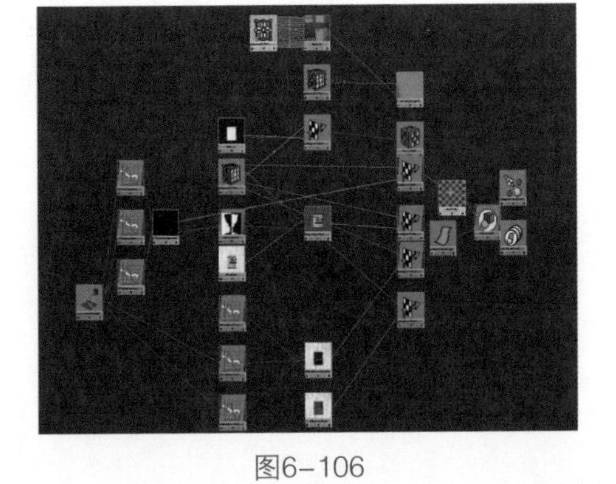

图6-106

在“文件”纹理上单击鼠标右键，在打开的菜单中选择“创建为蒙版”命令，如图6-107所示。这样可以创建一个带“蒙版”的“文件”节点，如图6-108所示。双击stencil1节点，打开其“特性编辑器”面板，如图6-109所示。

蒙版属性参数介绍

图像：设置蒙版的纹理。

边混合：控制纹理边缘的锐度。增加该值可以更加柔和地对边缘进行混合处理。

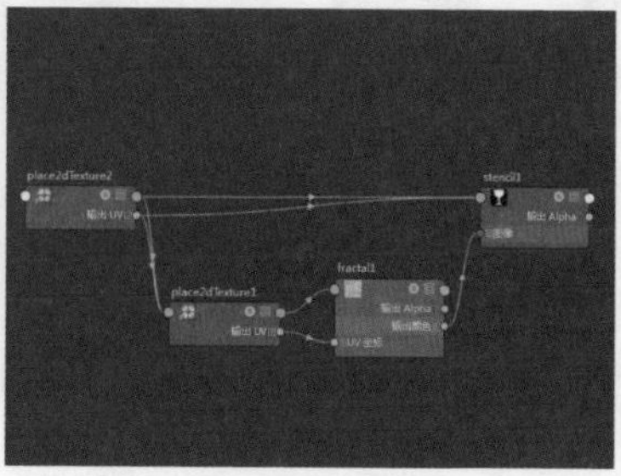

图6-107

图6-108

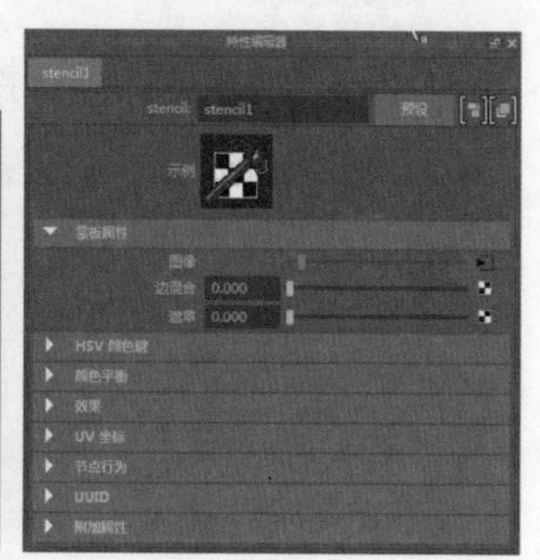

图6-109

遮罩：表示蒙版的透明度，用于控制整个纹理的总体透明度。若要控制纹理中选定区域的透明度，可以将另一纹理映射到遮罩上。

6.9 综合练习：制作金属陀螺

- 场景文件 Scenes>CH06>6.3.mb
- 实例文件 Examples>CH06>6.3.mb
- 视频名称 综合练习：制作金属陀螺.mp4
- 技术掌握 掌握金属材质的制作方法并了解表现金属质感的环境因素

金属和玻璃的表现一直是令初学者头疼的问题。但是，这两种材质也是比较基础、比较简单的材质，只要掌握了它们之间的相同点和不同点，抓住规律，就能快速地表现出它们的质感。本例主要介绍金属材质的制作方法，并介绍表现金属质感的环境因素。案例效果和材质球如图6-110所示。

图6-110

01 打开学习资源中的“Scenes>CH06>6.3.mb”文件，场景中有一个静物模型，如图6-111所示。

02 打开Hypershade对话框，然后创建一个mia_material_x材质节点，如图6-112所示。

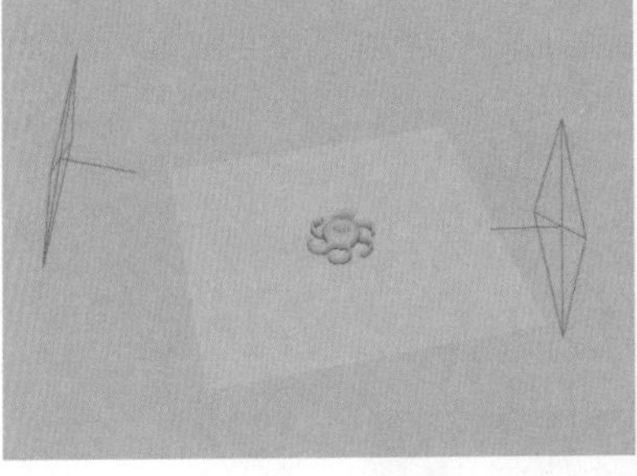

图6-111

图6-112

03 在属性编辑器中展开“漫反射”卷展栏，然后设置“颜色”为（R:26，G:21，B:13）、“权重”为0.1，接着展开“反射”卷展栏，设置“颜色”为（R:131，G:112，B:81）、“光泽度”为0.7，如图6-113所示。

04 展开BRDF卷展栏，然后设置“0度反射”为0.9、“90度反射”为1、“Brdf曲线”为1.65，如图6-114所示。

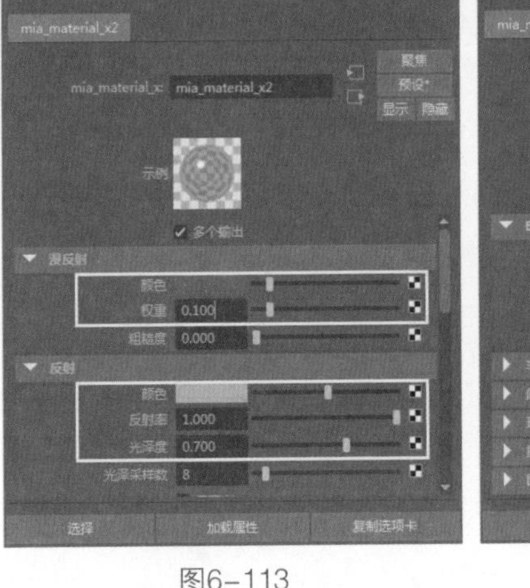

图6-113

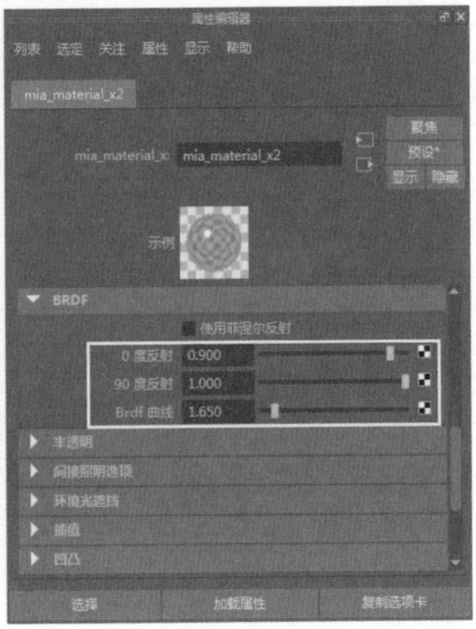

图6-114

05 在“通道盒/层编辑器”中显示layer1，如图6-115所示，然后在工作区中执行“视图>书签>sas”命令，如图6-116所示。

06 将制作好的mia_material_x1材质赋予模型，然后在“渲染视图”对话框中将渲染器设置为mental ray，接着渲染当前场景，最终效果如图6-117所示。

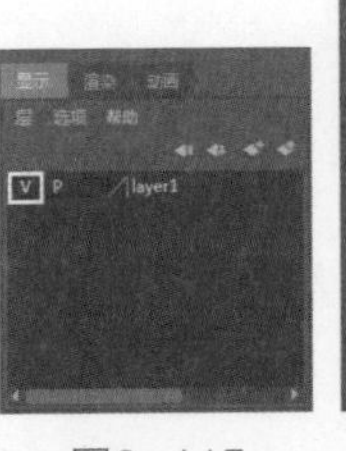

图6-115

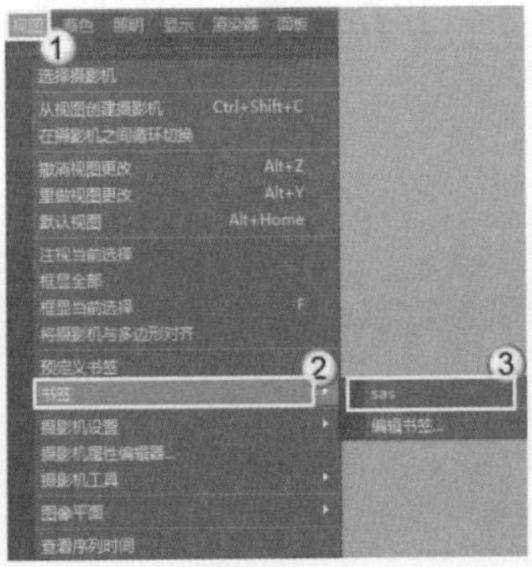

图6-116

图6-117

6.10 课后习题

本课安排了两个简单的课后习题供读者练习，这两个习题主要用来练习Blinn、渐变和mi_car_paint_phen_x等节点的运用。

课后习题 制作熔岩材质

- 场景文件 Scenes>CH06>6.4.mb
- 实例文件 Examples>CH06>6.4.mb
- 视频名称 课后习题：制作熔岩材质.mp4
- 技术掌握 掌握熔岩材质的制作方法

本例是一个熔岩材质，制作过程比较麻烦，使用到了较多的纹理节点。读者可以边观看本例的教学视频，边学习制作方法，图6-118所示是本例的渲染效果。

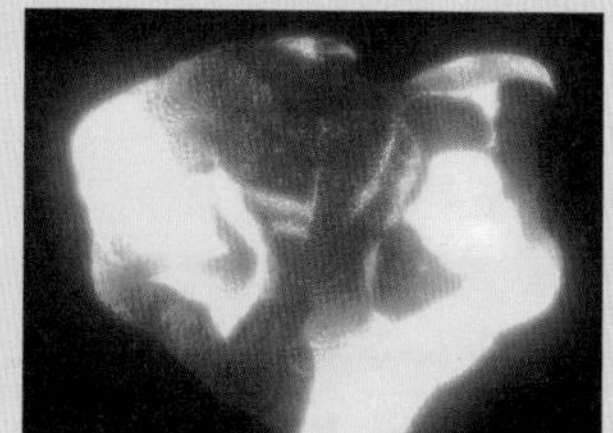
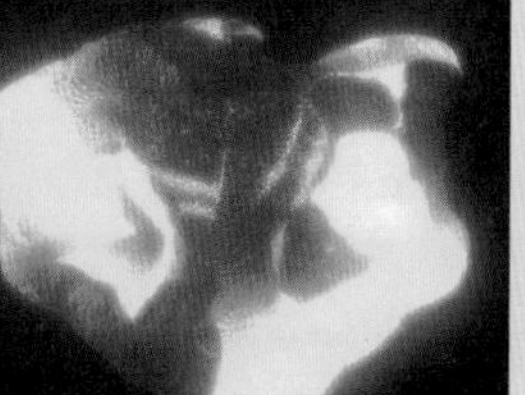

图6-118

课后习题 制作外壳材质

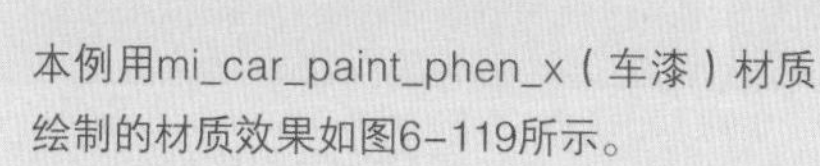

- 场景文件 Scenes>CH06>6.5.mb
- 实例文件 Examples>CH06>6.5.mb
- 视频名称 课后习题：制作外壳材质.mp4
- 技术掌握 掌握mi_car_paint_phen_x（车漆）材质的用法

本例用mi_car_paint_phen_x（车漆）材质绘制的材质效果如图6-119所示。

图6-119

6.11 本课笔记

第7课

渲染的运用

本课的重要性不言而喻，如果没有渲染，所做的一切工作都将毫无用处。本课主要介绍Maya软件渲染器和Mental Ray渲染器，这两个渲染器都很重要，各有特点。读者在学习本课内容时，不但要掌握其参数，还要掌握渲染参数的设置原理。

学习要点

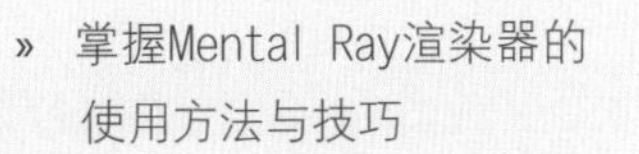

- 了解渲染的概念和算法
- 掌握Maya软件渲染器的使用方法与技巧
- 掌握Mental Ray渲染器的使用方法与技巧

7.1 渲染基础

在制作三维作品的过程中，渲染是非常重要的阶段。不管制作何种作品，都必须经过渲染来输出最终的成品。

7.1.1 渲染概念

英文Render即经常所说的“渲染”，直译为“着色”，也就是为场景对象进行着色的过程。当然这并不是简单的着色过程，Maya会经过相当复杂的运算，将虚拟的三维场景投影到二维平面上，从而形成最终输出的画面，如图7-1所示。

图7-1

提示

渲染可以分为实时渲染和非实时渲染。实时渲染可以实时地将三维空间中的内容反映到画面上，能即时计算出画面内容，如游戏画面就是实时渲染；非实时渲染是将三维作品提前输出为二维画面，然后再将这些二维画面按一定速率进行播放，如电影、电视等都是非实时渲染出来的。

7.1.2 渲染算法

从渲染的原理来看，可以将渲染的算法分为“扫描线算法”“光线跟踪算法”和“热辐射算法”这3种，每种算法都有其存在的意义。

1.扫描线算法

扫描线算法是早期的渲染算法，也是目前发展较为成熟的一种算法，其最大的优点是渲染速度很快，现在的电影大部分都采用这种算法进行渲染。使用扫描线渲染算法较为典型的渲染器是Render man渲染器。

2.光线跟踪算法

光线跟踪算法是生成高质量画面的渲染算法之一，能实现逼真的反射和折射效果，如金属、玻璃类物体。

光线跟踪算法是从视点发出一条光线，通过投影面上的一个像素进入场景。如果光线与场景中的物体没有发生相遇情况，即没有与物体产生交点，那么光线跟踪过程就结束了；如果光线在传播的过程中与物体相遇，将会根据以下条件进行判断。

与漫反射物体相遇，将结束光线跟踪过程。

与反射物体相遇，将根据反射原理产生一条新的光线，并且继续传播下去。

与折射的透明物体相遇，将根据折射原理弯曲光线，并且继续传播。

光线跟踪算法会进行庞大的信息处理，与扫描线算法相比，其速度相对比较慢，但可以产生真实的反射和折射效果。

3.热辐射算法

热辐射算法是基于热辐射能在物体表面之间的能量传递和能量守恒定律。热辐射算法可以使光线在物体之间产生漫反射效果，直至能量耗尽。这种算法可以使物体之间产生色彩溢出现象，能实现真实的漫反射效果。

提示

著名的Mental Ray渲染器就是一种热辐射算法渲染器，能够输出电影级的高质量画面。热辐射算法需要大量的光子进行计算，在速度上比前面两种算法都慢。

7.2 Maya软件渲染器

“Maya软件”渲染器是Maya默认的渲染器。执行“窗口>渲染编辑器>渲染设置”菜单命令，打开“渲染设置”对话框，可以看到有“公用”和“Maya软件”两个选项卡，如图7-2和图7-3所示。

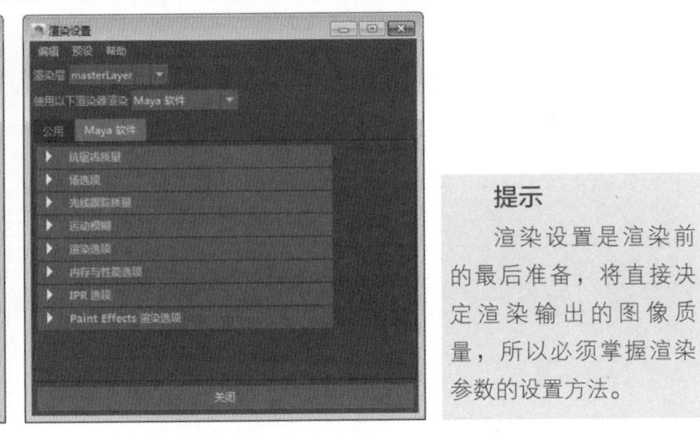

图7-2　　图7-3

提示

渲染设置是渲染前的最后准备，将直接决定渲染输出的图像质量，所以必须掌握渲染参数的设置方法。

7.2.1 文件输出与图像大小

展开“公用”选项卡下的“文件输出”和“图像大小”两个卷展栏，如图7-4所示。这两个卷展栏主要用来设置文件名称、文件类型以及图像渲染大小等。

参数介绍

文件名前缀：设置输出文件的名字。

图像格式：设置图像文件的保存格式。

帧/动画扩展名：用来决定是渲染静帧图像还是渲染动画，以及设置渲染输出的文件名采用的格式。

帧填充：设置帧编号扩展名的位数。

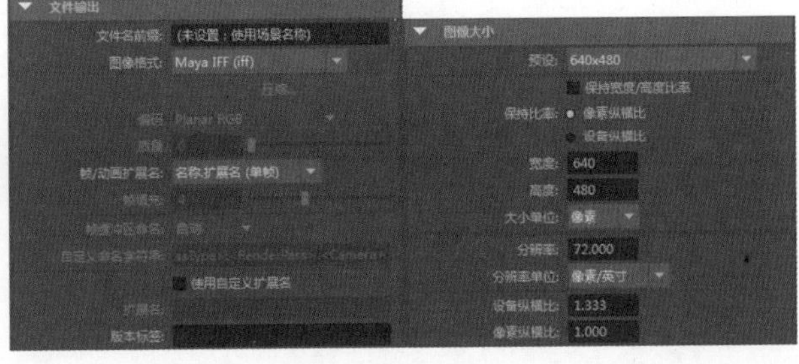

图7-4

帧缓冲区命名：将字段与多重渲染过程功能结合使用。

自定义名字符串：设置“帧缓冲区命名”为“自定义”选项时可以激活该选项。使用该选项可以自己选择渲染标记来自定义通道名称。

使用自定义扩展名：选择“使用自定义扩展名”选项后，可以在下面的“扩展名”选项中输入扩展名，这样可以对渲染图像文件名使用自定义文件格式扩展名。

版本标签：可以将版本标签添加到渲染输出的文件名中。

预设：Maya提供了一些预置的尺寸规格，以方便用户进行选择。

保持宽度/高度比率：选择该选项后，可以保持文件尺寸的宽高比。

保持比率：指定要使用的渲染分辨率的类型。

像素纵横比：组成图像的宽度和高度的像素数之比。

设备纵横比：显示器的宽度单位数乘以高度单位数。4:3的显示器将生成较方正的图像，而16:9的显示器将生成全景形状的图像。

宽度：设置图像的宽度。

高度：设置图像的高度。

大小单位：设置图像大小的单位，一般以“像素”为单位。

分辨率：设置渲染图像的分辨率。

分辨率单位：设置分辨率的单位，一般以“像素/英寸”为单位。

设备纵横比：查看渲染图像的显示设备的纵横比。“设备纵横比”表示图像纵横比乘以像素纵横比。

像素纵横比：查看渲染图像的显示设备的各个像素的纵横比。

7.2.2 渲染设置

在“渲染设置”对话框中单击“Maya软件”选项卡，在这里可以设置“抗锯齿质量”“光线跟踪质量”和“运动模糊”等参数，如图7-5所示。

1.抗锯齿质量

展开“抗锯齿质量”卷展栏，如图7-6所示。

参数介绍

质量：设置抗锯齿的质量，共有6个选项，如图7-7所示。

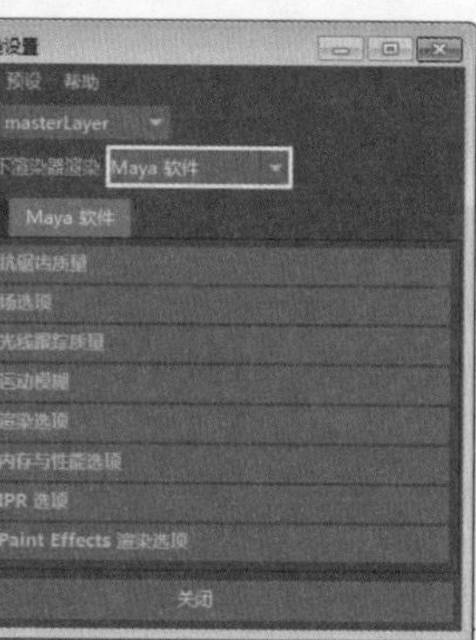

图7-5

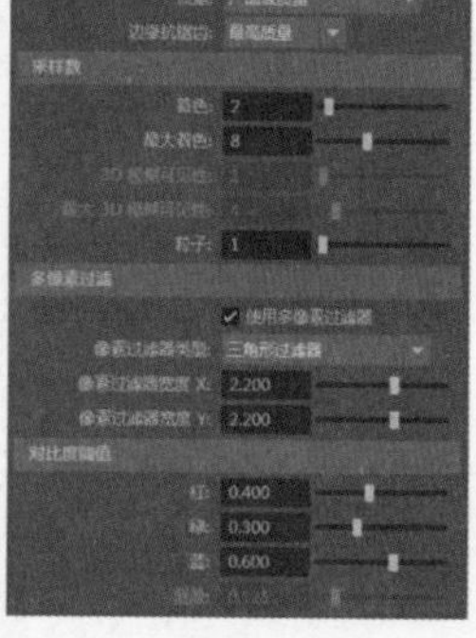

图7-6

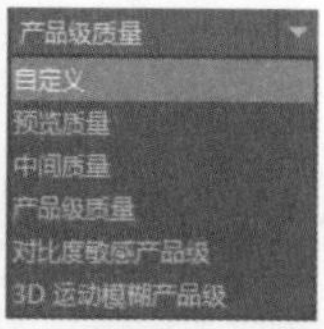

图7-7

自定义：用户可以自定义抗锯齿质量。

预览质量：主要用于测试渲染时预览抗锯齿的效果。

中间质量：比预览质量更好的一种抗锯齿质量。

产品级质量：产品级的抗锯齿质量，可以得到比较好的抗锯齿效果，适用于大多数作品的渲染输出。

对比度敏感产品级：比“产品级质量”抗锯齿效果更好的一种抗锯齿级别。

3D运动模糊产品级：主要用来渲染动画中的运动模糊效果。

边界抗锯齿：控制物体边界的抗锯齿效果，有“低质量”“中等质量”“高质量”和“最高质量”级别之分。

着色：用来设置表面的采样数值。

最大着色：设置物体表面的最大采样数值，主要用于决定最高质量的每个像素的计算次数。但是，如果数值过大，就会增加渲染时间。

3D模糊可见性：当运动模糊物体穿越其他物体时，该选项用来设置其可视性的采样数值。

最大3D模糊可见性：用于设置更高采样级别的最大采样数值。

粒子：设置粒子的采样数值。

使用多像素过滤器：多重像素过滤开关器。当选择该选项时，下面的参数将会被激活，同时在渲染过程中会对整个图像中的每个像素之间进行柔化处理，以防止输出的作品产生闪烁效果。

像素过滤器类型：设置模糊运算的算法，有以下5种。

长方体过滤器：一种非常柔和的方式。

三角形过滤器：一种比较柔和的方式。

高斯过滤器：一种细微柔和的方式。

二次B样条线过滤器：一种比较陈旧的柔和方式。

插件过滤器：使用插件进行柔和。

像素过滤器宽度X/Y：用来设置每个像素点的虚化宽度。值越大，模糊效果越明显。

红/绿/蓝：用来设置画面的对比度。值越低，渲染出来的画面对比度越低，同时需要更多的渲染时间；值越高，画面的对比度越高，颗粒感越强。

2.光线跟踪质量

展开“光线跟踪质量”卷展栏，如图7-8所示。该卷展栏控制是否在渲染过程中对场景进行光线跟踪，并控制光线跟踪图像的质量。更改这些全局设置时，关联的材质属性值也会更改。

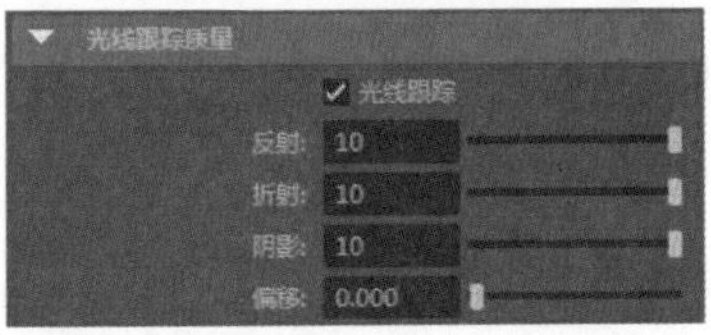

光线跟踪质量
光线跟踪
反射: 10
折射: 10
阴影: 10
偏移: 0.000

图7-8

参数介绍

光线跟踪：选择该选项时，将进行光线跟踪计算，可以产生反射、折射和光线跟踪阴影等效果。

反射：设置光线被反射的最大次数，与材质自身的“反射限制”一起起作用，但是较低的值才会起作用。

折射：设置光线被折射的最大次数，其使用方法与“反射”相同。

阴影：设置被反射和折射的光线产生阴影的次数，与灯光光线跟踪阴影的“光线深度限制”选项共同决定阴影的效果，但较低的值才会起作用。

偏移：如果场景中包含3D运动模糊的物体并存在光线跟踪阴影，可能会在运动模糊的物体上观察到黑色画面或不正常的阴影，这时应设置该选项的数值在0.05~0.1；如果场景中不包含3D运动模糊的物体和光线跟踪阴影，该值应设置为0。

3.运动模糊

展开“运动模糊”卷展栏，如图7-9所示。渲染动画时，可以通过运动模糊对场景中的对象进行模糊处理来产生移动的效果。

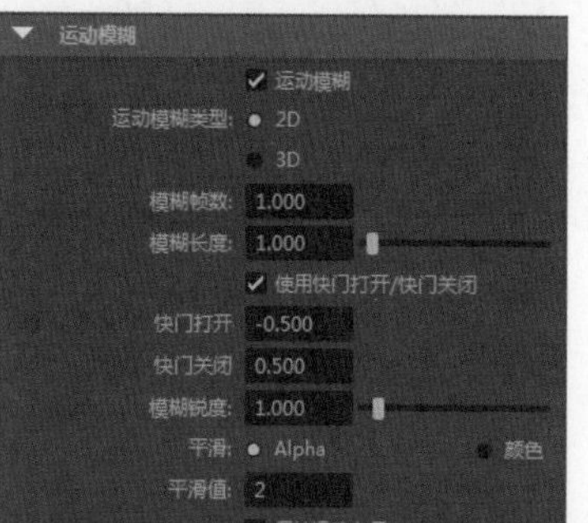

图7-9

参数介绍

运动模糊：选择该选项，渲染时会将运动的物体进行模糊处理，使渲染效果更加逼真。

运动模糊类型：有2D和3D两种类型。2D是一种比较快的计算方式，但产生的运动模糊效果不太逼真；3D是一种很真实的运动模糊方式，会根据物体的运动方向和速度产生很逼真的运动模糊效果，但需要更多的渲染时间。

模糊帧数：设置前后有多少帧的物体被模糊。数值越高，物体越模糊。

模糊长度：用来设置2D模糊方式的模糊长度。

使用快门打开/快门关闭：控制是否开启快门功能。

快门打开/关闭：设置“快门打开”和“快门关闭”的数值。“快门打开”的默认值为-0.5，“快门关闭”的默认值为0.5。

模糊锐度：用来设置运动模糊物体的锐化程度。数值越高，模糊扩散的范围就越大。

平滑：用来处理“平滑值”产生抗锯齿作用所带来的噪波的副作用。

平滑值：设置运动模糊边缘的级别。数值越高，越多的运动模糊将参与抗锯齿处理。

保持运动向量：选择该选项时，可以将运动向量信息保存到图像中，但不处理图像的运动模糊。

使用2D模糊内存限制：决定是否在2D运动模糊过程中使用内存数量的上限。

2D模糊内存限制：设置在2D运动模糊过程中使用内存数量的上限。

操作练习 制作水墨画

» 场景文件 Scenes>CH07>7.1.mb
» 实例文件 Examples>CH07>7.1.mb
» 视频名称 操作练习：制作水墨画.mp4
» 技术掌握 掌握国画材质的制作方法及Maya软件渲染器的使用方法

水墨画是用水和墨经过调配水和墨的浓度所画出的画，是绘画的一种形式。本例使用“Maya软件”渲染器渲染的水墨画效果如图7-10所示。

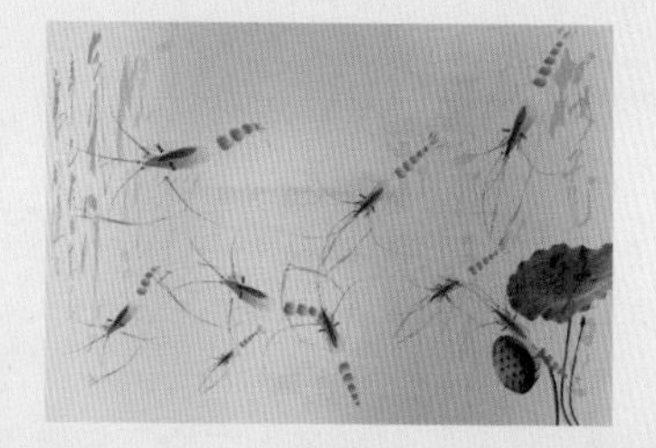
图7-10

01 打开学习资源中的“Scenes>CH07>7.1.mb”文件，场景中有一个虾模型，如图7-11所示。

02 打开Hypershade对话框，在“创建栏”面板中选择“表面>渐变着色器”节点，如图7-12所示。然后在“特性编辑器”面板中将该节点命名为bei，接着设置“颜色”“透明度”和“白炽度”卷展栏下的属性，参数如图7-13所示。

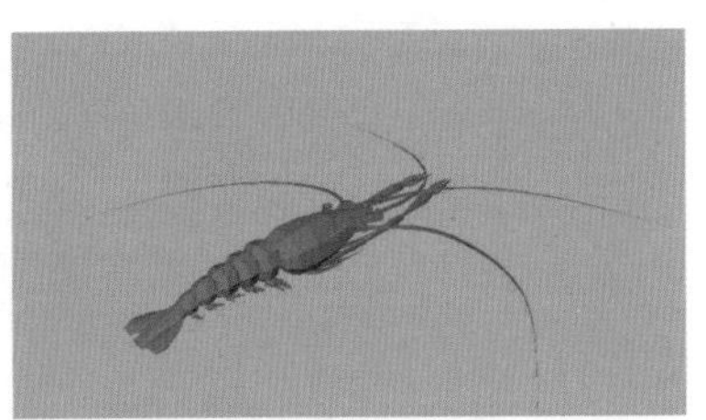

图7-11

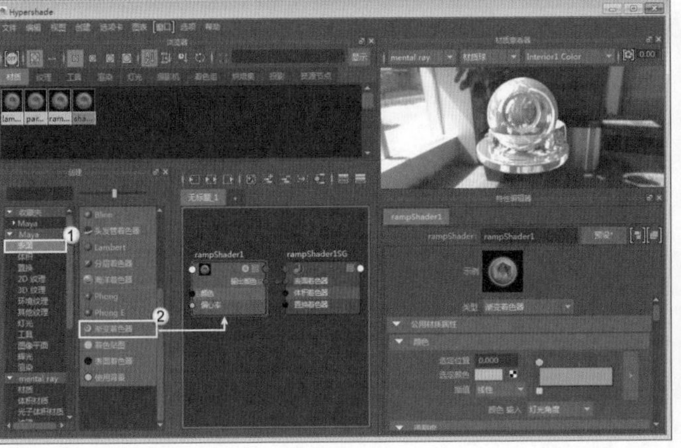

图7-12

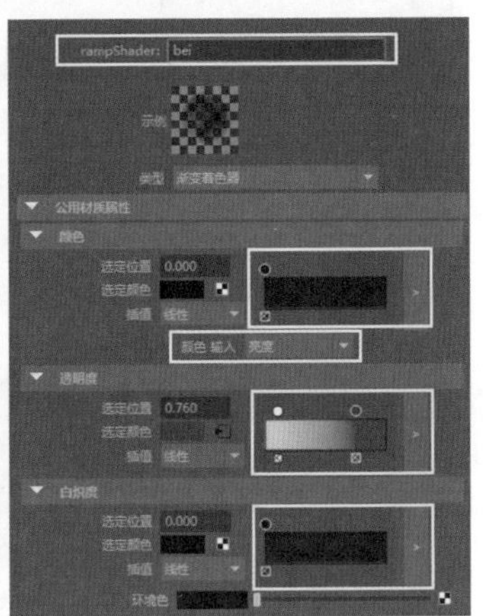

图7-13

03 创建一个“渐变”节点，然后在“特性编辑器”面板中设置“类型”为“U向渐变”、“插值”为“钉形”，接着设置第1个色标的“选定颜色”为（R:43，G:43，B:43）、“选定位置”为0.13，最后设置第2个色标的“选定颜色”为（R:255，G:255，B:255）、“选定位置”为0.84，如图7-14所示。

04 创建一个“噪波”节点，然后在“特性编辑器”面板中设置“阈值”为0.12、“振幅”为0.62，如图7-15所示。

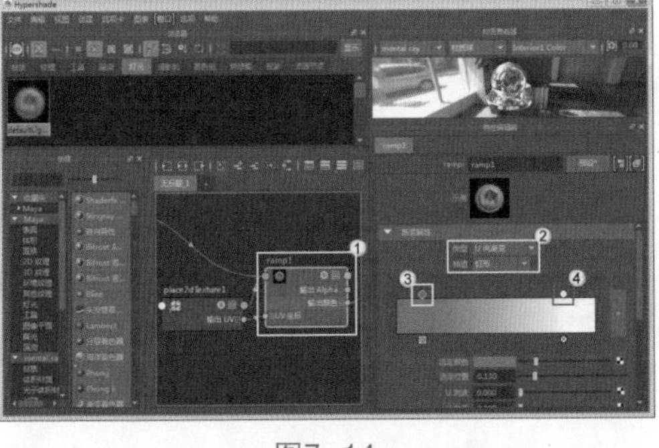

图7-14

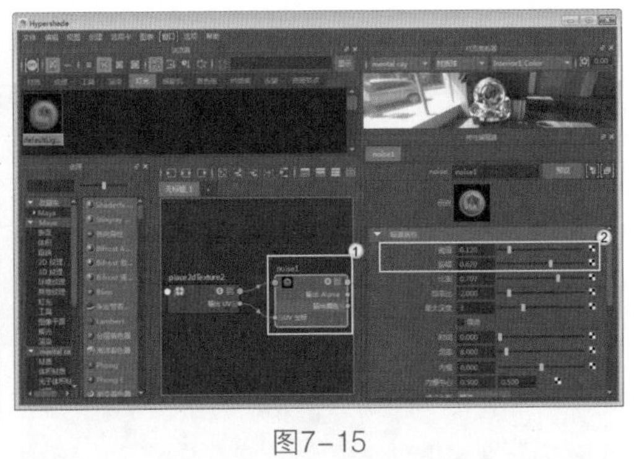

图7-15

05 选择noise1节点的place2dTexture2节点，然后在“特性编辑器”面板中设置“UV向重复”为（0.3，0.6），如图7-16所示。

06 选择ramp1节点，然后在“特性编辑器”面板中展开“颜色平衡”卷展栏，接着将noise1节点连接到ramp1节点的“颜色增益”属性上，如图7-17所示。

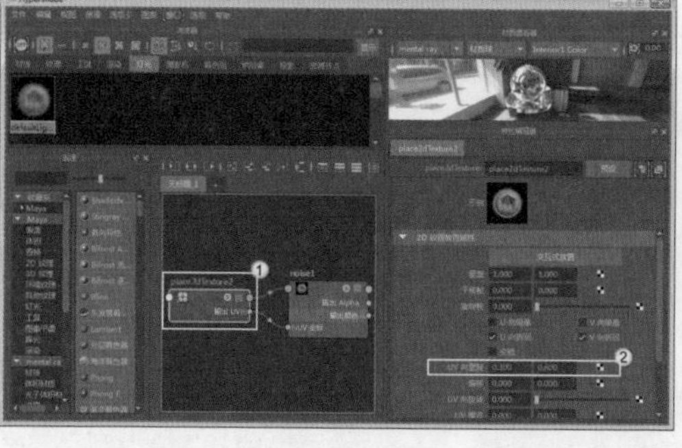

图7-16

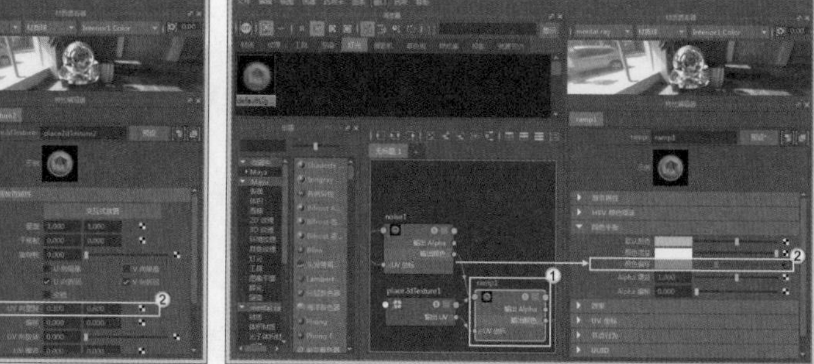

图7-17

07 选择bei节点，然后在“特性编辑器”面板中展开“透明度”卷展栏，接着选择第2个色标，最后将ramp1节点连接到“选定颜色”属性上，如图7-18所示。

08 将制作好的bei材质指定给龙虾的背部，如图7-19所示。

图7-18

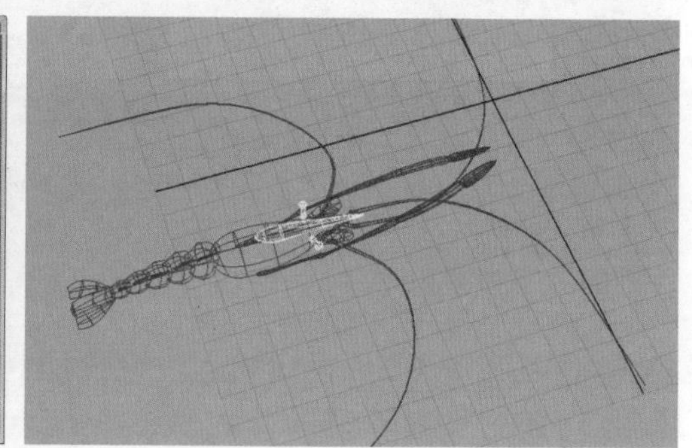

图7-19

09 创建一个“渐变着色器”材质，然后在“特性编辑器”面板中将该节点命名为chujiao，接着设置“颜色”和“透明度”的属性，参数如图7-20所示。

10 创建一个“渐变”纹理节点，然后在“特性编辑器”面板中设置“类型”为“U向渐变”、“插值”为“钉形”，接着设置第1个色标的“选定颜色”为(R:0, G:0, B:0)、“选定位置”为0，再设置第2个色标的“选定颜色”为(R:38, G:38, B:38)、“选定位置”为0.48，最后设置第3个色标的“选定颜色”为(R:255, G:255, B:255)、“选定位置”为1，如图7-21所示。

图7-20

图7-21

11 创建一个“分形”纹理节点，然后选择place2dTexture5节点，接着在“特性编辑器”面板中设置“UV向重复”为（0.05，0.1），如图7-22所示。

12 创建一个“分层纹理”节点，然后在“特性编辑器”面板中将ramp3节点添加到layeredTexture1节点的层中，接着设置Alpha为0.8、“混合模式”为“相加”，最后将fractal1节点添加到layeredTexture1节点的层中，如图7-23所示。

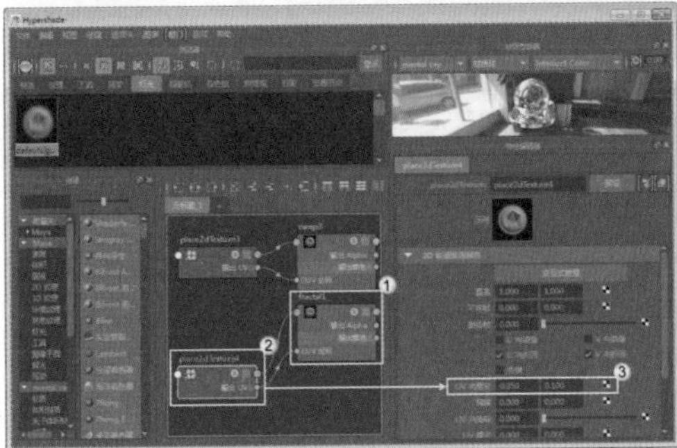

图7-22

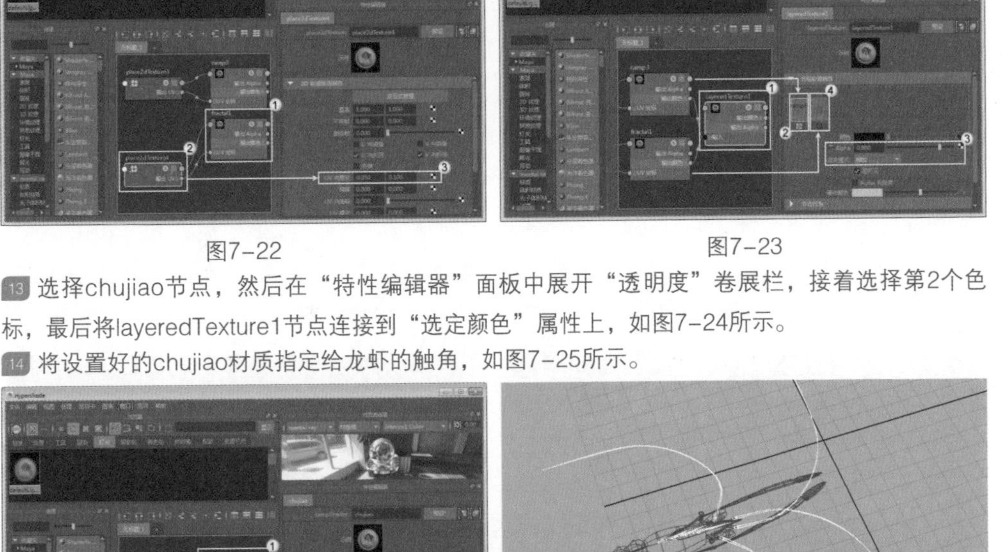

图7-23

13 选择chujiao节点，然后在“特性编辑器”面板中展开“透明度”卷展栏，接着选择第2个色标，最后将layeredTexture1节点连接到“选定颜色”属性上，如图7-24所示。

14 将设置好的chujiao材质指定给龙虾的触角，如图7-25所示。

图7-24

图7-25

15 创建一个“渐变着色器”材质，然后在“特性编辑器”面板中将该节点命名为qi，接着设置“颜色”“透明度”和“白炽度”的属性，参数如图7-26所示。

16 创建一个“噪波”纹理节点，然后在“特性编辑器”面板中设置“阈值”为0.46、“振幅”为0.55、“比率”为0.27，如图7-27所示。

图7-26

图7-27

17 创建一个“渐变”纹理节点，然后在“特性编辑器”面板中设置“类型”为“U向渐变”、“插值”为“钉形”，接着设置第1个色标的“选定颜色”为（R:2525，G:255，B:255）、“选定位置”为0，再设置第2个色标的“选定颜色”为（R:77，G:77，B:77）、“选定位置”为0.33，并设置第3个色标的“选定颜色”为（R:77，G:77，B:77）、“选定位置”为0.58，最后设置第4个色标的“选定颜色”为（R:255，G:255，B:255）、“选定位置”为1，如图7-28所示。

图7-28

18 选择noise2节点，然后将ramp4节点连接到noise2节点的“颜色偏移”属性上，如图7-29所示。选择qi节点，然后展开“透明度”卷展栏，再选择第3个色标，接着将noise2节点连接到“选定颜色”属性上，如图7-30所示。

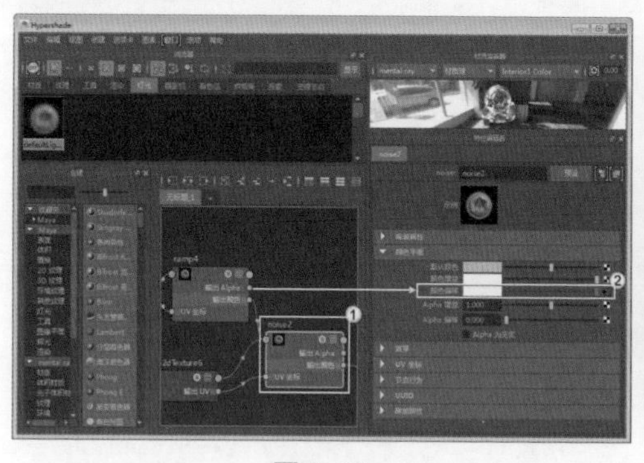

图7-29

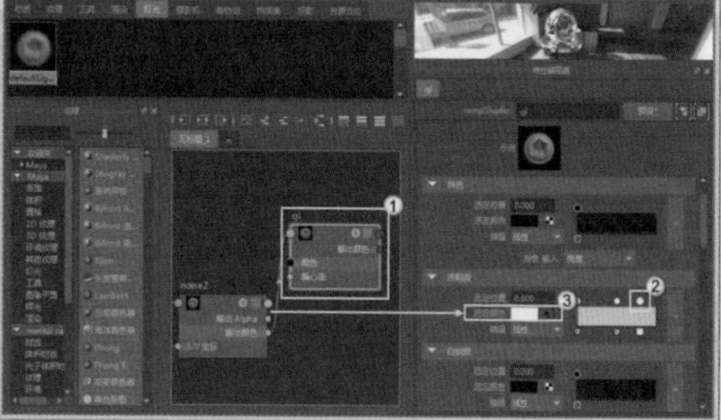

图7-30

19 将设置好的qi材质指定给龙虾的鳍，如图7-31所示。

20 采样相同的方法制作出其他部分的材质，完成后的效果如图7-32所示。然后测试渲染当前场景，效果如图7-33所示。

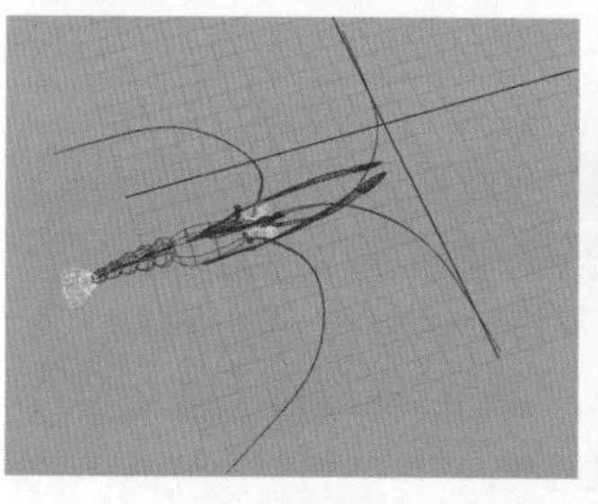

图7-31

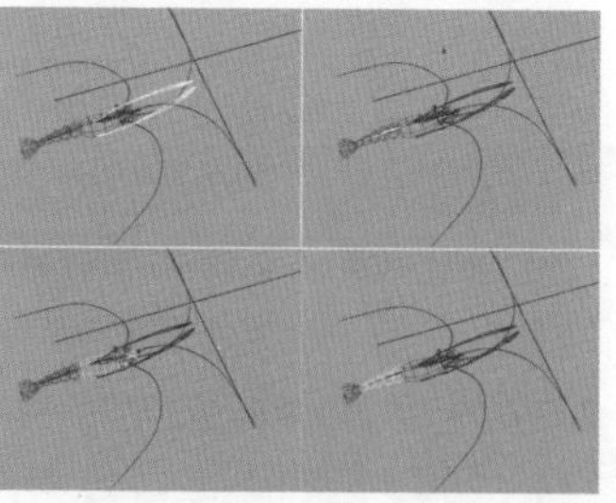

图7-32

图7-33

21 复制出多个模型，然后调整好各个模型的位置，如图7-34所示。然后渲染场景，效果如图7-35所示。

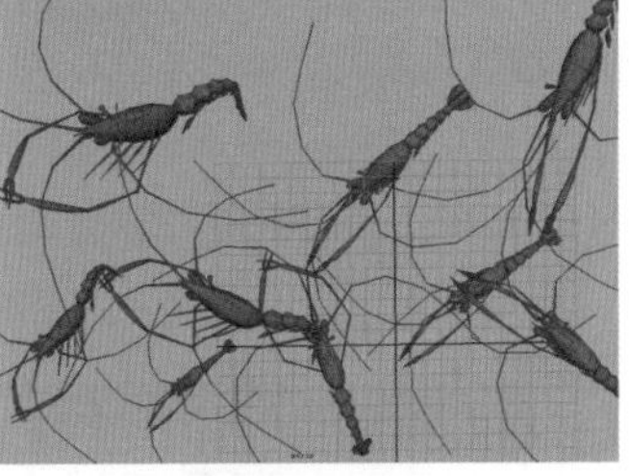

图7-34

图7-35

7.3 Mental Ray渲染器

Mental Ray是一款超强的高端渲染器，能够生成电影级的高质量画面，被广泛应用于电影、动画、广告等领域。从Maya 5.0起，Mental Ray就内置于Maya中，使Maya的渲染功能得到很大提升。随着Maya的不断升级，Mental Ray与Maya的融合也越来越完美。

Mental Ray可以使用很多种渲染算法，能方便地实现透明、反射、运动模糊和全局照明等效果，并且使用Mental Ray自带的材质节点还可以快捷方便地制作出烤漆材质、3S材质和不锈钢金属材质等，如图7-36所示。

图7-36

提示

执行“窗口>设置/首选项>插件管理器”菜单命令，打开“插件管理器”对话框，然后在Mayatomr插件右侧选择“已加载”选项，这样就可以使用Mental Ray渲染器了，如图7-37所示。如果选择“自动加载”选项，在重启Maya时可以自动加载Mental Ray渲染器。

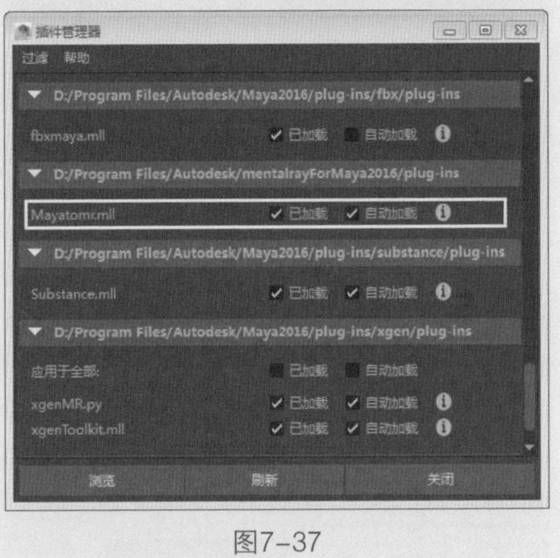

图7-37

7.3.1 Mental Ray的常用材质

Mental Ray的材质非常多，这里只介绍一些比较常用的材质，如图7-38所示。

参数介绍

图7-38

图7-39

dgs_material（DGS物理学表面材质）dgs_material：材质中的dgs是指Diffuse（漫反射）、Glossy（光泽）和Specular（高光）。该材质常用来模拟具有强烈反光的金属物体。

dielectric_material（电解质材质）dielectric_material：常用于模拟水、玻璃等光密度较大的折射物体，可以精确地模拟出玻璃和水的效果。

mi_car_paint_phen（车漆材质）mi_car_paint_phen：常用于制作汽车或其他金属物品的外壳，可以支持加入Dirt（污垢）来获得更加真实的渲染效果，如图7-39所示。

mi_metallic_paint（金属漆材质）mi_metallic_paint：和车漆材质比较类似，只是减少了Diffuse（漫反射）、Reflection Parameters（反射参数）和Dirt Parameters（污垢参数）。

mia_material（金属材质）mia_material/mia_material_X（金属材质_X）mia_material_x：这两个材质是专门用于建筑行业的材质，具有很强大的功能，通过它的预设值就可以模拟出很多建筑材质类型。

mib_glossy_reflection（玻璃反射）mib_glossy_reflection/mib_glossy_refraction（玻璃折射）mib_glossy_refraction：这两个材质可以用来模拟反射或折射效果，也可以在材质中加入其他材质来进一步控制反射或折射效果。

提示

用Mental Ray渲染器渲染玻璃和金属材质时，最好使用Mental Ray自带的材质，这样不但速度快，而且设置也非常方便，物理特性也很鲜明。

mib_illum_blinn mib_illum_blinn：材质类似于Blinn材质，可以实现丰富的高光效果，常用于模拟金属和玻璃。

mib_illum_cooktorr mib_illum_cooktorr：类似于Blinn材质，但是其高光可以基于角度来改变颜色。

mib_illum_hair mib_illum_hair：此材质主要用来模拟角色的毛发效果。

mib_illum_lambert mib_illum_lambert：类似于Lambert材质，没有任何镜面反射属性，不会反射周围环境，多用于表现不光滑的表面，如木头和岩石等。

mib_illum_phong mib_illum_phong：类似于Phong材质，其高光区域很明显，适用于制作湿润的、表面具有光泽的物体，如玻璃和水等。

mib_illum_ward mib_illum_ward：可以用来创建各向异性和反射模糊效果，只需要指定模糊的方向就可以受到环境的控制。

mib_illum_ward_deriv mib_illum_ward_deriv：主要用来控制DGS shader（DGS着色器）材质的附加环境。

misss_call_shader misss_call_shader：是Mental Ray用来调用不同的单一次表面散射的材质。

misss_fast_shader：不包含其他色彩成分，以Bake lightmap（烘焙灯光贴图）方式来模拟次表面散射的照明结果，需要lightmap shader（灯光贴图着色器）的配合。

misss_fast_simple_maya/misss_fast_skin_maya：包含所有的色彩成分，以Bake lightmap（烘焙灯光贴图）方式来模拟次表面散射的照明结果，需要lightmap shader（灯光贴图着色器）的配合。

misss_physical：主要用来模拟真实的次表面散射的光能传递以及计算次表面散射的结果。该材质在开启全局照明的场景中才起作用。

misss_set_normal：主要用来将Maya软件的“凹凸”节点的“法线”的“向量”信息转换成Mental Ray可以识别的“法线”信息。

misss_skin_specular：主要用来模拟有次表面散射成分的物体表面的透明膜（常见的如人类皮肤的角质层）上的高光效果。

提示

上述材质名称中带有sss，这就是常说的3S材质。

path_material：只用来计算全局照明，并且不需要在“渲染设置”对话框中开启GI选项和“光子贴图”功能。由于其需要使用强制方法和不能使用“光子贴图”功能，所以渲染速度非常慢，并且需要使用更高的采样值，所以渲染整体场景的时间会延长，但是这种材质计算出来的GI非常精确。

transmat：用来模拟半透膜效果。在计算全局照明时，可以用来制作空间中形成光子体积的特效，如混浊的水底和光线穿过布满灰尘的房间。

7.3.2 公用设置

“公用”选项卡下的参数与“Maya软件”渲染器的“公用”选项卡下的参数相同，主要用来设置动画文件的名称、格式和动画的时间范围，同时还可以设置输出图像的分辨率以及摄影机的控制属性等，如图7-40所示。

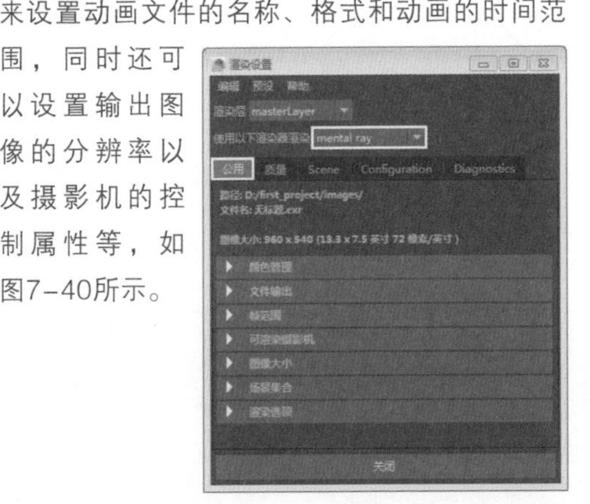

图7-40

7.3.3 质量设置

“质量”选项卡下的参数主要用来设置采样、过滤、跟踪深度和几何体等属性，如图7-41所示。

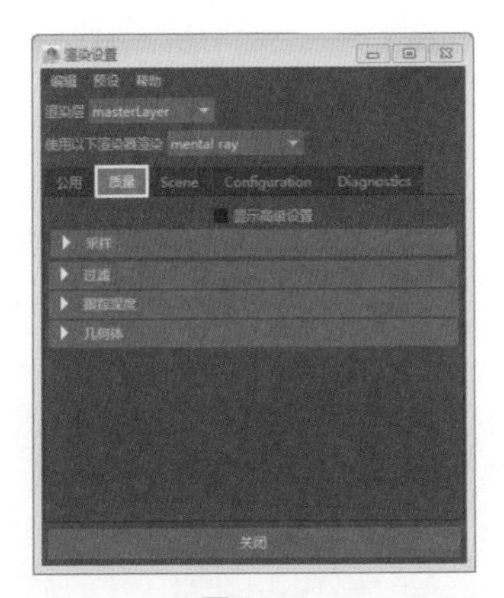

图7-41

1.显示高级设置

选择该选项后，“质量”选项卡中会增加更多的属性，这些属性可以更加细致地控制渲染的质量，其中还包括旧版本的属性，老用户可以在旧版本的属性中设置渲染质量，如图7-42所示。

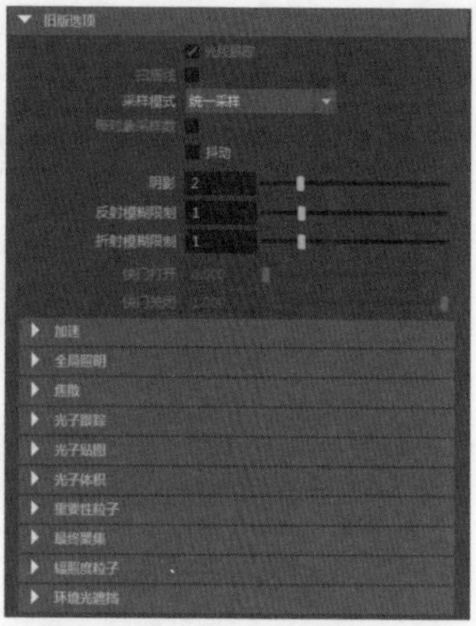

图7-42

2.采样

“采样”卷展栏中包含了控制最终质量的参数，如图7-43所示。

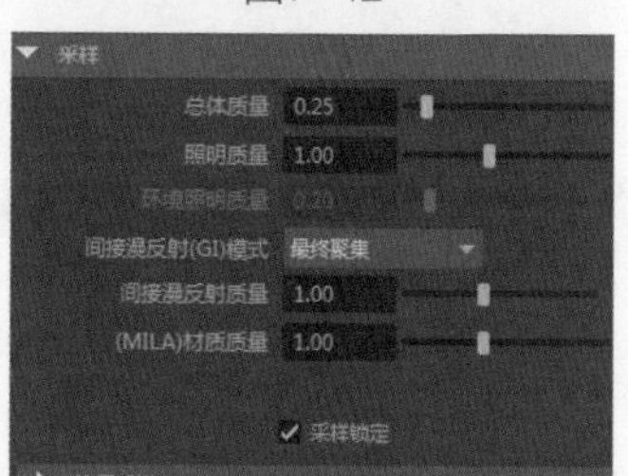

图7-43

常用参数介绍

总体质量：在统一采样模式（默认模式）下全局控制场景中每像素的采样数。每像素的采样数随每像素区域在本地测量的质量而变化。这是质量与速度的主要控制参数。场景中存在噪点时，通常提高此参数的数值。

照明质量：控制光线命中对象和处理材质时相交点上的灯光采样数。主动启用（新场景的默认值）时，Mental Ray 将使用灯光重要性采样 (LIS) 对灯光采样。这将忽略每个区域光中的显式采样设置，有利于更多的扫描场景控制。照明质量将灯光数、点和区域以及跟踪深度和其他因素考虑在内，以最终确定要使用的灯光采样数。

环境照明质量：控制要使用的环境灯光采样数。当前，此参数独立于照明质量，并在启用环境照明时启用。

间接漫反射(GI)模式：间接漫反射和透射的类型，包括“禁用”“启用(GI原型)”“最终聚集”和“最终聚集力”4个选项，如图7-44所示。

图7-44

禁用：未发生间接漫反射采样。

启用(GI 原型)：使用 Mental Ray 中最新的 GI 技术以提供间接漫反射采样。这将使用质量控制来确定间接采样（GI 光线）。漫反射跟踪深度控制会影响视角采样路径中的深度。

最终聚集：使用插值的 FG 贴图，将最终聚集技术用于间接漫反射采样。

最终聚集力：将最终聚集技术用于间接漫反射采样，而没有插值的 FG 贴图（即强力），因为与漫反射曲面相交的每个点光线将投射许多 FG 光线。质量控制影响采样和使用的 FG 光线数。

间接漫反射质量：控制材质上漫反射交互分割出的采样数。对于基本默认全局照明 (GI) 模式，将控制 GI 光线数。在最终聚集 (GI) 模式下，控制最终聚集 (GI) 光线数和最终聚集 (GI)点密度，以及其他最终聚集 (GI)控制。

(MILA)材质质量：控制为具有光泽反射/折射或散射组件的分层库 (MILA) 材质分割出的采样数。

采样锁定：从帧到帧锁定像素内采样的抖动位置。如果启用，此选项可以确保在每个像素的同一位置进行采样，这一点对于在缓慢移动的摄影机序列中消除噪波和闪烁结果很重要。对于更快的动作，从帧到帧的噪波可能是有益的。

3.过滤

“过滤”卷展栏包含了设置过滤的类型和过滤程度的参数，如图7-45所示。

图7-45

常用参数介绍

过滤器：设置多像素过滤的类型，可以通过模糊处理来提高渲染的质量，共有5种类型，如图7-46所示。

长方体：这种过滤方式可以得到相对较好的效果和较快的速度，图7-47所示是“长方体”过滤示意图。

三角形：这种过滤方式的计算更加精细，计算速度比“长方体”过滤方式慢，但可以得到更均匀的效果，图7-48所示是“三角形”过滤示意图。

高斯：这是一种比较好的过滤方式，能得到最佳的效果，速度是最慢的一种，但可以得到比较柔和的图像，图7-49所示是“高斯”过滤示意图。

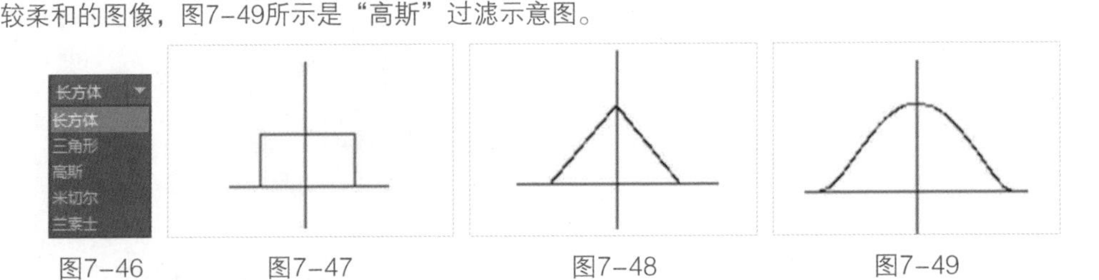

图7-46　图7-47　图7-48　图7-49

米切尔/兰索士：这两种过滤方式与“高斯”过滤方式不一样，它们更倾向于提高最终计算的像素。因此，如果想要增强图像的细节，可以选择“米切尔”和“兰索士”过滤类型。

过滤器大小：该参数的数值越大，来自相邻像素的信息就越多，图像也越模糊，但数值不能低于（1，1）。

4.跟踪深度

“跟踪深度”卷展栏包含了用来控制物理反射、折射和阴影效果的参数，如图7-50所示。

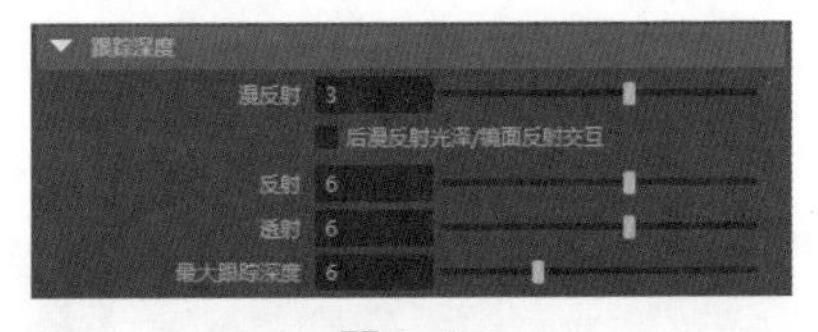

图7-50

常用参数介绍

漫反射：使用间接漫反射模式时，该参数会影响继续使用间接漫反射采样的跟踪深度。

后漫反射光泽/镜面反射交互：对第一个漫反射曲面进行采样后，该参数允许曲面采样包括光泽/高光反射和折射。如果没有它，则采样路径将仅继续用于漫反射到漫反射的交互。

反射：光线可以被反射曲面反射的最大次数。

透射：光线可以通过透明曲面折射的最大次数。

最大跟踪深度：控制反射、透射和折射的最大次数，从而影响灯光路径中漫反射交互之前的最大光泽、高光反射和透射的数量。

5.几何体

“几何体”卷展栏下的“置换运动因子”属性，是根据可视运动的数量来控制置换细分质量，如图7-51所示。

图7-51

6.旧版选项

“旧版选项”卷展栏下的参数是Maya早期版本中用来控制渲染质量的参数，如图7-52所示。

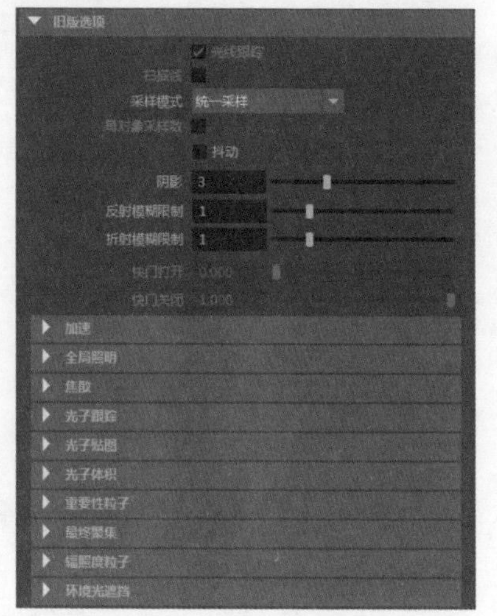

图7-52

常用参数介绍

光线跟踪：控制是否开启“光线跟踪”功能。

扫描线：控制是否开启“扫描线”功能。

采样模式：设置图像采样的模式，共有以下3种。

统一采样：使用统一的样本数量进行采样。

旧版光栅化器模式：使用旧版的栅格化器的模式进行采样。

旧版采样模式：使用旧版的模式进行采样。

抖动：这是一种特殊的方向采样计算方式，可以减少锯齿现象，但是会以牺牲几何形状的正确性为代价，一般情况都应该关闭该选项。

阴影：设置光线跟踪的阴影质量。如果该数值为0，阴影将不穿过透明折射的物体。

反射/折射模糊限制：设置二次反射/折射的模糊值。数值越大，反射/折射的效果越模糊。

快门打开/关闭：利用帧间隔来控制运动模糊，默认值为0和1。如果这两个参数值相等，运动模糊将被禁用；如果这两个参数值更大，运动模糊将启用，正常取值为0和1；这两个参数值都为0.5时，同样会关闭运动模糊，但是会计算“运动向量”。

“加速”子卷展栏的常用参数如图7-53所示。

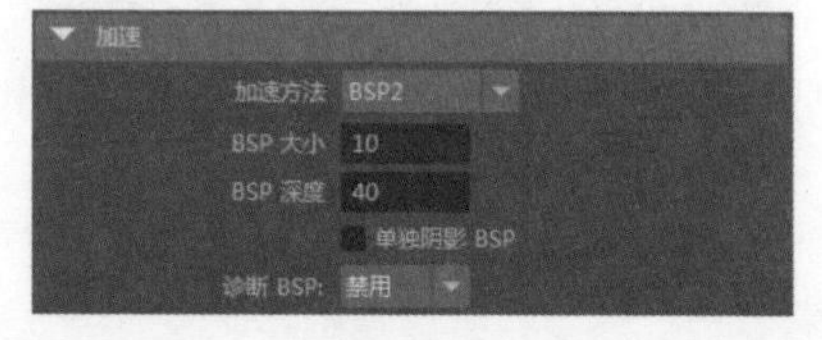

图7-53

加速方法：选择加速度的方式，共有以下3种。

常规BSP：即“二进制空间划分”，这是默认的加速度方式，在单处理器系统中是最快的一种。若关闭了“光线跟踪”功能，最好选用这种方式。

大BSP：这是“常规BSP”方式的变种方式，适用于渲染应用了光线跟踪的大型场景，因为它可以将场景分解成很多个小块，将不需要的数据存储在内存中，以加快渲染速度。

BSP2：即“二进制空间划分”的第2代，主要运用在具有光线跟踪的大型场景中。

BSP大小：设置BSP树叶的最大面（三角形）数。增大该值将减少内存的使用量，但是会增加渲染时间，默认值为10。

BSP深度：设置BSP树的最大层数。增大该值将缩短渲染时间，但是会增加内存的使用量和预处理时间，默认值为40。

单独阴影BSP：让低精度场景的阴影提高性能。

诊断BSP：使用诊断图像来判定“BSP深度”和“BSP大小”参数设置得是否合理。

“全局照明”子卷展栏的常用参数如图7-54所示。

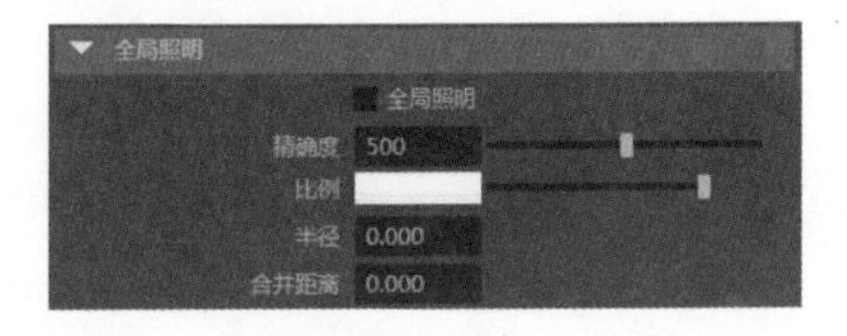

图7-54

全局照明：控制是否开启“全局照明”功能。

精确度：设置全局照明的精度。数值越高，渲染效果越好，但渲染速度越慢。

比例：控制间接照明效果对全局照明的影响。

半径：默认值为0，此时Maya会自动计算光子半径。如果场景中的噪点较多，增大该值（范围为1~2）可以减少噪点，但是会带来更模糊的结果。为了减小模糊程度，必须增加由光源发出的光子数量（全局照明精度）。

合并距离：合并指定的光子世界距离。对于光子分布不均匀的场景，该参数可以大大降低光子映射的大小。

“焦散”子卷展栏的常用参数如图7-55所示。

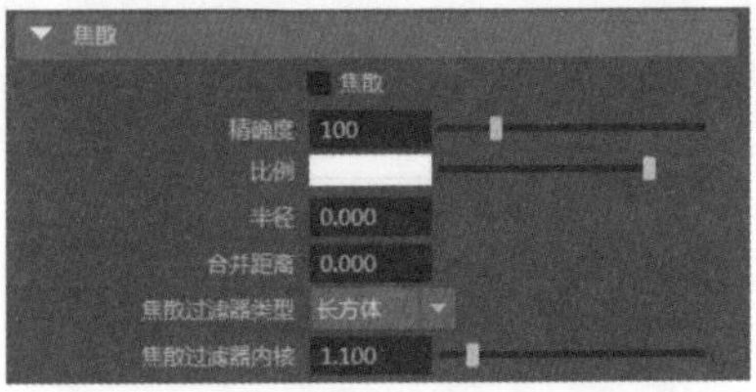

图7-55

焦散：控制是否开启“焦散”功能。

精确度：设置渲染焦散的精度。数值越大，焦散效果越好。

比例：控制间接照明效果对焦散的影响。

半径：默认值为0，此时Maya会自动计算焦散光子的半径。

合并距离：合并指定的光子世界距离。对于光子分布不均匀的场景，该参数可以大大减少光子映射的大小。

焦散过滤器类型：选择焦散过滤器的类型，共有以下3种。

长方体：用该过滤器渲染出来的焦散效果很清晰，并且渲染速度比较快，但是效果不太精确。

圆锥体：用该过滤器渲染出来的焦散效果很平滑，而渲染速度比较慢，但是焦散效果比较精确。

高斯：用该过滤器渲染出来的焦散效果最好，但渲染速度最慢。

焦散过滤器内核：增大该参数值，可以使焦散效果变得更加平滑。

“光子跟踪”子卷展栏的常用参数如图7-56所示。

图7-56

光子反射：限制光子在场景中的反射量。该参数与最大光子的深度有关。

光子折射：限制光子在场景中的折射量。该参数与最大光子的深度有关。

最大光子深度：限制光子反弹的次数。

“光子贴图”子卷展栏的常用参数如图7-57所示。

重建光子贴图：选择该选项后，Maya会重新计算光子贴图，而现有的光子贴图文件将被覆盖。

光子贴图文件：设置一个光子贴图文件，同时新的光子贴图将加载这个光子贴图文件。

启用贴图可视化器：选择该选项后，在渲染时可以在视图中观察到光子的分布情况。

直接照明阴影效果：如果在使用了全局照明和焦散效果的场景中有透明的阴影，应该选择该选项。

“光子体积”子卷展栏的常用参数如图7-58所示。

光子自动体积：控制是否开启“光子自动体积”功能。

精确度：通过控制光子映射来估计参与焦散效果或全局照明的光子强度。

半径：设置参与媒介的光子的半径。

合并距离：合并指定的光子世界距离。对于光子分布不均匀的场景，该参数可以大大降低光子映射的大小。

“重要性粒子”子卷展栏的常用参数如图7-59所示。

图7-57 　　图7-58 　　图7-59

重要性粒子：控制是否启用重要性粒子发射。

密度：设置对于每个像素从摄影机发射的重要性粒子数。

合并距离：合并指定的世界空间距离内的重要性粒子。

最大深度：控制场景中重要性粒子的漫反射。

穿越：选择该选项后，可以使重要性粒子不受阻止，即使完全不透明的几何体也是如此；关闭该选项后，重要性粒子会存储在从摄影机到无穷远的光线与几何体的所有相交处。

“最终聚集”子卷展栏的常用参数如图7-60所示。

最终聚集：控制是否开启“最终聚集”功能。

精确度：增大该参数值可以减少图像的噪点，但会增加渲染时间，默认值为100。

点密度：控制最终聚集点的计算数量。

点插值：设置最终聚集插值渲染的采样点。数值越高，效果越平滑。

主漫反射比例：通过设置漫反射颜色的强度来控制场景的整体亮度或颜色。

次漫反射比例：主要配合“主漫反射比例”选项一起使用，可以得到更加丰富自然的照明效果。

次漫反射反弹数：设置多个漫反射反弹最终聚焦，可以防止场景的暗部产生过于黑暗的现象。

重建：设置“最终聚焦贴图”的重建方式，共有“禁用”“启用”和“冻结”这3种方式。

启用贴图可视化器：创建可以存储的可视化最终聚焦光子。

预览最终聚集分片：预览最终聚焦的效果。

预计算光子查找：选择该选项后，可以预先计算光子并进行查找，但是需要更多的内存。

诊断最终聚焦：允许使用显示为绿色的最终聚集点渲染初始光栅空间，使用显示为红色的最终聚集点作为渲染时的最终聚集点。这有助于精细调整最终聚集设置，以区分依赖于视图的结果和不依赖于视图的结果，从而更好地分布最终聚集点。

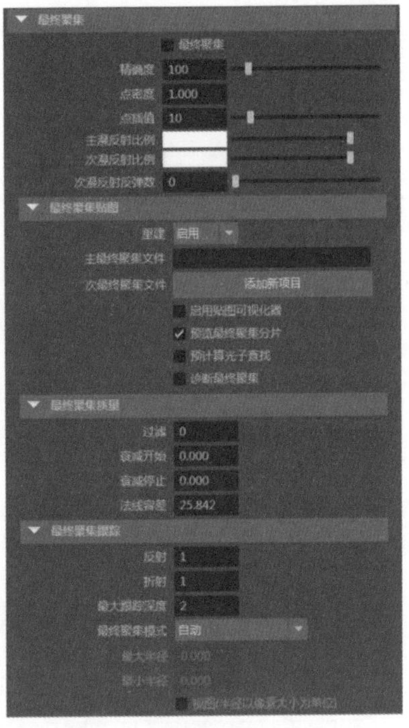

图7-60

过滤：控制最终聚集形成的斑点有多少被过滤掉。

衰减开始/停止：用这两个选项可以限制用于最终聚集的间接光（但不是光子）的到达。

法线容差：指定要考虑进行插值的最终聚集点法线可能会偏离该最终聚集点曲面法线的最大角度。

反射：控制初级射线在场景中的反射数量。该参数与最大光子的深度有关。

折射：控制初级射线在场景中的折射数量。该参数与最大光子的深度有关。

最大跟踪深度：默认值为0，此时表示间接照明的最终计算不能穿过玻璃或反弹镜面。

最终聚焦模式：根据渲染的不同场合进行设置，可以得到速度和质量的平衡。

最大/最小半径：合理设置这两个参数可以加快渲染速度。一般情况下，一个场景的最大半径为外形尺寸的10%，最小半径为最大半径的10%。

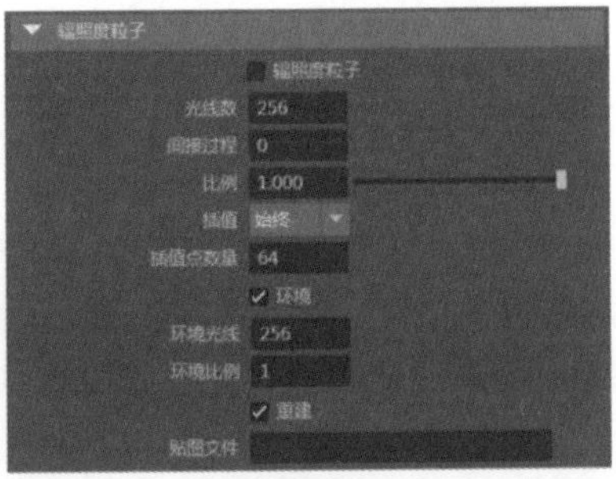

视图（半径以像素大小为单位）：选择该选项后，会导致“最小半径”和“最大半径”的最后聚集再次计算像素大小。

“辐照度粒子”子卷展栏的常用参数如图7-61所示。

辐照度粒子：控制是否开启“辐照度粒子”功能。

光线数：使用光线的数量来估计辐射。最低值为2，默认值为256。

间接过程：设置间接照明传递的次数。

比例：设置“辐照度粒子”的强度。

插值：设置“辐照度粒子”使用的插值方法。

图7-61

插值点数量：用于设置插值点的数量，默认值为64。

环境：控制是否计算辐照环境贴图。

环境光线：计算辐照环境贴图使用的光线数量。

重建：如果选择该选项，Mental Ray会计算辐照粒子贴图。

贴图文件：指定辐射粒子的贴图文件。

“环境光遮挡”子卷展栏的常用参数如图7-62所示。

环境光遮挡：控制是否开启“环境光遮挡”功能。

光线数：使用环境的光线来计算每个环境闭塞。

缓存：控制环境闭塞的缓存。

缓存密度：设置每个像素的环境闭塞点的数量。

缓存点数：查找缓存点的数目的位置插值，默认值为64。

图7-62

7.3.4 Scene（场景）设置

Scene（场景）选项卡包含“摄影机”“灯光”“材质”“纹理”和“对象”这5个卷展栏，如图7-63所示。

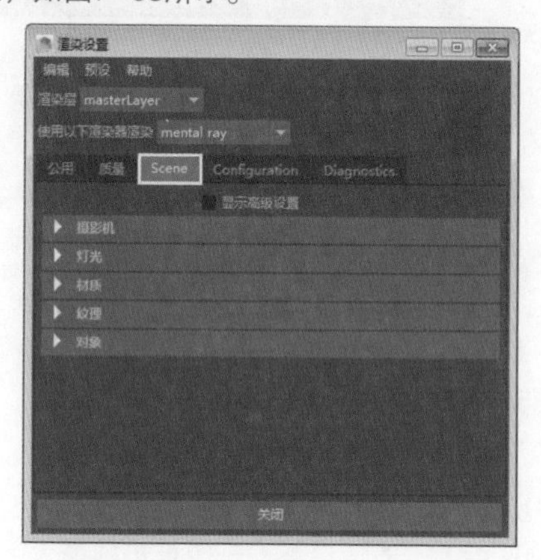

图7-63

1.摄影机

“摄影机”卷展栏包含了可渲染摄影机共享的设置，如图7-64所示。

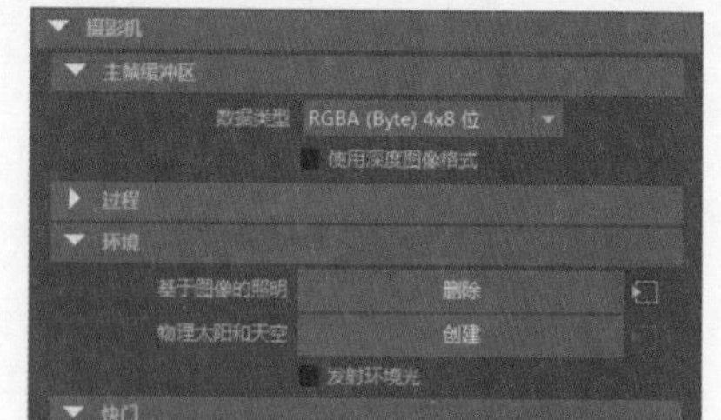

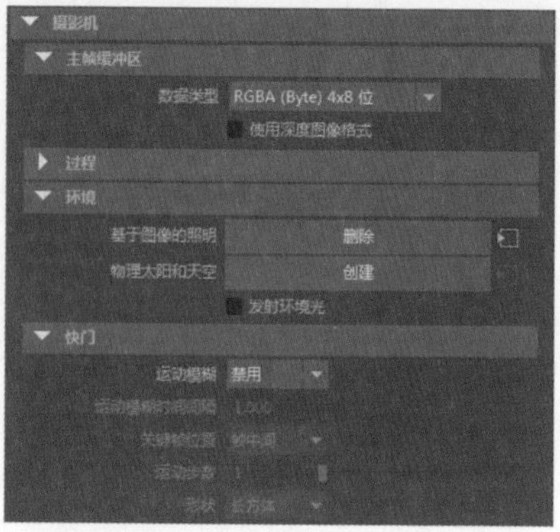

图7-64

常用参数介绍

主帧缓冲区：主帧缓冲区属性指定由 Mental Ray 创建的主颜色渲染图像。

数据类型：选择通道的数量和类型，以及主颜色渲染图像的值类型。

使用深度图像格式：使用 OpenEXR 文件格式时，可以存储深度数据。

过程：由于进行了过滤，将渲染保存到基于像素的图像格式时，采样信息将丢失。因此，在使用过程时，要尽可能地首选使用相加的灯光过程。

环境：用来设置场景中的环境照明。

基于图像的照明：单击“创建”按钮 创建 时，会创建一个新的 IBL 节点，用于替换任何当前已连接的节点（尽管场景中可以存在多个 IBL 环境，但一次只能使用一个）。

物理太阳和天空：单击“创建”按钮 创建 时，会创建包含 mia_physicalsky、mia physicalsun

和 directionalLight 的节点网络。

发射环境光：选择该选项时，将从环境创建灯光，而不管它是程序的（如环境天空灯光）还是基于图像的（如环境图像）。

快门：使用运动模糊时，快门打开时间间隔主要由摄影机中的快门角度确定。

运动模糊：用于控制是否启动运动模糊功能。

运动模糊时间间隔：用于放大运动模糊效果。增加该值会降低达到的逼真效果，但如果需要，可以产生增强的效果。该值越大，计算运动模糊时的时间间隔越长。

关键帧位置：指定关键帧时间在打开快门时间间隔内的位置，将关键帧位置有效地放置在模糊的运动内。

运动步数：用于控制场景中的所有运动变换创建多少个运动路径分段。

形状：用于控制快门打开时间间隔的形状。

2.灯光

“灯光”卷展栏包含控制场景中灯光和阴影的参数，如图7-65所示。

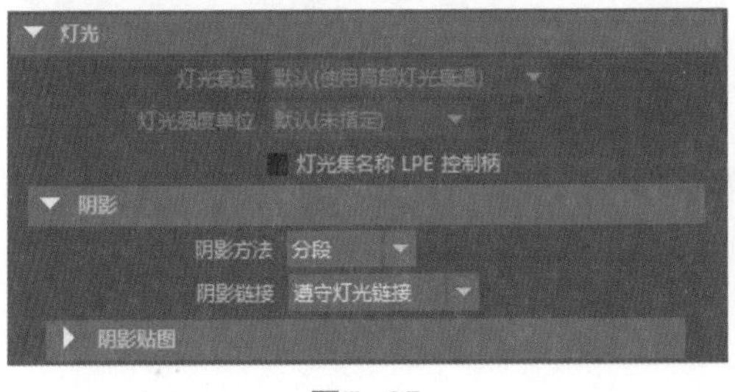

图7-65

3.材质

“材质”卷展栏包含材质体系结构的参数，如图7-66所示。

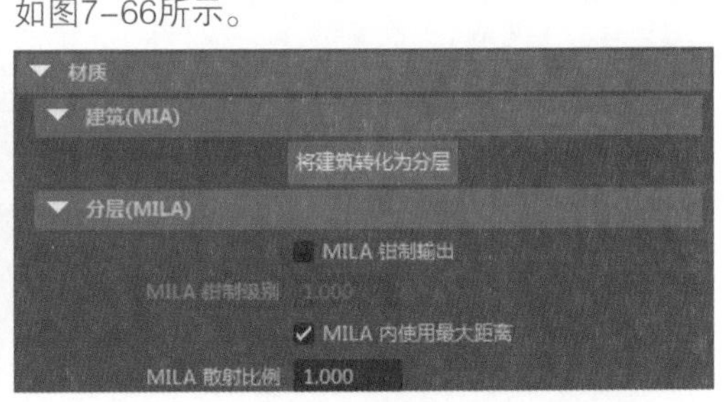

图7-66

4.纹理

“纹理”卷展栏包含是否自动生成Mipmap贴图的参数，如图7-67所示。

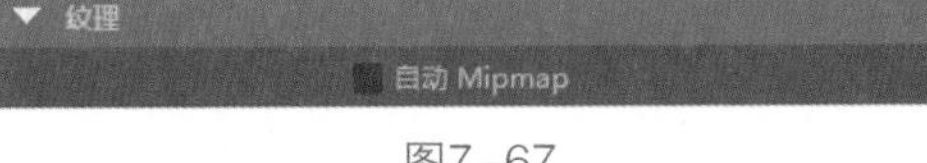

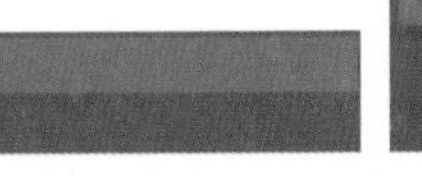

图7-67

5.对象

“对象”卷展栏包含“自动用户数据属性”和“添加用户数据”两个属性，如图7-68所示。

图7-68

7.3.5 Configuration（采样配置）设置

Configuration（采样配置）选项卡下的参数主要用来设置渲染的质量、采样、光线跟踪和运动模糊等，如图7-69所示。

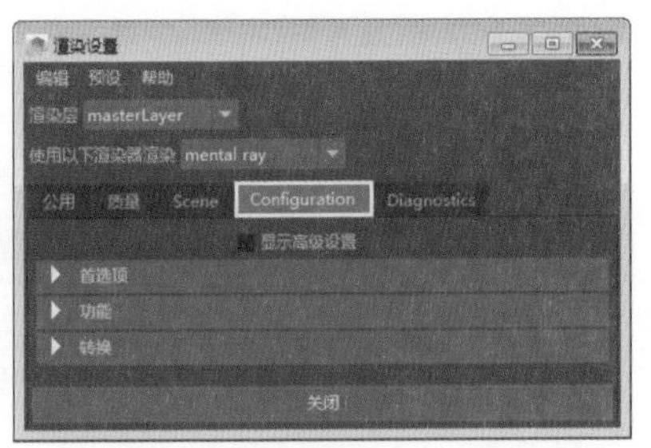

图7-69

1.首选项

“首选项”卷展栏中包含渐进式渲染设置所需的参数，如图7-70所示。

图7-70

2.功能

“功能”卷展栏包含了面、置换预采样、自动体积和光子自动体积等功能，如图7-71所示。

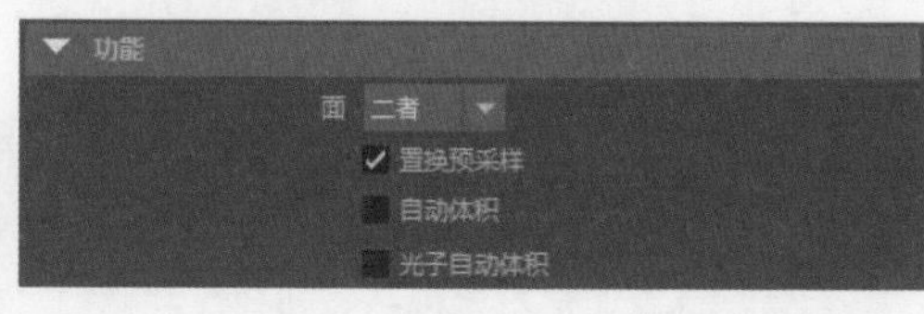

图7-71

3.转换

“转换”卷展栏中包含使用Mental Ray渲染Maya场景时要设置的选项，如图7-72所示。

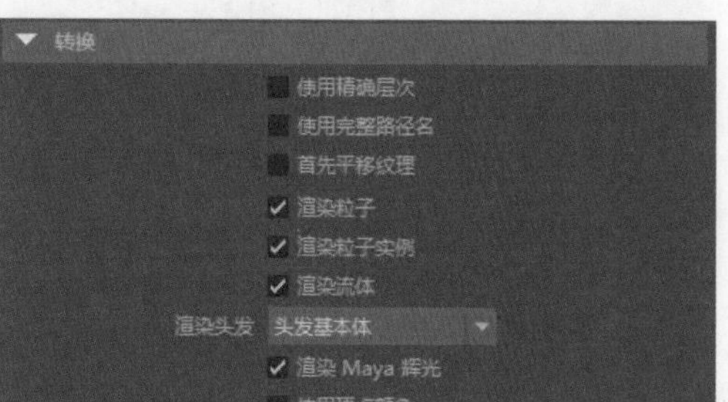

图7-72

常用参数介绍

使用精确层次：在处理过程中尝试保留DAG 层次。

使用完整路径名：使用完整的DAG路径名称，而不是 Mental Ray 场景实体可能的最短名称。

首先平移纹理：首先收集场景中的所有文件纹理引用。

渲染粒子：可用于渲染粒子。

渲染粒子实例：可用于渲染粒子实例。

渲染流体：可用于渲染流体。

渲染头发：用于渲染头发，包括“禁用”“头发几何体着色器”和“头发基本体”3个选项。

渲染 Maya 辉光：创建 Maya 辉光帧缓冲区过程，以便渲染后期效果。

使用顶点颜色：转换场景中所有网格的所有 CPV（逐顶点颜色）数据。

7.3.6 Diagnostics（诊断）设置

Diagnostics（诊断）选项卡下的参数主要用来测试场景中各个功能是否出现错误，包括“诊断”“功能覆盖”和“场景覆盖”3个卷展栏，如图7-73所示。

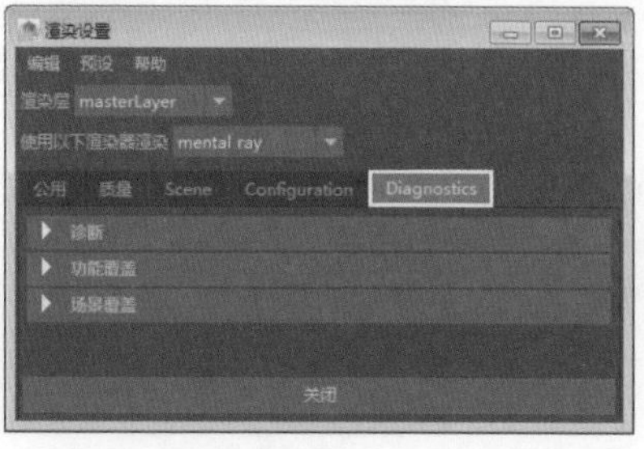

图7-73

提示

使用“诊断”功能可以检测场景中光子映射的情况。用户可以指定诊断网格和网格的大小，以及诊断光子的密度或辐照度。当选择“诊断采样”选项后，会出现灰度的诊断图，如图7-74所示。

图7-74

操作练习 模拟全局照明

» 场景文件 Scenes>CH07>7.2.mb
» 实例文件 Examples>CH07>7.2.mb
» 视频名称 操作练习：模拟全局照明.mp4
» 技术掌握 掌握全局照明技术的用法

本例使用Mental Ray的“全局照明”技术制作的全局照明效果如图7-75所示。

图7-75

01 打开学习资源中的“Scenes>CH07>7.2.mb”文件，场景中有一个室内模型，如图7-76所示。

02 打开“渲染视图”对话框，然后设置渲染器为mental ray，接着执行“渲染>渲染>camera1”命令，效果如图7-77所示。

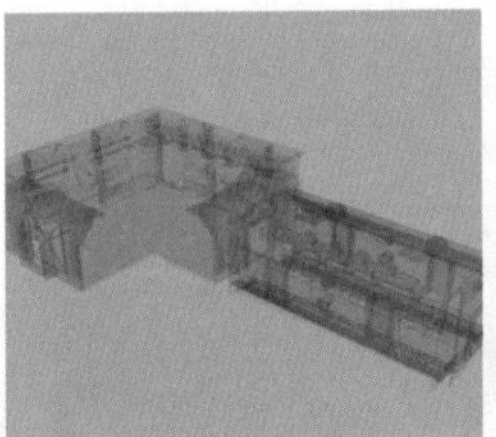

图7-76 图7-77

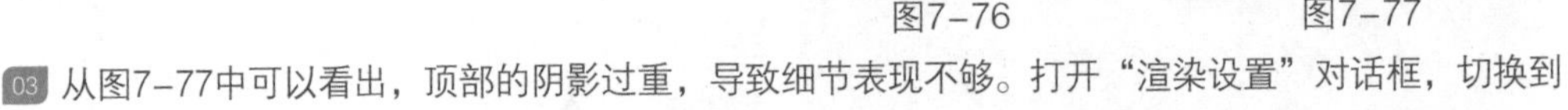

03 从图7-77中可以看出，顶部的阴影过重，导致细节表现不够。打开“渲染设置”对话框，切换到“质量”选项卡，然后在“采样”卷展栏中设置“间接漫反射（GI）模式”为“启用（GI原型）”，如图7-78所示。

04 在“渲染视图”对话框中渲染场景，效果如图7-79所示。从图中可以看到暗部的细节比之前丰富了许多。

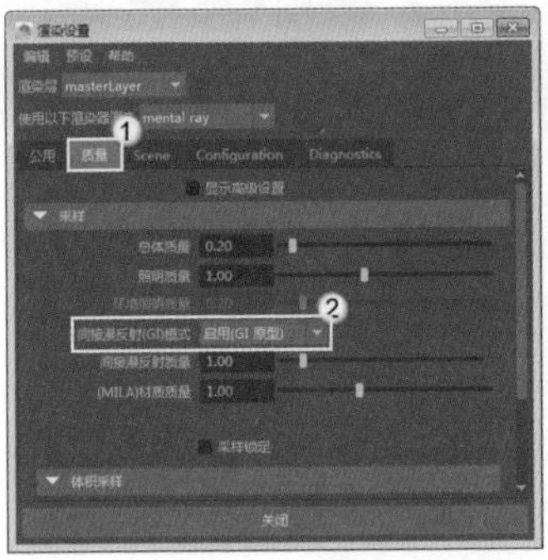

图7-78 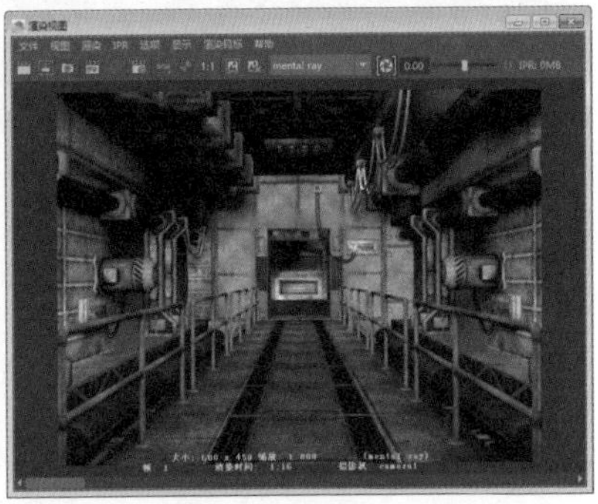 图7-79

7.4 综合练习：制作葡萄的次表面散射效果

» 场景文件 Scenes>CH07>7.3.mb
» 实例文件 Examples>CH07>7.3.mb
» 视频名称 综合练习：制作葡萄的次表面散射效果.mp4
» 技术掌握 掌握misss_fast_simplJ_maya材质的用法

本例用Mental Ray的misss_fast_simplJ_maya材质制作的葡萄次表面散射材质效果如图7-80所示。

图7-80

01 打开学习资源中的“Scenes>CH07>7.3.mb”文件，场景中有一串葡萄模型，如图7-81所示。

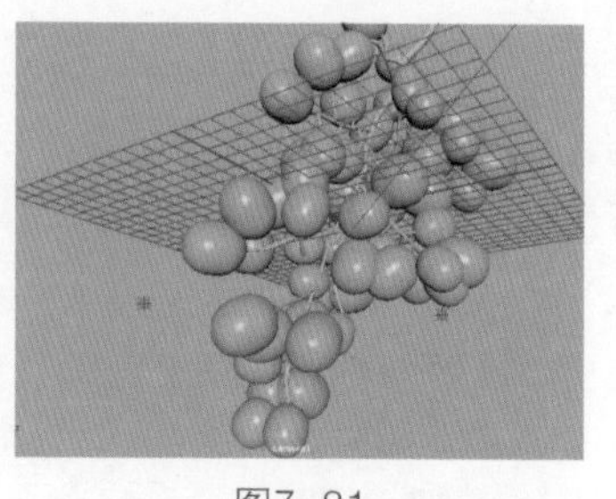

图7-81

> **提示**
>
> 注意，次表面散射材质对灯光的位置非常敏感，所以在创建灯光的时候，要多进行调试。一般而言，场景中至少需要设置两盏灯光。

02 打开Hypershade对话框，然后在“创建栏”面板中选择“mental ray>材质>misss_fast_simplJ_maya”节点，如图7-82所示。

03 在“特性编辑器”面板中为“漫反射颜色”属性连接学习资源中的“Examples>CH07>7.3>FLAK_02B.jpg”文件，接着设置“漫反射权重”为0.16，最后展开“次表面散射层”卷展栏，设置“前SSS颜色”为（R:142，G:0，B:47）、“前SSS半径”为3，如图7-83所示。

图7-82

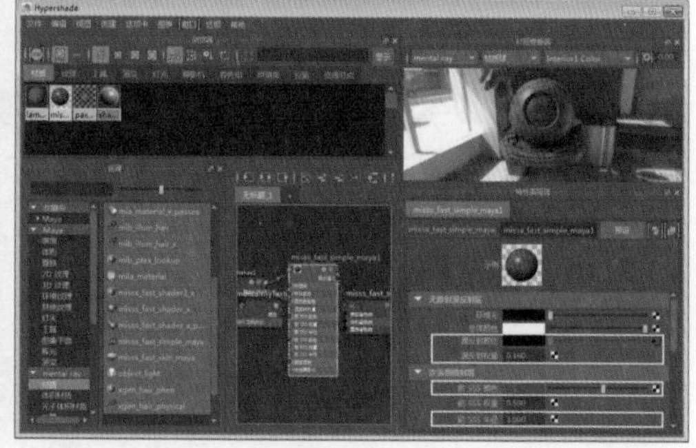

图7-83

04 为misss_fast_simplJ_maya1节点的“后SSS颜色”属性连接学习资源中的“Examples>CH07>7.3>back07L.jpg”文件，然后设置file2节点的“颜色平衡”卷展栏下的“颜色增益”为（R:15，G:1，B:43），如图7-84所示。

05 选择misss_fast_simplJ_maya1节点，然后设置“次表面散射层”卷展栏下的“后SSS权重”为8、“后SSS半径”为2.5、“后SSS深度”为0，如图7-85所示。

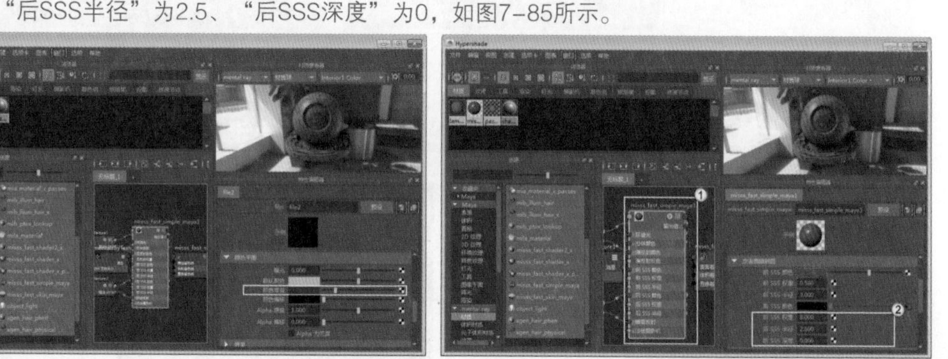

图7-84

图7-85

06 展开“镜面反射层”卷展栏，然后设置“光泽度”为30，如图7-86所示。接着为“镜面反射颜色”属性连接学习资源中的“Examples>CH07>7.3>STAN_06B.jpg”文件，再展开file3节点的“颜色平衡”卷展栏，最后设置“颜色增益”为（R:136，G:136，B:136），如图7-87所示。

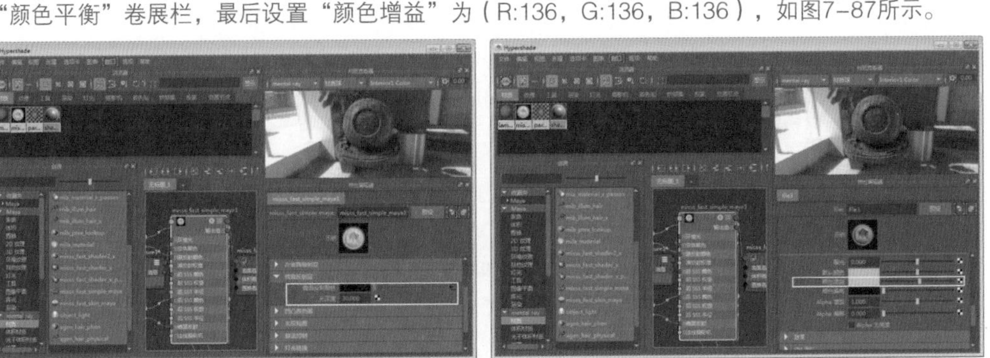

图7-86

图7-87

07 在“创建栏”面板中选择“mental ray>旧版>mib_lookup_background”节点，如图7-88所示。然后在浏览器中选择“摄影机”选项卡，接着选择cameraShape1节点，最后将mib_lookup_background1节点连接到cameraShape1节点的“环境着色器”属性上，如图7-89所示。

图7-88

图7-89

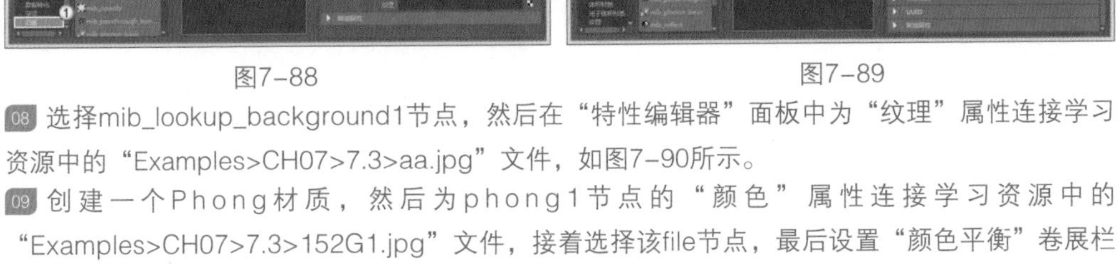

08 选择mib_lookup_background1节点，然后在“特性编辑器”面板中为“纹理”属性连接学习资源中的“Examples>CH07>7.3>aa.jpg”文件，如图7-90所示。

09 创建一个Phong材质，然后为phong1节点的“颜色”属性连接学习资源中的“Examples>CH07>7.3>152G1.jpg”文件，接着选择该file节点，最后设置“颜色平衡”卷展栏下的“颜色增益”为（R:52，G:74，B:25），如图7-91所示。

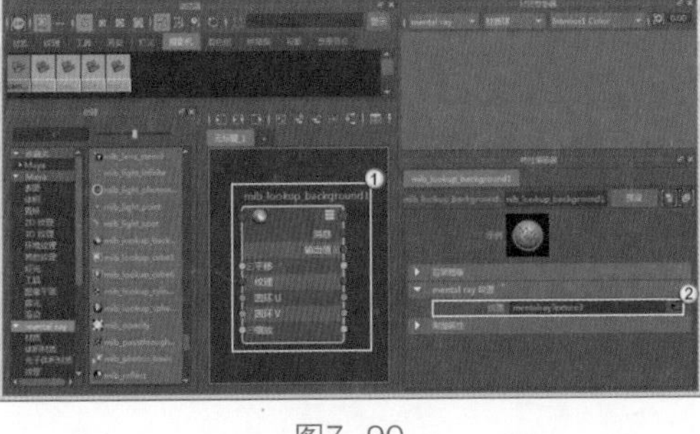

图7-90

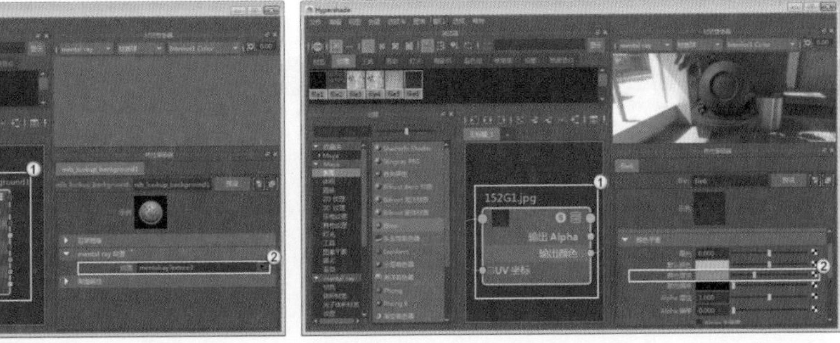

图7-91

10 打开“渲染设置”对话框，然后设置渲染器为mental ray，接着在“质量”选项卡下展开“采样”卷展栏，设置“总体质量”为1、“照明质量”为2、“间接漫反射(GI)模式”为“最终聚集”、“间接漫反射质量”为2，再展开“过滤”卷展栏，最后设置“过滤器大小”为（2，2），如图7-92所示。

11 打开“渲染视图”对话框，然后执行“渲染>渲染>camera1”命令，如图7-93所示。最终效果如图7-94所示。

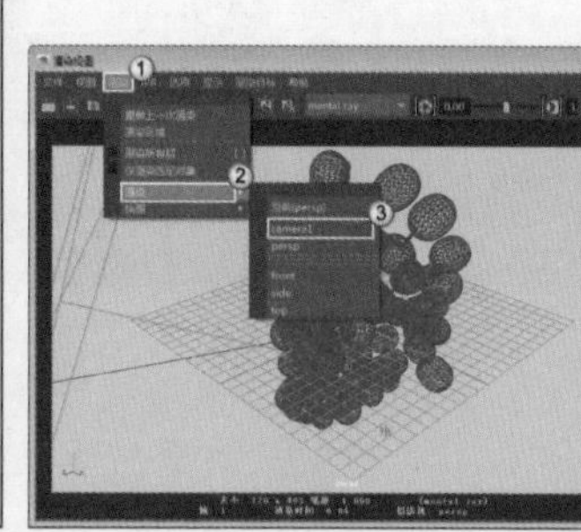
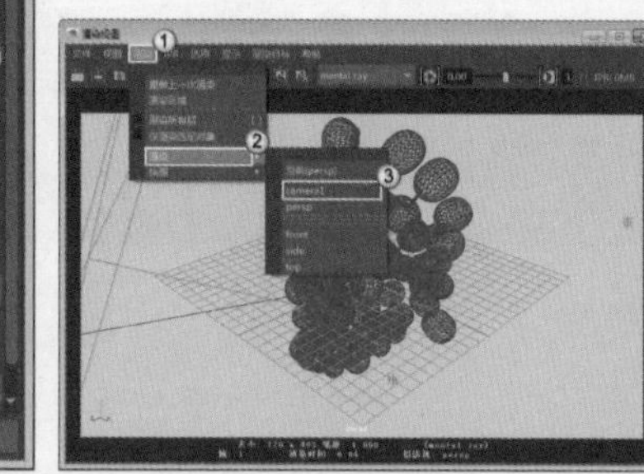

图7-92

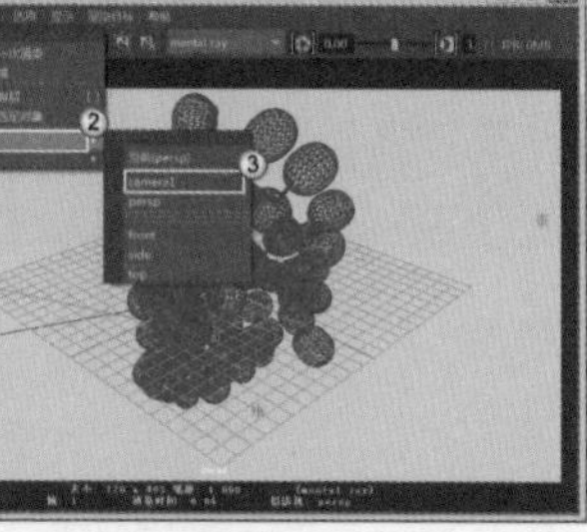
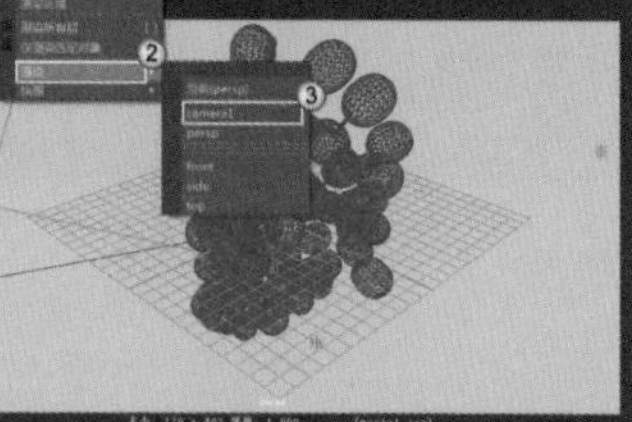

图7-93

图7-94

7.5 课后习题

本课安排了一个简单的课后习题供读者练习，这个习题主要用来练习使用Mental Ray渲染器制作焦散效果的操作方法。

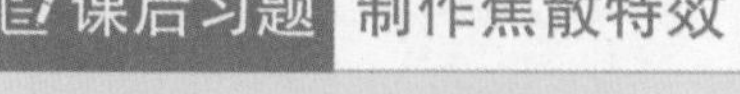

课后习题 制作焦散特效

- 场景文件 Scenes>CH07>7.4.mb
- 实例文件 Examples>CH07>7.4.mb
- 视频名称 课后习题：制作焦散特效.mp4
- 技术掌握 掌握焦散特效的制作方法

本例利用Mental Ray的“焦散”功能制作的焦散特效如图7-95所示。

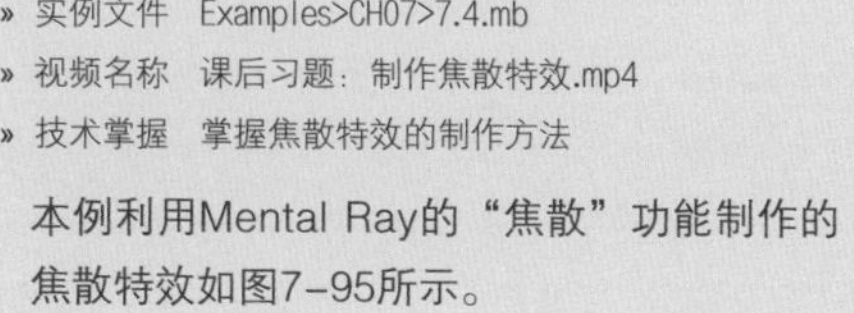

图7-95

7.6 本课笔记

第8课

绑定与动画

本课主要讲解Maya 2016的基础动画，包括关键帧动画、受驱动关键帧动画、运动路径动画和约束等。这一课虽然是基础动画，但是涵盖的知识涉及其他应用。

学习要点

- 掌握骨架的创建与编辑方法
- 掌握为角色进行蒙皮的方法
- 掌握关键帧动画的设置方法
- 掌握曲线图编辑器的用法
- 掌握受驱动关键帧动画的设置方法
- 掌握运动路径动画的设置方法
- 掌握常用约束的运用方法

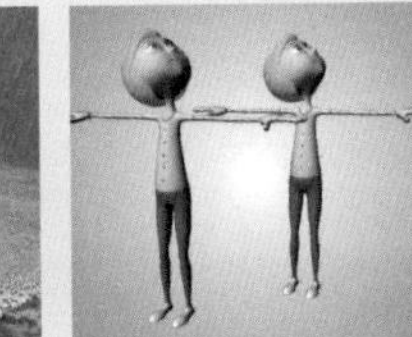

8.1 骨架系统

Maya提供了一套非常优秀的动画控制系统——骨架。动物的外部形体是由骨架、肌肉和皮肤组成的，从功能上来说，骨架主要起着支撑动物躯体的作用，它本身不能产生运动。动物的运动实际上都是由肌肉来控制的，在肌肉的带动下，筋腱拉动骨架沿着各个关节产生转动或在某些局部发生移动，从而表现出整个形体的运动状态。但在数字空间中，骨架、肌肉和皮肤的功能与现实中是不同的。数字角色的形态只由一个因素来决定，就是角色的三维模型，也就是数字空间中的皮肤。一般情况下，数字角色是没有肌肉的，控制数字角色运动的就是三维软件里提供的骨架系统。所以，通常所说的角色动画，就是制作数字角色骨架的动画，骨架控制着皮肤，或是由骨架控制着肌肉，再由肌肉控制皮肤来实现角色动画。总体来说，在数字空间中只有两个因素最重要，一是模型，它控制着角色的形体；另一个是骨架，它控制角色的运动。在角色动画中，肌肉系统只是为了使角色在运动时，形体的变形更加符合解剖学原理，也就是使角色动画更加生动。

8.1.1 了解骨架结构

骨架是由“关节”和“骨骼”两部分构成的。关节位于骨与骨之间的连接位置，由关节的移动或旋转来带动与其相关的骨的运动。每个关节可以连接一个或多个骨，关节在场景视图中显示为球形线框结构物体；骨是连接在两个关节之间的物体结构，它能起到传递关节运动的作用，骨在场景视图中显示为棱锥状线框结构物体。另外，骨也可以指示出关节之间的父子层级关系，位于棱锥方形一端的关节为父级，位于棱锥尖端位置处的关节为子级，如图8-1所示。

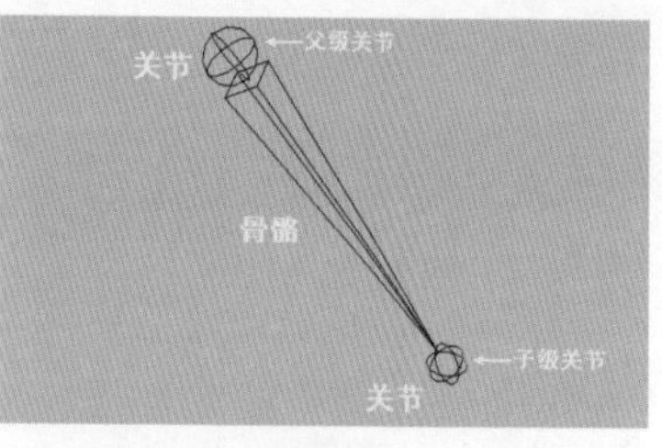

图8-1

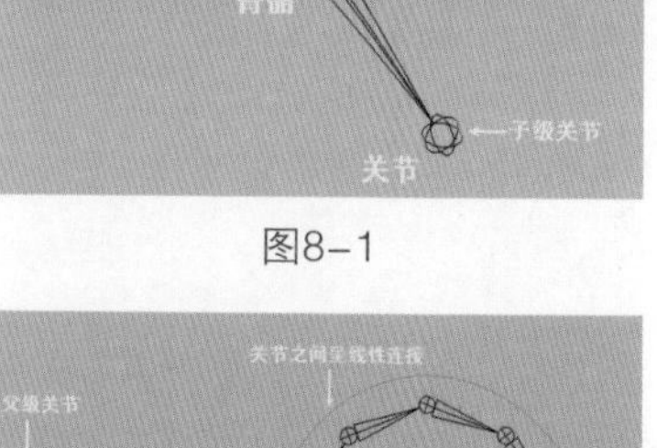

1.关节链

“关节链”又称为“骨架链”，它是一系列关节和与之相连接的骨的组合。在一条关节链中，所有的关节和骨之间都是呈线性连接的，也就是说，如果从关节链中的第1个关节开始绘制一条路径曲线到最后一个关节结束，可以使该关节链中的每个关节都经过这条曲线，如图8-2所示。

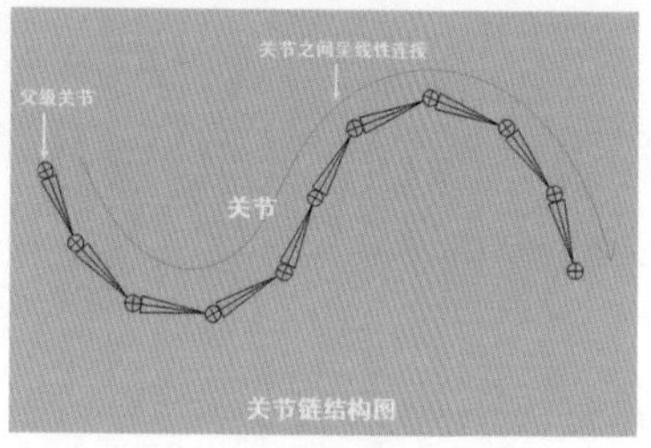

图8-2

提示

在创建关节链时，首先创建的关节将成为该关节链中层级最高的关节，称为“父关节”，只要对这个父关节进行移动或旋转操作，就会使整体关节链发生位置或方向上的变化。

2.肢体链

“肢体链”是多条关节链连接在一起的组合。与关节链不同，肢体链是一种“树状”结构，其中的关节和骨之间并不是呈线性方式连接的。也就是说，无法绘制出一条经过肢体链中所有关节的路径曲线，如图8-3所示。

提示

在肢体链中，层级最高的关节称为“根关节”，每个肢体链中只能存在一个根关节，但是可以存在多个父关节。其实，父关节和子关节是相对而言的，在关节链中任意的关节都可以成为父关节或子关节，只要在一个关节的层级之下有其他的关节存在，这个位于上一级的关节就是其层级之下关节的父关节，而这个位于层级之下的关节就是其层级之上关节的子关节。

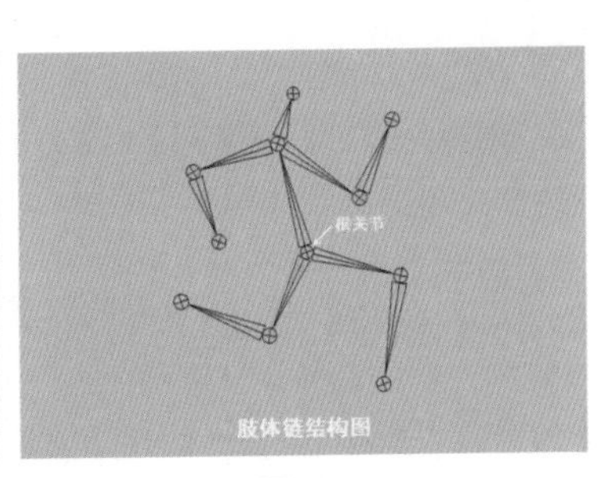

图8-3

8.1.2 父子关系

在Maya中，可以把父子关系理解成一种控制与被控制的关系。也就是说，把存在控制关系的物体中处于控制地位的物体称为父物体，把被控制的物体称为子物体。父物体和子物体之间的控制关系是单向的，前者可以控制后者，但后者不能控制前者。同时还要注意，一个父物体可以同时控制若干个子物体，但一个子物体不能同时被两个或两个以上的父物体控制。

8.1.3 创建骨架

在角色动画制作中，创建骨架通常就是创建肢体链的过程。切换到“装备”模块，执行“骨架>创建关节”命令可以创建骨架，如图8-4所示。

单击“骨架>创建关节”菜单命令后面的按钮，打开“创建关节”的“工具设置”对话框，如图8-5所示。

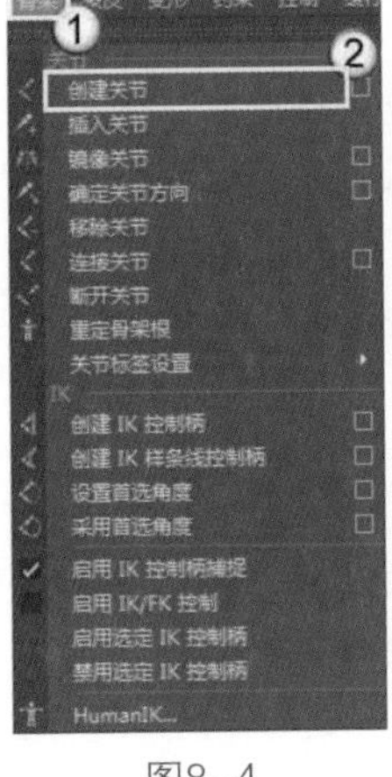

图8-4

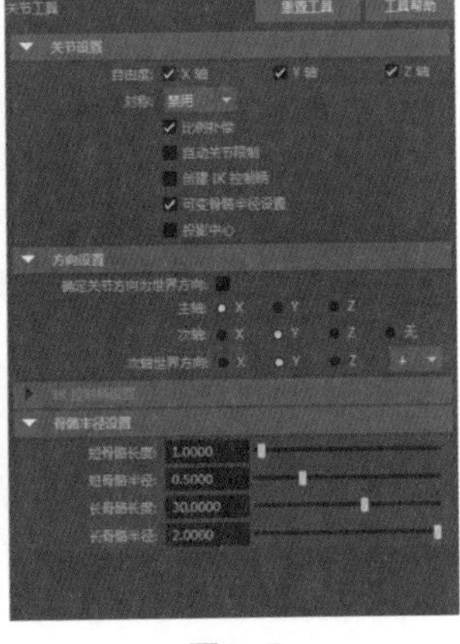

图8-5

常用参数介绍

自由度：指定被创建关节的哪些局部旋转轴向能被自由旋转，有“X轴”“Y轴”和“Z轴”这3个选项。

对称：在创建关节时用来启用或禁用对称。在下拉菜单中，可以指定创建对称连接时的方向。

比例补偿：选择该选项时，在创建关节链后，当对位于层级上方的关节进行比例缩放操作时，位于其下方的关节和骨架不会自动按比例缩放；如果关闭该选项，当对位于层级上方的关节进行缩放操作时，位于其下方的关节和骨架也会自动按比例缩放。

自动关节限制：当选择该选项时，被创建关节的一个局部旋转轴向将被限制，使其只能在180°范围之内旋转。被限制的轴向就是与创建关节时被激活视图栅格平面垂直的关节局部旋转轴向，被限制的旋转方向在关节链小于180° 夹角的一侧。

提示

“自动关节限制”选项适用于类似有膝关节旋转特征的关节链的创建。该选项的设置不会限制关节链的开始关节和末端关节。

创建IK控制柄：当选择该选项时，“IK控制柄设置”卷展栏下的相关选项才起作用。这时，使用“创建关节”命令创建关节链的同时会自动创建一个IK控制柄。创建的IK控制柄将从关节链的第1个关节开始，到末端关节结束。

提示

关于IK控制柄的设置方法，将在后面的内容中详细介绍。

可变骨骼半径设置：选择该选项后，可以在“骨骼半径设置”卷展栏下设置短/长骨骼的长度和半径。

投影中心：如果启用该选项，Maya 会自动将关节捕捉到选定网格的中心。

确定关节方向为世界方向：选择该选项后，被创建的所有关节局部旋转轴向将与世界坐标轴向保持一致。

主轴：设置被创建关节的局部旋转主轴方向。

次轴：设置被创建关节的局部旋转次轴方向。

次轴世界方向：为使用“创建关节”命令创建的所有关节的第2个旋转轴设定世界轴（正或负）方向。

短骨骼长度：设置一个长度数值来确定哪些骨为短骨骼。

短骨骼半径：设置一个数值作为短骨的半径尺寸，它是骨半径的最小值。

长骨骼长度：设置一个长度数值来确定哪些骨为长骨骼。

长骨骼半径：设置一个数值作为长骨的半径尺寸，它是骨半径的最大值。

操作练习 用关节工具创建人体骨架

» 场景文件 无
» 实例文件 Examples>CH08>8.1.mb
» 视频名称 操作练习：用关节工具创建人体骨架.mp4
» 技术掌握 掌握关节工具的用法及人体骨架的创建方法

本例使用“创建关节”命令创建的人体骨架效果如图8-6所示。

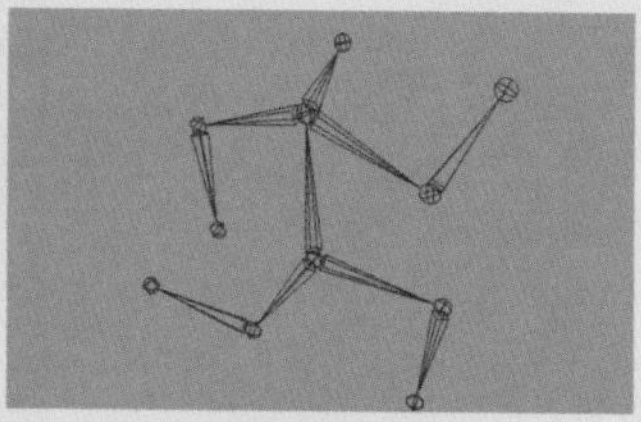

图8-6

01 切换到“装备”模块，然后执行“骨架>创建关节”菜单命令，当光标变成十字形时，在视图中单击鼠标，创建出第1个关节，接着在该关节的上方单击一次鼠标，创建出第2个关节（这时在两个关节之间会出现一根骨），最后在当前关节的上方单击一次鼠标，创建出第3个关节，如图8-7所示。

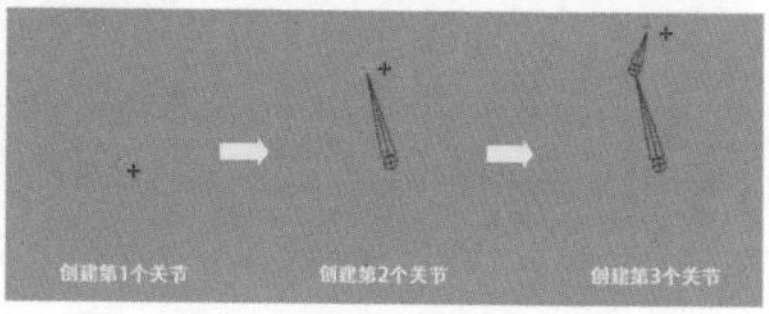

图8-7

提示

当创建一个关节后，如果对关节的放置位置不满意，可以使用鼠标中键单击并拖曳当前处于选择状态的关节，然后将其移动到需要的位置；如果已经创建了多个关节，想要修改之前创建关节的位置，可以使用方向键↑和↓来切换选择不同层级的关节。当选择了需要调整位置的关节后，再使用鼠标中键单击并拖曳当前处于选择状态的关节，将其移动到需要的位置。

注意，以上操作必须在没用结束“创建关节”命令操作的情况下才有效。

02 继续创建其他的肢体链分支。按一次↑方向键，选择位于当前选择关节上一个层级的关节，然后在其右侧位置依次单击两次鼠标，创建出第4个和第5个关节，如图8-8所示。

03 继续在左侧创建肢体链分支。连续按两次↑方向键，选择位于当前选择关节上两个层级处的关节，然后在其左侧位置依次单击两次鼠标，创建出第6个和第7个关节，如图8-9所示。

04 继续在下方创建肢体链分支。连续按3次↑方向键，选择位于当前选择关节上3个层级处的关节，然后在其右侧位置依次单击两次鼠标，创建出第8个和第9个关节，如图8-10所示。

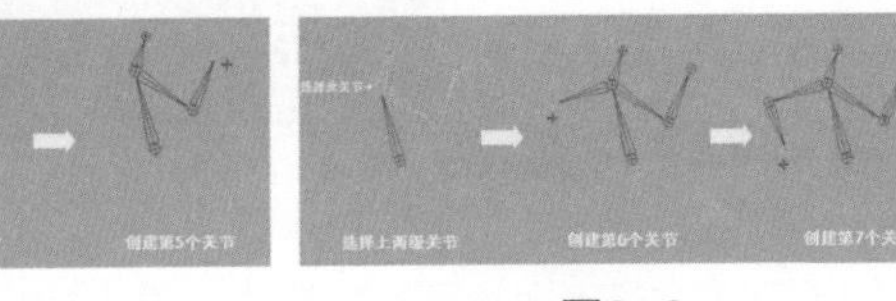

图8-8　图8-9

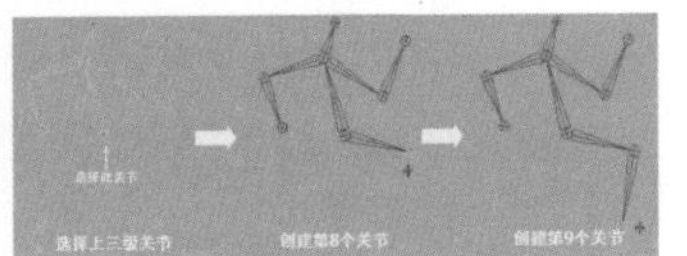

图8-10

提示

可以使用相同的方法继续创建出其他位置的肢体链分支，不过这里要尝试采用另外一种方法，所以可以先按Enter键结束肢体链的创建。下面将采用添加关节的方法在现有肢体链中创建关节链分支。

05 重新选择“创建关节”命令，然后在想要添加关节链的现有关节上单击一次鼠标（选中该关节，以确定新关节链将要连接的位置），继续依次单击两次鼠标，创建出第10个和第11个关节，接着按Enter键结束肢体链的创建，如图8-11所示。

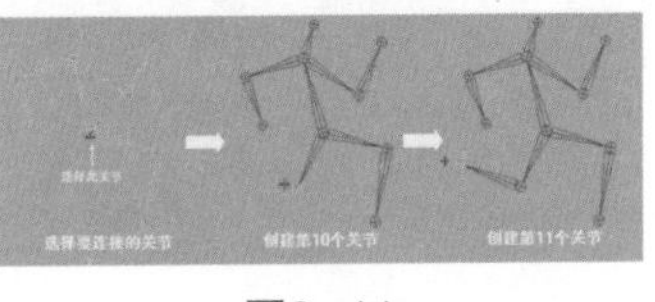

图8-11

提示

使用这种方法可以在已经创建完成的关节链上随意添加新的分支，并且能在指定的关节位置处对新旧关节链进行自动连接。

8.1.4 编辑骨架

创建骨架之后，可以采用多种方法来编辑骨架，使骨架能更好地满足动画制作的需要。Maya提供了一些方便的骨架编辑工具，如图8-12所示。

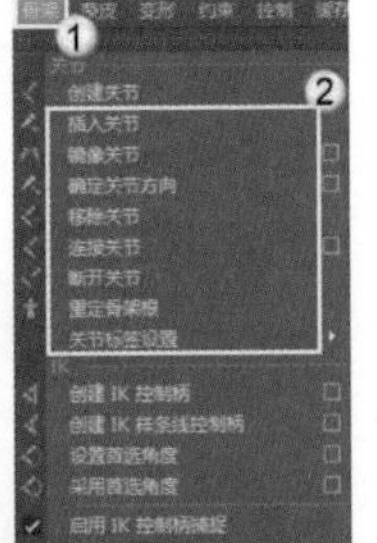

图8-12

1.插入关节工具

如果要增加骨架中的关节数，可以使用“插入关节”在任意层级的关节下插入任意数目的关节。

2.镜像关节

使用“镜像关节”命令可以镜像复制出一个关节链的副本，镜像关节的操作结果将取决于事先设置的镜像交叉平面的放置方向。如果选择关节链中的关节进行部分镜像操作，这个镜像交叉平面的原点在原始关节链的父关节位置；如果选择关节链的根关节进行整体镜像操作，这个镜像交叉平面的原点在世界坐标原点位置。当镜像关节时，关节的属性、IK控制柄连同关节和骨一起被镜像复制，但其他的骨架数据（如约束、连接和表达式）不能包含在被镜像复制出的关节链副本中。

单击“镜像关节”命令后面的按钮，打开“镜像关节选项”对话框，如图8-13所示。

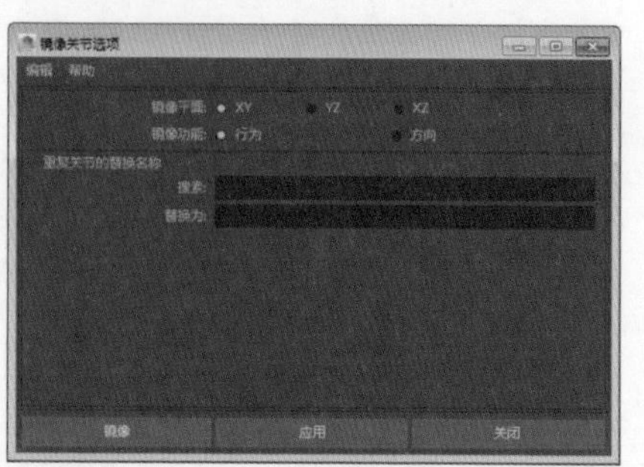

图8-13

常用参数介绍

镜像平面：指定一个镜像关节时使用的平面。镜像交叉平面就像是一面镜子，它决定了产生的镜像关节链副本的方向，提供了以下3个选项。

XY：当选择该选项时，镜像平面是由世界空间坐标x轴和y轴向构成的平面，将当前选择的关节链沿该平面镜像复制到另一侧。

YZ：当选择该选项时，镜像平面是由世界空间坐标y轴和z轴向构成的平面，将当前选择的关节链沿该平面镜像复制到另一侧。

XZ：当选择该选项时，镜像平面是由世界空间坐标x轴和z轴向构成的平面，将当前选择的关节链沿该平面镜像复制到另一侧。

镜像功能：指定被镜像复制的关节与原始关节的方向关系，提供了以下两个选项。

行为：当选择该选项时，被镜像的关节将与原始关节具有相对的方向，并且各关节局部旋转轴指向与它们对应副本的相反方向，如图8-14所示。

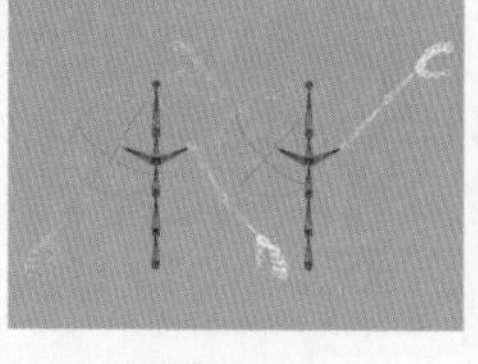
图8-14

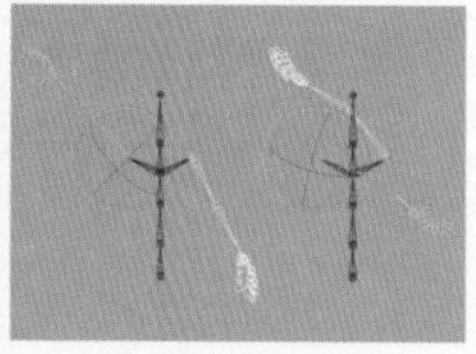
图8-15

方向：当选择该选项时，被镜像的关节将与原始关节具有相同的方向，如图8-15所示。

搜索：可以在文本输入框中指定一个关节命名标识符，以确定在镜像关节链中要查找的目标。

替换为：在文本输入框中指定一个关节命名标识符，使用这个命名标识符可以替换被镜像关节链中查找到的所有在“搜索”文本框中指定的命名标识符。

提示

当为结构对称的角色创建骨架时，“镜像关节”命令将非常有用。例如，当制作一个人物角色骨架时，用户只需要制作出一侧的手臂、手、腿和脚部骨架，然后执行“镜像关节”命令就可以得到另一侧的骨架，这样就能减少重复性的工作，提高工作效率。

特别注意，不能使用“编辑>特殊复制”菜单命令对关节链进行镜像复制操作。

3.确定关节方向

在创建骨架链之后，为了让某些关节与模型能更准确地对位，经常需要调整一些关节的位置。因为每个关节的局部旋转轴向并不能跟随关节位置的改变来自动调整方向。例如，如果使用“创建关节”命令的默认参数创建一条关节链，在关节链中关节局部旋转轴的x轴将指向骨的内部；如果使用“移动工具”对关节链中的一些关节进行移动，这时关节局部旋转轴的x轴将不再指向骨的内部。所以在通常情况下，调整关节位置之后，需要重新定向关节的局部旋转轴向，使关节局部旋转轴的x轴重新指向骨的内部。这样可以确保在为关节链添加IK控制柄时，获得比较理想的控制效果。

4.移除关节

使用“移除关节”命令可以从关节链中删除当前选择的一个关节，并且可以将剩余的关节和骨结合为一个单独的关节链。也就是说，虽然删除了关节链中的关节，但仍然会保持该关节链的连接状态。

5.连接关节

使用“连接关节”命令能采用两种不同方式（连接或父子关系）将断开的关节连接起来，形成一个完整的骨架链。单击“连接关节”命令后面的按钮，打开“连接关节选项”对话框，如图8-16所示。

图8-16

常用参数介绍

连接关节：这种方式是使用一条关节链中的根关节去连接另一条关节链中除根关节之外的任何关节，使其中一条关节链的根关节直接移动位置，对齐到另一条关节链中选择的关节上，最后两条关节链连接形成一个完整的骨架链。

将关节设为父子关系：这种方式是使用一根骨，将一条关节链中的根关节作为子物体与另一条关节链中除根关节之外的任何关节连接起来，形成一个完整的骨架链。使用这种方法连接关节时不会改变关节链的位置。

6.断开关节

使用“断开关节”命令可以将骨架在当前选择的关节位置处打断，将原本单独的一条关节链分离为两条关节链。

7.重定骨架根

使用“重定骨架根”命令可以改变关节链或肢体链的骨架层级，以重新设定根关节在骨架链中的位置。如果选择的是位于整个骨架链中层级最下方的一个子关节，重新设定根关节后骨架的层级将会颠倒；如果选择的是位于骨架链中间层级的一个关节，重新设定根关节后，在根关节的下方将有两个分离的骨架层级被创建。

8.1.5 IK控制柄

“IK控制柄”是制作骨架动画的重要工具，本节主要针对Maya中提供的“IK控制柄工具”来讲解IK控制柄的功能、使用方法和参数设置。

角色动画的骨架运动遵循运动学原理，定位和动画骨架包括两种类型的运动学，分别是“正向运动学”和“反向运动学”。

1.正向运动学

“正向运动学”简称FK，它是一种通过层级控制物体运动的方式，这种方式是由处于层级上方的父级物体运动，经过层层传递来带动其下方子级物体的运动。

如果采用正向运动学方式制作角色抬腿的动作，需要逐个旋转角色腿部的每个关节，如首先旋转大腿根部的髋关节，接着旋转膝关节，然后是踝关节，依次向下直到脚尖关节位置处结束，如图8-17所示。

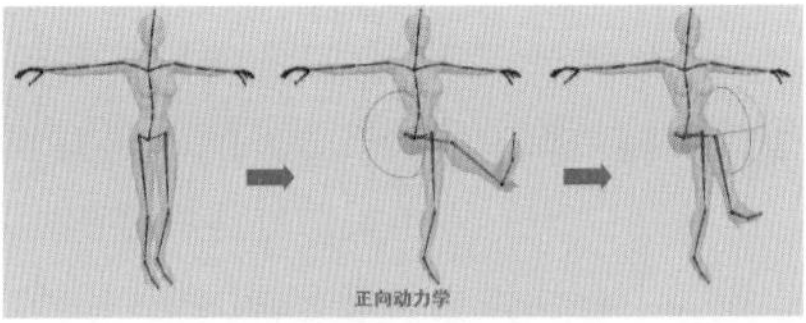

图8-17

提示

由于正向运动学的直观性，所以它很适合创建一些简单的圆弧状运动，但是在使用正向运动学时，也会遇到一些问题。例如，使用正向运动学将角色的腿部骨架调整到一个姿势后，如果腿部其他关节位置都很正确，只是对大腿根部的髋关节位置不满意，这时当对髋关节位置进行调整后，会发现其他位于层级下方的腿部关节位置也发生了改变，还需要逐个调整这些关节才能达到想要的结果。如果这是一个复杂的关节链，那么要重新调整的关节将会很多，工作量将非常大。

那么，是否有一种可以使工作更加简化的方法呢？答案是肯定的，随着技术的发展，用反向运动学控制物体运动的方式产生了，它可以使制作复杂物体的运动变得更加方便和快捷。

2.反向运动学

“反向运动学”简称IK，从控制物体运动的方式来看，它与正向运动学刚好相反，这种方式是由处于层级下方的子级物体运动来带动其层级上方父级物体的运动。与正向运动学不同，反向运动学不是依靠逐个旋转层级中的每个关节来达到控制物体运动的目的，而是创建一个额外的控制结构，此控制结构称为IK控制柄。用户只需要移动这个IK控制柄，就能自动旋转关节链中的所有关节。例如，如果为角色的腿部骨架链创建了IK控制柄，制作角色抬腿动作时只需要向上移动IK控制柄使脚离开地面，这时腿部骨架链中的其他关节就会自动旋转相应角度来适应脚部关节位置的变化，如图8-18所示。

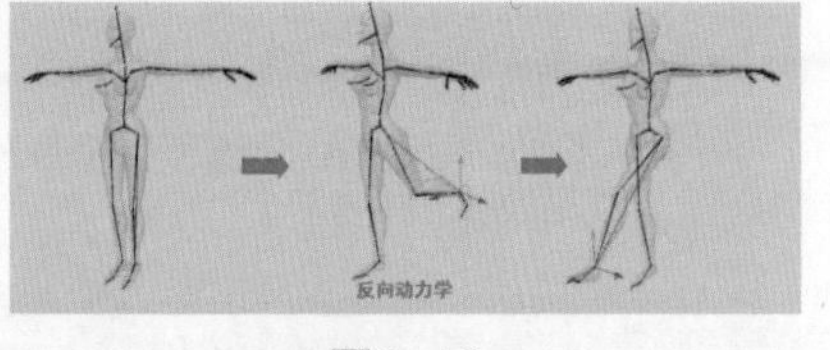

图8-18

提示

有了反向运动学，就可以使动画师将更多精力集中在制作动画效果上，而不必像正向运动学那样始终要考虑如何旋转关节链中的每个关节来达到想要的摆放姿势。使用反向运动学，可以大大减少调节角色动作的工作量，能解决一些正向运动学难以解决的问题。

要使用反向运动学方式控制骨架运动，就必须利用专门的反向运动学工具为骨架创建IK控制柄。Maya提供了两种类型的反向运动学工具，分别是“IK控制柄工具”和“IK样条线控制柄工具”，下面将分别介绍这两种反向运动学工具的功能、使用方法和参数设置。

3.IK控制柄工具

“IK控制柄工具”提供了一种使用反向运动学定位关节链的方法，它能控制关节链中每个关节的旋转和关节链的整体方向。“IK控制柄工具”是解决常规反向运动学控制问题的专用工具，使用系统默认参数创建的IK控制柄结构如图8-19所示。

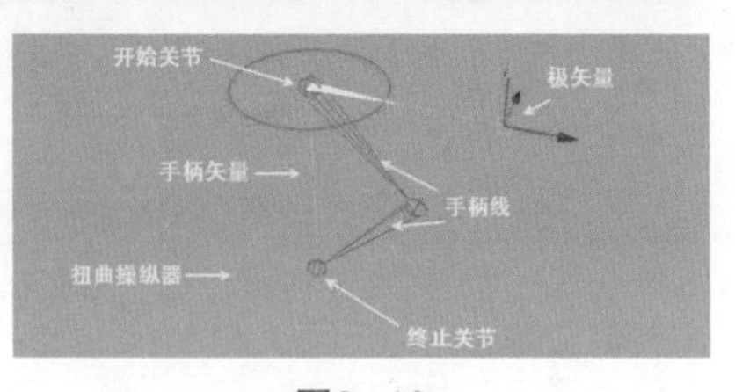

图8-19

IK控制柄结构介绍

开始关节：开始关节是受IK控制柄控制的第1个关节，是IK控制柄开始的地方。开始关节可以是关节链中除末端关节之外的任何关节。

终止关节：终止关节是受IK控制柄控制的最后一个关节，是IK控制柄终止的地方。终止关节可以是关节链中除根关节之外的任何关节。

手柄线：手柄线是贯穿被IK控制柄控制的关节链的所有关节和骨的一条线。手柄线从开始关节的局部旋转轴开始，到终止关节的局部旋转轴位置结束。

手柄矢量：手柄矢量是从IK控制柄的开始关节引出，到IK控制柄的终止关节（末端效应器）位置结束的一条直线。

提示

末端效应器是创建IK控制柄时自动增加的一个节点，IK控制柄被连接到末端效应器。当调节IK控制柄时，由末端效应器驱动关节链与IK控制柄的运动相匹配。在系统默认设置下，末端效应器被定位在受IK控制柄控制的终止关节位置处并处于隐藏状态，末端效应器与终止关节处于同一个骨架层级中。可以通过“大纲视图”对话框或“Hypergraph：层次”对话框来观察和选择末端效应器节点。

极矢量：极矢量是可以改变IK链方向的操纵器，同时也可以防止IK链发生意外翻转。

提示

IK链是被IK控制柄控制和影响的关节链。

扭曲操纵器：扭曲操纵器是一种可以扭曲或旋转关节链的操纵器，它位于IK链的终止关节位置。

单击“骨架>创建IK控制柄”命令后面的□按钮，打开“IK控制柄工具”的“工具设置”对话框，如图8-20所示。

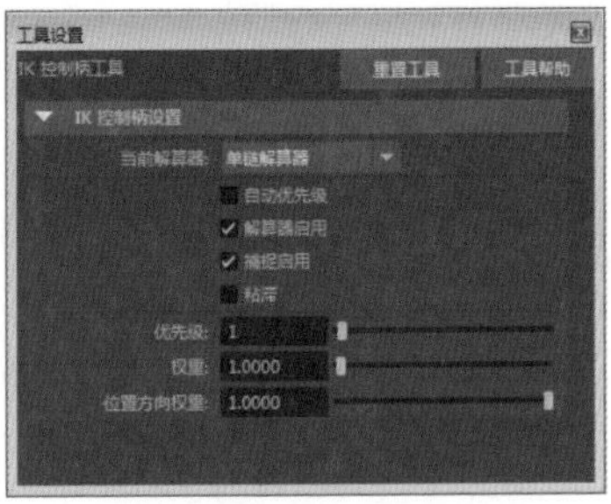

图8-20

IK控制柄工具参数介绍

当前解算器：指定被创建的IK控制柄将要使用的解算器类型，共有“旋转平面解算器”和“单链解算器”两种类型。

旋转平面解算器：使用该解算器创建的IK控制柄，将利用旋转平面解算器来计算IK链中所有关节的旋转，但是它并不计算关节链的整体方向。可以使用极矢量和扭曲操纵器来控制关节链的整体方向，如图8-21所示。

提示

ikRPsolver解算器非常适合控制角色手臂或腿部关节链的运动。例如，可以在保持腿部髋关节、膝关节和踝关节在同一个平面的前提下，以手柄矢量为轴自由旋转整个腿部关节链。

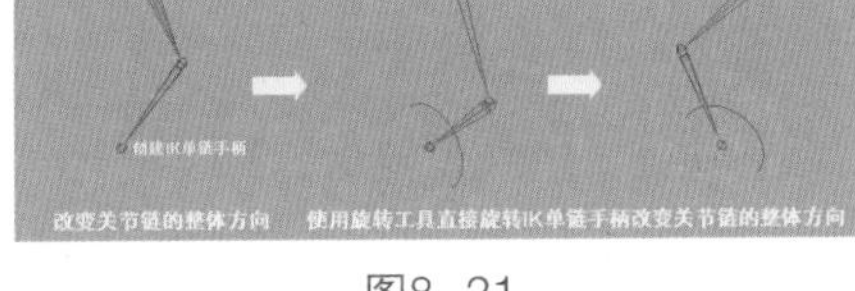
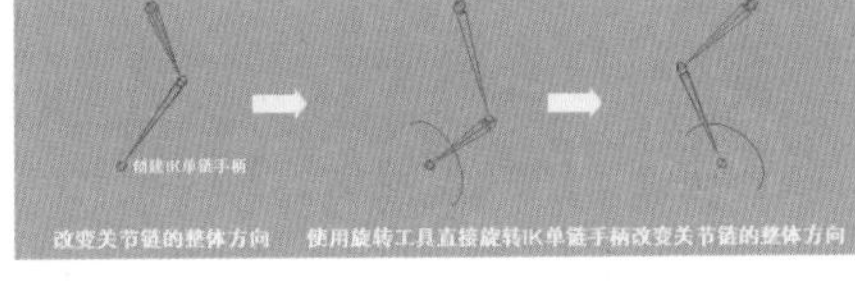

图8-21

单链解算器：使用该解算器创建的IK控制柄，不但可以利用单链解算器来计算IK链中所有关节的旋转，而且也可以利用单链解算器计算关节链的整体方向。也就是说，可以直接使用“旋转工具”对选择的IK单链手柄进行旋转操作来达到改变关节链整体方向的目的，如图8-22所示。

提示

IK单链手柄与IK旋转平面手柄之间的区别是，IK单链手柄的末端效应器总是尝试尽量达到IK控制柄的位置和方向，而IK旋转平面手柄的末端效应器只尝试尽量达到IK控制柄的位置。正因为如此，使用IK旋转平面手柄对关节旋转的影响结果是更加可预测的。对于IK旋转平面手柄，可以使用极矢量和扭曲操纵器来控制关节链的整体方向。

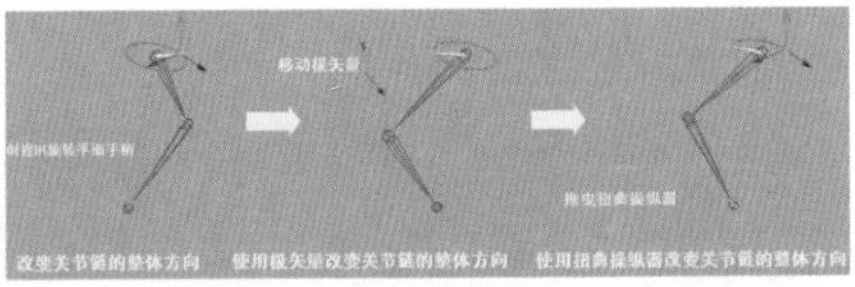

图8-22

自动优先级：当选择该选项时，在创建IK控制柄时Maya将自动设置IK控制柄的优先权。Maya是根据IK控制柄的开始关节在骨架层级中的位置来分配IK控制柄优先权的。例如，如果IK控制柄的开始关节是根关节，则优先权被设置为1；如果IK控制柄刚好开始在根关节之下，优先权将被设置为2，以此类推。

提示

只有当一条关节链中有多个（超过一个）IK控制柄的时候，IK控制柄的优先权才是有效的。为IK控制柄分配优先权的目的是确保一个关节链中的多个IK控制柄能按照正确的顺序被解算，以便能得到所希望的动画结果。

解算器启用：当选择该选项时，在创建的IK控制柄上IK解算器将处于激活状态。该选项默认设置为选择状态，以便在创建IK控制柄之后就可以立刻使用IK控制柄将关节链摆放到需要的位置。

捕捉启用：当选择该选项时，创建的IK控制柄将始终捕捉到IK链的终止关节位置。该选项默认设置为选择状态。

粘滞：当选择该选项后，如果使用其他IK控制柄摆放骨架姿势或直接移动、旋转、缩放某个关节时，这个IK控制柄将黏附在当前位置和方向上，如图8-23所示。

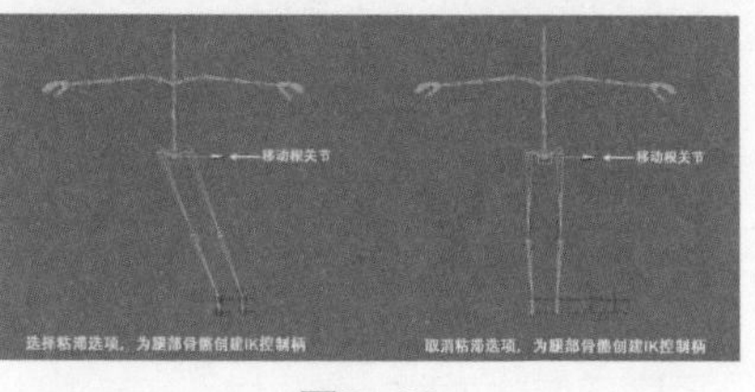

图8-23

优先级：该选项可以为关节链中的IK控制柄设置优先权，Maya基于每个IK控制柄在骨架层级中的位置来计算IK控制柄的优先权。优先权为1的IK控制柄将在解算时首先旋转关节；优先权为2的IK控制柄将在优先权为1的IK控制柄之后再旋转关节，以此类推。

权重：为当前IK控制柄设置权重值。该选项对于ikRPsolver（IK旋转平面解算器）和ikSCsolver（IK单链解算器）是无效的。

位置方向权重：指定当前IK控制柄的末端效应器将匹配到目标的位置或方向。当该数值设置为1时，末端效应器将尝试到达IK控制柄的位置；当该数值设置为0时，末端效应器将只尝试到达IK控制柄的方向；当该数值设置为0.5时，末端效应器将尝试达到与IK控制柄位置和方向的平衡。另外，该选项对于ikRPsolver（IK旋转平面解算器）是无效的。

提示

使用“IK控制柄工具”的操作步骤如下。

第1步：打开“IK控制柄工具”的“工具设置”对话框，根据实际需要进行相应参数设置后关闭对话框，这时光标将变成十字形。

第2步：在关节链上单击鼠标选择一个关节，此关节将作为创建IK控制柄的开始关节。

第3步：继续在关节链上单击鼠标选择一个关节，此关节将作为创建IK控制柄的终止关节，这时一个IK控制柄将在选择的关节之间被创建，如图8-24所示。

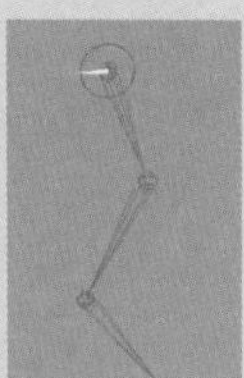

图8-24

4. IK样条线控制柄工具

“IK样条线控制柄工具”可以使用一条NURBS曲线来定位关节链中的所有关节，当操纵曲线时，IK控制柄的IK样条解算器会旋转关节链中的每个关节，所有关节被IK样条控制柄驱动以保持与曲线的跟随。与“IK控制柄工具”不同，IK样条线控制柄不是依靠移动或旋转IK控制柄自身来定位关节链中的每个关节，当为一条关节链创建了IK样条线控制柄之后，可以采用编辑NURBS曲线形状、调节相应操纵器等方法来控制关节链中各个关节的位置和方向，图8-25所示是IK样条线控制柄的结构。

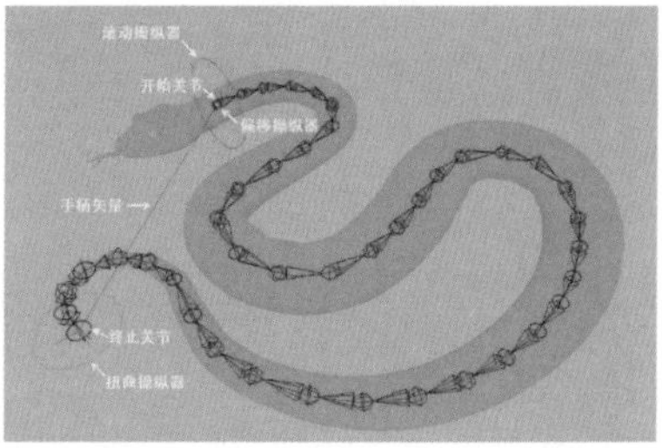

IK样条线控制柄结构介绍

开始关节：开始关节是受IK样条线控制柄控制的第1个关节，是IK样条线控制柄开始的地方。开始关节可以是关节链中除末端关节之外的任何关节。

终止关节：终止关节是受IK样条线控制柄控制的最后一个关节，是IK样条线控制柄终止的地方。终止关节可以是关节链中除根关节之外的任何关节。

图8-25

手柄矢量：手柄矢量是从IK样条线控制柄的开始关节引出，到IK样条线控制柄的终止关节（末端效应器）位置结束的一条直线。

滚动操纵器：滚动操纵器位于开始关节位置，拖曳滚动操纵器的圆盘可以使IK样条线控制柄的开始关节滚动整个关节链，如图8-26所示。

偏移操纵器：偏移操纵器位于开始关节位置，利用偏移操纵器可以将曲线作为路径滑动开始关节到曲线的不同位置。偏移操纵器只能在曲线两个端点之间的范围内滑动，在滑动过程中，超出曲线终点的关节将以直线形状排列，如图8-27所示。

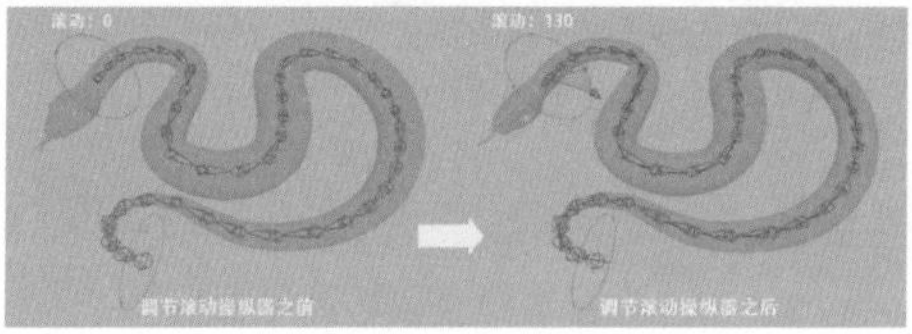

图8-26

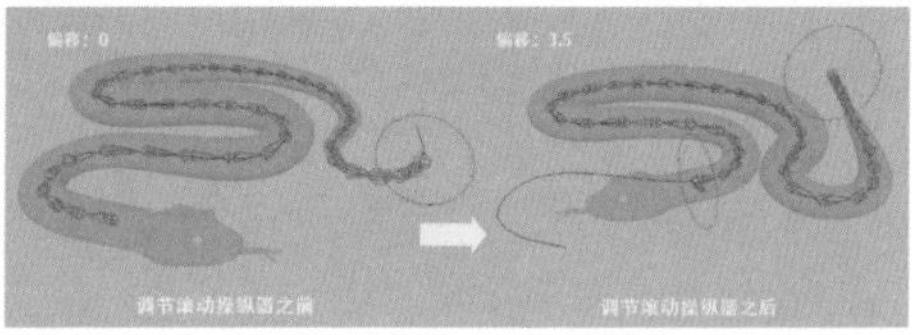

图8-27

扭曲操纵器：扭曲操纵器位于终止关节位置，按住鼠标左键拖曳扭曲操纵器的圆盘可以从IK样条线控制柄的终止关节扭曲关节链。

提示

上述IK样条线控制柄的操纵器默认并不显示在场景视图中，如果要调整这些操纵器，需要先选择IK样条线控制柄，然后在Maya用户界面左侧的“工具盒”中单击“显示操纵器工具”，这样就会在场景视图中显示出IK样条线控制柄的操纵器，单击并按住鼠标左键拖曳相应操纵器的控制柄，可以调整关节链以得到想要的效果。

打开“IK样条线控制柄工具”的“工具设置”对话框，如图8-28所示。

IK样条线控制柄工具参数介绍

根在曲线上：当选择该选项时，IK样条线控制柄的开始关节会被约束到NURBS曲线上，这时可以拖曳偏移操纵器沿曲线滑动开始关节（和它的子关节）到曲线的不同位置。

提示

当“根在曲线上”选项为关闭状态时，用户可以移动开始关节离开曲线，开始关节不再被约束在曲线上。Maya将忽略“偏移”属性，并且开始关节位置处也不会存在偏移操纵器。

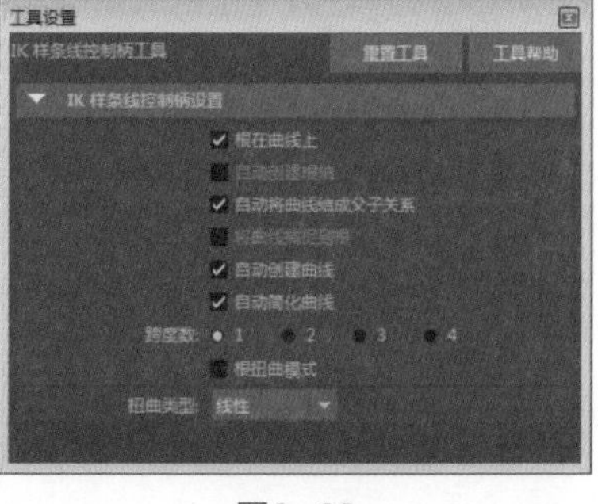

图8-28

自动创建根轴：该选项只有在“根在曲线上”选项处于关闭状态时才变为有效。当选择该选项时，在创建IK样条线控制柄的同时也会为开始关节创建一个父变换节点，此父变换节点位于场景层级的上方。

自动将曲线结成父子关系：如果IK样条线控制柄的开始关节有父物体，选择该选项会使IK样条曲线成为开始关节父物体的子物体，也就是说IK样条曲线与开始关节将处于骨架的同一个层级上。因此，IK样条曲线与开始关节（和它的子关节）将跟随其层级上方父物体的变换而做出相应的改变。

提示

通常在为角色的脊椎或尾部添加IK样条线控制柄时需要选择这个选项，这样可以确保在移动角色根关节时，IK样条曲线也会跟随根关节做出同步改变。

将曲线捕捉到根：该选项只有在“自动创建根轴”选项处于关闭状态时才有效。当选择该选项时，IK样条曲线的起点将捕捉到开始关节位置，关节链中的各个关节将自动旋转以适应曲线的形状。

提示

如果想让事先创建的NURBS曲线作为固定的路径，使关节链移动并匹配到曲线上，可以关闭该选项。

自动创建曲线：当选择该选项时，在创建IK样条线控制柄的同时也会自动创建一条NURBS曲线，该曲线的形状将与关节链的摆放路径相匹配。

提示

如果选择“自动创建曲线”选项的同时关闭“自动简化曲线”选项，在创建IK样条线控制柄的同时会自动创建一条通过此IK链中所有关节的NURBS曲线，该曲线在每个关节位置处都会放置一个编辑点。如果IK链中有许多关节，那么创建的曲线会非常复杂，这将不利于对曲线进行操纵。

如果“自动创建曲线”和“自动简化曲线”选项都处于选择状态，在创建IK样条线控制柄的同时会自动创建一条形状与IK链相似的简化曲线。

当“自动创建曲线”选项为非选择状态时，用户必须事先绘制一条NURBS曲线，以满足创建IK样条线控制柄的需要。

自动简化曲线：该选项只有在“自动创建曲线”选项处于选择状态时才变为有效。当选择该选项时，在创建IK样条线控制柄的同时会自动创建一条经过简化的NURBS曲线，曲线的简化程度由“跨度数”数值来决定。“跨度数”与曲线上的CV控制点数量相对应，该曲线是具有3次方精度的曲线。

跨度数：在创建IK样条线控制柄时，该选项用来指定与IK样条线控制柄同时创建的NURBS曲线上CV控制点的数量。

根扭曲模式：当选择该选项时，可以调节扭曲操纵器在终止关节位置处对开始关节和其他关节进行轻微的扭曲操作；当关闭该选项时，调节扭曲操纵器将不会影响开始关节的扭曲，这时如果想要旋转开始关节，必须使用位于开始关节位置处的滚动操纵器。

扭曲类型：指定在关节链中扭曲将如何发生，共有以下4个选项。

线性：均匀扭曲IK链中的所有部分，这是默认选项。

缓入：在IK链中的扭曲作用效果由终止关节向开始关节逐渐减弱。

缓出：在IK链中的扭曲作用效果由开始关节向终止关节逐渐减弱。

缓入缓出：在IK链中的扭曲作用效果由中间关节向两端逐渐减弱。

8.2 角色蒙皮

所谓“蒙皮”就是“绑定皮肤”，当完成了角色建模、骨架创建和角色装配工作之后，就可以着手对角色模型进行蒙皮操作了。蒙皮就是将角色模型与骨架建立绑定连接关系，使角色模型能够跟随骨架运动产生类似皮肤的变形效果。

蒙皮后的角色模型表面被称为“皮肤”，它可以是NURBS曲面、多边形表面或细分表面。蒙皮后角色模型表面上的点被称为“蒙皮物体点”，它可以是NURBS曲面的CV控制点、多边形表面顶点、细分表面顶点或晶格点。

经过角色蒙皮操作后，就可以为高精度的模型制作动画了。Maya提供了两种类型的蒙皮方式，分别是“绑定蒙皮”和“交互式蒙皮绑定”，它们具有不同的特性，分别适用于不同的情况。

8.2.1 蒙皮前的准备工作

在蒙皮之前，需要充分检查模型和骨架的状态，以保证模型和骨架能正确地绑在一起，这样在以后的动画制作中才不至于出现异常情况。在检查模型时需要从以下3个方面入手。

第1点：首先要测试的就是角色模型是否适合制作动画，或者说检查角色模型在绑定之后是否能完成预定的动作。模型是否适合制作动画，主要从模型的布线方面进行分析。在动画制作中，凡是角色模型需要弯曲或褶皱的地方都必须要有足够多的线来划分，以供变形处理。在关节位置至少需要3条线的划分，这样才能实现基本的弯曲效果，而在关节处划分的线成扇形分布是比较合理的，如图8-29所示。

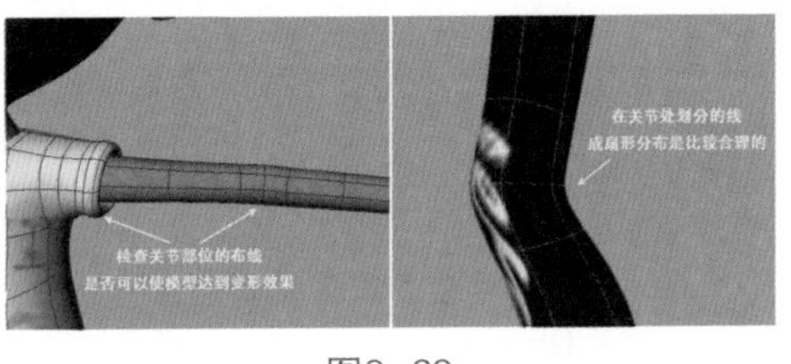

图8-29

第2点：分析完模型的布线情况后要检查模型是否“干净整洁”。所谓“干净”，是指模型上除了必要的历史信息外不含无用的历史信息；所谓“整洁”，就是要对模型的各个部位进行准确清晰的命名。

> **提示**
>
> 正是由于变形效果是基于历史信息的，所以在绑定或者用变形器变形前要清除模型上的无用历史信息，以保证变形效果的正常解算。如果需要清除模型的历史信息，可以在选择模型后执行“编辑>按类型删除>历史”菜单命令。
>
> 要使模型干净整洁，还需要将模型的变换参数都调整到0，选择模型后执行“修改>冻结变换”菜单命令。

第3点：检查骨架系统的设置是否存在问题。各部分骨架是否已经全部正确清晰地进行了命名，这对后面的蒙皮和动画制作有很大的影响。一个不太复杂的人物角色，用于控制其运动的骨架节点也有数十个之多，如果骨架没有清晰的命名，而是采用默认的joint1、joint2、joint3方式，那么在编辑蒙皮时，想要找到对应位置的骨架节点就非常困难。所以在蒙皮前，必须对角色的每个骨架节点进行命名。骨架节点的名称没有统一的标准，但要求看到名称时就能准确找到骨架节点的位置。

8.2.2 绑定蒙皮

“绑定蒙皮”方式能使骨架链中的多个关节共同影响被蒙皮模型表面（皮肤）上的同一个蒙皮物体点，提供一种平滑的关节连接变形效果。从理论上讲，一个被绑定蒙皮后的模型表面会受到骨架链中所有关节的共同影响，但在对模型进行蒙皮操作之前，可以利用选项参数设置来决定只有最靠近相应模型表面的几个关节才能对蒙皮物体点产生变形影响。

采用绑定蒙皮方式绑定的模型表面上的每个蒙皮物体点可以由多个关节共同影响，而且每个关节对该蒙皮物体点影响力的大小是不同的。这个影响力大小用蒙皮权重来表示，它是在进行绑定皮肤计算时由系统自动分配的。如果一个蒙皮物体点完全受一个关节的影响，那么这个关节对此蒙皮物体点的影响力最大，此时蒙皮权重数值为1；如果一个蒙皮物体点完全不受一个关节的影响，那么这个关节相对此蒙皮物体点的影响力最小，此时蒙皮权重数值为0。

提示

在默认状态下，绑定蒙皮权重的分配是按照标准化原则进行的，所谓权重标准化原则，就是无论一个蒙皮物体点受几个关节的共同影响，这些关节对该蒙皮物体点影响力（蒙皮权重）的总和始终等于1。例如，一个蒙皮物体点同时受两个关节的共同影响，其中一个关节的影响力（蒙皮权重）是0.5，则另一个关节的影响力（蒙皮权重）也是0.5，它们的总和为1；如果将其中一个关节的蒙皮权重修改为0.8，则另一个关节的蒙皮权重会自动调整为0.2，它们的蒙皮权重总和将始终保持为1。

单击“蒙皮>绑定蒙皮”菜单命令后面的■按钮，打开“绑定蒙皮选项”对话框，如图8-30所示。

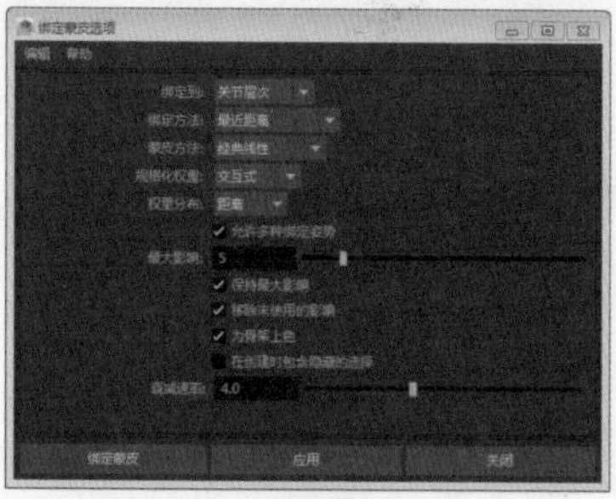

图8-30

常用参数介绍

绑定到：指定平滑蒙皮操作将绑定整个骨架还是只绑定选择的关节，共有以下3个选项。

关节层次：当选择该选项时，选择的模型表面（可变形物体）将被绑定到骨架链中的全部关节上，即使选择了根关节之外的一些关节。该选项是角色蒙皮操作中常用的绑定方式，也是系统默认的选项。

选定关节：当选择该选项时，选择的模型表面（可变形物体）将被绑定到骨架链中选择的关节上，而不是绑定到整个骨架链。

对象层次：当选择该选项时，这个选择的模型表面（可变形物体）将被绑定到选择的关节或非关节变换节点（如组节点和定位器）的整个层级。只有选择这个选项，才能利用非蒙皮物体（如组节点和定位器）与模型表面（可变形物体）建立绑定关系，使非蒙皮物体能像关节一样影响模型表面，产生类似皮肤的变形效果。

绑定方法：指定关节影响被绑定物体表面上的蒙皮物体点是基于骨架层次还是基于关节与蒙皮物体点的接近程度，共有以下两个选项。

在层次中最近：当选择该选项时，关节的影响基于骨架层次，在角色设置中，通常需要使用这种绑定方法，因为它能防止产生不适当的关节影响。例如，在绑定手指模型和骨架时，使用这个选项可以防止一个手指关节影响与其相邻近的另一个手指上的蒙皮物体点。

最近距离：当选择该选项时，关节的影响基于它与蒙皮物体点的接近程度，当绑定皮肤时，Maya将忽略骨架的层次。因为它能引起不适当的关节影响，所以在角色设置中，通常需要避免使用这种绑定方法。例如，在绑定手指模型和骨架时，使用这个选项可能导致一个手指关节影响与其相邻近的另一个手指上的蒙皮物体点。

蒙皮方法：指定为选定可变形对象使用哪种蒙皮方法。

经典线性：如果希望得到基本平滑蒙皮变形效果，可以使用该方法。这种方法允许出现一些体积收缩和收拢变形效果。

双四元数：如果希望在扭曲关节周围变形时保持网格中的体积，可以使用该方法。

权重已混合：这种方法基于绘制的顶点权重贴图，是“经典线性”和“双四元数”蒙皮的混合。

规格化权重：设定如何规格化平滑蒙皮权重。

无：禁用平滑蒙皮权重规格化。

交互式：如果希望精确使用输入的权重值，可以选择该模式。当使用该模式时，Maya会从其他影响添加或移除权重，以使所有影响的合计权重为1。

后期：选择该模式时，Maya会延缓规格化计算，直至变形网格。

允许多种绑定姿势：设定是否允许让每个骨架用多个绑定姿势。如果将几何体的多个片绑定到同一骨架，该选项非常有用。

最大影响：指定可能影响每个蒙皮物体点的最大关节数量。该选项默认设置为5，对于四足动物角色，这个数值比较合适。如果角色结构比较简单，可以适当减小这个数值，以优化绑定蒙皮计算的数据量，提高工作效率。

保持最大影响：选择该选项后，平滑蒙皮几何体在任何时间都不能具有比“最大影响”指定数量更大的影响数量。

移除未使用的影响：当选择该选项时，绑定蒙皮皮肤后可以断开所有蒙皮权重值为0的关节和蒙皮物体点之间的关联，避免Maya对这些无关数据进行检测计算。当想要减少场景数据的计算量、提高场景播放速度时，选择该选项将非常有用。

为骨架上色：当选择该选项时，被绑定的骨架和蒙皮物体点将变成彩色，使蒙皮物体点显示出与影响它们的关节和骨头相同的颜色。这样可以很直观地区分不同关节和骨头在被绑定可变形物体表面上的影响范围，如图8-31所示。

在创建时包含隐藏的选择：选择该选项，可使绑定包含不可见的几何体，因为默认情况下，绑定方法必须具有可见的几何体才能成功完成绑定。

衰减速率：指定每个关节对蒙皮物体点的影响随着点到关节距离的增加而逐渐减小的速度。该选项数值越大，影响减小的速度越慢，关节对蒙皮物体点的影响范围也越大；该选项数值越小，影响减小的速度越快，关节对蒙皮物体点的影响范围也越小，如图8-32所示。

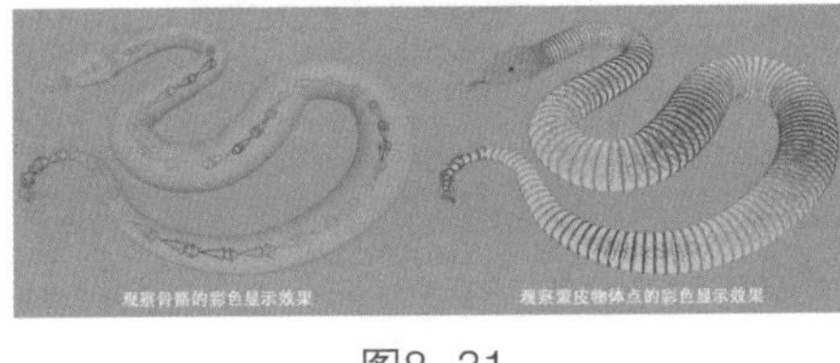

图8-31

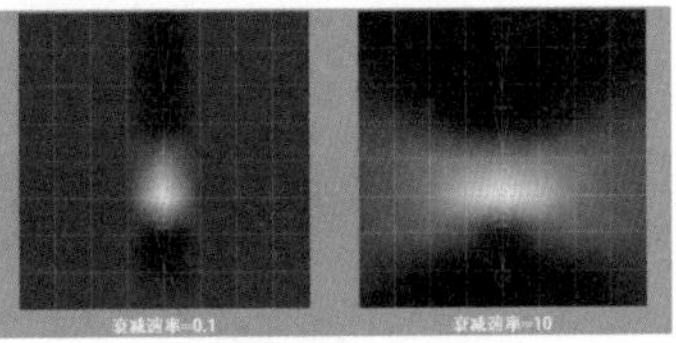

图8-32

8.2.3 交互式绑定蒙皮

“交互式绑定蒙皮”可以通过一个包裹物体来实时改变绑定的权重分配，这样可以大大减少权重分配的工作量。打开“交互式绑定蒙皮选项”对话框，如图8-33所示。

图8-33

提示

“交互式绑定蒙皮选项”对话框中的参数与“绑定蒙皮选项”对话框中的参数一致，这里不再重复介绍。

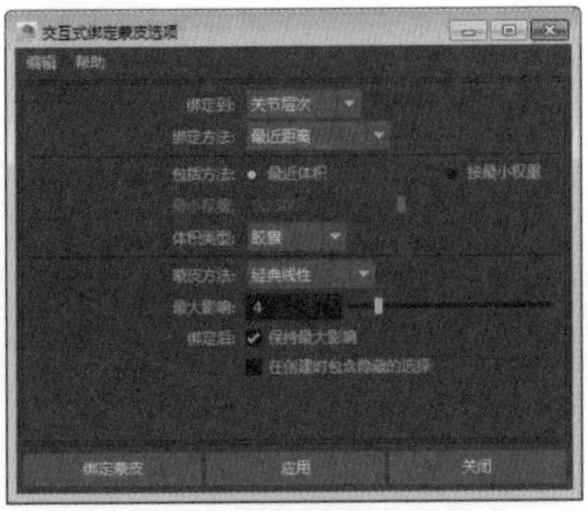

8.2.4 绘制蒙皮权重工具

“绘制蒙皮权重工具”提供了一种直观的编辑平滑蒙皮权重的方法，用户可以采用涂抹绘画的方式直接在被绑定物体表面修改蒙皮权重值，并能实时观察到修改结果。这是一种十分有效的工具，也是在编辑平滑蒙皮权重工作中主要使用的工具。它虽然没有“组件编辑器”输入的权重数值精确，但是可以在蒙皮物体表面快速高效地调整出合理的权重分布数值，以获得理想的平滑蒙皮变形效果，如图8-34所示。

单击“蒙皮>绘制蒙皮权重工具”菜单命令后面的■按钮，打开该工具的“工具设置”对话框，如图8-35所示。该对话框分为“影响”“渐变”“笔划”“光笔压力”和“显示”这5个卷展栏。

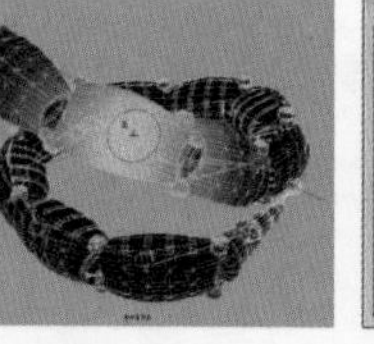

图8-34

工具设置
绘制蒙皮权重工具
重置工具
工具帮助
影响
渐变
笔划
光笔压力
显示

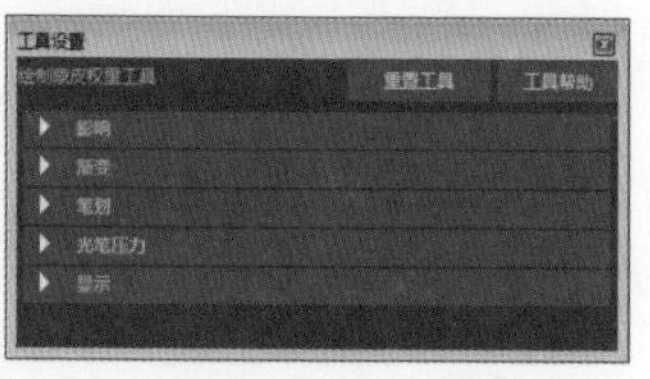

图8-35

8.3 动画概述

动画——顾名思义，就是让角色或物体动起来，其英文为Animation。动画与运动是分不开的，因为运动是动画的本质，将多张连续的单帧画面连在一起就形成了动画，如图8-36所示。

Maya作为一款优秀的三维软件，为用户提供了一套非常强大的动画系统，如关键帧动画、路径动画、非线性动画、表达式动画和变形动画等。但无论使用哪种方法来制作动画，都需要用户对角色或物体有着仔细的观察和深刻的体会，这样才能制作出生动的动画效果，如图8-37所示。

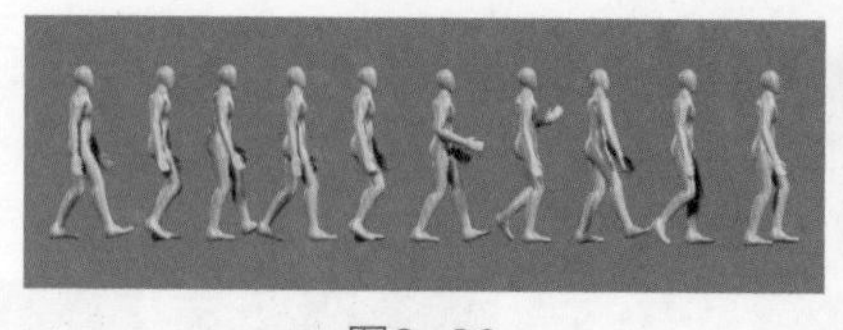

图8-36

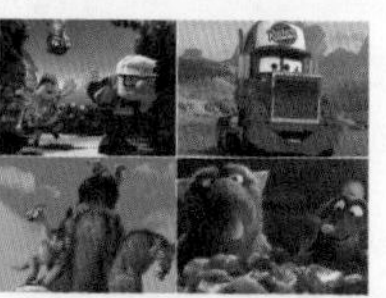

图8-37

8.4 时间轴

在制作动画时，无论是传统动画的创作还是用三维软件制作动画，时间都是一个难以控制的部分。可时间的重要性又是无可比拟的，它存在于动画的任何阶段，通过它可以描述出角色的重量、体积和个性等，而且时间不仅包含于运动当中，同时还能表达出角色的感情。

Maya中的“时间轴”提供了快速访问时间和关键帧设置的工具，包括“时间滑块”“时间范围滑块”和“播放控制器”等，如图8-38所示。

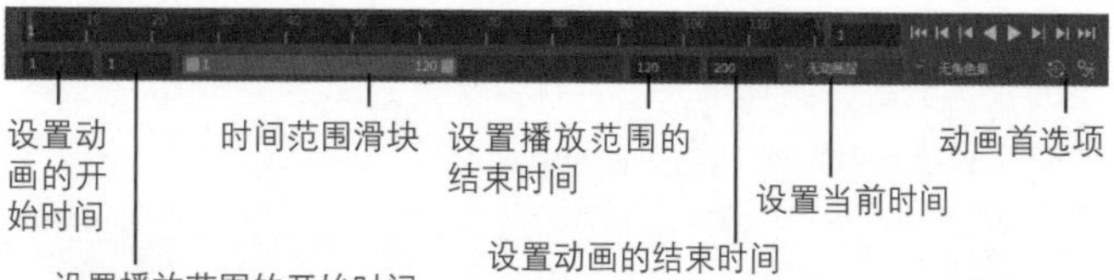

设置动画的开始时间
时间范围滑块
设置播放范围的结束时间
动画首选项
设置当前时间
设置动画的结束时间
设置播放范围的开始时间

图8-38

8.4.1 时间滑块

“时间滑块”可以控制动画的播放范围、关键帧（红色线条显示）和播放范围内的受控制帧，如图8-39所示。

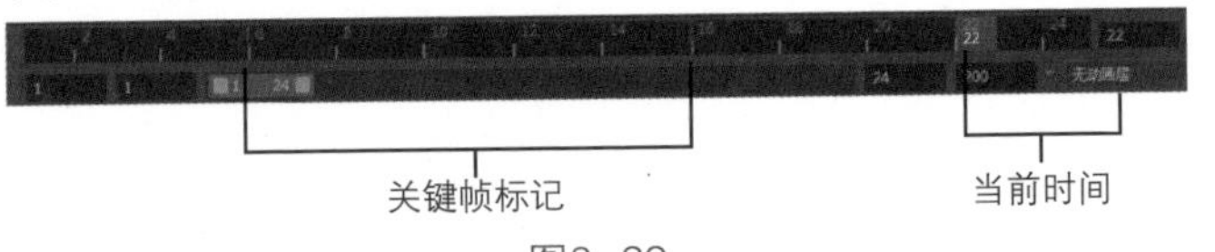

图8-39

提示

在“时间滑块”上的任意位置单击鼠标，即可改变当前时间，场景会跳到动画的该时间处。

按住K键，然后在视图中按住鼠标左键水平拖曳光标，场景动画便会随光标的移动而不断更新。

按住Shift键在“时间滑块”上单击鼠标左键并在水平位置拖曳出一个红色的范围，选择的时间范围会以红色显示出来，如图8-40所示。水平拖曳选择区域两端的箭头，可以缩放选择区域；水平拖曳选择区域中间的双箭头，可以移动选择区域。

缩放区域箭头 移动区域箭头 缩放区域箭头

图8-40

8.4.2 时间范围滑块

“时间范围滑块”用来控制动画的播放范围，如图8-41所示。

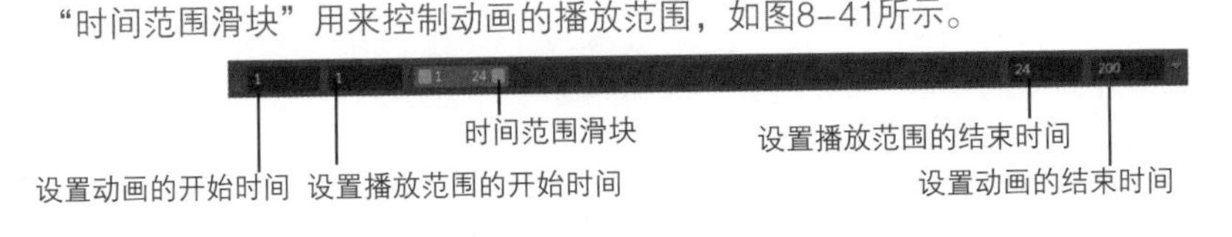

图8-41

“时间范围滑块”的用法有以下3种。

第1种：拖曳“时间范围滑块”可以改变播放范围。

第2种：拖曳“时间范围滑块”两端的■按钮可以缩放播放范围。

第3种：双击“时间范围滑块”，播放范围会变成动画开始时间数值框和动画结束时间数值框中的数值的范围，再次双击，可以返回到先前的播放范围。

8.4.3 播放控制器

“播放控制器”主要用来控制动画的播放状态，如图8-42所示，各按钮及功能如表8-1所示。

图8-42

表8-1

按钮	作用	默认快捷键
⏮	转至播放范围开头	无
⏪	后退一帧	Alt+,
⏪	后退到前一关键帧	,
◀	向后播放	无
▶	向前播放	Alt+V，按Esc键可以停止播放
⏩	前进到下一关键帧	。
⏩	前进一帧	Alt+。
⏭	转至播放范围末尾	无

8.4.4 动画控制菜单

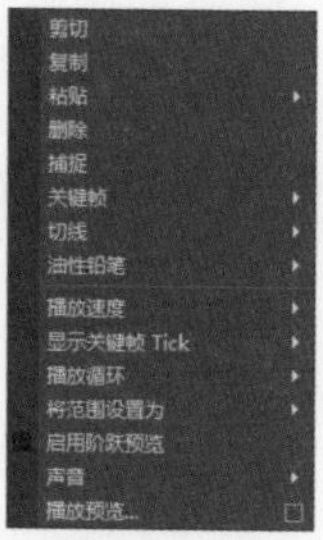

在“时间滑块”的任意位置单击鼠标右键会打开动画控制菜单，如图8-43所示。该菜单中的命令主要用于操作当前选择对象的关键帧。

剪切
复制
粘贴
删除
捕捉
关键帧
切线
油性铅笔
播放速度
显示关键帧 Tick
播放循环
将范围设置为
启用阶跃预览
声音
播放预览...

图8-43

8.4.5 动画首选项

在“时间轴”右侧单击“动画首选项”按钮，或执行“窗口>设置/首选项>首选项”菜单命令，打开“首选项”对话框，在该对话框中可以设置动画和时间滑块的首选项，如图8-44所示。

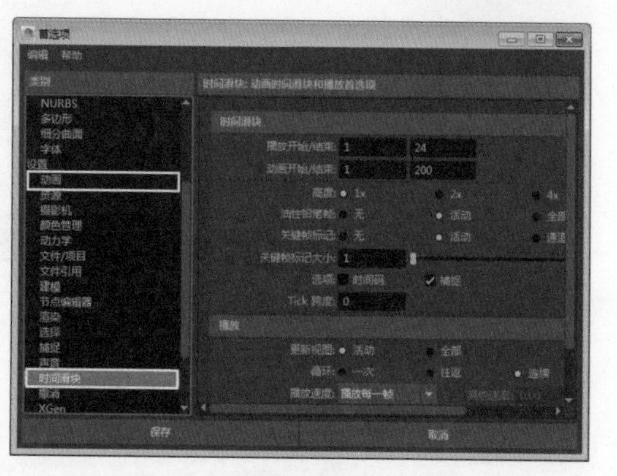

图8-44

8.5 关键帧动画

在Maya动画系统中，使用最多的就是关键帧动画。所谓关键帧动画，就是在不同的时间（或帧）将能体现动画物体动作特征的一系列属性采用关键帧的方式记录下来，并根据不同关键帧之间的动作（属性值）差异自动进行中间帧的插入计算，最终生成一段完整的关键帧动画，如图8-45所示。

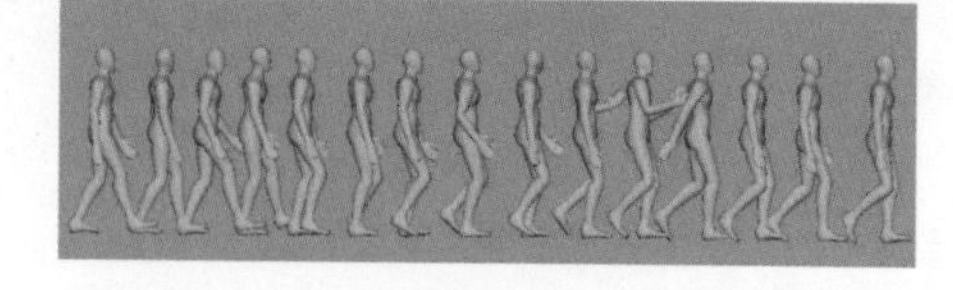

图8-45

8.5.1 设置关键帧

切换到“动画”模块，执行“关键帧>设置关键帧”菜单命令，可以完成一个关键帧的记录。用该命令设置关键帧的步骤如下。

第1步：按住鼠标左键拖曳时间滑块确定要记录关键帧的位置。

第2步：选择要设置关键帧的物体，修改相应的物体属性。

第3步：执行“关键帧>设置关键帧”菜单命令或按S键，为当前属性记录一个关键帧。

提示

通过这种方法设置的关键帧，在当前时间，选择物体的属性值将始终保持一个固定不变的状态，直到再次修改该属性值并重新设置关键帧。如果要继续在不同的时间为物体属性设置关键帧，可以重复执行以上操作。

单击“关键帧>设置关键帧”菜单命令后面的■按钮，打开“设置关键帧选项”对话框，如图8-46所示。

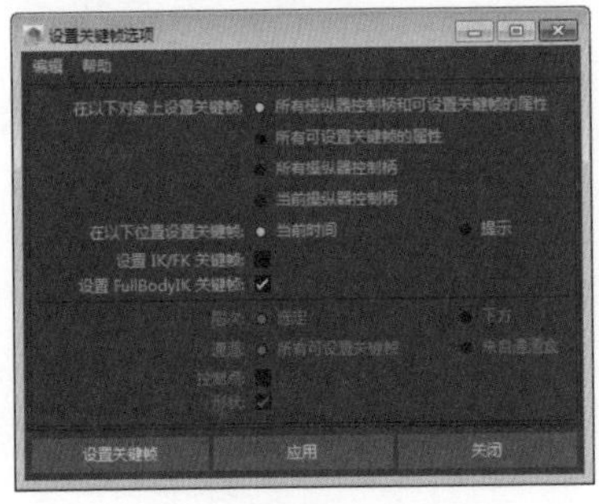

图8-46

常用参数介绍

在以下对象上设置关键帧：指定将在哪些属性上设置关键帧，提供了以下4个选项。

所有操纵器控制柄和可设置关键帧的属性：当选择该选项时，将为当前操纵器和选择物体的所有可设置关键帧的属性记录一个关键帧，这是默认选项。

所有可设置关键帧的属性：当选择该选项时，将为选择物体的所有可设置关键帧的属性记录一个关键帧。

所有操纵器控制柄：当选择该选项时，将为选择操纵器所影响的属性记录一个关键帧。例如，当使用“旋转工具”时，将只为“旋转X”“旋转Y”和“旋转Z”属性记录一个关键帧。

当前操纵器控制柄：当选择该选项时，将为选择操纵器控制柄所影响的属性记录一个关键帧。例如，当使用“旋转工具”操纵器的y轴手柄时，将只为“旋转Y”属性记录一个关键帧。

在以下位置设置关键帧：指定在设置关键帧时将采用何种方式确定时间，提供了以下两个选项。

当前时间：当选择该选项时，只在当前时间位置记录关键帧。

提示：当选择该选项时，在执行“设置关键帧”按钮设置关键帧时会打开“设置关键帧”对话框，询问在何处设置关键帧，如图8-47所示。

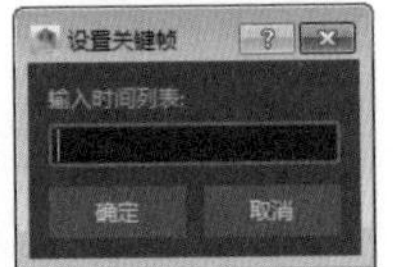

图8-47

设置IK/FK关键帧：当选择该选项，在为一个带有IK手柄的关节链设置关键帧时，能为IK手柄的所有属性和关节链的所有关节记录关键帧，它能够创建平滑的IK/FK动画。只有当“所有可设置关键帧的属性”选项处于选择状态时，这个选项才会有效。

设置FullBodyIK关键帧：当选择该选项时，可以为全身的IK记录关键帧，一般保持默认设置。

层次：指定在有组层级或父子关系层级的物体中，将采用何种方式设置关键帧，提供了以下两个选项。

选定：当选择该选项时，将只在选择物体的属性上设置关键帧。

下方：当选择该选项时，将在选择物体和它的子物体属性上设置关键帧。

通道：指定将采用何种方式为选择物体的通道设置关键帧，提供了以下两个选项。

所有可设置关键帧：当选择该选项时，将在选择物体所有的可设置关键帧通道上记录关键帧。

来自通道盒：当选择该选项时，将只为当前物体从“通道盒/层编辑器”中选择的属性通道设置关键帧。

控制点：当选择该选项时，将在选择物体的控制点上设置关键帧。这里所说的控制点可以是NURBS曲面的CV控制点、多边形表面顶点或晶格点。如果在要设置关键帧的物体上存在着许多的控制点，Maya将会记录大量的关键帧，这样会降低Maya的操作性能，所以只有当非常有必要时才打开这个选项。

提示

请特别注意，当为物体的控制点设置了关键帧后，如果删除物体构造历史，将导致动画不能正确工作。

形状：当选择该选项时，将在选择物体的形状节点和变换节点设置关键帧；如果关闭该选项，将只在选择物体的变换节点设置关键帧。

8.5.2 设置变换关键帧

“关键帧”菜单的“设置平移关键帧”、“设置旋转关键帧”和“设置缩放关键帧”，可以为选择对象的相关属性设置关键帧，如图8-48所示。

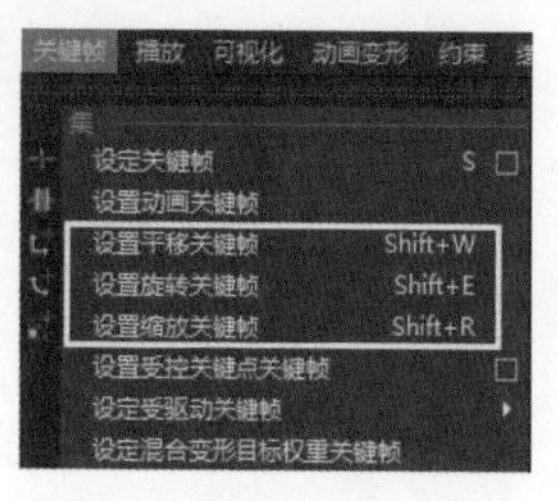

图8-48

设置变换关键帧的命令介绍

平移：只为平移属性设置关键帧，快捷键为Shift+W。

旋转：只为旋转属性设置关键帧，快捷键为Shift+E。

缩放：只为缩放属性设置关键帧，快捷键为Shift+R。

8.5.3 自动关键帧

利用“时间轴”右侧的“自动关键帧切换”按钮，可以为物体属性自动记录关键帧。这样就只需要改变当前时间和调整物体属性数值，省去了每次执行“设置关键帧”命令的麻烦。在使用自动设置关键帧功能之前，必须先采用手动方式为要制作的动画设置一个关键帧，之后自动设置关键帧功能才会发挥作用。

为物体属性自动记录关键帧的操作步骤如下。

第1步：先采用手动方式为要制作动画的物体属性设置一个关键帧。

第2步：单击“自动关键帧切换”按钮，使该按钮处于开启状态。

第3步：按住鼠标左键在“时间轴”上拖曳时间滑块，确定要记录关键帧的位置。

第4步：改变先前已经设置了关键帧的物体属性数值，这时在当前时间位置处会自动记录一个关键帧。

提示

如果要继续在不同的时间为物体属性设置关键帧，可以重复执行步骤3和步骤4的操作，直到再次单击“自动关键帧切换”按钮，使该按钮处于关闭状态，结束自动记录关键帧操作。

8.5.4 在通道盒中设置关键帧

在“通道盒/层编辑器”中设置关键帧是常用的一种方法，这种方法十分简便，控制起来也很容易，其操作步骤如下。

第1步：按住鼠标左键在“时间轴”上拖动时间滑块确定要记录关键帧的位置。

第2步：选择要设置关键帧的物体，修改相应的物体属性。

第3步：在“通道盒/层编辑器”中选择要设置关键帧的属性名称。

第4步：在属性名称上单击鼠标右键，然后在打开的菜单中选择“为选定项设置关键帧”命令，如图8-49所示。

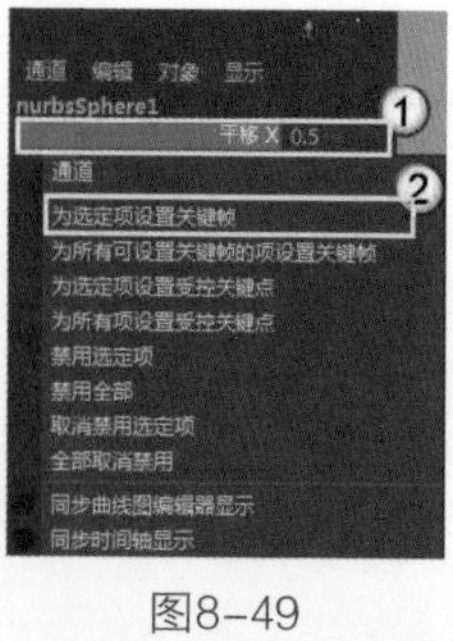

提示

也可以在打开的菜单中选择“为所有可设置关键帧的项设置关键帧”命令，为“通道盒/层编辑器”中的所有属性设置关键帧。

图8-49

操作练习 制作帆船出航动画

» 场景文件 Scenes>CH08>8.2.mb
» 实例文件 Examples>CH08>8.2.mb
» 视频名称 操作练习：制作帆船出航动画.mp4
» 技术掌握 掌握如何为对象的属性设置关键帧

本例用关键帧技术制作的帆船平移动画效果如图8-50所示。

图8-50

01 打开学习资源中的“Scenes>CH08>8.2.mb”文件，场景中有一艘帆船模型，如图8-51所示。

02 选择帆船模型，保持时间滑块在第1帧，然后在“通道盒/层编辑器”中的“平移X”属性上单击鼠标右键，接着在打开的菜单中选择“为选定项设置关键帧”命令，如图8-52所示，记录下当前时间“平移X”属性的关键帧。

03 将时间滑块拖曳到第24帧，然后设置“平移X”为40，并在该属性上单击鼠标右键，接着在打开的菜单中选择“为选定项设置关键帧”命令，记录下当前时间“平移X”属性的关键帧，如图8-53所示。

图8-51

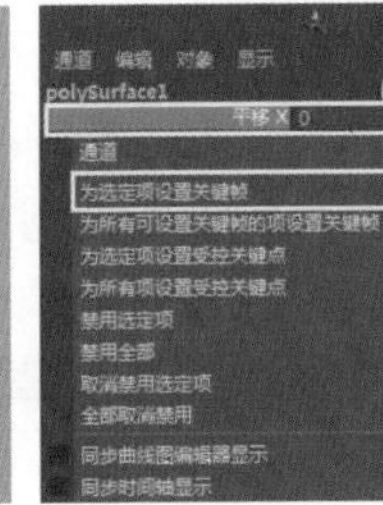

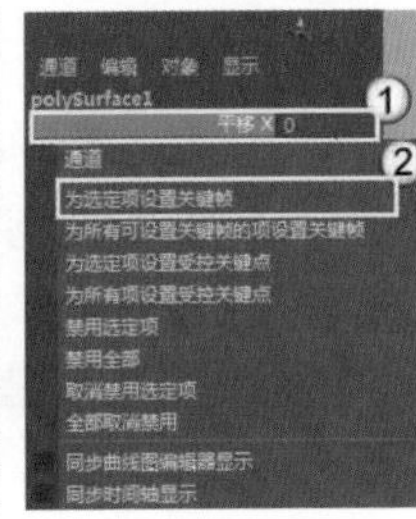
图8-52

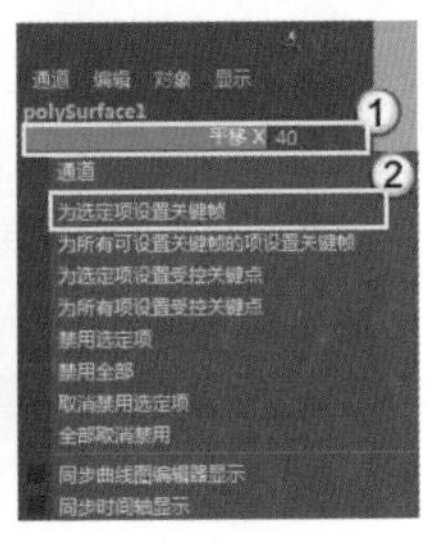

图8-53

04 单击“向前播放”按钮▶，可以观察到帆船已经在移动了。

提示

若要取消没有受到影响的关键帧属性，可以执行“编辑>按类型删除>静态通道”菜单命令，删除没有用处的关键帧。例如，在图8-54中，为所有属性都设置了关键帧，而实际起作用的只有“平移X”属性，执行“静态通道”命令后，就只保留“平移X”属性设置的关键帧，如图8-55所示。

若要删除已经设置好的关键帧，可以先选中对象，然后执行“编辑>按类型删除>通道”菜单命令，或在“时间轴”上选中要删除的关键帧，接着单击鼠标右键，最后在打开的菜单中选择“删除”命令即可。

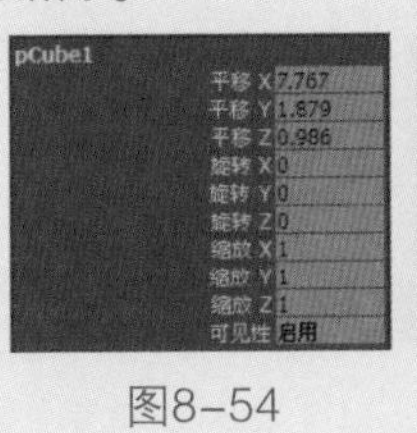

图8-54

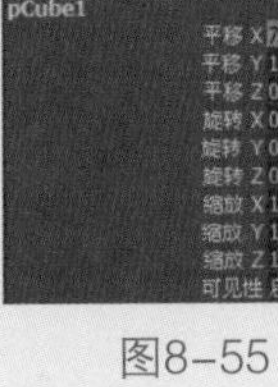
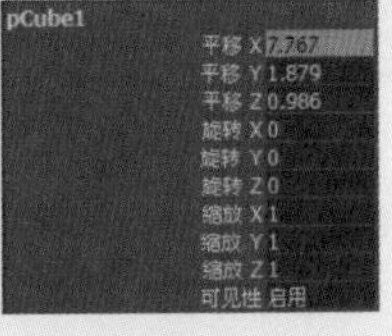

图8-55

8.6 曲线图编辑器

“曲线图编辑器”是一个功能强大的关键帧动画编辑对话框。在Maya中，所有与编辑关键帧和动画曲线相关的工作几乎都可以利用“曲线图编辑器”来完成。

“曲线图编辑器”能让用户以曲线图表的方式形象化地观察和操纵动画曲线。所谓动画曲线，就是在不同时间为动画物体的属性值设置关键帧，并通过在关键帧之间连接曲线段所形成的一条能够反映动画时间与属性值对应关系的曲线。利用“曲线图编辑器”提供的各种工具和命令，可以对场景中动画物体上现有的动画曲线进行精确细致的编辑调整，最终创造出更加令人信服的关键帧动画效果。

执行“窗口>动画编辑器>曲线图编辑器”菜单命令，打开“曲线图编辑器”对话框，如图8-56所示。“曲线图编辑器”对话框由菜单栏、工具栏、大纲列表和曲线图表视图4部分组成。

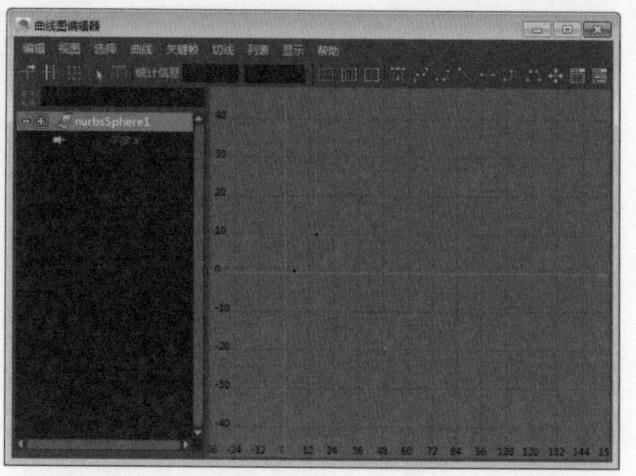

图8-56

8.6.1 工具栏

为了节省操作时间，提高工作效率，Maya在“曲线图编辑器”对话框中增加了工具栏，如图8-57所示。工具栏中的多数工具按钮都可以在菜单栏的各个菜单中找到，因为在编辑动画曲线时这些命令和工具的使用频率很高，所以把它们做成工具按钮放在了工具栏上。

图8-57

8.6.2 大纲列表

“曲线图编辑器”对话框的大纲列表与执行“窗口>大纲视图”菜单命令打开的“大纲视图”对话框有许多共同的特性。大纲列表中显示动画物体的相关节点，如果在大纲列表中选择一个动画节点，该节点的所有动画曲线将显示在曲线图表视图中，如图8-58所示。

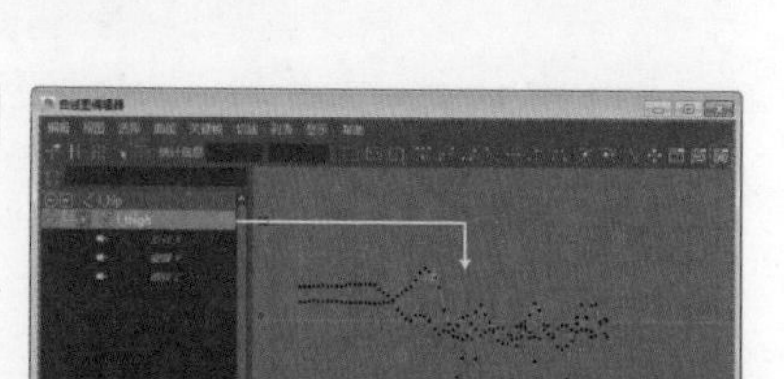
图8-58

8.6.3 曲线图表视图

在“曲线图编辑器”对话框的曲线图表视图中，可以显示和编辑动画曲线段、关键帧和关键帧切线。在曲线图表视图中的任意一个位置单击鼠标右键，还可以打开一个快捷菜单，这个菜单组中包含与“曲线图编辑器”对话框的菜单栏相同的命令，如图8-59所示。

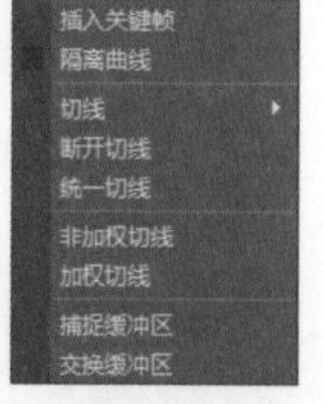

图8-59

提示

一些操作3D场景视图的快捷键在“曲线图编辑器”对话框的曲线图表视图中仍然适用，这些快捷键及其功能如下。

按住Alt键在曲线图表视图中沿任意方向拖曳鼠标中键，可以平移视图。

按住Alt键在曲线图表视图中拖曳鼠标右键或同时拖动鼠标的左键和中键，可以推拉视图。

按住快捷键Shift+Alt在曲线图表视图中沿水平或垂直方向拖曳鼠标中键，可以在单方向上平移视图。

按住快捷键Shift+Alt在曲线图表视图中沿水平或垂直方向拖曳鼠标右键或同时拖动鼠标的左键和中键，可以缩放视图。

操作练习 制作重影动画

- 场景文件 Scenes>CH08>8.3.mb
- 实例文件 Examples>CH08>8.3.mb
- 视频名称 操作练习：制作重影动画.mp4
- 技术掌握 掌握如何调整运动曲线

本例用“曲线图编辑器”制作的重影动画效果如图8-60所示。

图8-60

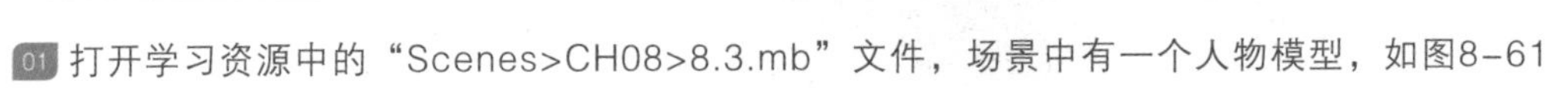

01 打开学习资源中的“Scenes>CH08>8.3.mb”文件，场景中有一个人物模型，如图8-61所示。

02 在“大纲视图”对话框中选择run1_skin（即人体模型）节点，然后单击“可视化>创建动画快照”菜单命令后面的■按钮，打开“动画快照选项”对话框，接着设置“结束时间”为50、“增量”为5，如图8-62所示，效果如图8-63所示。

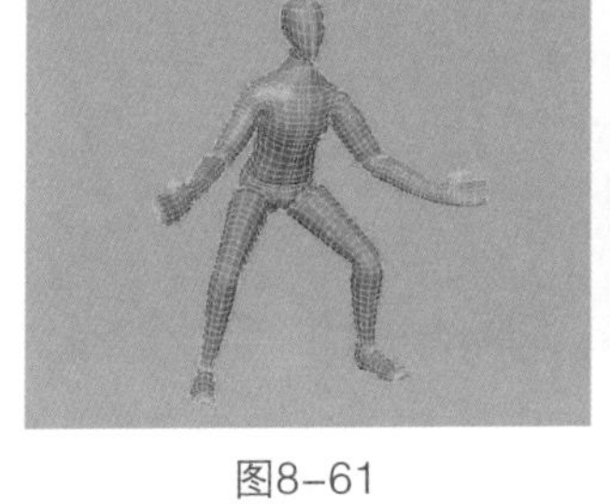

图8-61

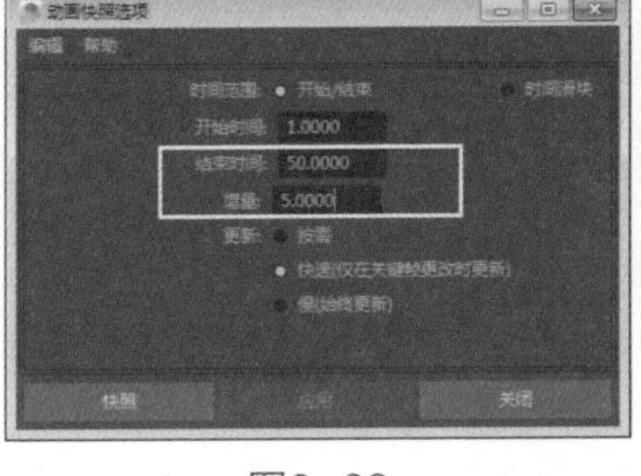

图8-62

图8-63

03 在“大纲视图”对话框中选择root骨架，然后打开“曲线图编辑器”对话框，选择“平移Z”节点，显示出z轴的运动曲线，如图8-64所示。

04 在“曲线图编辑器”对话框中，执行“曲线>简化曲线”菜单命令，以简化曲线，这样就可以很方便地调整曲线来改变人体的运动状态，如图8-65所示。然后选择曲线上所有的关键帧，如图8-66所示，接着单击工具栏中的“平坦切线”按钮■，使关键帧曲线都变成平直的切线，如图8-67所示。

图8-64

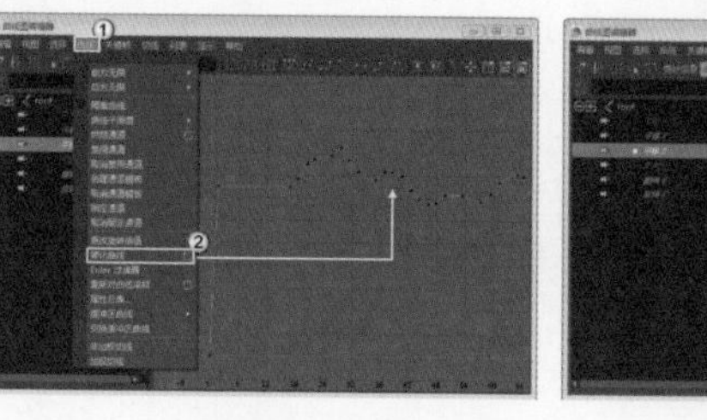

图8-65

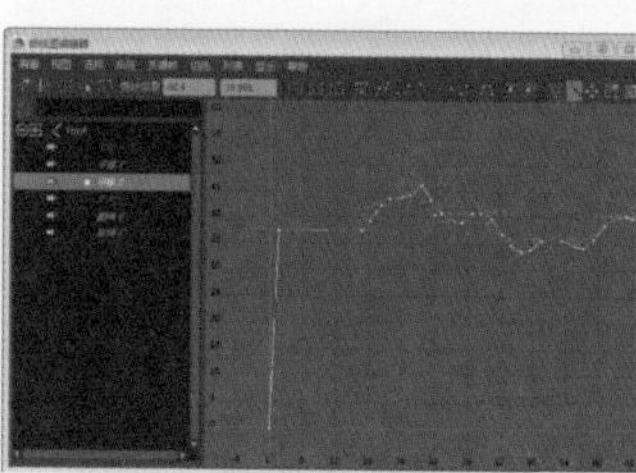

图8-66

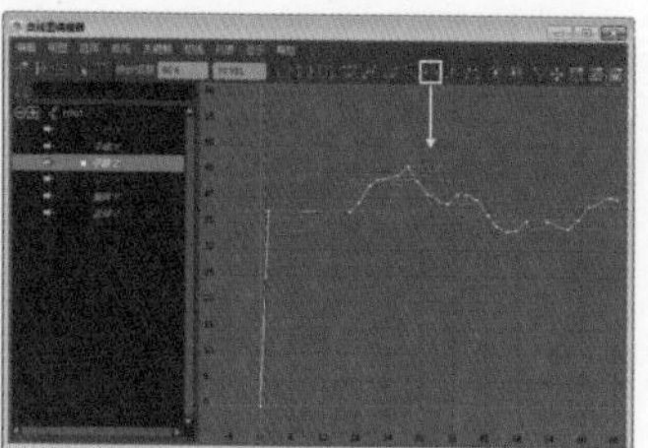

图8-67

05 选择root骨架，然后执行“可视化>创建可编辑的运动轨迹”菜单命令，创建一条运动轨迹，如图8-68所示。

06 在“曲线图编辑器”对话框中，对“平移 Z”的运动曲线进行调整（多余的关键帧可按Delete键删除），这样就可以通过编辑运动曲线来控制人体的运动，调整好的曲线形状如图8-69所示，效果如图8-70所示。

图8-68

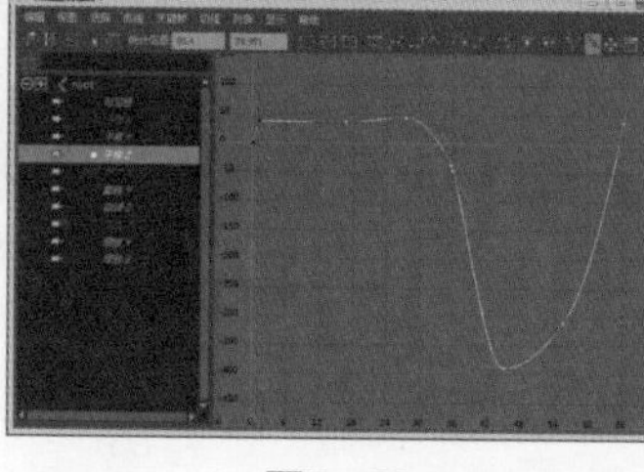

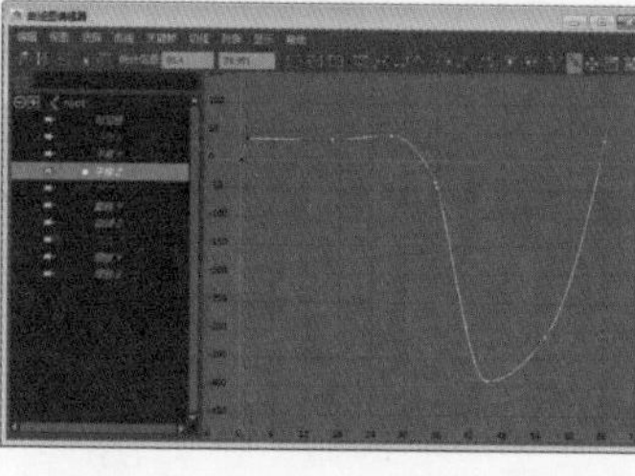

图8-69

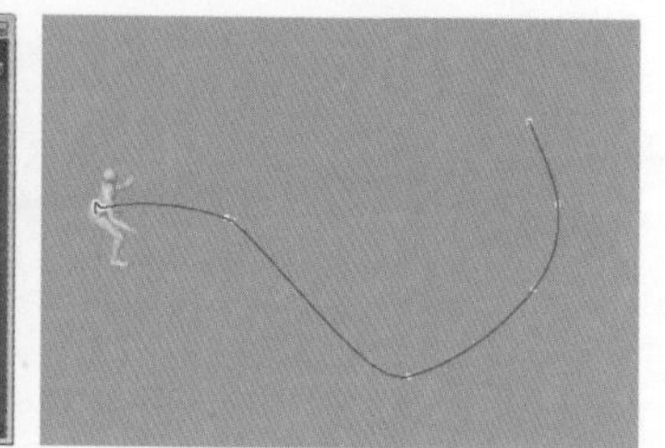

图8-70

07 在“大纲视图”对话框中选择run1_skin节点，然后单击“可视化>创建动画快照”命令后面的□按钮，接着在打开的“动画快照选项”对话框中设置“结束时间”为70、“增量”为5，最后单击“快照”按钮 快照 ，如图8-71所示，效果如图8-72所示。

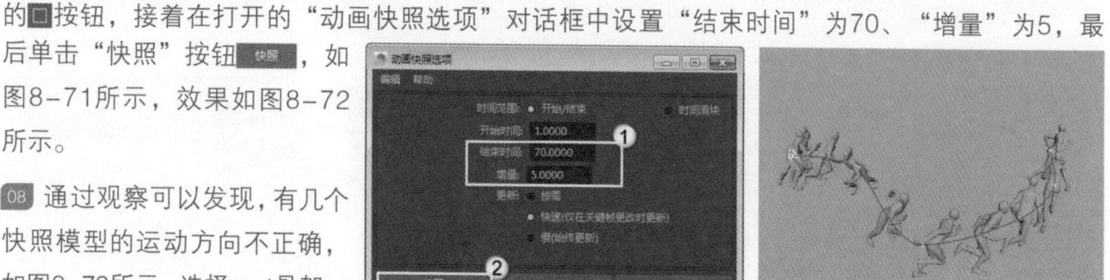

图8-71

图8-72

08 通过观察可以发现，有几个快照模型的运动方向不正确，如图8-73所示。选择root骨架，然后将关键帧拖曳到出问题的时间点上，接着调整骨架的方向，使人物的运动方向正确，如图8-74所示。

09 调整完成后，快照模型会随即与原始模型同步，如图8-75所示。使用同样的方法对其他有问题的快照模型进行调整，效果如图8-76所示。

图8-73

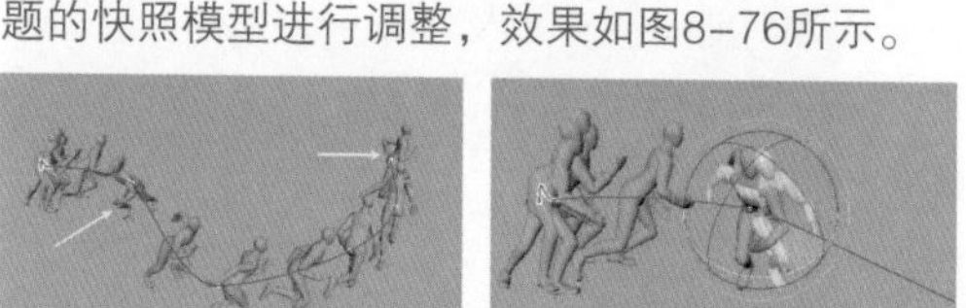

图8-74

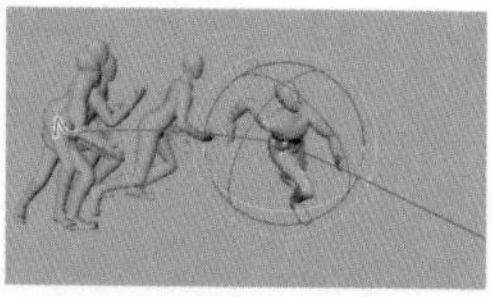

图8-75

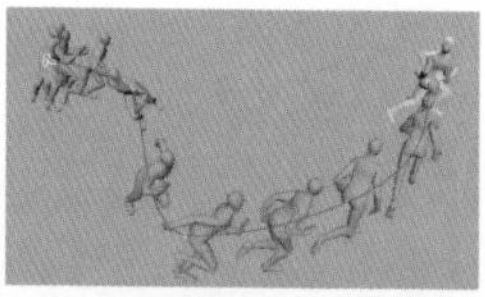

图8-76

8.7 受驱动关键帧动画

“受驱动关键帧”是Maya中一种特殊的关键帧，利用受驱动关键帧功能，可以将一个物体的属性与另一个物体的属性建立连接关系，通过改变一个物体的属性值来驱动另一个物体的属性值发生相应的改变。其中，能主动驱使其他物体属性发生变化的物体称为驱动物体，而被影响的物体称为被驱动物体。

执行“关键帧>设置受驱动关键帧>设置”菜单命令，打开“设置受驱动关键帧”对话框，该对话框由菜单栏、驱动列表和功能按钮3部分组成，如图8-77所示。为物体属性设置受驱动关键帧的工作主要在“设置受驱动关键帧”对话框中完成。

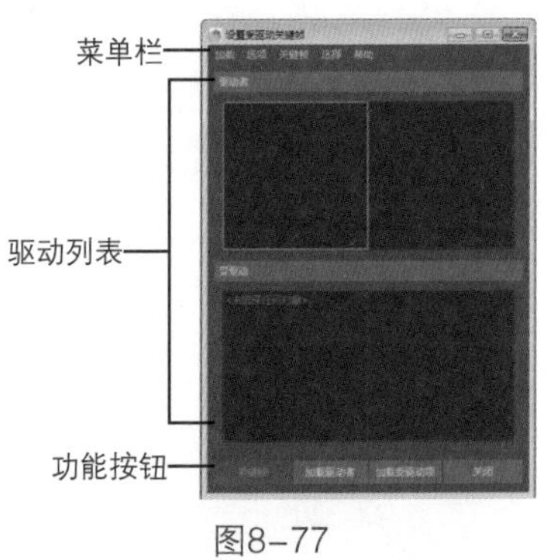

图8-77

提示

受驱动关键帧与正常关键帧的区别在于，正常关键帧是在不同时间值位置为物体的属性值设置关键帧，通过改变时间值使物体属性值发生变化。而受驱动关键帧是在驱动物体不同的属性值位置为被驱动物体的属性值设置关键帧，通过改变驱动物体属性值使被驱动物体属性值发生变化。

提示

正常关键帧与时间相关，驱动关键帧与时间无关。当创建了受驱动关键帧之后，可以在“曲线图编辑器”对话框中查看和编辑受驱动关键帧的动画曲线，这条动画曲线描述了驱动与被驱动物体之间的属性连接关系。

对于正常关键帧，在曲线图表视图中的水平轴向表示时间值，垂直轴向表示物体属性值；但对于受驱动关键帧，在曲线图表视图中的水平轴向表示驱动物体的属性值，垂直轴向表示被驱动物体的属性值。

受驱动关键帧功能不只限于一对一的控制方式，可以使用多个驱动物体的属性控制同一个被驱动物体的属性，也可以使用一个驱动物体的属性控制多个被驱动物体的属性。

8.7.1 驱动列表

驱动列表中包含“驱动者”和“受驱动项”，便于用户设置“驱动者”和“受驱动项”之间的关联。

1.驱动者

“驱动者”列表由左、右两个列表框组成。左侧的列表框中将显示驱动物体的名称，右侧的列表框中将显示驱动物体的可设置关键帧属性。可以从右侧列表框中选择一个属性，该属性将作为设置受驱动关键帧时的驱动属性。

2.受驱动项

“受驱动项”列表由左、右两个列表框组成。左侧的列表框中将显示被驱动物体的名称，右侧的列表框中将显示被驱动物体的可设置关键帧属性。可以从右侧列表框中选择一个属性，该属性将作为设置受驱动关键帧时的被驱动属性。

8.7.2 菜单栏

“设置受驱动关键帧”对话框的菜单栏中包括“加载”“选项”“关键帧”“选择”和“帮助”这5个菜单，如图8-78所示。

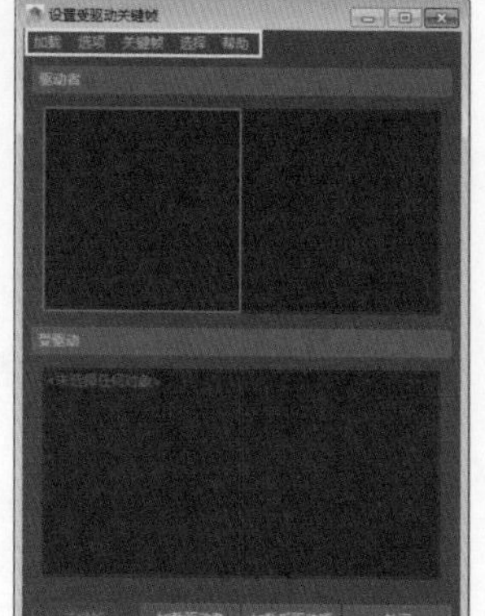

图8-78

8.7.3 功能按钮

“设置受驱动关键帧”对话框下面的几个功能按钮非常重要，设置受驱动关键帧动画基本都靠这几个按钮来完成，如图8-79所示。

关键帧 加载驱动者 加载受驱动项 关闭

图8-79

设置受驱动关键帧按钮介绍

关键帧：只有在“驱动者”和“受驱动项”窗口右侧列表框中选择了要设置驱动关键帧的物体属性之后，该按钮才可用。单击该按钮，可以使用当前数值连接选择的驱动与被驱动物体属性，即为选择的物体属性设置一个受驱动关键帧。

加载驱动者：单击该按钮，将当前选择的物体作为驱动物体加载到“驱动者”列表窗口中。

加载受驱动项：单击该按钮，将当前选择的物体作为被驱动物体载入“受驱动项”列表窗口中。

关闭：单击该按钮可以关闭“设置受驱动关键帧”对话框。

提示

受驱动关键帧动画很重要，将在后面的动画综合运用章节中安排一个大型实例来讲解受驱动关键帧的设置方法。

8.8 运动路径动画

运动路径动画是Maya提供的另一种制作动画的技术手段，运动路径动画可以沿着指定形状的路径曲线平滑地让物体产生运动效果。运动路径动画适用于表现汽车在公路上行驶、飞机在天空中飞行、鱼在水中游动等动画效果。

运动路径动画可以将一条NURBS曲线作为运动路径来控制物体的位置和旋转角度，能被制作成动画的物体类型不仅仅是几何体，也可以利用运动路径来控制摄影机、灯光、粒子发射器或其他辅助物体沿指定的路径曲线运动。

“运动路径”菜单包含“连接到运动路径”、“流动路径对象”和“设定运动路径关键帧”这3个子命令，如图8-80所示。

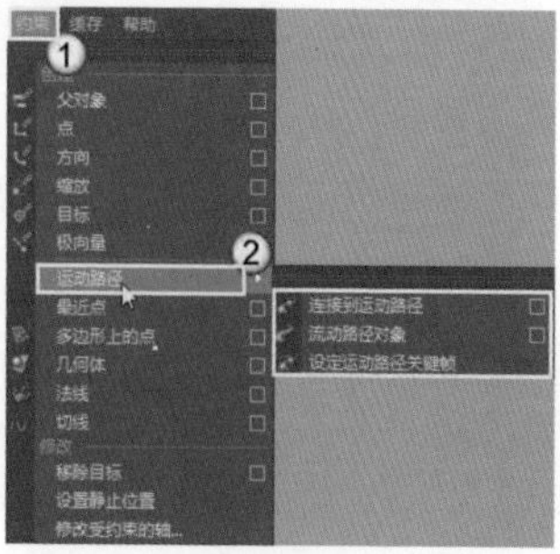

图8-80

8.8.1 连接到运动路径

用“连接到运动路径”命令可以将选定对象放置和连接到当前曲线，当前曲线将成为运动路径。打开“连接到运动路径选项”对话框，如图8-81所示。

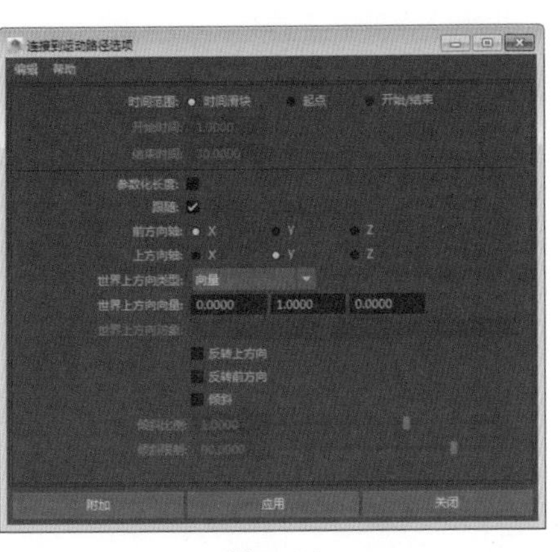

图8-81

常用参数介绍

时间范围：指定创建运动路径动画的时间范围，共有以下3种设置方式。

时间滑块：当选择该选项时，将按照在“时间轴”上定义的播放开始和结束时间来指定一个运动路径动画的时间范围。

起点：当选择该选项时，下面的“开始时间”选项才起作用，可以通过输入数值的方式来指定运动路径动画的开始时间。

开始/结束：当选择该选项时，下面的“开始时间”和“结束时间”选项才起作用，可以通过输入数值的方式来指定一个运动路径动画的时间范围。

开始时间：当选择“起点”或“开始/结束”选项时该选项才可用，利用该选项可以指定运动路径动画的开始时间。

结束时间：当选择“开始/结束”选项时该选项才可用，利用该选项可以指定运动路径动画的结束时间。

参数化长度：指定 Maya 用于定位沿曲线移动的对象的方法。

跟随：选择该选项，当物体沿路径曲线移动时，Maya不但会计算物体的位置，也将计算物体的运动方向。

前方向轴：指定物体的哪个局部坐标轴与向前向量对齐，提供了X、Y、Z这3个选项。

X：当选择该选项时，指定物体局部坐标轴的x轴向与向前向量对齐。

Y：当选择该选项时，指定物体局部坐标轴的y轴向与向前向量对齐。

Z：当选择该选项时，指定物体局部坐标轴的z轴向与向前向量对齐。

上方向轴：指定物体的哪个局部坐标轴与向上向量对齐，提供了X、Y、Z这3个选项。

X：当选择该选项时，指定物体局部坐标轴的x轴向与向上向量对齐。

Y：当选择该选项时，指定物体局部坐标轴的y轴向与向上向量对齐。

Z：当选择该选项时，指定物体局部坐标轴的z轴向与向上向量对齐。

世界上方向类型：指定上方向向量对齐的世界上方向向量类型，共有以下5种类型。

场景上方向：指定上方向向量尝试与场景的上方向轴，而不是与世界上方向向量对齐，世界上方向向量将被忽略。

对象上方向：指定上方向向量尝试对准指定对象的原点，而不是与世界上方向向量对齐，世界上方向向量将被忽略。

对象旋转上方向：指定相对于一些对象的局部空间，而不是场景的世界空间来定义世界上方向向量。

向量：指定上方向向量尝试尽可能紧密地与世界上方向向量对齐。世界上方向向量是相对于场景世界空间来定义的，这是默认设置。

法线：指定“上方向轴”指定的轴将尝试匹配路径曲线的法线。曲线法线的插值不同，这具体取决于路径曲线是否是世界空间中的曲线，或曲面曲线上的曲线。

提示

如果路径曲线是世界空间中的曲线，曲线上任意点的法线方向总是指向该点到曲线的曲率中心，如图8-82所示。

当在运动路径动画中使用世界空间曲线时，如果曲线形状由凸变凹或由凹变凸，曲线的法线方向将翻转180°，倘若将“世界上方向类型”设置为“法线”类型，可能无法得到希望的动画结果。

如果路径曲线是依附于表面上的曲线，曲线上任意点的法线方向就是该点在表面上的法线方向，如图8-83所示。

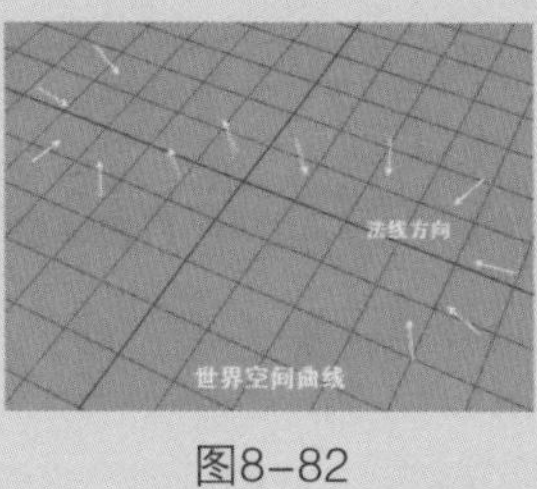

图8-82

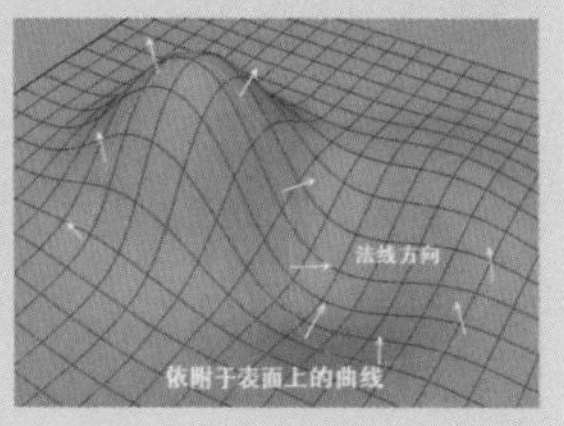

图8-83

当在运动路径动画中使用依附于表面上的曲线时，倘若将“世界上方向类型”设置为“法线”类型，可以得到比较直观的动画结果。

世界上方向向量：指定“世界上方向向量”相对于场景的世界空间方向，因为Maya默认的世界空间是y轴向上，因此默认值为(0，1，0)，即表示“世界上方向向量”将指向世界空间的y轴正方向。

世界向上对象：该选项只有设置“世界上方向类型”为“对象上方向”或“对象旋转上方向”选项时才起作用，可以通过输入物体名称来指定一个世界向上对象，使向上向量总是尽可能尝试对齐该物体的原点，以防止物体沿路径曲线运动时发生意外的翻转。

反转上方向：当选择该选项时，“上方向轴”将尝试用向上向量的相反方向对齐它自身。

反转前方向：当选择该选项时，将反转物体沿路径曲线向前运动的方向。

倾斜：当选择该选项，使物体沿路径曲线运动时，在曲线弯曲位置，曲线会朝向曲线曲率中心倾斜，就像摩托车在转弯时总是向内倾斜一样。只有当选择“跟随”选项时，“倾斜”选项才起作用。

倾斜比例：设置物体的倾斜程度，较大的数值会使物体倾斜效果更加明显。如果输入一个负值，物体将会向外侧倾斜。

倾斜限制：限制物体的倾斜角度。如果增大“倾斜比例”数值，物体可能在曲线上曲率大的地方产生过度的倾斜。利用该选项可以将倾斜效果限制在一个指定的范围之内。

操作练习 制作连接到运动路径动画

- 场景文件 Scenes>CH08>8.4.mb
- 实例文件 Examples>CH08>8.4.mb
- 视频名称 操作练习：制作连接到运动路径动画.mp4
- 技术掌握 掌握“连接到运动路径”命令的用法

本例使用“连接到运动路径”命令制作的运动路径动画效果如图8-84所示。

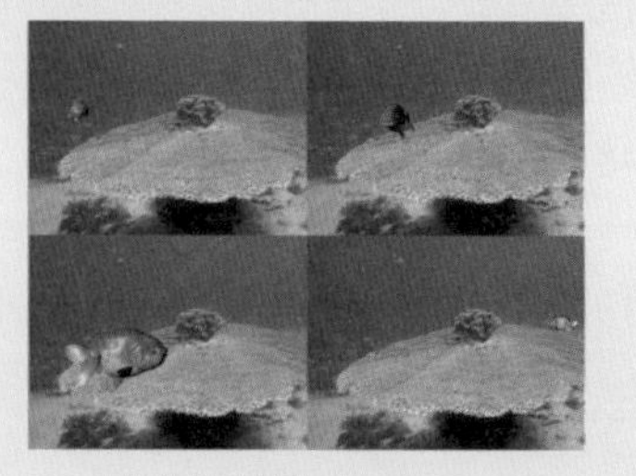
图8-84

01 打开学习资源中的“Scenes>CH08>8.4.mb”文件，场景中有一条金鱼模型，如图8-85所示。

02 使用“EP曲线工具”绘制一条曲线作为金鱼的运动路径，如图8-86所示。

03 选择金鱼模型，然后加选曲线，如图8-87所示，接着执行“约束>运动路径>连接到运动路径”菜单命令。

04 播放动画，可以观察到金鱼沿着曲线运动，但游动的朝向不正确，如图8-88所示。

图8-85

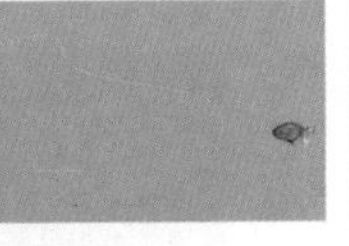
图8-86

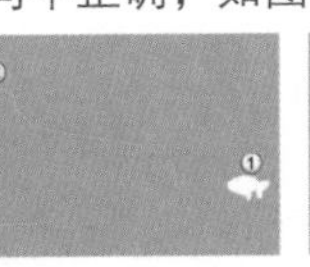
图8-87

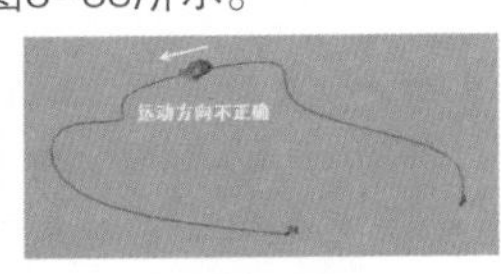

图8-88

05 选择金鱼模型，然后在“通道盒/层编辑器”面板中设置“上方向扭曲”为180，如图8-89所示，接着播放动画，可以观察到金鱼的运动朝向已经正确了，如图8-90所示。

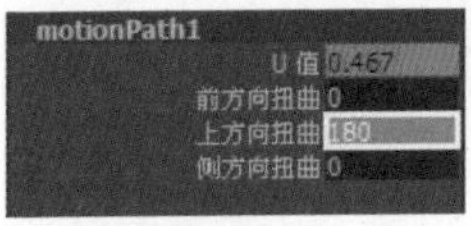

图8-89

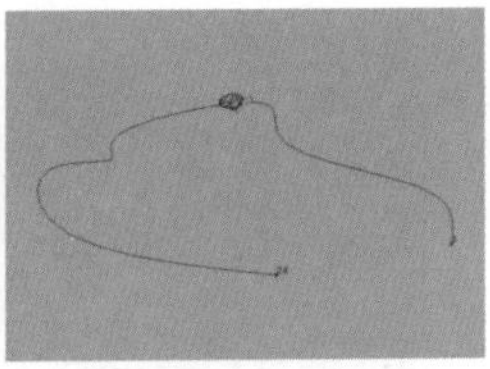

图8-90

提示

金鱼在曲线上运动时，在曲线的两端会出现带有数字的两个运动路径标记，这些标记表示金鱼开始和结束运动的时间，如图8-91所示。

若要改变金鱼在曲线上的运动速度或距离，可以通过在“曲线图编辑器”对话框中编辑动画曲线来完成。

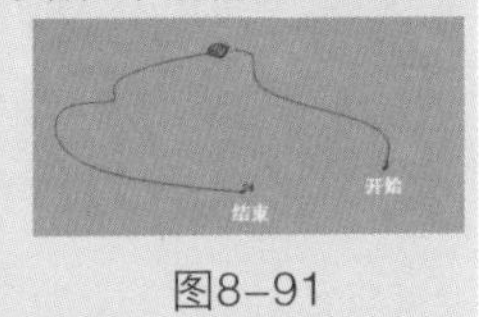

图8-91

8.8.2 流动路径对象

使用“流动路径对象”命令可以沿着当前运动路径或围绕当前物体周围创建晶格变形器，使物体沿路径曲线运动的同时也能跟随路径曲线曲率的变化改变自身形状，创建出一种流畅的运动路径动画效果。

打开“流动路径对象选项”对话框，如图8-92所示。

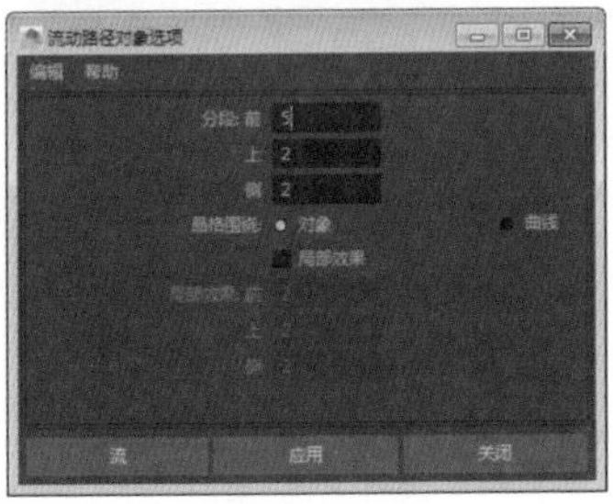

图8-92

常用参数介绍

分段：代表将创建的晶格部分数。“前”“上”和“侧”与创建路径动画时指定的轴相对应。

晶格围绕：指定创建晶格物体的位置，提供了以下两个选项。

对象：当选择该选项时，将围绕物体创建晶格，这是默认选项。

曲线：当选择该选项时，将围绕路径曲线创建晶格。

局部效果：当围绕路径曲线创建晶格时，该选项将非常有用。如果创建了一个很大的晶格，多数情况下，可能不希望在物体靠近晶格一端时仍然被另一端的晶格点影响。例如，如果设置“晶格围绕”为“曲线”，并将“分段:前”设置为35，这意味着晶格物体将从路径曲线的起点到终点共有35个细分。当物体沿着路径曲线移动通过晶格时，它可能只被3~5个晶格点围绕。如果“局部效果”选项处于关闭状态，这个晶格中的所有晶格点都将影响物体的变形，这可能会导致物体脱离晶格，因为距离物体位置较远的晶格点也会影响到它，如图8-93所示。

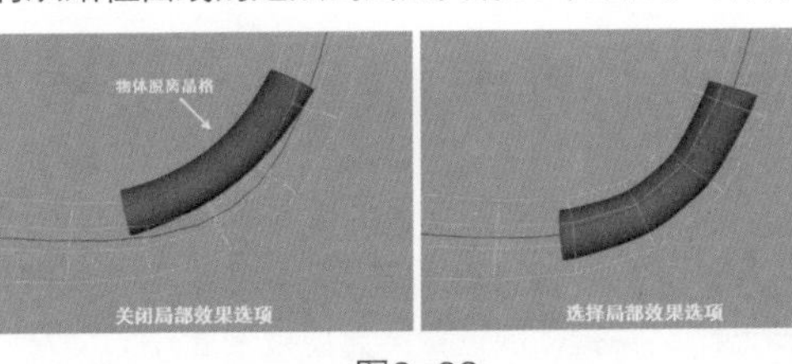
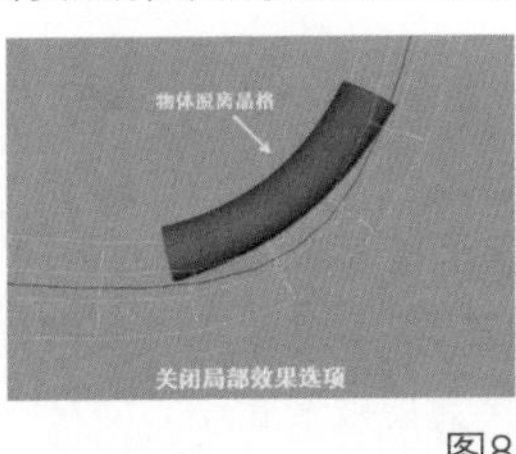

图8-93

局部效果：利用“前”“上”和“侧”这3个属性数值输入框，可以设置晶格能够影响物体的有效范围。一般情况下，设置的数值应该使晶格点的影响范围能够覆盖整个被变形的物体。

操作练习 制作字幕穿越动画

» 场景文件 Scenes>CH08>8.5.mb
» 实例文件 Examples>CH08>8.5.mb
» 视频名称 操作练习：制作字幕穿越动画.mp4
» 技术掌握 掌握“流动路径对象”命令的用法

本例使用“连接到运动路径”和“流动路径对象”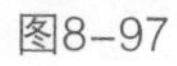命令制作的字母穿越动画效果如图8-94所示。

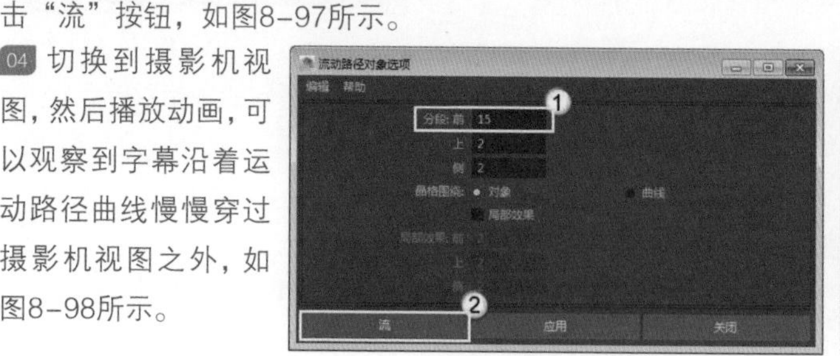

图8-94

01 打开学习资源中的“Scenes>CH08>8.5.mb”文件，场景中有一条曲线和一段三维文字，如图8-95所示。

02 选择文字模型，然后加选曲线，接着打开“连接到运动路径选项”对话框，再设置“时间范围”为“开始/结束”、“结束时间”为150，最后单击“附加”按钮，如图8-96所示。

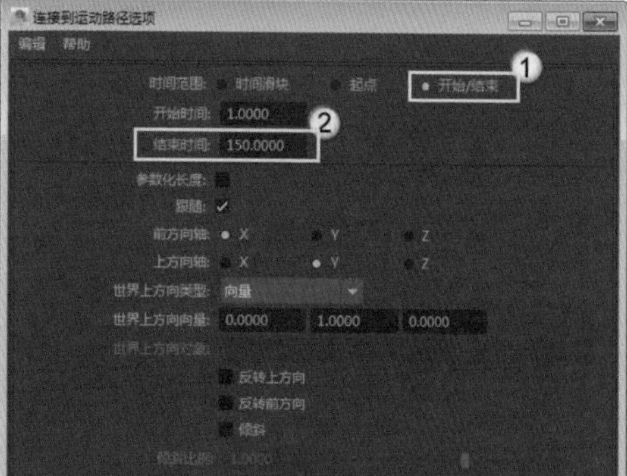
图8-95

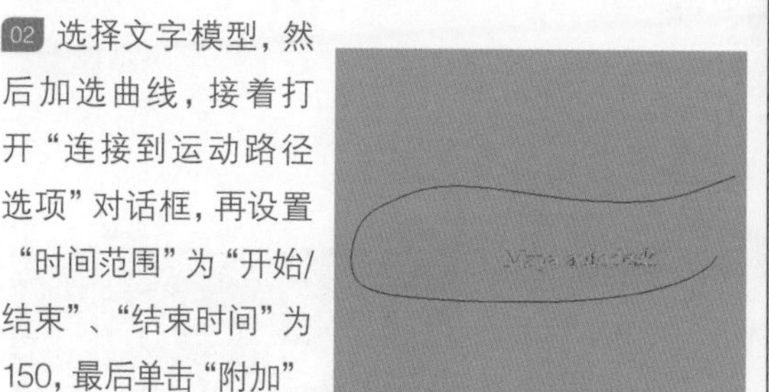

图8-96

03 选择文字模型，然后打开“流动路径对象选项”对话框，接着设置“分段:前”为15，最后单击“流”按钮，如图8-97所示。

04 切换到摄影机视图，然后播放动画，可以观察到字幕沿着运动路径曲线慢慢穿过摄影机视图之外，如图8-98所示。

图8-97

图8-98

8.8.3 设定运动路径关键帧

使用“设定运动路径关键帧”命令可以采用制作关键帧动画的工作流程创建一个运动路径动画。使用这种方法，在创建运动路径动画之前不需要创建作为运动路径的曲线，路径曲线会在设置运动路径关键帧的过程中自动被创建。

8.9 约束

“约束”也是角色动画制作中经常使用到的功能，它在角色装配中起着非常重要的作用。使用约束能以一个物体的变换设置来驱动其他物体的位置、方向和比例。使用不同的约束类型，得到的约束效果也各不相同。

处于约束关系下的物体，它们之间都是控制与被控制和驱动与被驱动的关系，通常把受其他物体控制或驱动的物体称为“被约束物体”，而用来控制或驱动被约束物体的物体称为“目标物体”。

提示

创建约束的过程非常简单，先选择目标物体，再选择被约束物体，然后从“约束”菜单中选择想要执行的约束命令即可。

一些约束锁定了被约束物体的某些属性通道，例如，“目标”约束会锁定被约束物体的方向通道（旋转X/Y/Z），被约束锁定的属性通道数值输入框将在“通道盒/层编辑器”或“属性编辑器”面板中显示为浅蓝色标记。

为了满足动画制作的需要，Maya提供了常用的多种约束，常用的分别是“父对象”约束、“点”约束、“方向”约束、“缩放”约束、“目标”约束、“极向量”约束、“几何体”约束、“法线”约束和“切线”约束，如图8-99所示。

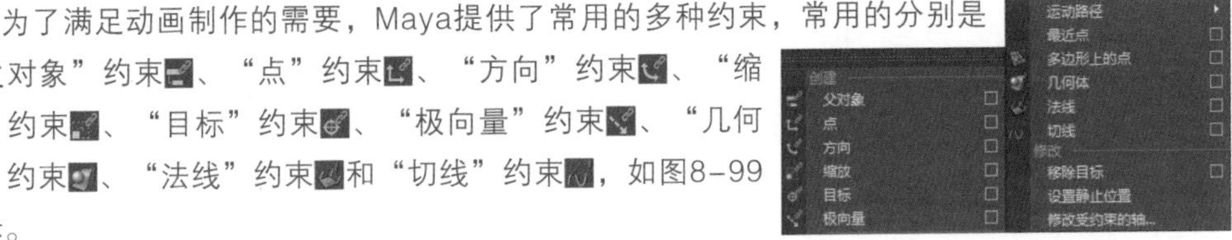

图8-99

8.9.1 父对象

使用“父对象”约束可以将一个物体的位移和旋转关联到其他物体上，一个被约束物体的运动也能被多个目标物体平均位置约束。当“父对象”约束被应用于一个物体的时候，被约束物体将仍然保持独立，它不会成为目标物体层级或组中的一部分，但是被约束物体的行为看上去好像是目标物体的子物体。打开“父约束选项”对话框，如图8-100所示。

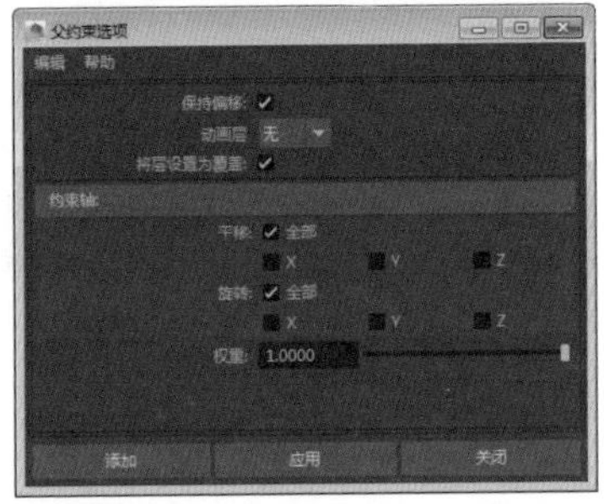

图8-100

常用参数介绍

平移：设置将要约束位移属性的具体轴向，既可以单独约束x轴、y轴、z轴其中的任何轴向，又可以选择“全部”选项来同时约束这3个轴向。

旋转：设置将要约束旋转属性的具体轴向，既可以单独约束x轴、y轴、z轴其中的任何轴向，又可以选择“全部”选项来同时约束这3个轴向。

8.9.2 点

使用“点”约束可以让一个物体跟随另一个物体的位置移动，或使一个物体跟随多个物体的平均位置移动。如果想让一个物体匹配其他物体的运动，使用“点”约束是最有效的方法。打开“点约束选项”对话框，如图8-101所示。

常用参数介绍

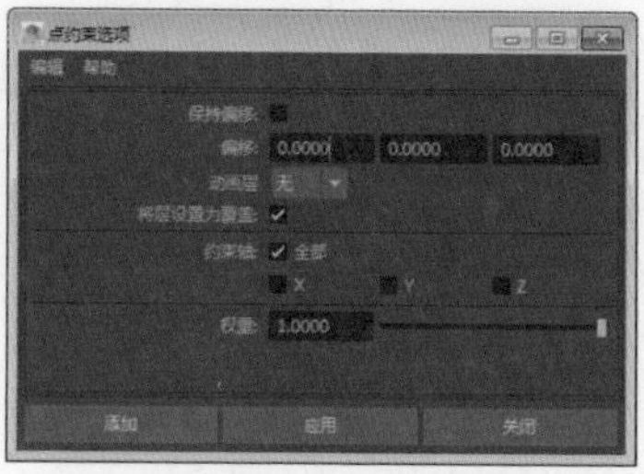

保持偏移：当选择该选项时，创建“点”约束后，目标物体和被约束物体的相对位移将保持在创建约束之前的状态，即可以保持约束物体之间的空间关系不变；如果关闭该选项，可以在下面的“偏移”数值框中输入数值来确定被约束物体与目标物体之间的偏移距离。

图8-101

偏移：设置被约束物体相对于目标物体的位移坐标数值。

动画层：选择要向其中添加“点”约束的动画层。

将层设置为覆盖：选择该选项时，在“动画层”下拉列表中选择的层会在将约束添加到动画层时自动设定为覆盖模式。这是默认模式，也是建议使用的模式。关闭该选项时，在添加约束时层模式会设定为相加模式。

约束轴：指定约束的具体轴向，既可以单独约束其中的任何轴向，又可以选择“全部”选项来同时约束x轴、y轴、z轴这3个轴向。

权重：指定被约束物体的位置能被目标物体影响的程度。

8.9.3 方向

使用“方向”约束可以将一个物体的方向与另一个或更多其他物体的方向相匹配。该约束对于制作多个物体的同步变换方向非常有用，如图8-102所示。打开“方向约束选项”对话框，如图8-103所示。

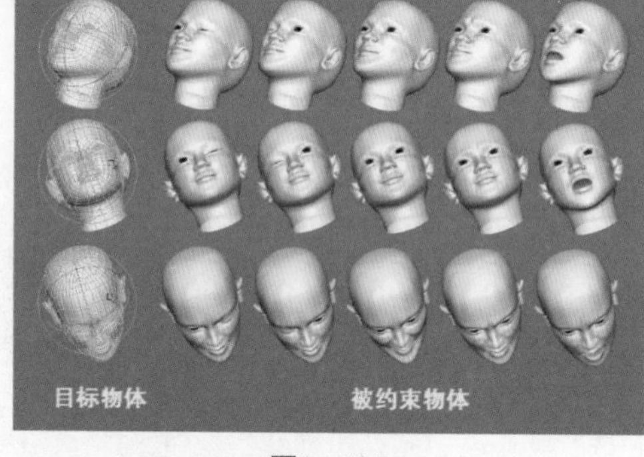

图8-102

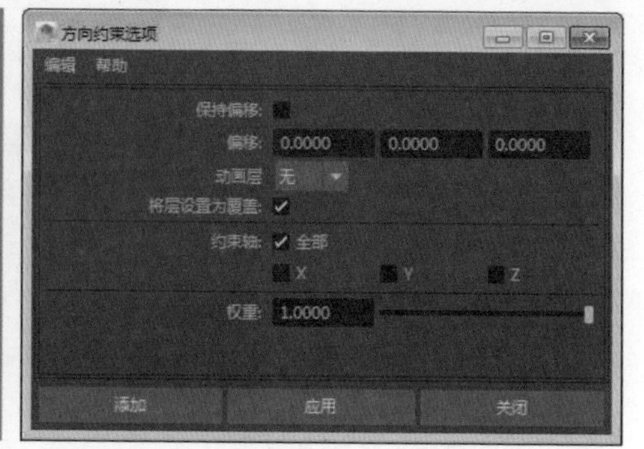

图8-103

常用参数介绍

保持偏移：当选择该选项时，创建“方向”约束后，被约束物体的相对旋转将保持在创建约束之前的状态，即可以保持约束物体之间的空间关系和旋转角度不变；如果关闭该选项，可以在下面的“偏移”选项中输入数值来确定被约束物体的偏移方向。

偏移：设置被约束物体偏移方向x轴、y轴、z轴坐标的弧度数值。

约束轴：指定约束的具体轴向，既可以单独约束x轴、y轴、z轴其中的任何轴向，又可以选择“全部”选项来同时约束3个轴向。

权重：指定被约束物体的方向能被目标物体影响的程度。

操作练习 用“方向”约束控制头部的旋转

» 场景文件 Scenes>CH08>8.6.mb
» 实例文件 Examples>CH08>8.6.mb
» 视频名称 操作练习：用“方向”约束控制头部的旋转.mp4
» 技术掌握 掌握“方向”约束的用法

本例用“方向”约束控制头部旋转动作后的效果如图8-104所示。

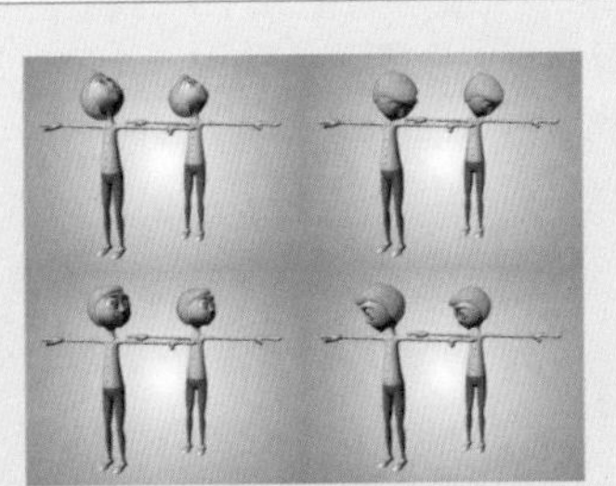

图8-104

01 打开学习资源中的“Scenes>CH08>8.6.mb”文件，场景中有两个人物模型，如图8-105所示。

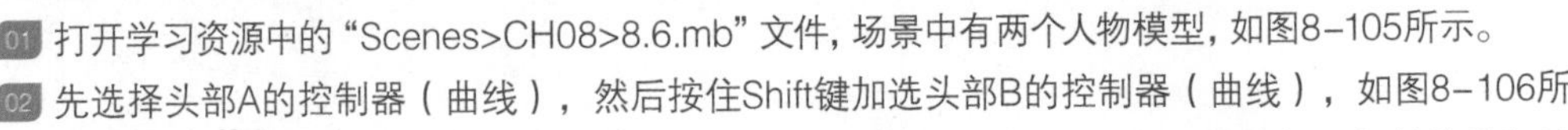

02 先选择头部A的控制器（曲线），然后按住Shift键加选头部B的控制器（曲线），如图8-106所示，接着执行“约束>方向”菜单命令，打开“方向约束选项”对话框，再选择“保持偏移”选项，最后单击“添加”按钮，如图8-107所示。

图8-105

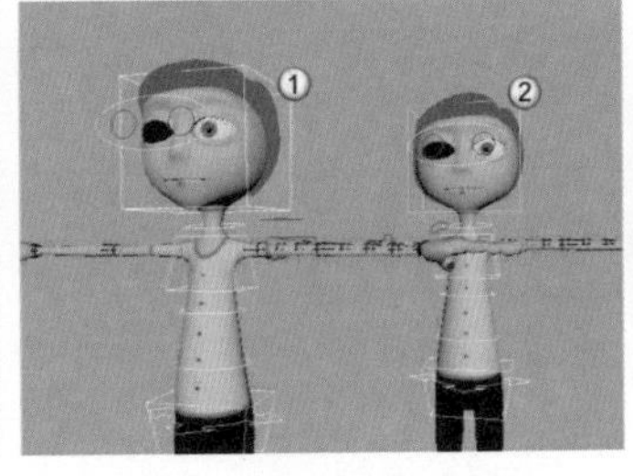

图8-106

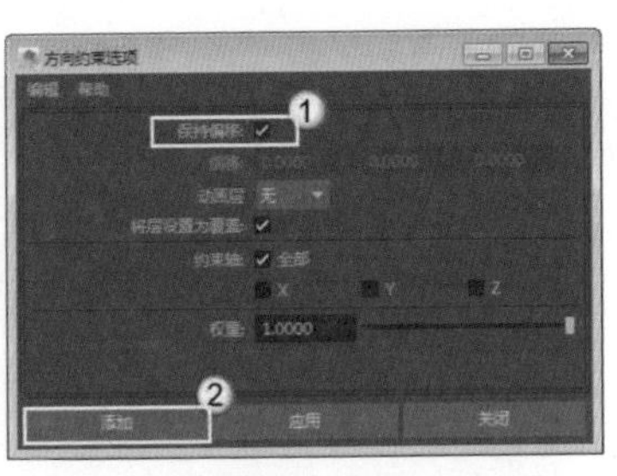

图8-107

03 选择头部B的控制器，在“通道盒/层编辑器”中可以观察到“旋转X”“旋转Y”和“旋转Z”属性被锁定了，这说明头部B的旋转属性已经被头部A的旋转属性所影响，如图8-108所示。

04 用“旋转工具”旋转头部A的控制器，可以发现头部B的控制器也会跟着做相同的动作，但只限于旋转动作，如图8-109所示。

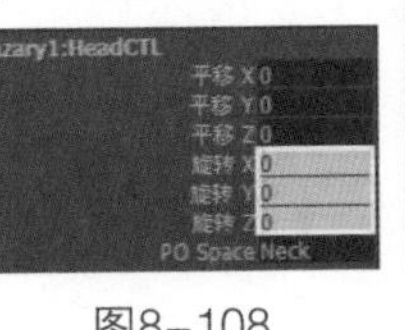

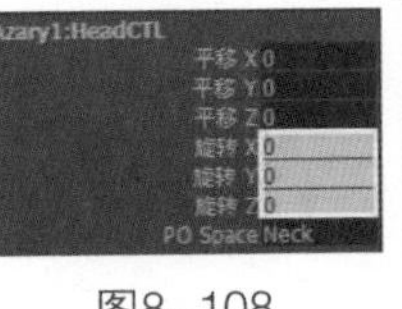

图8-108

图8-109

8.9.4 缩放

使用“缩放”约束可以将一个物体的缩放效果与另一个或更多其他物体的缩放效果相匹配，该约束对于制作多个物体同步缩放比例非常有用。打开“缩放约束选项”对话框，如图8-110所示。

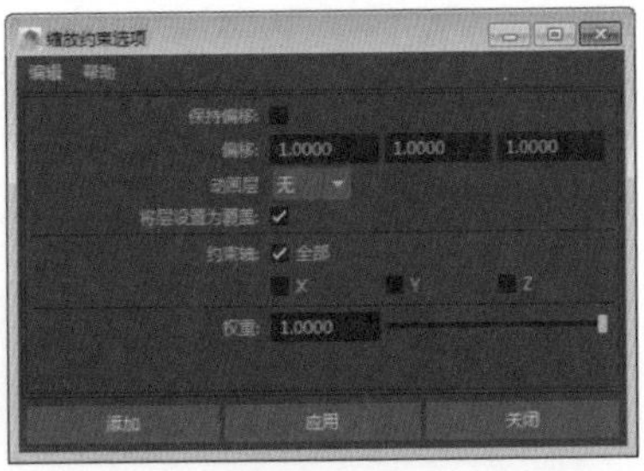

提示

“缩放约束选项”对话框中的参数在前面的内容中都讲解过，这里不再重复介绍。

图8-110

8.9.5 目标

使用“目标”约束可以约束一个物体的方向，使被约束物体始终瞄准目标物体。目标约束的典型用法是将灯光或摄影机瞄准约束到一个物体或一组物体上，使灯光或摄影机的旋转方向受物体的位移属性控制，实现跟踪照明或跟踪拍摄效果，如图8-111所示。在角色装配中，“目标”约束的一种典型用法是建立一个定位器来控制角色眼球的运动。

打开“目标约束选项”对话框，如图8-112所示。

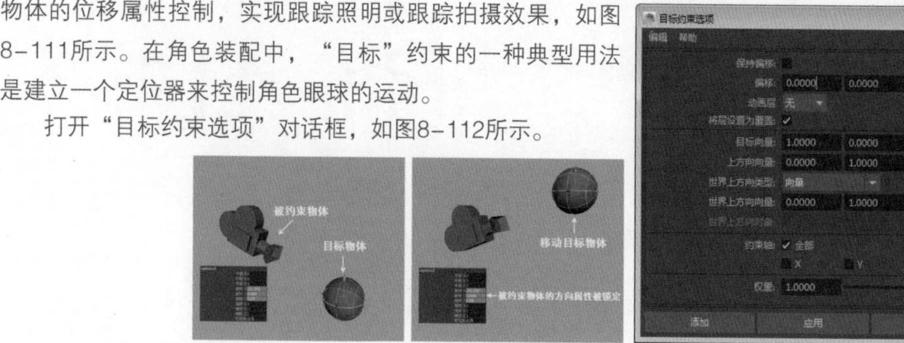

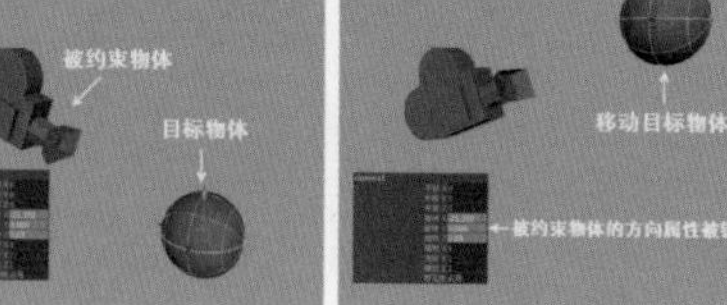

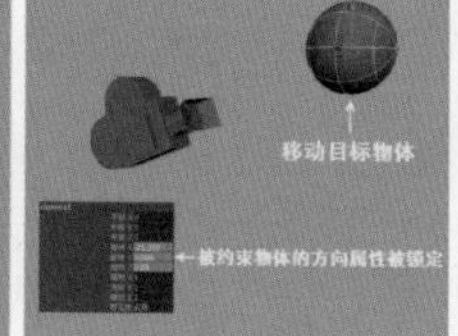

图8-111

图8-112

常用参数介绍

保持偏移：当选择该选项时，创建“目标”约束后，目标物体和被约束物体的相对位移和旋转将保持在创建约束之前的状态，即可以保持约束物体之间的空间关系和旋转角度不变；如果关闭该选项，可以在下面的“偏移”数值框中输入数值来确定被约束物体的偏移方向。

偏移：设置被约束物体偏移方向x轴、y轴、z轴坐标的弧度数值。通过输入需要的弧度数值，可以确定被约束物体的偏移方向。

目标向量：指定“目标向量”相对于被约束物体局部空间的方向，“目标向量”将指向目标点，从而迫使被约束物体确定自身的方向。

提示

“目标向量”用来约束被约束物体的方向，以使它总是指向目标点。“目标向量”在被约束物体的枢轴点开始，总是指向目标点。但是“目标向量”不能完全约束物体，因为“目标向量”不控制物体怎样在“目标向量”周围旋转，物体围绕“目标向量”周围旋转是由“上方向向量”和“世界上方向向量”来控制的。

上方向向量：指定“上方向向量”相对于被约束物体局部空间的方向。

提示

“上方向向量”尝试瞄准其原点的物体称为“世界上方向对象”。

世界上方向类型：选择“世界上方向向量”的作用类型，共有以下5个选项。

场景上方向：指定“上方向向量”尽量与场景的向上轴对齐，以代替“世界上方向向量”，“世界上方向向量”将被忽略。

对象上方向：指定“上方向向量”尽量瞄准被指定物体的原点，而不再与“世界上方向向量”对齐，“世界上方向向量”将被忽略。

对象旋转上方向：指定“世界上方向向量”相对于某些物体的局部空间被定义，代替这个场景的世界空间，“上方向向量”在相对于场景的世界空间变换之后将尝试与“世界上方向向量”对齐。

向量：指定“上方向向量”将尽可能尝试与“世界上方向向量”对齐，这个“世界上方向向量”相对于场景的世界空间被定义，这是默认选项。

无：指定不计算被约束物体围绕“目标向量”周围旋转的方向。当选择该选项时，Maya将继续使用在指定“无”选项之前的方向。

世界上方向向量：指定“世界上方向向量”相对于场景的世界空间方向。

世界上方向对象：输入对象名称来指定一个“世界上方向对象”。在创建“目标”约束时，使用“上方向向量”来瞄准该物体的原点。

约束轴：指定约束的具体轴向，既可以单独约束x轴、y轴、z轴其中的任何轴向，又可以选择“全部”选项来同时约束3个轴向。

权重：指定被约束物体的方向能被目标物体影响的程度。

操作练习 用“目标”约束控制眼睛的转动

- 场景文件 Scenes>CH08>8.7.mb
- 实例文件 Examples>CH08>8.7.mb
- 视频名称 操作练习：用“目标”约束控制眼睛的转动.mp4
- 技术掌握 掌握“目标”约束的用法

本例用“目标”约束控制眼睛转动后的效果如图8-113所示。

图8-113

01 打开学习资源中的“Scenes>CH08>8.7.mb”文件，场景中有一个人物模型，如图8-114所示。

02 执行“创建>定位器”菜单命令，在场景中创建一个定位器，然后将其命名为LEye_locator（用来控制左眼），如图8-115所示。

图8-114 图8-115

提示

选择定位器，然后在“通道盒/层编辑器”面板中单击定位器的名称，激活输入框后即可重命名定位器的名称，如图8-116所示。也可以在“大纲视图”对话框中直接修改。

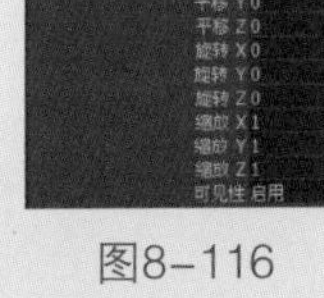

图8-116

03 在“大纲视图”对话框中选择LEye（即左眼）节点，如图8-117所示，然后加选LEye_locator节点，接着执行“约束>点”菜单命令，此时定位器的中心与左眼的中心将重合在一起，如图8-118所示。

04 由于本例是要用“目标”约束来控制眼睛的转动，所以不需要“点”约束了。在“大纲视图”对话框中选择LEye_ locator_PointConstraint1节点，然后按Delete键将其删除，如图8-119所示。

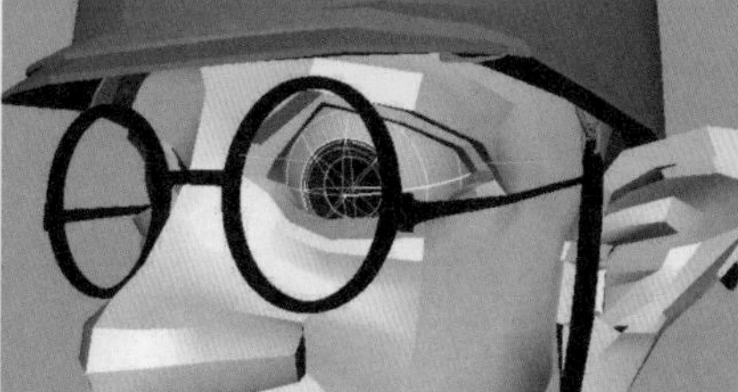

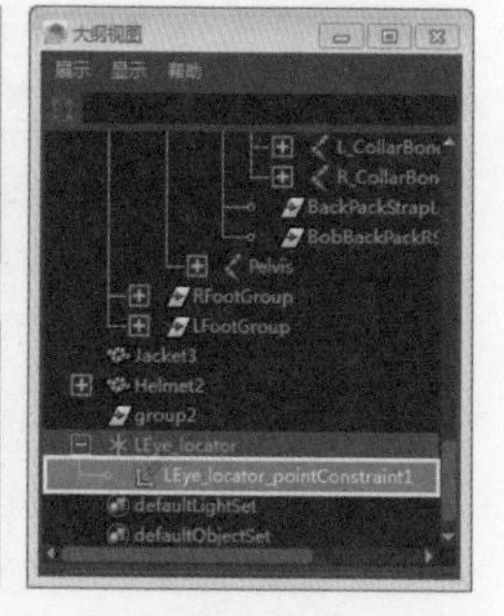

图8-117　　图8-118　　图8-119

提示

为眼球和定位器创建约束，是用来将定位器移至眼球的中心，因此最后将LEye_ locator_ PointConstraint1节点删除。

05 用同样的方法为右眼创建一个定位器（命名为REye_locator），然后选择两个定位器，接着按快捷键Ctrl+G为其分组，并将组命名为locator，如图8-120所示，最后将定位器拖曳到远离眼睛的方向，如图8-121所示。

06 选择LEye_locator节点和REye_locator节点，然后执行“修改>冻结变换”菜单命令，将变换属性值归零处理，接着选择locator节点，执行“修改>居中枢轴”菜单命令，如图8-122所示。

图8-120　　图8-121　　图8-122

07 先选择LEye_locator节点，然后加选LEye节点，接着打开“目标约束选项”对话框，选择“保持偏移”选项，最后单击“添加”按钮，如图8-123所示。

08 用“移动工具”移动LEye_locator节点，可以看到左眼也会跟着LEye_locator节点一起移动，如图8-124所示。

09 用相同的方法为REye_locator节点和Reye节点创建一个“目标”约束，此时拖曳locator节点，可以发现两个眼睛都会跟着一起移动，如图8-125所示。

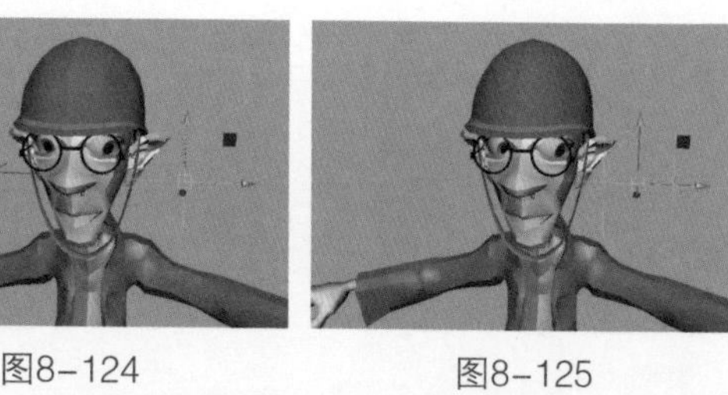
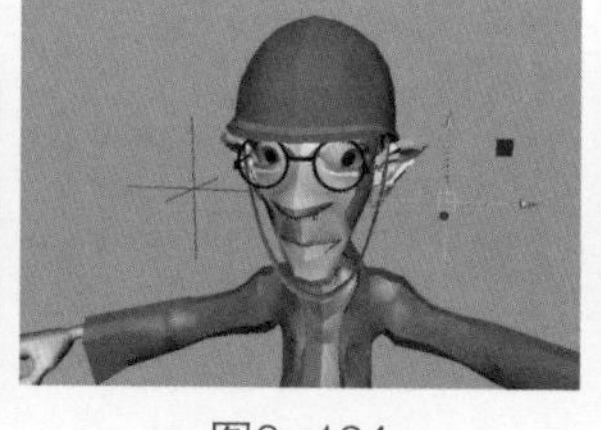
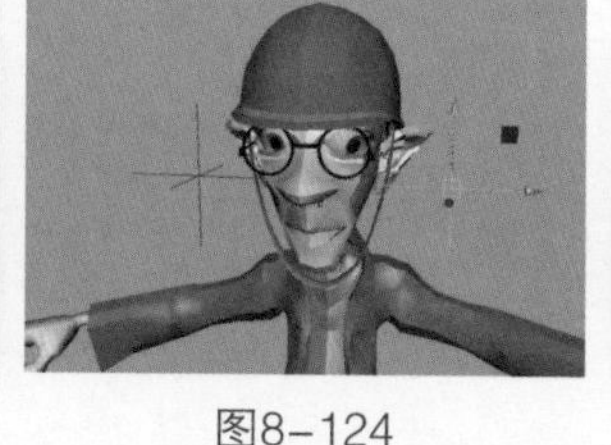
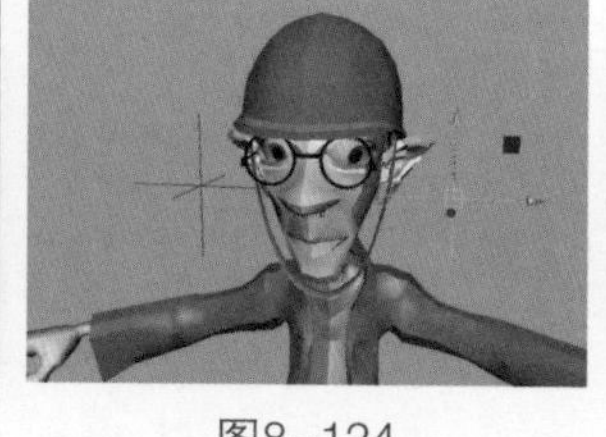
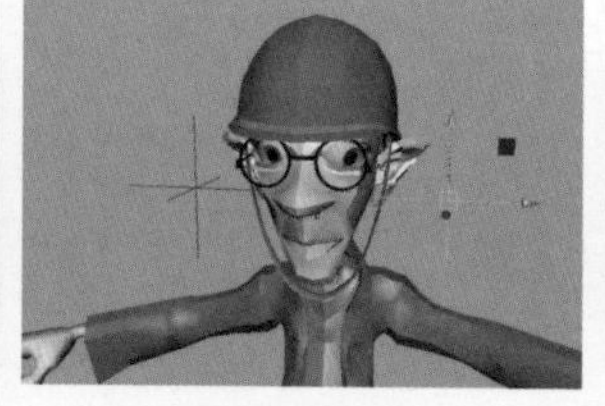

图8-123　　图8-124　　图8-125

8.9.6 极向量

使用“极向量”约束可以让IK旋转平面手柄的极向量终点跟随一个物体或多个物体的平均位置移动。在角色装配中，经常用“极向量”约束将控制角色胳膊或腿部关节链上的IK旋转平面手柄的极向量终点约束到一个定位器上，这样做是为了避免在操作IK旋转平面手柄时，由于手柄向量与极向量过于接近或相交而引起关节链意外发生反转的现象，如图8-126所示。打开“极向量约束选项”对话框，如图8-127所示。

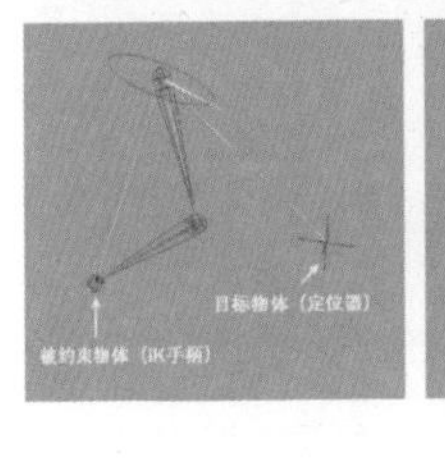

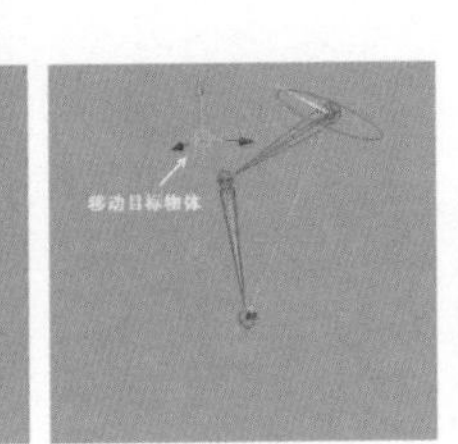

图8-126

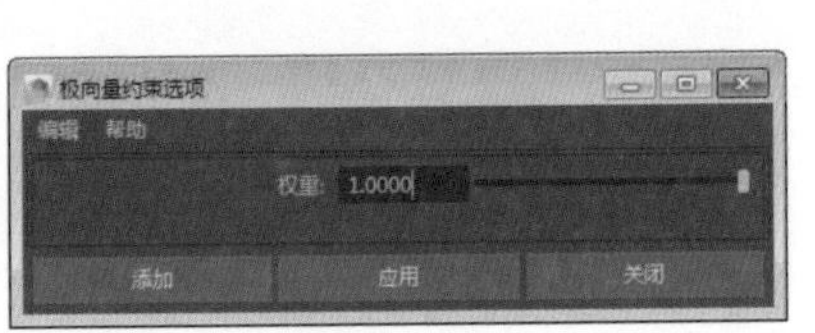

图8-127

8.9.7 几何体

使用“几何体”约束可以将一个物体限制到NURBS曲线、NURBS曲面或多边形曲面上，如图8-128所示。如果想要使被约束物体的自身方向能适应于目标物体表面，也可以在创建“几何体”约束之后再创建一个“法线”约束。打开“几何体约束选项”对话框，如图8-129所示。

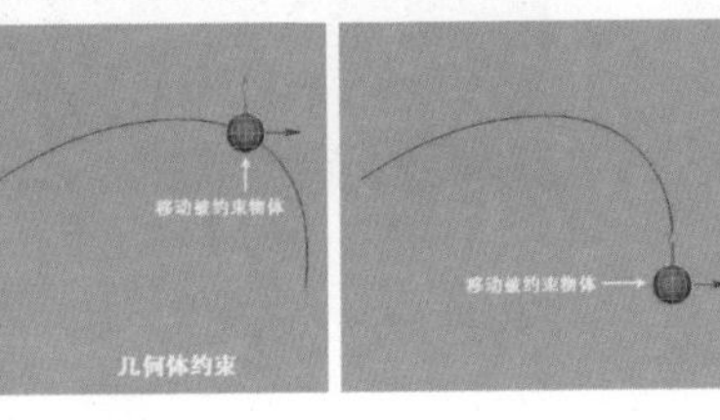

图8-128

图8-129

提示

“几何体”约束不锁定被约束物体变换、旋转和缩放通道中的任何属性，这表示几何体约束可以很容易地与其他类型的约束同时使用。

8.9.8 法线

使用“法线”约束可以约束一个物体的方向，使被约束物体的方向对齐到NURBS曲面或多边形曲面的法线向量。当需要一个物体能以自适应方式在形状复杂的表面上移动时，“法线”约束将非常有用。如果没有“法线”约束，制作沿形状复杂的表面移动物体的动画将十分烦琐和费时。打开“法线约束选项”对话框，如图8-130所示。

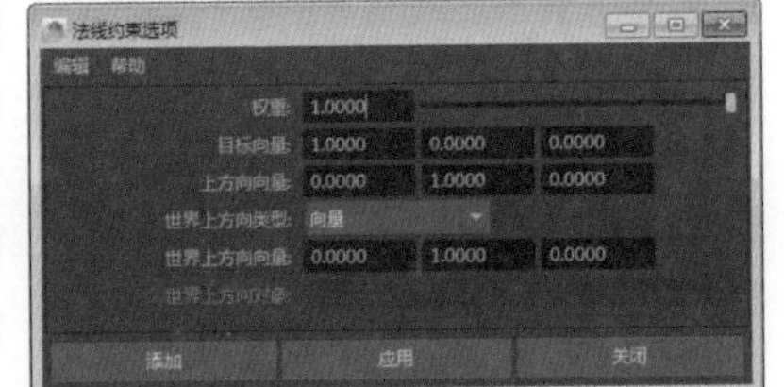

图8-130

8.9.9 切线

使用“切线”约束可以约束一个物体的方向，使被约束物体移动时的方向总是指向曲线的切线方向，如图8-131所示。当需要一个物体跟随曲线的方向运动时，“切线”约束将非常有用，如可以利用“切线”约束来制作汽车行驶时，轮胎沿着曲线轨迹滚动的效果。打开“切线约束选项”对话框，如图8-132所示。

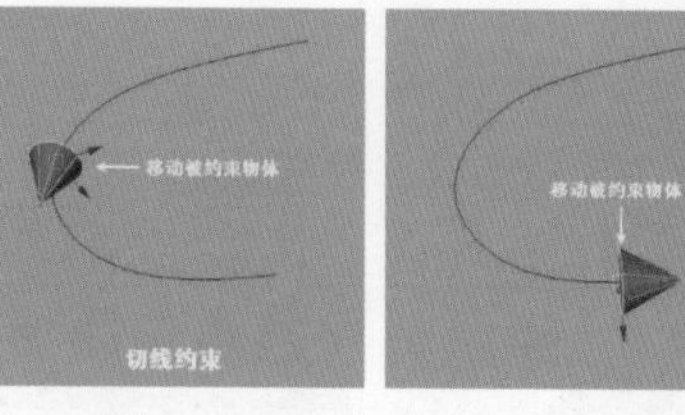
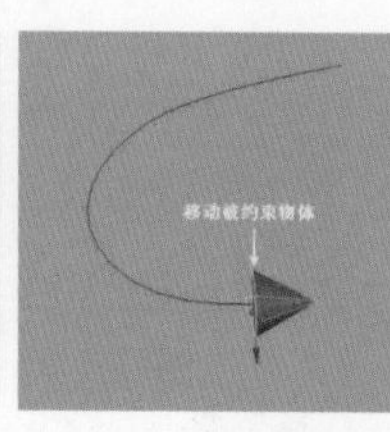

图8-131

图8-132

8.10 综合练习：线变形动画

» 场景文件 无
» 实例文件 Examples>CH08>8.8.mb
» 视频名称 综合练习：线变形动画.mp4
» 技术掌握 掌握使用“线工具”变形器制作动画的方法

“线工具”变形器可以使用一条或多条NURBS曲线来改变可变形物体的形状，本例主要介绍“线工具”变形器的使用方法，案例效果如图8-133所示。

图8-133

01 切换到front（前）视图，然后执行“创建>CV曲线工具”菜单命令，并绘制一条如图8-134所示的曲线。

02 以上一步绘制的曲线为参照，再绘制一条如图8-135所示的曲线。

图8-134

图8-135

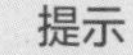

提示

在Maya的安装路径下的icons文件夹内找到MayaStartupImage.png图片文件，可以参照该图片绘制曲线。

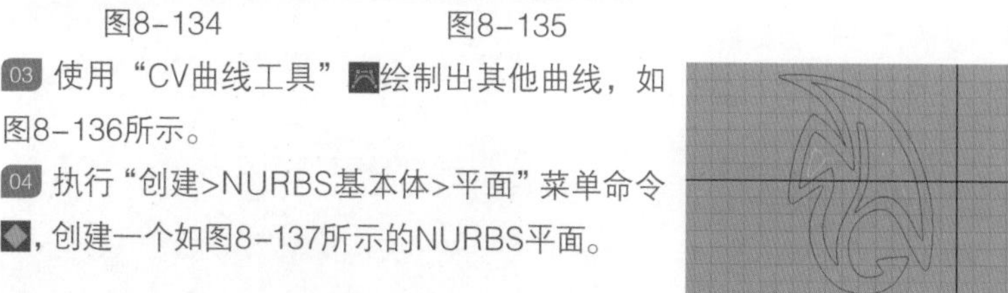

03 使用“CV曲线工具”绘制出其他曲线，如图8-136所示。

04 执行“创建>NURBS基本体>平面”菜单命令，创建一个如图8-137所示的NURBS平面。

图8-136

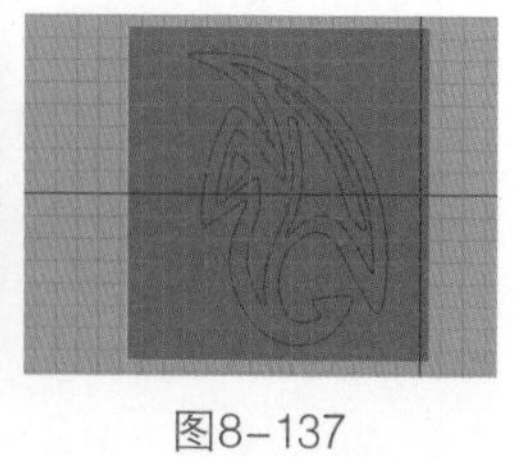

图8-137

05 在“通道盒/层编辑器”中将NURBS平面的“U向面片数”和“V向面片数”分别设置为150和180，如图8-138所示。

06 在“变形”菜单中单击“线”命令后面的□按钮，然后在打开的“工具设置”面板中单击“重置工具”按钮，此时光标会变成十字形，接着单击选择NURBS平面，并按Enter键确认，如图8-139所示。

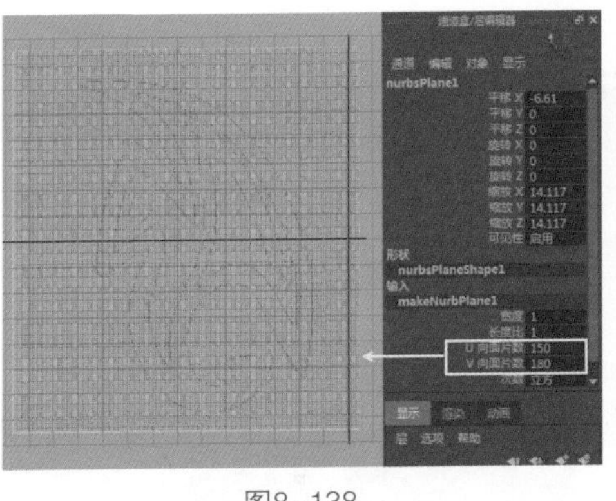

图8-138

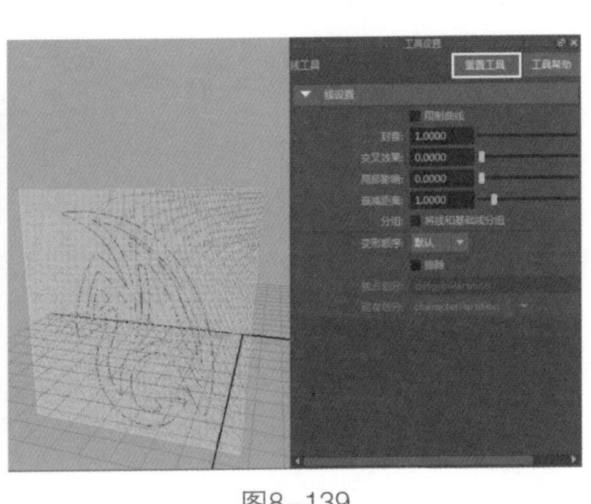

图8-139

07 打开“大纲视图”对话框，然后选择场景中的所有曲线，接着按Enter键确认，如图8-140所示。

08 选择场景中所有的曲线，然后使用“移动工具”将曲线向z轴方向移动，可以看到NURBS平面受到了曲线的影响，但是目前曲线影响NURBS平面的范围过大，导致图形稍显臃肿，如图8-141所示。

09 保持对曲线的选择，然后打开“属性编辑器”面板，接着在Wire1选项卡中展开“衰减距离”卷展栏，并将Curve1、Curve2、Curve3和Curve4参数全部调整为0.5，可以看到NURBS平面受曲线影响的范围缩小了，如图8-142所示。

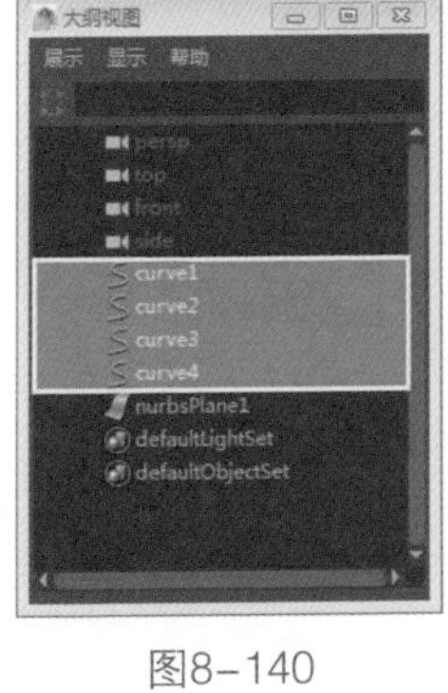

图8-140

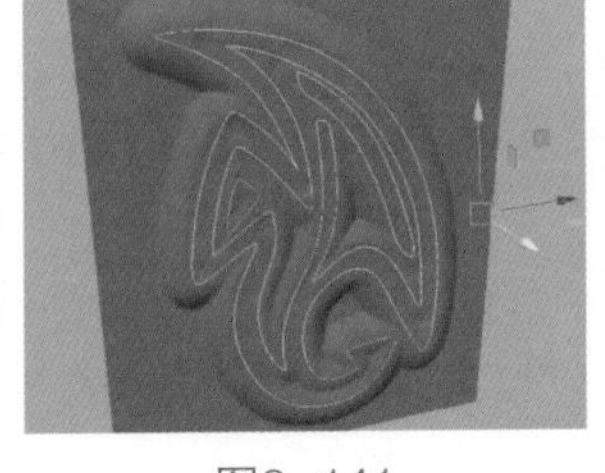

图8-141

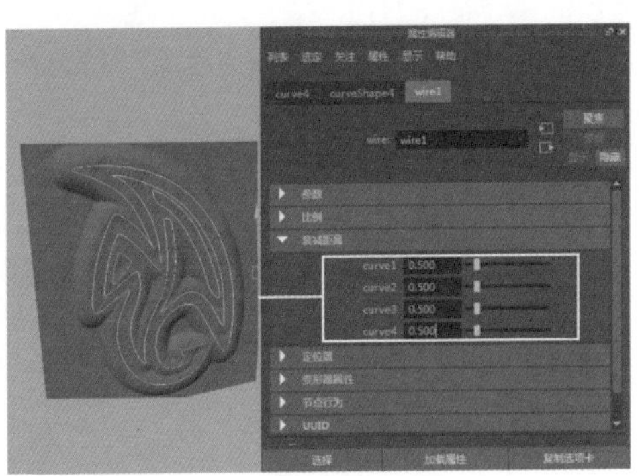

图8-142

10 在第1帧处，设置曲线的平移属性为0，然后按快捷键Shift+W设置模型在“平移 X”“平移 Y”和“平移 Z”参数上的关键帧，如图8-143所示。

11 在第18帧处，使用“移动工具”将曲线在z轴方向上移动0.367，然后按快捷键Shift+W设置模型在“平移X”“平移Y”和“平移Z”参数上的关键帧，如图8-144所示。

12 在“大纲视图”对话框中，将曲线隐藏，然后播放动画，可以看到随着时间的推移，NURBS平面上渐渐凸显出Maya的标志，如图8-145所示。

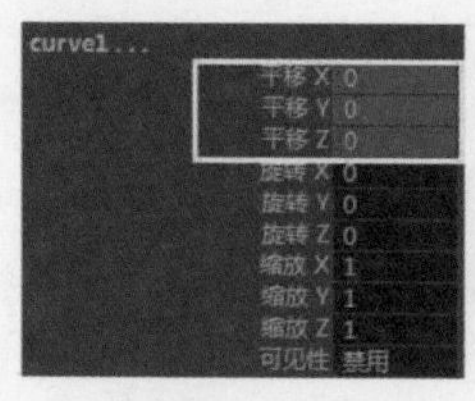

图8-143

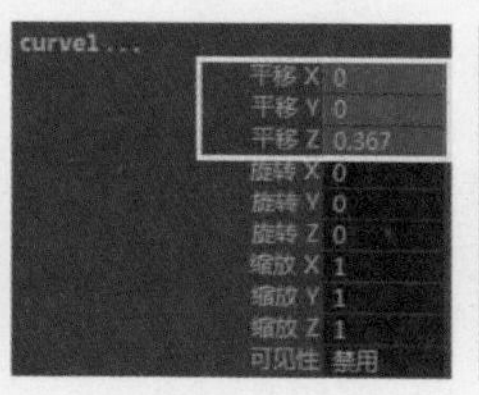

图8-144

图8-145

8.11 课后习题

本课安排了一个简单的课后习题供读者练习，这个习题主要用来练习制作路径关键帧动画的操作方法。

课后习题 制作运动路径关键帧动画

- 场景文件 Scenes>CH08>8.9.mb
- 实例文件 Examples>CH08>8.9.mb
- 视频名称 课后习题：制作运动路径关键帧动画.mp4
- 技术掌握 掌握“设定运动路径关键帧”命令的用法

本例使用“设定运动路径关键帧”命令制作的运动路径关键帧动画效果如图8-146所示。

图8-146

8.12 本课笔记

第9课

动力学与流体

Maya提供了强大的动力学和流体功能，可以用来模拟各种物理现象。本课将讲解Maya的动力学和流体的运用。这部分内容比较多，主要包含粒子系统、动力场、柔体、刚体和流体等。

学习要点

- 掌握粒子的创建方法
- 掌握粒子的属性
- 掌握实例化器（替换）的使用方法
- 掌握粒子碰撞事件编辑器的使用方法
- 掌握柔体的使用方法
- 掌握柔体与刚体的运用

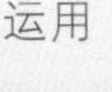
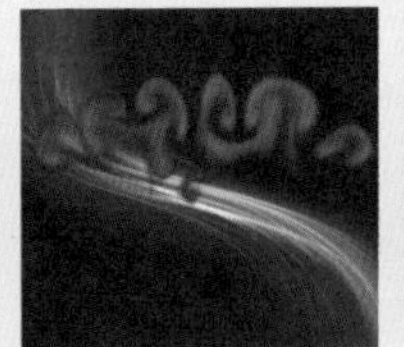

9.1 粒子系统

粒子是制作特效动画常用的方式，很多特效动画技术都是基于粒子开发的。Maya的nParticle是一套基于Nucleus的强大系统，从Maya 2009开始Nucleus就为粒子增加了强大的功能，后续的Maya版本又增加了nCloth（布料系统）和nHair（毛发系统），使Nucleus家族越来越壮大，功能也越来越强悍。nObject（基于Nucleus的对象）可以自由交互，也就是nParticle、nCloth和nHair相互产生动力学影响，这使得nParticle可以发挥出最大功能，实现各种粒子效果，如图9-1所示。

提示

粒子是Maya的一种物理模拟，其运用非常广泛，如火山喷发、夜空中绽放的礼花、秋天漫天飞舞的枫叶等，都可以通过粒子系统来实现。

切换到FX模块，如图9-2所示。此时Maya会自动切换到动力学菜单。创建与编辑粒子主要用nParticle菜单来完成，如图9-3所示。

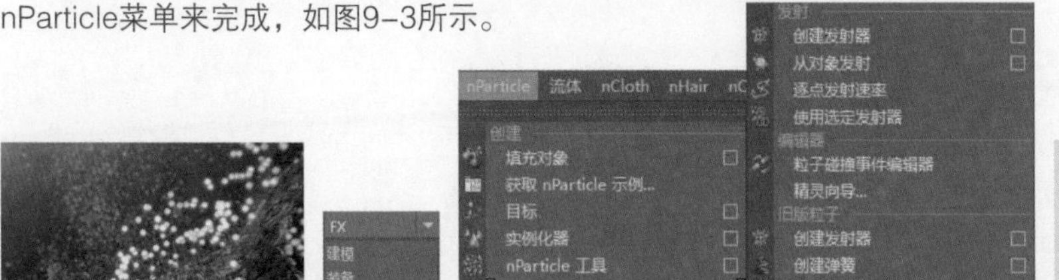

图9-1　图9-2　图9-3

提示

以下讲解的命令都在nParticle菜单下，本书只针对常用的命令进行讲解。

9.1.1 nParticle工具

"nParticle工具"是用来创建粒子的，打开"nParticle工具"的"工具设置"对话框，如图9-4所示。

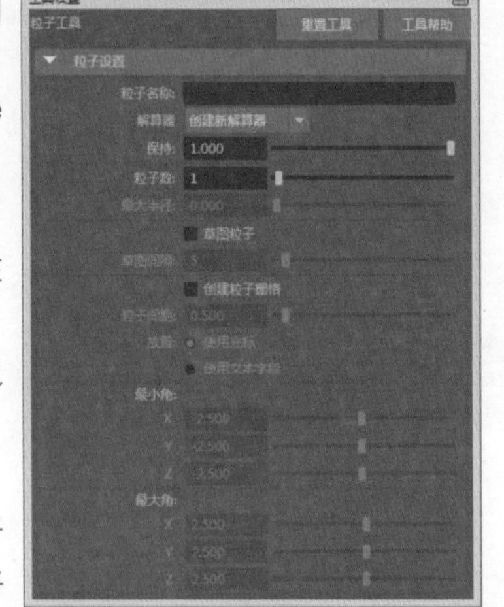

图9-4

常用参数介绍

粒子名称：为即将创建的粒子命名。命名粒子有助于在"大纲视图"对话框识别粒子。

保持：该选项会影响粒子的速度和加速度属性，一般情况下都采用默认值1。

粒子数：设置要创建的粒子的数量，默认值为1。

最大半径：如果设置的"粒子数"大于 1，则可以将粒子随机分布在单击的球形区域中。若要选择球形区域，可以将"最大半径"设定为大于 0 的值。

草图粒子：选择该选项后，拖曳鼠标可以绘制连续的粒子流的草图。

草图间隔：用于设定粒子之间的像素间距。值为0时将提供接近实线的像素；值越大，像素之间的间距也越大。

创建粒子栅格：创建一系列格子阵列式的粒子。

粒子间隔：当启用“创建粒子栅格”选项时才可用，可以在栅格中设定粒子之间的间距（按单位）。

放置：包含了“使用光标”和“使用文本字段”两个选项。

使用光标：使用光标方式创建阵列。

使用文本字段：使用文本方式创建粒子阵列。

最小角：设置3D粒子栅格中左下角的x轴、y轴、z轴坐标。

最大角：设置3D粒子栅格中右上角的x轴、y轴、z轴坐标。

操作练习 练习创建粒子的几种方法

» 场景文件　无
» 实例文件　无
» 视频名称　操作练习：练习创建粒子的几种方法.mp4
» 技术掌握　掌握用粒子工具创建粒子的几种方法

01 执行“nParticle>粒子工具”菜单命令，此时光标会变成状，在视图中连续单击鼠标左键即可创建出多个粒子，如图9-5所示。

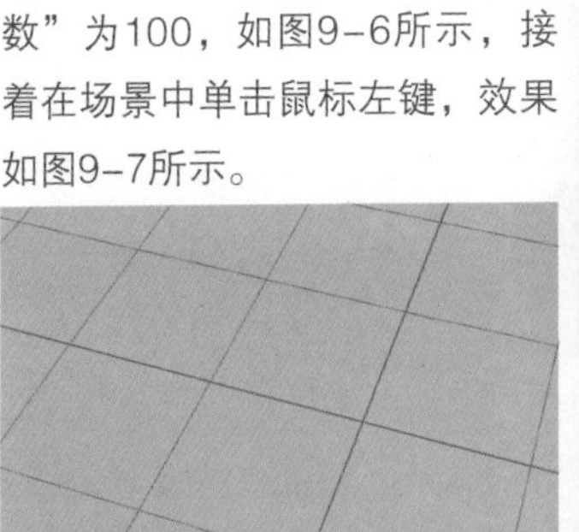

图9-5

02 打开“粒子工具”的“工具设置”对话框，然后设置“粒子数”为100，如图9-6所示，接着在场景中单击鼠标左键，效果如图9-7所示。

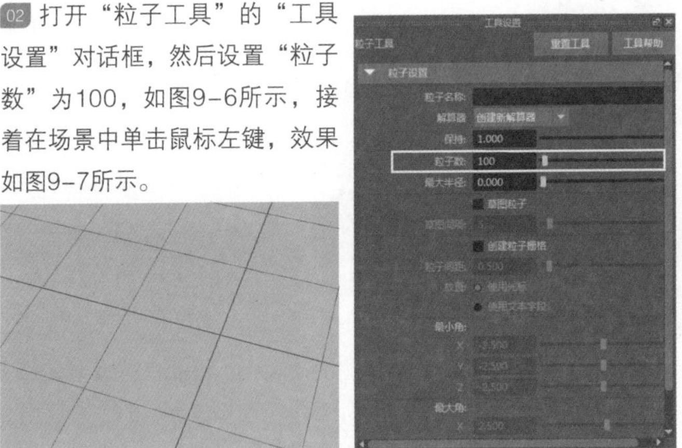

图9-6

图9-7

提示

上述步骤创建出来的粒子数仍然是100，因为“最大半径”为0，100个粒子都集中在一点，所以看起来只有一个粒子。

03 在“粒子工具”的“工具设置”对话框中设置“最大半径”为5，如图9-8所示，然后在视图中单击鼠标左键，效果如图9-9所示。

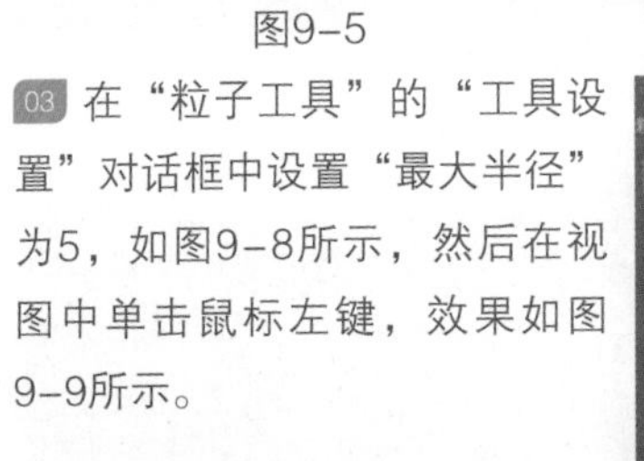

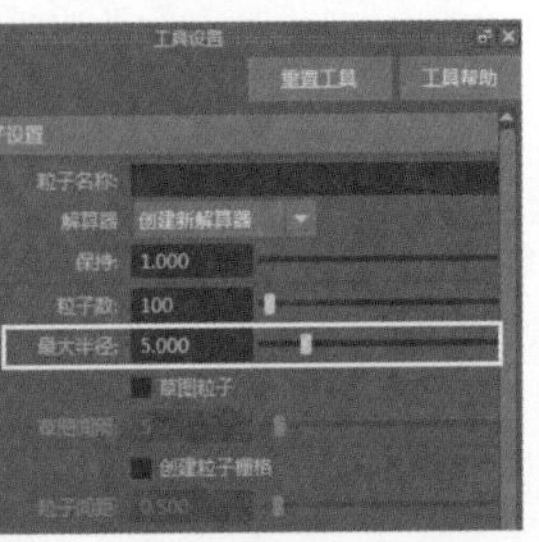

图9-8

图9-9

04 在“工具设置”面板中选择“创建粒子栅格”选项，如图9-10所示，然后在视图中绘制两个点，如图9-11所示，接着按Enter键完成操作，效果如图9-12所示。

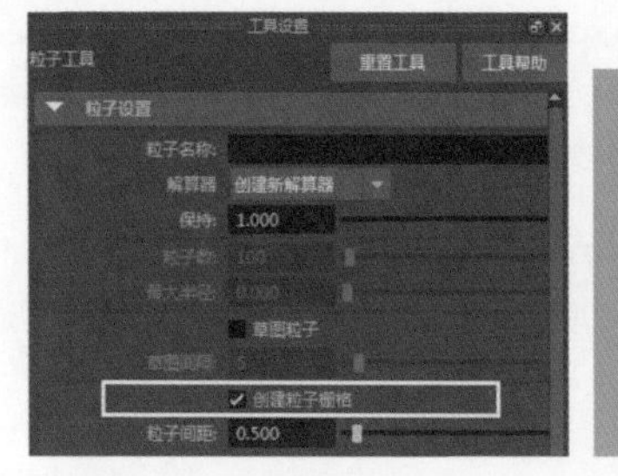

图9-10

图9-11

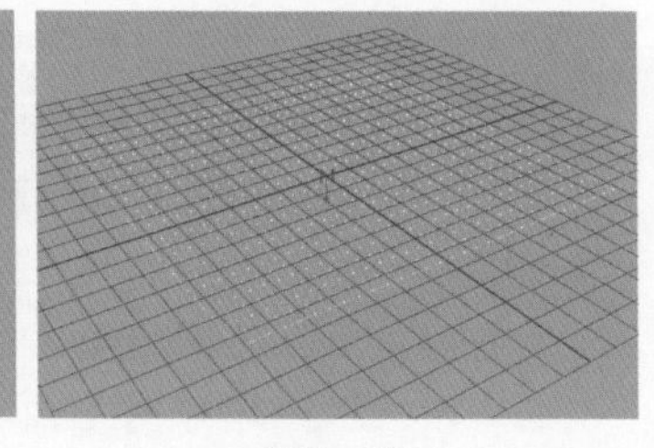

图9-12

9.1.2 粒子属性

在场景中选择粒子，或在“大纲视图”对话框中选择nParticle节点，如图9-13所示。然后打开“属性编辑器”面板，接着切换到nParticleShape选项卡，如图9-14所示。在该选项卡下，提供了调整粒子外形、颜色和动力学等效果的属性。

9.1.3 Nucleus属性

Nucleus节点是nObject的常规解算器节点，它可以用来控制力（重力和风）、地平面属性以及时间和比例属性的设置，这些设置应用于连接到特定Nucleus解算器的所有nObject对象节点。在创建nObject之后，Maya会自动创建Nucleus节点，可以在“大纲视图”对话框中选择Nucleus节点，如图9-15所示。然后在“属性编辑器”面板中的nucleus选项卡下调整其属性，如图9-16所示。

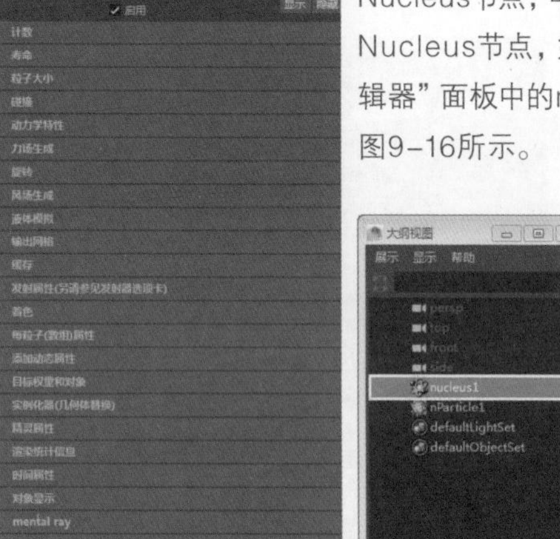

图9-13　图9-14　图9-15　图9-16

9.1.4 创建发射器

使用“创建发射器”命令可以创建出粒子发射器，同时可以选择发射器的类型。打开“发射器选项（创建）”对话框，如图9-17所示。

图9-17

9.1.5 从对象发射

“从对象发射”命令可以指定一个物体作为发射器来发射粒子，这个物体既可以是几何物体，也可以是物体上的点。打开“发射器选项（从对象发射）”对话框，如图9-18所示。从“发射器类型”下拉列表中可以观察到，“从对象发射”的发射器共有4种，分别是“泛向”“方向”“表面”“曲线”。

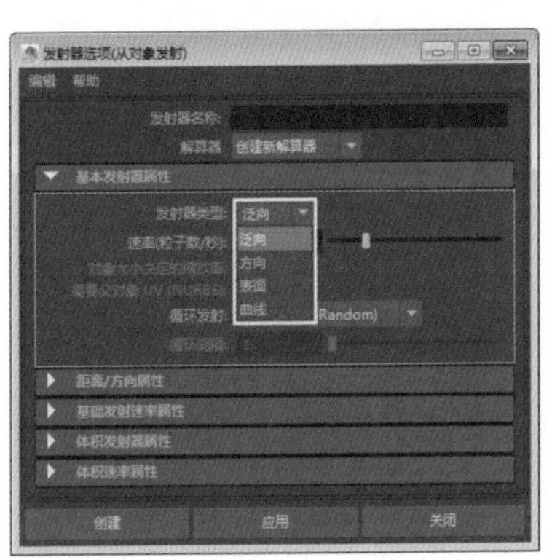

图9-18

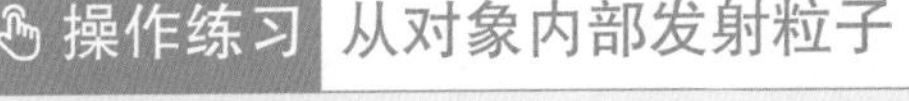

操作练习 从对象内部发射粒子

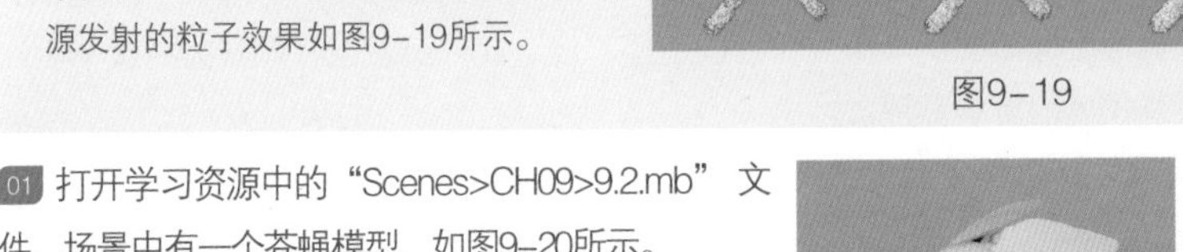

» 场景文件 Scenes>CH09>9.2.mb
» 实例文件 Examples>CH09>9.2.mb
» 视频名称 操作练习：从对象内部发射粒子.mp4
» 技术掌握 掌握如何用泛向发射器从物体发射粒子

本例用“泛向”发射器以物体作为发射源发射的粒子效果如图9-19所示。

图9-19

01 打开学习资源中的“Scenes>CH09>9.2.mb”文件，场景中有一个苍蝇模型，如图9-20所示。

02 选择模型，然后执行“nParticle>从对象发射”菜单命令。此时，场景中会生成发射器和解算器，如图9-21所示。

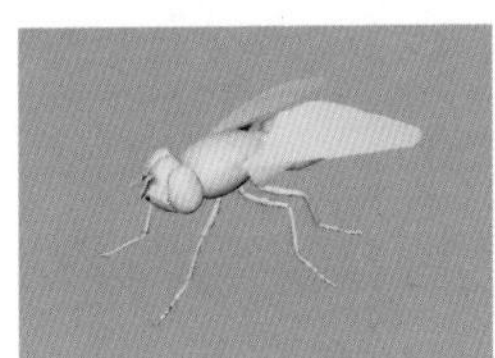

图9-20

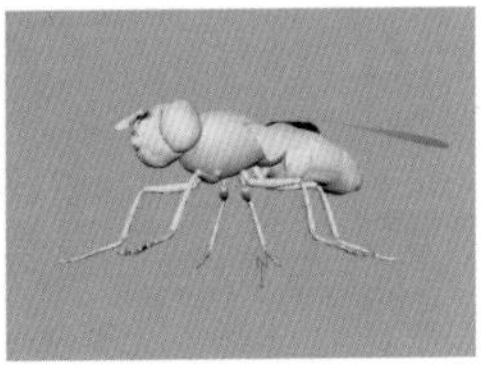

图9-21

03 播放动画，第5帧、12帧和18帧的粒子发射效果如图9-22所示。

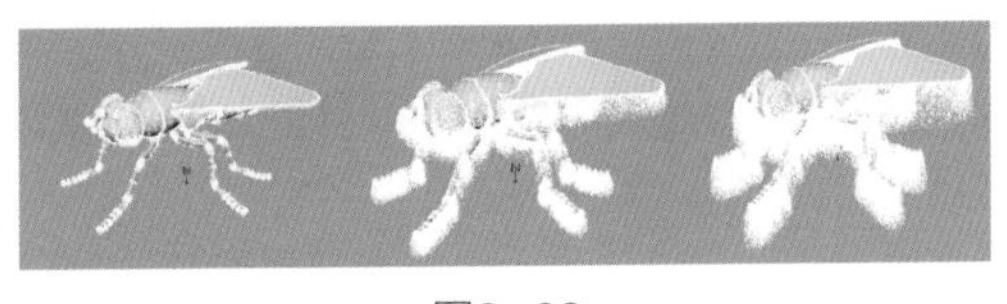

图9-22

9.1.6 目标

“目标”命令可以使粒子朝一个指定的物体运动，最终附着在物体上。打开“目标选项”对话框，如图9-23所示。

常用参数介绍

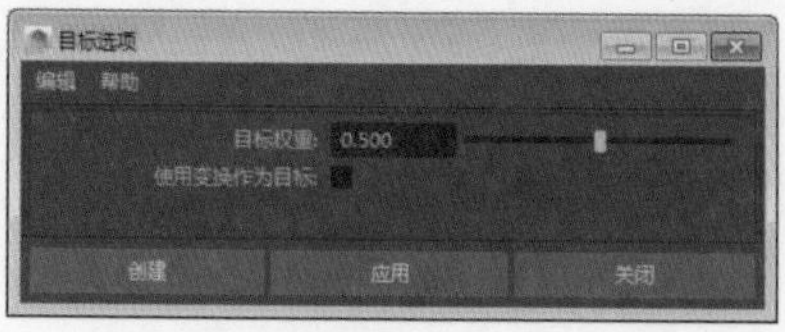

目标权重：设定被吸引到目标的后续对象的所有粒子数量。可以将“目标权重”的值设定为0~1，当该值为0时，说明目标的位置不影响后续粒子；当该值为1时，会立即将后续粒子移动到目标对象位置。

图9-23

使用变换作为目标：使粒子跟随对象变换，而不是其粒子、CV、顶点或晶格点。

9.1.7 实例化器（替换）

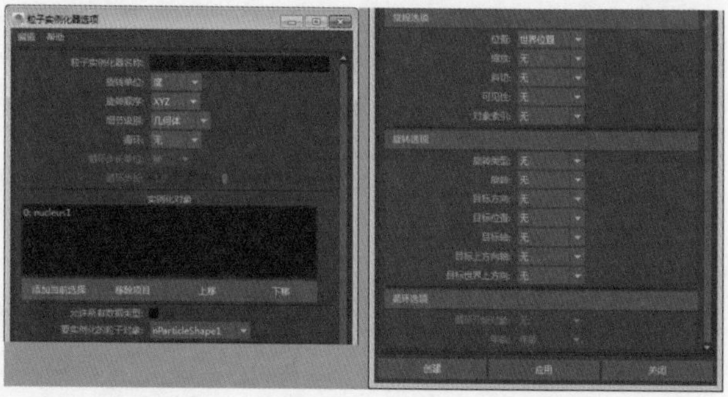

“实例化器（替换）”命令可以使用物体模型来代替粒子，创建出物体集群，使其继承粒子的动画规律和一些属性，并且可以受到动力场的影响。打开“粒子实例化器选项”对话框，如图9-24所示。

常用参数介绍

粒子实例化器名称：设置粒子替换生成的替换节点的名字。

图9-24

旋转单位：设置粒子替换旋转时的旋转单位。可以选择“度”或“弧度”，默认为“度”。

旋转顺序：设置粒子替代后的旋转顺序。

细节级别：设定在粒子位置是否会显示源几何体，或者是否会改为显示边界框（边界框会加快场景播放速度）。

几何体：在粒子位置显示源几何体。

边界框：为实例化层次中的所有对象显示一个框。

边界框：为实例化层次中的每个对象分别显示框。

循环：“无”表示实例化单个对象；“顺序”表示循环“实例化对象”列表中的对象。

循环步长单位：如果使用的是对象序列，可以选择是将“帧”数还是“秒”数用于“循环步长”值。

循环步长：如果使用的是对象序列，可以输入粒子年龄间隔，序列中的下一个对象按该间隔出现。例如，“循环步长”为 2秒时，会在粒子年龄超过2、4、6等的帧处显示序列中的下一个对象。

实例化对象：当前准备替换的对象列表，排列序号为0~n。

添加当前选择 添加当前选择 ：单击该按钮可以为“实例化对象”列表添加选定对象。

移除项目 移除项目 ：从“实例化对象”列表中移除选择的对象。

上移 上移 ：向上移动选择的对象序号。

下移 下移 ：向下移动选择的对象序号。

允许所有数据类型：选择该选项后，可以扩展属性的下拉列表。扩展下拉列表中包括数据类型与选项数据类型不匹配的属性。

要实例化的粒子对象：选择场景中要被替代的粒子对象。

位置：设定实例物体的位置属性，或者输入节点类型，同时也可以在“属性编辑器”对话框中编辑该输入节点来控制属性。

缩放：设定实例物体的缩放属性，或者输入节点类型，同时也可以在“属性编辑器”对话框中编辑该输入节点来控制属性。

斜切：设定实例物体的斜切属性，或者输入节点类型，同时也可以在“属性编辑器”对话框中编辑该输入节点来控制属性。

可见性：设定实例物体的可见性，或者输入节点类型，同时也可以在“属性编辑器”对话框中编辑该输入节点来控制属性。

对象索引：如果设置“循环”为“顺序”方式，则该选项不可用；如果“循环”设置为“无”，则该选项可以通过输入节点类型来控制实例物体的先后顺序。

旋转类型：设定实例物体的旋转类型，或者输入节点类型，同时也可以在“属性编辑器”对话框中编辑该输入节点来控制属性。

旋转：设定实例物体的旋转属性，或者输入节点类型，同时也可以在“属性编辑器”对话框中编辑该输入节点来控制属性。

目标方向：设定实例物体的目标方向属性，或者输入节点类型，同时也可以在“属性编辑器”对话框中编辑该输入节点来控制属性。

目标位置：设定实例物体的目标位置属性，或者输入节点类型，同时也可以在“属性编辑器”对话框中编辑该输入节点来控制属性。

目标轴：设定实例物体的目标轴属性，或者输入节点类型，同时也可以在“属性编辑器”对话框中编辑该输入节点来控制属性。

目标上方向轴：设定实例物体的目标上方向轴属性，或者输入节点类型，同时也可以在“属性编辑器”对话框中编辑该输入节点来控制属性。

目标世界上方轴：设定实例物体的目标世界上方轴属性，或者输入节点类型，同时也可以在“属性编辑器”对话框中编辑该输入节点来控制属性。

循环开始对象：设定循环的开始对象属性，同时也可以在“属性编辑器”对话框中编辑该输入节点来控制属性。该选项只有在设置“循环”为“顺序”方式时才能被激活。

年龄：设定粒子的年龄，可以在“属性编辑器”对话框中编辑输入节点来控制该属性。

操作练习 将粒子替换为实例对象

- 场景文件 Scenes>CH09>9.3.mb
- 实例文件 Examples>CH09>9.3.mb
- 视频名称 操作练习：将粒子替换为实例对象.mp4
- 技术掌握 掌握如何将粒子替换为实例对象

本例用“实例化器（替换）”命令将粒子替代为蝴蝶后的效果如图9-25所示。

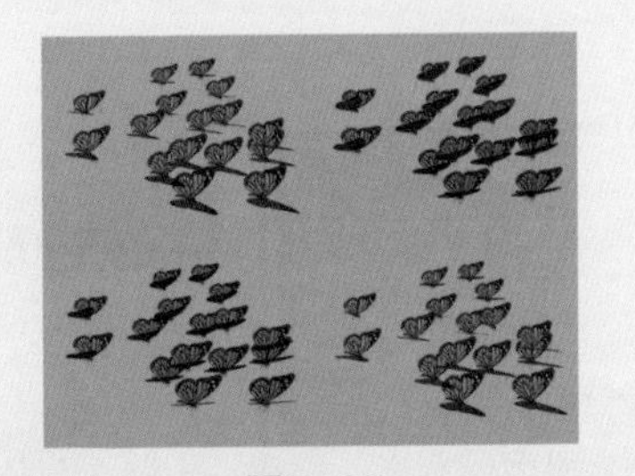

图9-25

01 打开学习资源中的“Scenes>CH09>9.3.mb”文件，场景中有一个带动画的蝴蝶模型，如图9-26所示。

02 执行“nParticle>粒子工具”菜单命令，然后在场景中创建一些粒子，如图9-27所示。接着打开“属性编辑器”面板，再切换nucleus1选项卡，最后设置“重力”为0，如图9-28所示。

03 选择粒子，执行“字段/解算器>湍流”菜单命令，然后在“属性编辑器”面板中设置“幅值”为10，如图9-29所示。

图9-26 图9-27 图9-28 图9-29

04 在“大纲视图”对话框中选择nParticle1和group45节点，如图9-30所示，然后执行“nParticle>实例化器（替换）”菜单命令，效果如图9-31所示。

05 选择粒子，然后在“属性编辑器”面板中展开“实例化器（几何体替换）>旋转选项”卷展栏，接着设置“目标方向”为“力”，如图9-32所示。播放动画，效果如图9-33所示。

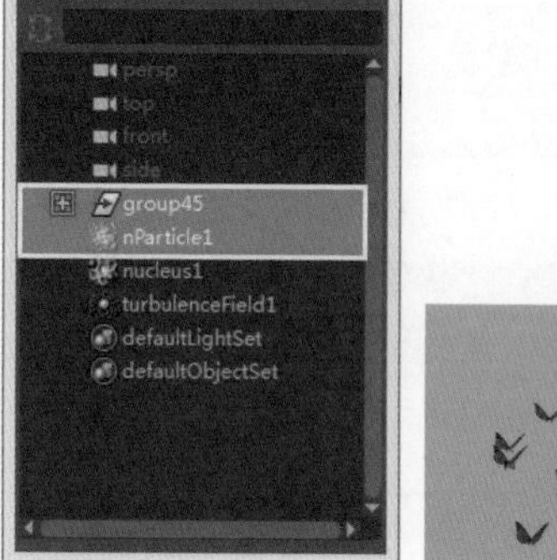

图9-30 图9-31 图9-32 图9-33

9.1.8 粒子碰撞事件编辑器

使用“粒子碰撞事件编辑器”命令可以设置粒子与物体碰撞之后发生的事件，如粒子消亡之后改变的形态、颜色等。打开“粒子碰撞事件编辑器”对话框，如图9-34所示。

常用参数介绍

对象/事件：单击“对象”列表中的粒子可以选择粒子对象，所有属于选定对象的事件都会显示在“事件”列表中。

更新对象列表 更新对象列表：在添加或删除粒子对象和事件时，单击该按钮可以更新对象列表。

选定对象：显示选择的粒子对象。

选定事件：显示选择的粒子事件。

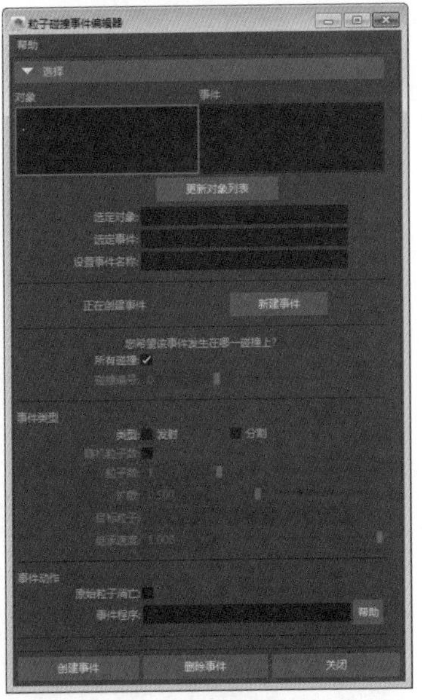

图9-34

设置事件名称：创建或修改事件的名称。

新建事件 新建事件  ：单击该按钮可以为选定的粒子增加新的碰撞事件。

所有碰撞：选择该选项后，Maya将在每次粒子碰撞时都执行事件。

碰撞编号：如果关闭“所有碰撞”选项，则事件会按照所设置的“碰撞编号”进行碰撞。如1表示第1次碰撞，2表示第2次碰撞。

类型：设置事件的类型。“发射”表示当粒子与物体发生碰撞时，粒子保持原有的运动状态，并且在碰撞之后能够发射新的粒子；“分割”表示当粒子与物体发生碰撞时，粒子在碰撞的瞬间会分裂成新的粒子。

随机粒子数：当关闭该选项时，分裂或发射产生的粒子数目由该选项决定；当选择该选项时，分裂或发射产生的粒子数目为1与该选项数值之间的随机数值。

粒子数：设置在事件之后所产生的粒子数量。

扩散：设置在事件之后粒子的扩散角度。0表示不扩散，0.5表示扩散90°，1表示扩散180°。

目标粒子：可以用于为事件指定目标粒子对象。输入要用作目标粒子的名称（可以使用粒子对象的形状节点的名称或其变换节点名称）。

继承速度：设置事件后产生的新粒子继承碰撞粒子速度的百分比。

原始粒子消亡：选择该选项后，当粒子与物体发生碰撞时会消亡。

事件程序：可以用于输入当指定的粒子（拥有事件的粒子）与对象碰撞时将被调用的MEL脚本事件程序。

操作练习 创建粒子碰撞事件

» 场景文件 Scenes>CH09>9.4.mb
» 实例文件 Examples>CH09>9.4.mb
» 视频名称 操作练习：创建粒子碰撞事件.mp4
» 技术掌握 掌握如何创建粒子碰撞事件

本例用“粒子碰撞事件编辑器”创建的粒子碰撞效果如图9-35所示。

图9-35

01 打开学习资源中的“Scenes>CH09>9.4.mb”文件，场景中有一个带粒子动画的茶具模型，如图9-36所示。

图9-36

02 在“大纲视图”对话框中选择nParticle1节点，如图9-37所示。然后打开“粒子碰撞事件编辑器”对话框，接着设置“类型”为“发射”、“粒子数”为3、“扩散”为0.3，再选择“原始粒子消亡”选项，最后单击“创建事件”按钮，如图9-38所示。

03 此时会生成一个新的粒子，如图9-39所示。播放粒子动画，可以观察到在粒子产生碰撞之后，又发射出了新的粒子，如图9-40所示。

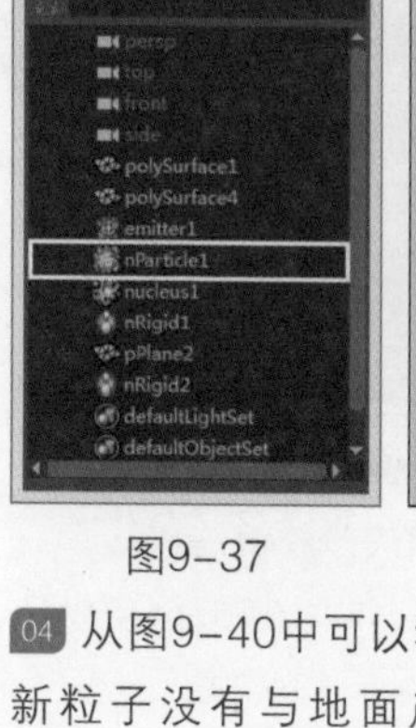

图9-37

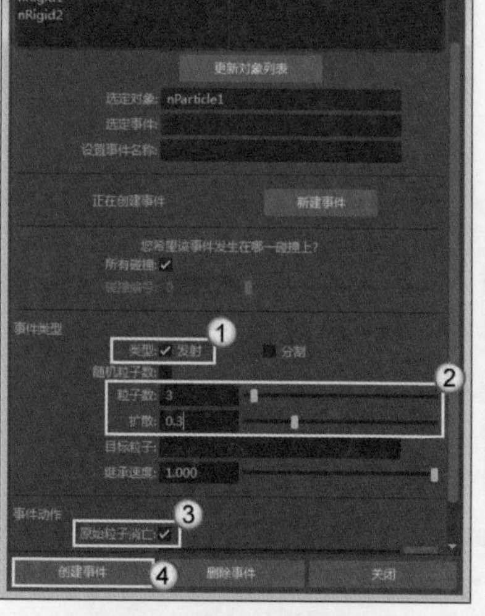
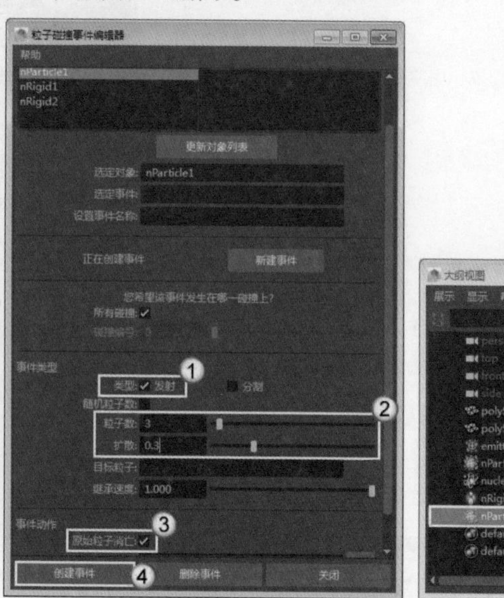

图9-38

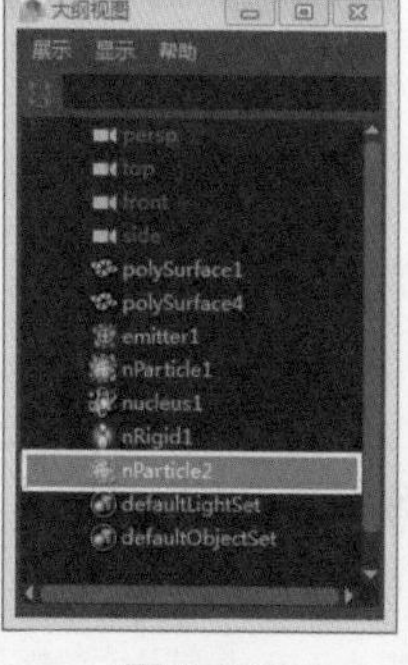

图9-39

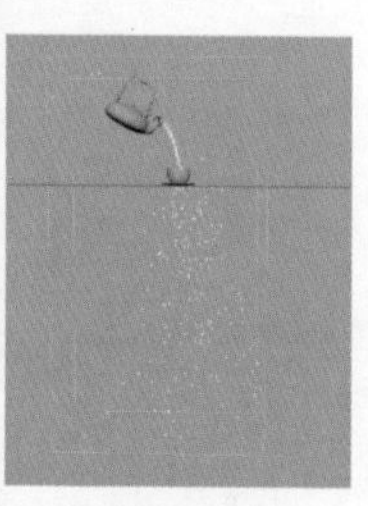

图9-40

04 从图9-40中可以看出新粒子没有与地面产生碰撞。选择nParticle2节点，然后在“属性编辑器”面板中展开“碰撞”卷展栏，接着设置“碰撞层”为2，如图9-41所示，效果如图9-42所示。

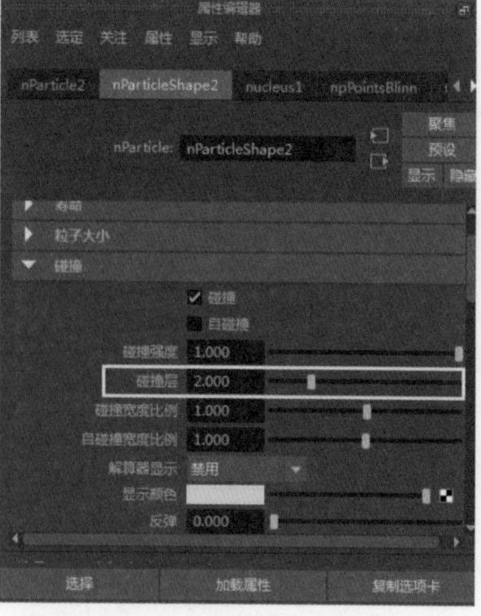

图9-41

提示

地面的碰撞体也属于碰撞层2，所以要将粒子的“碰撞层”设置为2，这样nParticle2才会与地面产生碰撞效果。

图9-42

9.2 柔体

柔体是将几何物体表面的CV点或顶点转换成柔体粒子，然后通过给予不同部位的粒子不同权重值的方法来模拟自然界中的柔软物体，这是一种动力学解算方法。标准粒子和柔体粒子有些不同，一方面柔体粒子互相连接时有一定的几何形状；另一方面，它们又以固定形状而不是以单独的点的方式集合体现在屏幕上及最终渲染中。柔体可以用来模拟有一定几何外形但又不是很稳定且容易变形的物体，如面料和波纹等，如图9-43所示。

在Maya 2016中，执行“nParticle>柔体”菜单命令可以创建柔体，如图9-44所示。

图9-43

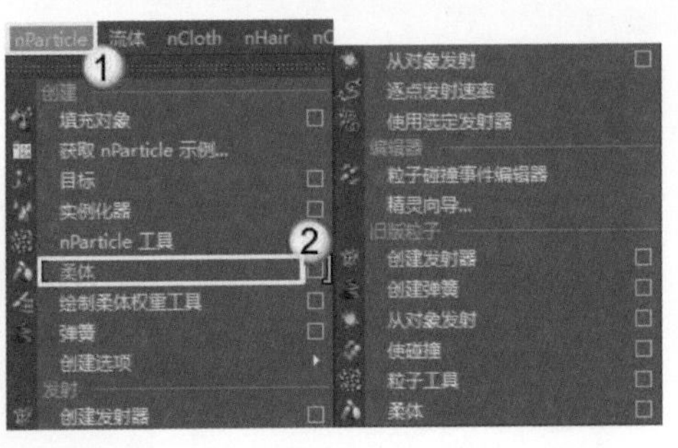

图9-44

9.2.1 创建柔体

“创建柔体”命令主要用来创建柔体，打开“软性选项”对话框，如图9-45所示。

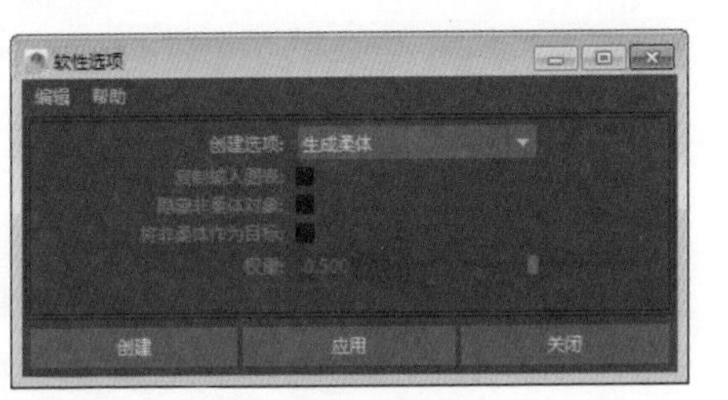

图9-45

常用参数介绍

创建选项：选择柔体的创建方式，包含以下3种。

生成柔体：将对象转化为柔体。如果未设置对象的动画，并将使用动力学设置其动画，可以选择该选项。如果已在对象上使用非动力学动画，并且希望在创建柔体之后保留该动画，也可以使用该选项。

复制，将副本生成柔体：将对象的副本生成柔体，而不改变原始对象。如果使用该选项，则可以启用“将非柔体作为目标”选项，以使原始对象成为柔体的一个目标对象。柔体跟在已设置动画的目标对象后面，可以编辑柔体粒子的目标权重以创建有弹性的或抖动的运动效果。

复制，将原始生成柔体：该选项的使用方法与“复制，将副本生成柔体”类似，可以使原始对象成为柔体，同时复制出一个原始对象。

复制输入图表：使用任一复制选项创建柔体时，复制上游节点。如果原始对象具有希望能够在副本中使用和编辑的依存关系图输入，可以启用该选项。

隐藏非柔体对象：如果在创建柔体时复制对象，那么其中一个对象会变为柔体。如果启用该选项，则会隐藏不是柔体的对象。

提示

注意，如果以后需要显示隐藏的非柔体对象，可以在“大纲视图”对话框中选择该对象，然后执行“显示>显示>显示当前选择”菜单命令。

将非柔体作为目标：选择该选项后，可以使柔体跟踪或移向从原始几何体或重复几何体生成的目标对象。使用“绘制柔体权重工具”可以在柔体曲面上绘制基于每个粒子的目标权重。

提示

注意，如果在关闭“将非柔体作为目标”选项的情况下创建柔体，仍可以为粒子创建目标。选择柔体粒子，按住Shift键选择要成为目标的对象，然后执行“粒子>目标”菜单命令，可以创建出目标对象。

权重：设置柔体与由原几何体或复制几何体构成的目标物体的距离。值为0可以使柔体自由地弯曲和变形；值为1可以使柔体变得僵硬；0~1的值具有中间的刚度。

> **提示**
>
> 如果不启用“隐藏非柔体对象”选项，则可以在“大纲视图”对话框中选择柔体，而不选择非柔体。如果无意中将场应用于非柔体，它会变成默认情况下受该场影响的刚体。

操作练习 制作柔体动画

» 场景文件 Scenes>CH09>9.5.mb

» 实例文件 Examples>CH09>9.5.mb

» 视频名称 操作练习：制作柔体动画.mp4

» 技术掌握 掌握柔体动画的制作方法

本例用“创建柔体”命令制作的柔体动画效果如图9-46所示。

图9-46

01 打开学习资源中的“Scenes>CH09>9.5.mb”文件，场景中有一个海马模型，如图9-47所示。

02 选择海马模型，切换到“建模”模块，然后执行“变形>晶格”菜单命令，接着在“通道盒/层编辑器”面板中设置“S分段数”为4、“T分段数”为10、“U分段数”为6，如图9-48所示。

03 切换到FX模块，为晶格执行“nParticle>柔体”菜单命令，此时在晶格节点下生成了一个ffd1LatticeParticle（粒子）节点，如图9-49所示。选择ffd1LatticeParticle节点，然后执行“字段/解算器>重力”菜单命令，接着在场景中创建一个多边形平面，如图9-50所示。

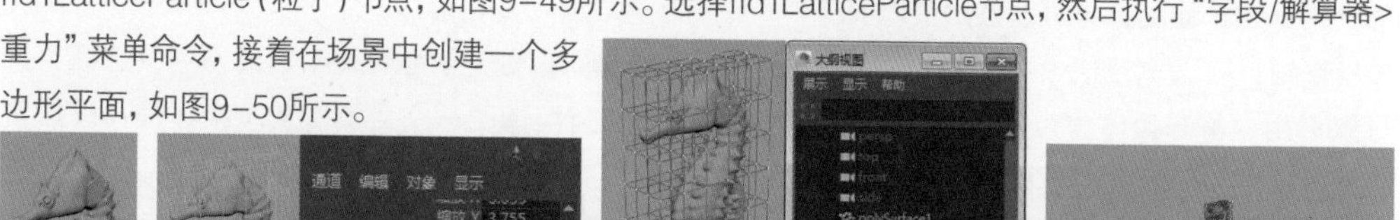

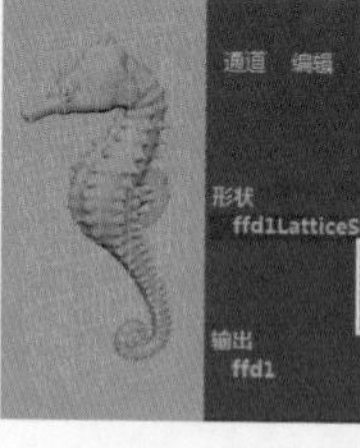

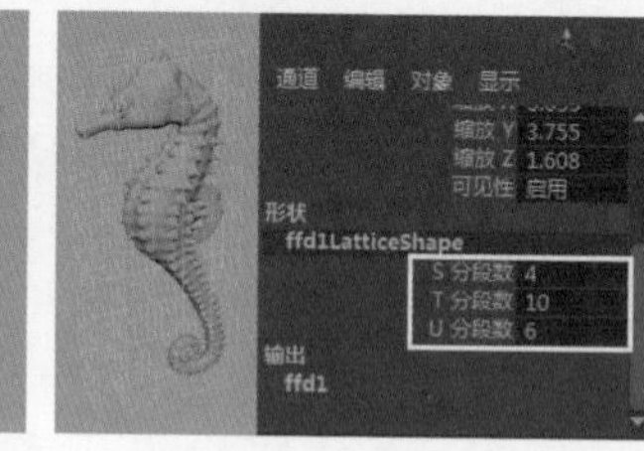

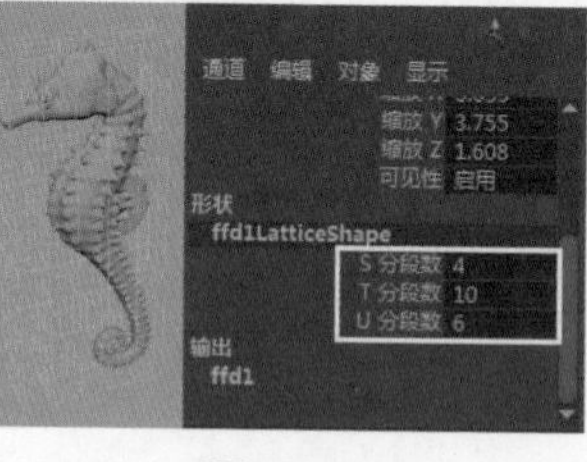

图9-47 图9-48 图9-49 图9-50

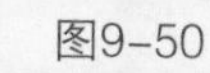

04 选择多边形平面，然后执行“nCloth>创建被动碰撞对象”菜单命令，如图9-51所示。

05 选择ffd1LatticeParticle（粒子）节点，然后在“属性编辑器”面板中展开“碰撞”卷展栏，接着选择“自碰撞”选项，最后设置“反弹”为1，如图9-52所示。

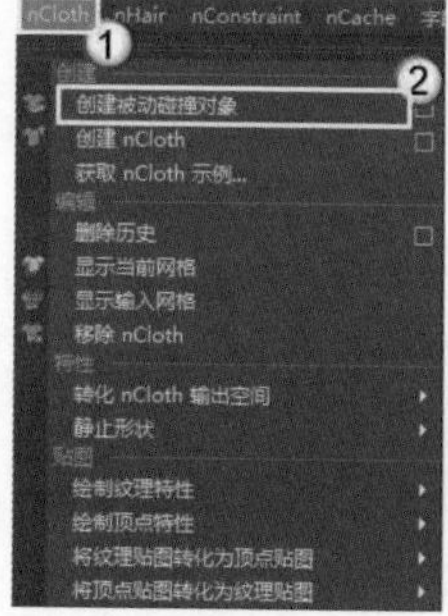

图9-51

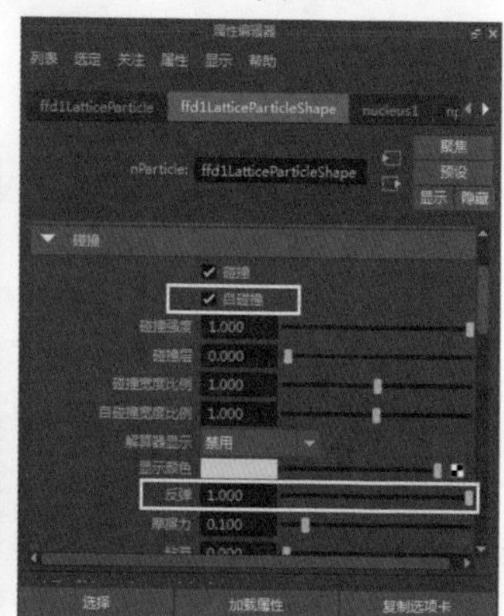

图9-52

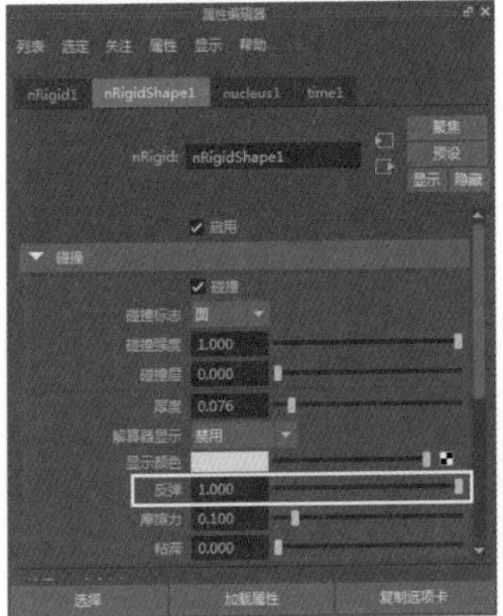

图9-53

06 选择nRigid1节点，然后在“属性编辑器”面板中展开“碰撞”卷展栏，接着设置“反弹”为1，如图9-53所示。最后播放动画，效果如图9-54所示。

图9-54

9.2.2 创建弹簧

因为柔体内部是由粒子构成的，所以只用权重来控制是不够的，会使柔体显得过于松散。使用“弹簧”命令就可以解决这个问题，为一个柔体添加弹簧，可以建造柔体内在的结构，以改善柔体的形体效果。打开“弹簧选项”对话框，如图9-55所示。

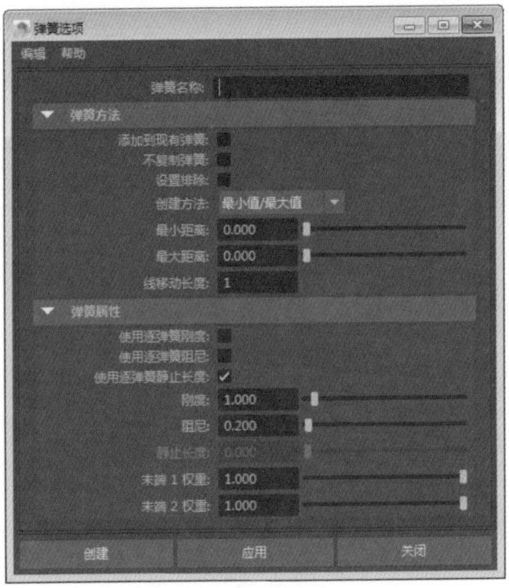

图9-55

常用参数介绍

弹簧名称：设置要创建的弹簧的名称。

添加到现有弹簧：将弹簧添加到某个现有弹簧对象，而不是添加到新弹簧对象。

不复制弹簧：如果在两个点之间已经存在弹簧，则可避免在这两个点之间再创建弹簧。当启用“添加到现有弹簧”选项时，该选项才起作用。

设置排除：选择多个对象时，该设置会基于点之间的平均长度，通过弹簧使选择对象的点链接到其他对象中的点。

创建方式：设置弹簧的创建方式，共有以下3种。

最小值/最大值：仅创建处于“最小距离”和“最大距离”选项范围内的弹簧。

全部：在所有选定的对点之间创建弹簧。

线框：在柔体外部边上的所有粒子之间创建弹簧。对于从曲线生成的柔体（如绳索），该选项很有用。

最小/最大距离：当设置“创建方式”为“最小值/最大值”方式时，这两个选项用来控制弹簧的范围。

线移动长度：该选项可以与“线框”选项一起使用，用来设定在边粒子之间创建多少个弹簧。

使用逐弹簧刚度/阻尼/静止长度：可用于设定各个弹簧的刚度、阻尼和静止长度。创建弹簧后，如果启用这3个选项，Maya将使用应用于弹簧对象中所有弹簧的“刚度”“阻尼”和“静止长度”属性值。

刚度：设置弹簧的坚硬程度。如果弹簧的坚硬度增加过快，那么弹簧的伸展或者缩短也会非常快。

阻尼：设置弹簧的阻尼力。如果该值较高，弹簧的长度变化就会变慢；若该值较低，弹簧的长度变化就会加快。

静止长度：设置播放动画时弹簧尝试达到的长度。如果关闭“使用逐弹簧静止长度”选项，“静止长度”将设置为与约束相同的长度。

末端1权重：设置应用到弹簧起始点上的弹力的大小。值为0时，表明起始点不受弹力的影响；值为1时，表明受到弹力的影响。

末端2权重：设置应用到弹簧结束点上的弹力的大小。值为0时，表明结束点不受弹力的影响；值为1时，表明受到弹力的影响。

9.2.3 绘制柔体权重工具

“绘制柔体权重工具”主要用于修改柔体的权重，与骨架、蒙皮中的权重工具相似。打开“绘制柔体权重工具”的“工具设置”对话框，如图9-56所示。

提示

创建柔体时，只有当设置“创建选项”为“复制，将副本生成柔体”或“复制，将原始生成柔体”方式，并开启“将非柔体作为目标”选项时，才能使用“绘制柔体权重工具”修改柔体的权重。

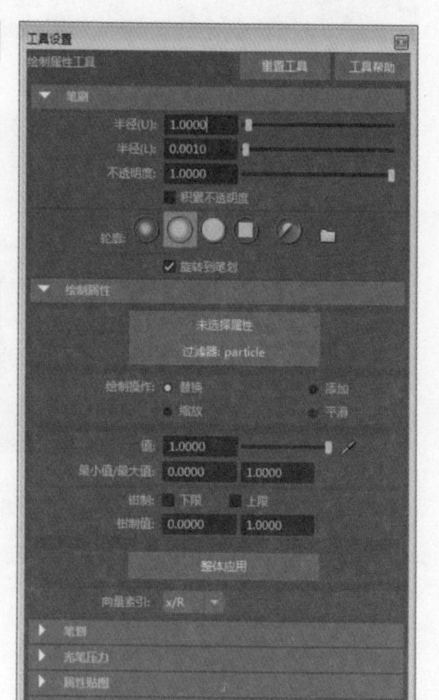

图9-56

9.3 动力场

使用动力场可以模拟出各种物体因受到外力作用而产生的不同特性。在Maya中，动力场并非可见物体，就像物理学中的力一样，看不见，也摸不着，但是可以影响场景中能够看到的物体。在动力学的模拟过程中，并不能通过人为设置关键帧来对物体制作动画，这时力场就可以成为制作动力学对象的动画工具。不同的力场可以创建出不同形式的运动，如使用“重力”场或“一致”场可以在一个方向上影响动力学对象，也可以创建出旋涡场和径向场等，就好比对物体施加了各种不同种类的力一样，所以可以把场作为外力来使用。图9-57所示是使用动力场制作的特效。

图9-57

提示

在Maya中，可以将动力场分为以下3类。

第1类：独立力场。这类力场通常可以影响场景中的所有范围。它不属于任何几何物体（力场本身也没有任何形状），如果打开“大纲视图”对话框，会发现该类型的力场只有一个节点，不受其他任何节点的控制。

第2类：物体力场。这类力场通常属于一个有形状的几何物体，它相当于寄生在物体表面来发挥力场的作用。在工作视图中，物体力场会表现为在物体附近的一个小图标，打开“大纲视图”对话框，物体力场会表现为归属在物体节点下方的一个场节点。一个物体可以包含多个物体力场，可以对多种物体使用物体力场，而不仅仅是曲面或多边形物体。如可以对曲线、粒子物体、晶格体、面片的顶点使用物体力场，甚至可以使用力场影响CV点、控制点或晶格变形点。

第3类：体积力场。体积力场是一种定义了作用区域形状的力场，这类力场对物体的影响受限于作用区域的形状，在工作视图中，体积力场会以一个几何物体显示。用户可以自己定义体积力场的形状，供选择的有球体、立方体、圆柱体、圆锥体和圆环5种。

在Maya 2016中，打开“字段/解算器”菜单可创建动力场，如图9-58所示。动力场共有10种，分别是“空气”“阻力”“重力”“牛顿”“径向”“湍流”“统一”“旋涡”“体积轴”和“体积曲线”。

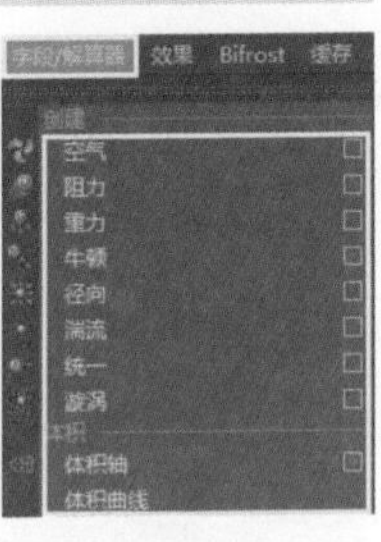

图9-58

9.3.1 空气

“空气”场是由点向外某一方向产生的推动力，可以把受到影响的物体沿着这个方向向外推出，如同被风吹走一样。Maya提供了3种类型的“空气”场，分别是“风”“尾迹”和“扇”。打开“空气选项”对话框，如图9-59所示。

常用参数介绍

空气场名称：设置空气场的名称。

风：产生接近自然风的效果。

尾迹：产生阵风效果。

扇：产生风扇吹出的风一样的效果。

幅值：设置空气场的强度。所有10个动力场都用该参数来控制力场对受影响物体作用的强弱。该值越大，力的作用越强。

提示

“幅值”可取负值，负值代表相反的方向。对于“牛顿”场，正值代表引力场，负值代表斥力场；对于“径向”场，正值代表斥力场，负值代表引力场；对于“阻力”场，正值代表阻碍当前运动，负值代表加速当前运动。

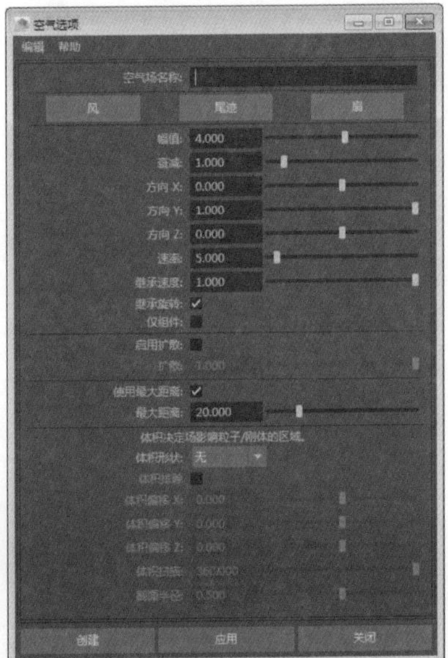

图9-59

衰减：在一般情况下，力的作用会随距离的加大而减弱。

方向X/Y/Z：调节x轴、y轴或z轴方向上作用力的影响。

速率：设置空气场中的粒子或物体的运动速度。

继承速率：控制空气场作为子物体时，力场本身的运动速率给空气带来的影响。

继承旋转：控制空气场作为子物体时，空气场本身的旋转给空气带来的影响。

仅组件：选择该选项时，空气场仅对气流方向上的物体起作用；如果关闭该选项，空气场对所有物体的影响力都是相同的。

启用扩散：指定是否使用“扩散”角度。如果选择“启用扩散”选项，空气场将只影响“扩散”设置指定的区域内的连接对象，运动以类似圆锥的形状呈放射状向外扩散；如果关闭“启用扩散”选项，空气场将影响“最大距离”设置内的所有连接对象。

使用最大距离：选择该选项后，可以激活下面的“最大距离”选项。

最大距离：设置力场的最大作用范围。

体积形状：决定场影响粒子/刚体的区域。

体积排除：选择该选项后，将划分一个粒子或刚体不受场影响的区域。

体积偏移X/Y/Z：从场的位置偏移体积。如果旋转场，也会旋转偏移方向，因为它在局部空间内操作。

提示

注意，偏移体积仅更改体积的位置（因此，也会更改场影响的粒子），不会更改用于计算场力、衰减等实际场位置。

体积扫描：定义除“立方体”外的所有体积的旋转范围，其取值范围为0~360°。

截面半径：定义“圆环体”的实体部分的厚度（相对于圆环体的中心环的半径），中心环的半径由场的比例确定。如果缩放场，则“截面半径”将保持其相对于中心环的比例。

9.3.2 阻力

物体在穿越不同密度的介质时，由于阻力的改变，物体的运动速率也会发生变化。“阻力”场可以用来给运动中的动力学对象添加一个阻力，从而改变物体的运动速度。打开“阻力选项”对话框，如图9-60所示。

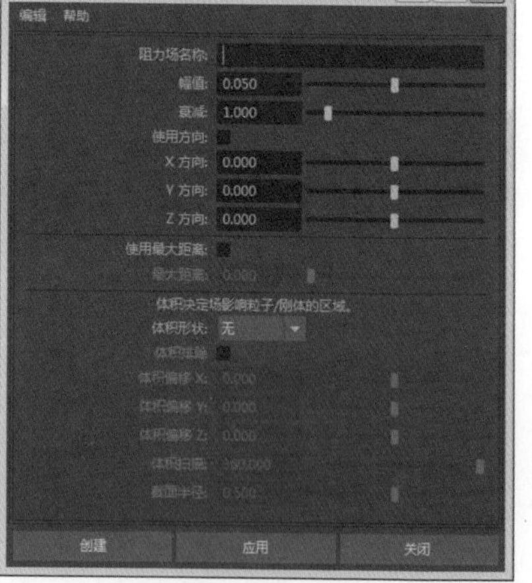

图9-60

常用参数介绍

阻力场名字：设置阻力场名字。

幅值：设置阻力场的强度。

衰减：当阻力场远离物体时，阻力场的强度就变小。

使用方向：设置阻力场的方向。

X/Y/Z方向：沿x轴、y轴和z轴设定阻力的影响方向。必须启用“使用方向”选项后，这3个选项可用。

提示

“阻力选项”对话框中的其他参数在前面的“空气选项”对话框中已经介绍过，这里不再重复讲解。

9.3.3 重力

“重力”场主要用来模拟物体受到万有引力作用而向某一方向进行加速运动的状态。使用默认参数值，可以模拟物体受地心引力的作用而产生自由落体的运动效果。打开“重力选项”对话框，如图9-61所示。

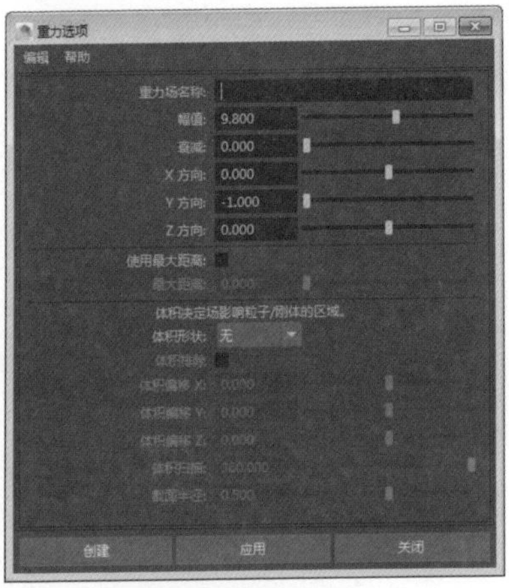

图9-61

9.3.4 牛顿

“牛顿”场可以用来模拟物体在相互作用时的引力和斥力，相互接近的物体间会产生引力和斥力，其值的大小取决于物体的质量。打开“牛顿选项”对话框，如图9-62所示。

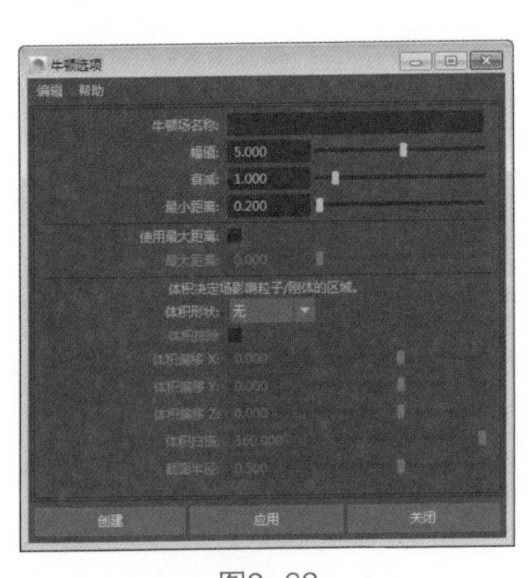

图9-62

9.3.5 径向

“径向”场可以将周围各个方向的物体向外推出。“径向”场可以用于控制爆炸等由中心向外辐射的各种现象，同样将“幅值”的值设置为负值时，也可以用来模拟把四周散开的物体聚集起来的效果。打开“径向选项”对话框，如图9-63所示。

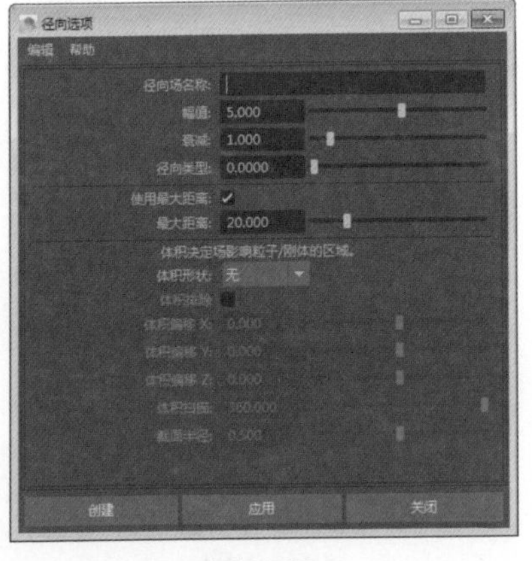

图9-63

9.3.6 湍流

“湍流”场是经常用到的一种动力场。用“湍流”场可以使范围内的物体产生随机运动效果，常常应用在粒子、柔体和刚体中。打开“湍流选项”对话框，如图9-64所示。

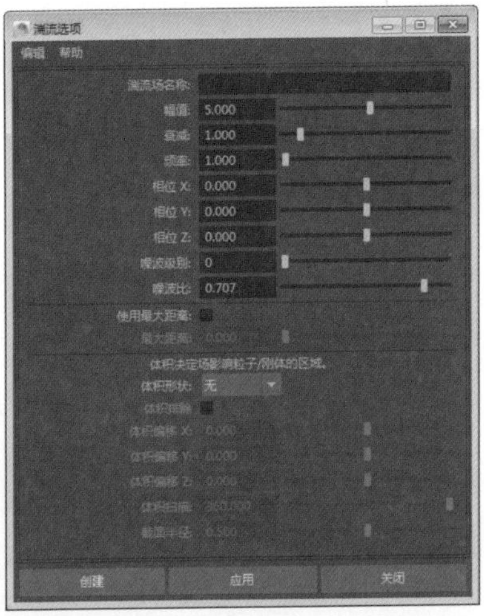

图9-64

常用参数介绍

频率：该值越大，物体无规则运动的频率就越高。

相位X/Y/Z：设定湍流场的相位移，这决定了中断的方向。

噪波级别：值越大，湍流越不规则。“噪波级别”属性指定了要在噪波表中执行的额外查找的数量。值为0表示仅执行一次查找。

噪波比：指定了连续查找的权重，权重得到累积。例如，如果将“噪波比”设定为0.5，则连续查找的权重为（0.5，0.25），以此类推；如果将“噪波级别”设定为0，则“噪波比”不起作用。

9.3.7 统一

“统一”场可以将所有受到影响的物体向同一个方向移动，靠近均匀中心的物体将受到更大程度的影响。打开“一致选项”对话框，如图9-65所示。

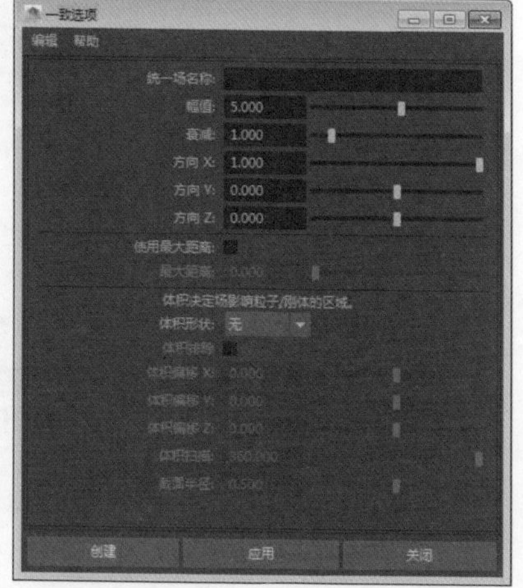

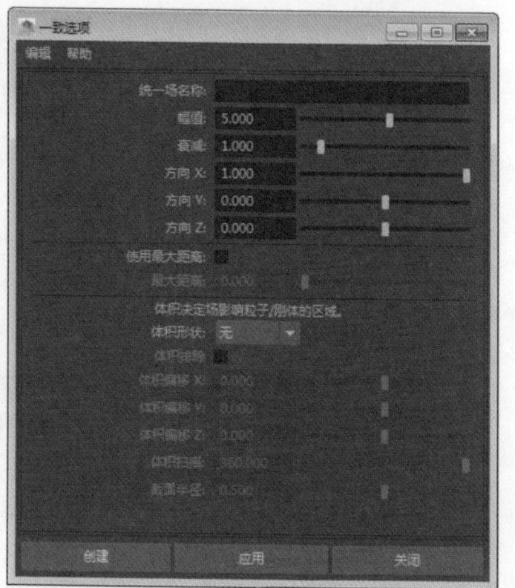

图9-65

提示

对于单一的物体，统一场所起的作用与重力场类似，都是向某一个方向对物体进行加速运动。重力场、空气场和统一场的一个重要区别是重力场和空气场是处于同一个重力场的运动状态（位移、速度和加速度）下的，且与物体的质量无关，而处于同一个空气场和统一场中的物体的运动状态受到本身质量大小的影响，质量越大，位移、速度变化就越慢。

9.3.8 旋涡

受到“旋涡”场影响的物体将以旋涡的中心围绕指定的轴进行旋转，利用“旋涡”场可以很轻易地实现各种旋涡状的效果。打开“旋涡选项”对话框，如图9-66所示。

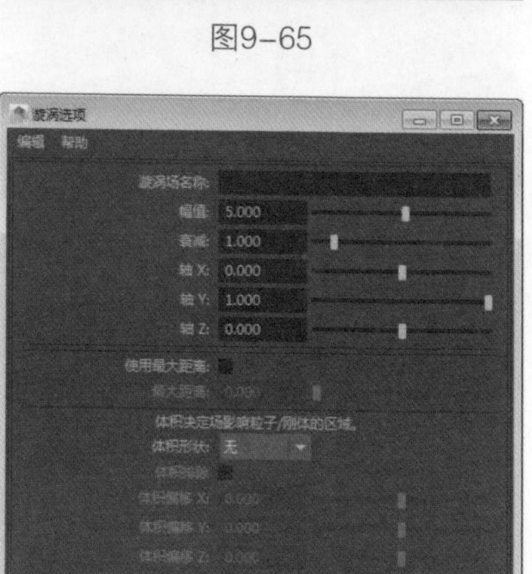

图9-66

提示

“旋涡选项”对话框中的参数在前面的内容中已经介绍过，因此这里不再重复讲解。

9.3.9 体积轴

“体积轴”场是一种局部作用的范围场，只有在选定的形状范围内的物体才可能受到体积轴场的影响。在参数方面，体积轴场综合了旋涡场、统一场和湍流场的参数，如图9-67所示。

常用参数介绍

反转衰减：当启用“反转衰减”并将“衰减”设定为大于0的值时，体积轴场的强度在体积的边缘上最强，在体积轴场的中心轴处衰减为0。

远离中心：指定粒子远离“立方体”或“球体”体积中心点的移动速度。可以使用该属性创建爆炸效果。

远离轴：指定粒子远离“圆柱体”“圆锥体”或“圆环”体积中心轴的移动速度。对于“圆环”，中心轴为圆环实体部分的中心环形。

沿轴：指定粒子沿所有体积中心轴的移动速度。

绕轴：指定粒子围绕所有体积中心轴的移动速度。当与“圆柱体”体积形状结合使用时，该属性可以创建旋转的气体效果。

方向速率：在所有体积的“方向X”“方向Y”和“方向Z”属性指定的方向添加速度。

湍流速率：指定湍流随时间更改的速度。湍流每秒进行一次无缝循环。

湍流频率X/Y/Z：控制适用于发射器边界体积内部的湍流函数的重复次数，低值会创建非常平滑的湍流。

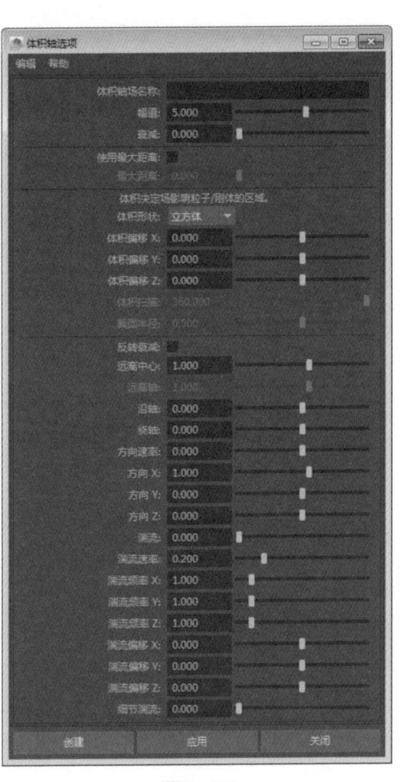

图9-67

湍流偏移X/Y/Z：用该选项可以在体积内平移湍流，为其设置动画可以模拟吹动的湍流风。

细节湍流：设置第2个更高频率湍流的相对强度，第2个湍流的速度和频率均高于第1个湍流。当“细节湍流”不为0时，模拟运行可能有点慢，因为要计算第2个湍流。

9.3.10 影响选定对象

打开“字段/解算器”菜单可以执行“指定给选定对象”命令，如图9-68所示。该命令可以连接所选物体与所选力场，使物体受到力场的影响。

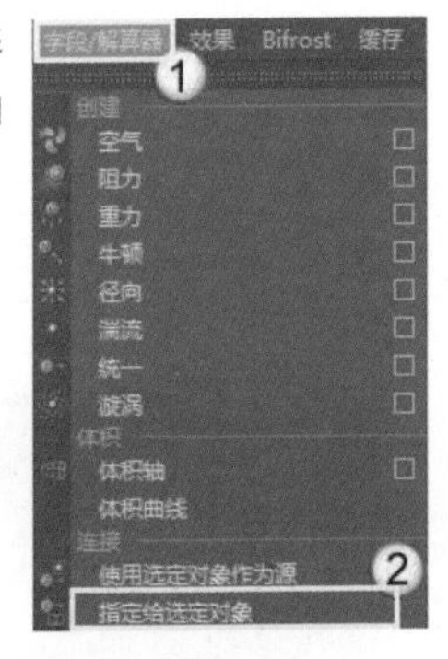

图9-68

提示

执行“窗口>关系编辑器>动力学关系”菜单命令，打开“动力学关系编辑器”对话框，在该对话框中也可以连接所选物体与力场，如图9-69所示。

图9-69

9.4 刚体

刚体是一种把几何物体转换为坚硬的多边形物体表面来进行动力学解算的方法，它可以用来模拟物理学中的动量碰撞等效果，如图9-70所示。

在Maya中，若要创建与编辑刚体，需要切换到FX模块，然后在“字段/解算器”菜单就可以完成创建与编辑操作，如图9-71所示。

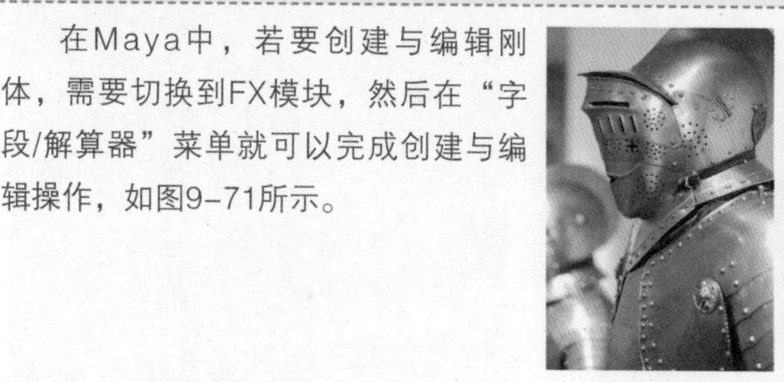

图9-70

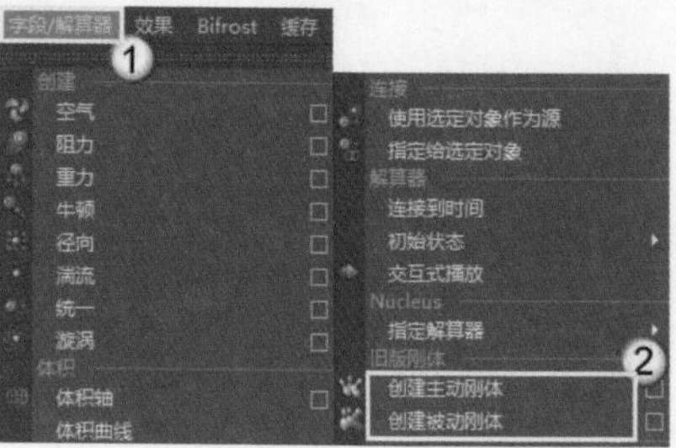

图9-71

提示

刚体可以分为主动刚体和被动刚体两大类。主动刚体拥有一定的质量，可以受动力场、碰撞和非关键帧化的弹簧影响，从而改变运动状态；被动刚体相当于无限大质量的刚体，它能影响主动刚体的运动。被动刚体可以用来设置关键帧，一般被动刚体在动力学动画中用来制作地面、墙壁、岩石和障碍物等比较固定的物体，如图9-72所示。

图9-72

在使用刚体时需要注意到以下5点。

第1点：只能使用物体的形状节点或组节点来创建刚体。

第2点：曲线和细分曲面几何体不能用来创建刚体。

第3点：刚体碰撞时根据法线方向来计算。制作内部碰撞时，需要反转外部物体的法线方向。

第4点：为被动刚体设置关键帧时，在“时间轴”和“通道盒/层编辑器”面板中均不会显示关键帧标记，需要打开“曲线图编辑器”对话框才能看到关键帧的信息。

第5点：因为曲面刚体解算的速度比较慢，所以要尽量使用多边形刚体。

9.4.1 创建主动刚体

主动刚体拥有一定的质量，可以受动力场、碰撞和非关键帧化的弹簧影响，从而改变运动状态。打开“创建主动刚体”命令的“刚体选项”对话框，其参数分为3大部分，分别是“刚体属性”“初始设置”和“性能属性”，如图9-73所示。

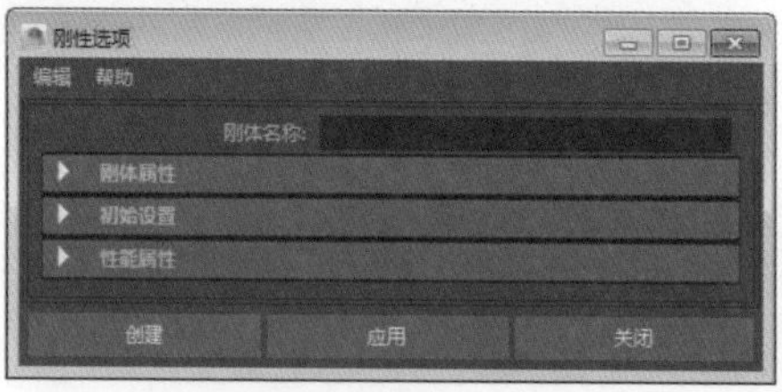

图9-73

9.4.2 创建被动刚体

被动刚体相当于无限大质量的刚体，它能影响主动刚体的运动。打开“创建被动刚体”命令的“刚体选项”对话框，其参数与主动刚体的参数完全相同，如图9-74所示。

图9-74

提示

选择“活动”选项可以使刚体成为主动刚体；关闭“活动”选项，则刚体为被动刚体。

操作练习 制作桌球动画

- 场景文件 Scenes>CH09>9.6.mb
- 实例文件 Examples>CH09>9.6.mb
- 视频名称 操作练习：制作桌球动画.mp4
- 技术掌握 掌握创建动力学刚体的方法

本例将学习使用Maya动力学模块中的刚体系统来模拟桌球的动画，案例效果如图9-75所示。

图9-75

01 打开学习资源中的“Scenes>CH09>9.6.mb”文件，场景中是一套桌球的模型，如图9-76所示。

02 选择场景中的所有模型，然后执行“修改>冻结变换”菜单命令，接着执行“编辑>按类型删除全部>历史”菜单命令，清除模型的历史记录，如图9-77和图9-78所示。

图9-76

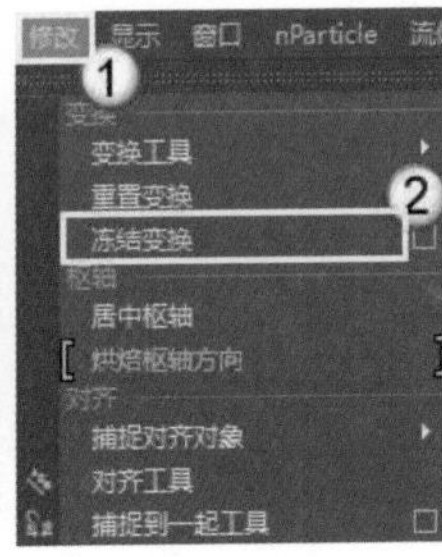

图9-77

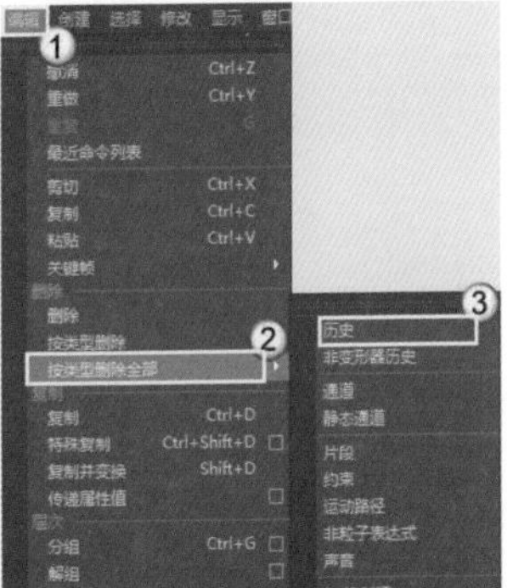

图9-78

03 打开“大纲视图”窗口，然后选择所有的桌球模型，并执行“字段/解算器>创建主动刚体”菜单命令，如图9-79所示。

04 保持对所有桌球模型的选择，然后执行“场>重力”菜单命令，为桌球模型创建重力，如图9-80所示。

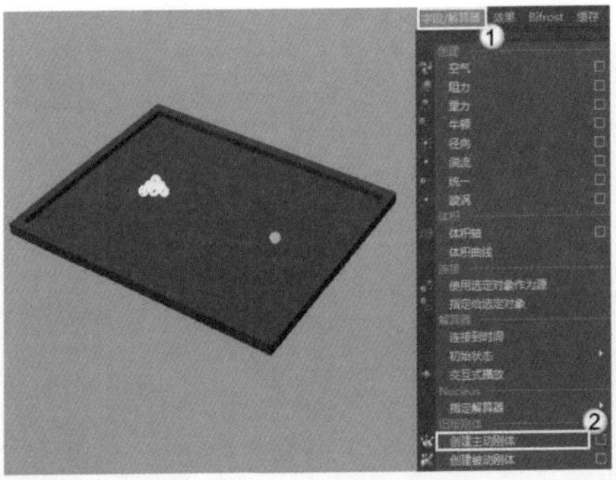

图9-79

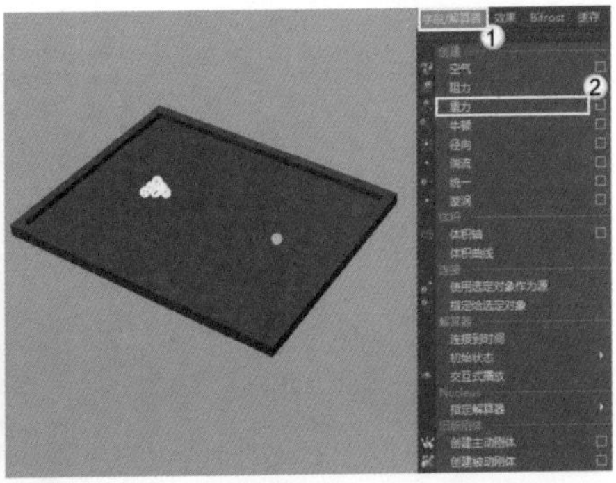

图9-80

05 选择球桌模型，然后执行“柔体/刚体>创建被动刚体”菜单命令，如图9-81所示。

提示

此时播放动画，可以观察到没有动画效果，这是因为没有给桌球的母球一个向前的推动力。

06 使用“移动工具”将球杆模型移动至图9-82所示的位置。

07 在右视图中使用“旋转工具”将球杆模型沿x轴旋转-5，如图9-83所示。

图9-81

图9-82

图9-83

提示

将球杆旋转是为了避免球杆与球桌之间产生穿插，并使球杆能够撞击到母球的中间位置。

08 在第1帧处，选择球杆模型，然后按S键设置球杆模型的关键帧，如图9-84所示。

09 在第8帧处，选择球杆模型，然后使用“移动工具”将球杆模型向母球方向移动，接着按S键设置关键帧，如图9-85所示。

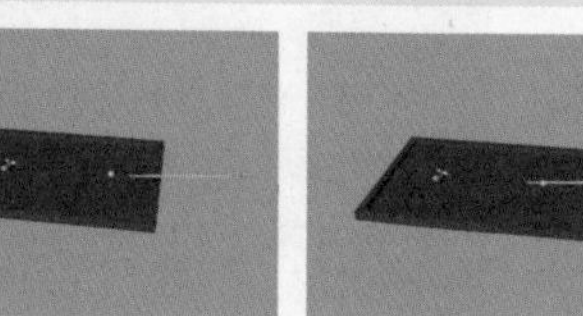

图9-84

图9-85

提示

此时播放动画，依然没有预期的动画效果，这是因为球杆与母球之间没有动力学关系。

10 选择球杆模型，然后执行“字段/解算器>创建被动刚体”菜单命令，如图9-86所示。

11 选择母球模型，然后执行“字段/解算器>创建主动刚体”菜单命令，如图9-87所示。

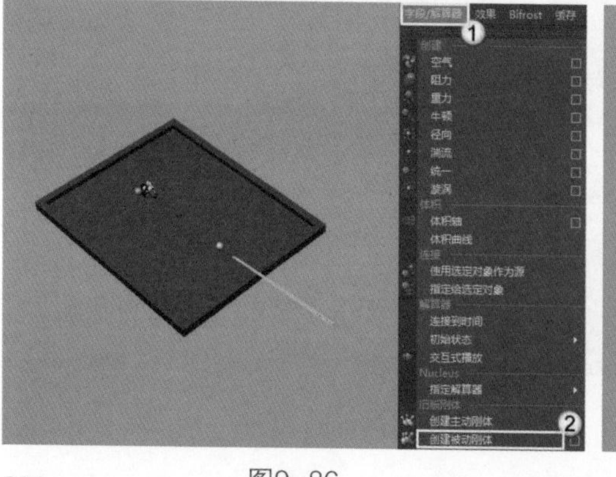

图9-86

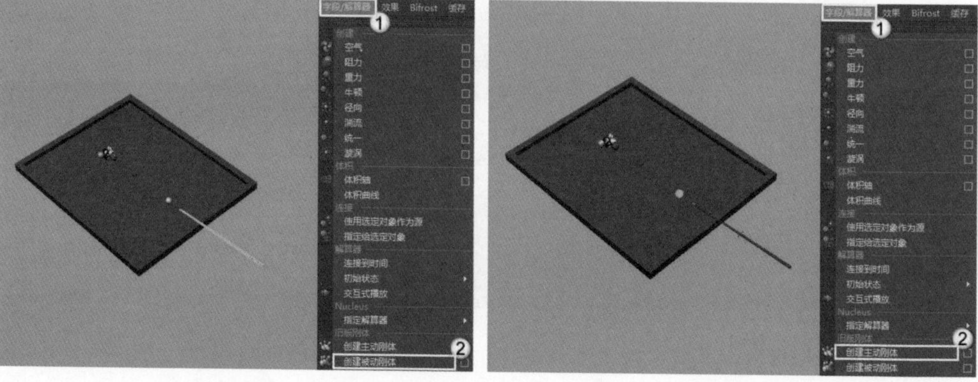

图9-87

12 将时间尺的范围调整至48帧，然后播放动画，此时可以观察到球杆与母球之间已经产生了碰撞效果，而其他的桌球也受到了母球的碰撞，如图9-88所示。最终动画效果如图9-89所示。

图9-88

图9-89

9.5 流体

流体最早是工程力学的一门分支学科，用来计算没有固定形态的物体在运动中的受力状态。随着计算机图形学的发展，流体也不再是现实学科的附属物了。Maya的流体功能是一个非常强大的流体动画特效制作工具，使用流体可以模拟出没有固定形态的物体的运动状态，如云雾、爆炸、火焰和海洋等，如图9-90所示。

在Maya中，流体可分为两大类，分别是2D流体和3D流体。切换到FX模块，然后展开“流体”菜单，如图9-91所示。

提示

如果没有容器，流体将不能生存和发射粒子。Maya中的流体指的是单一的流体，也就是不能让两个或两个以上的流体相互作用。Maya提供了很多自带的流体特效文件，可以直接调用。

图9-90

图9-91

9.5.1 3D容器

“3D容器”命令主要用来创建3D容器。打开“创建具有发射器的3D容器选项”对话框，如图9-92所示。

常用参数介绍

X/Y/Z分辨率：设置容器中流体显示的分辨率。分辨率越高，流体越清晰。

X/Y/Z大小：设置容器的大小。

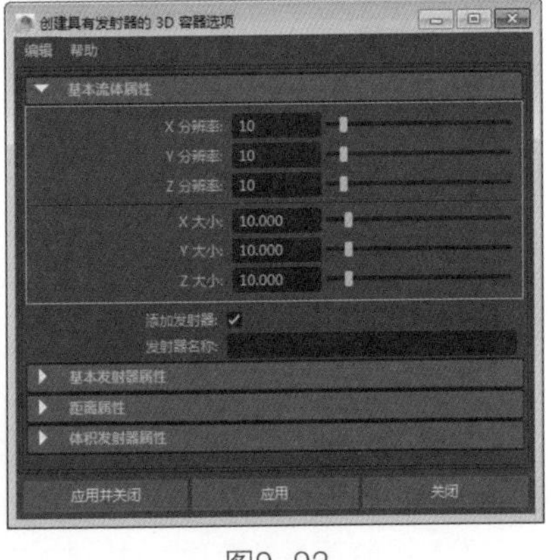

图9-92

9.5.2 2D容器

“2D容器”命令主要用来创建2D容器。打开“创建具有发射器的2D容器选项”对话框，如图9-93所示。

提示

“创建具有发射器的2D容器选项”对话框中的参数与“创建具有发射器的3D容器选项”对话框中的参数基本相同，这里不再重复讲解。

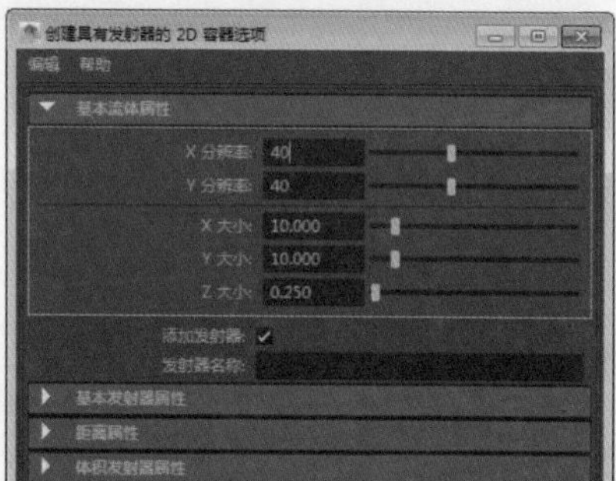

图9-93

9.5.3 流体属性

在场景中选择流体，然后打开“属性编辑器”面板，接着切换到fluidShape选项卡，如图9-94所示。在该选项卡下，提供了调整流体形态、颜色和动力学等效果的属性。

图9-94

9.5.4 添加/编辑内容

“添加/编辑内容”菜单包含6个子命令，分别是“发射器”“从对象发射”“渐变”“绘制流体工具”“连同曲线”和“初始状态”，如图9-95所示。

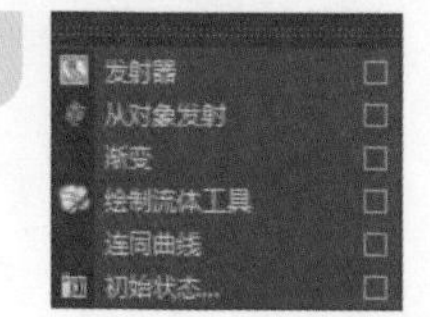

图9-95

操作练习 制作影视流体文字动画

» 场景文件 无
» 实例文件 Examples>CH09>9.7.mb
» 视频名称 操作练习：制作影视流体文字动画.mp4
» 技术掌握 掌握如何用绘制流体工具制作流体文字

本例用“绘制流体工具”制作的影视流体文字动画效果如图9-96所示。

图9-96

01 新建一个场景，然后单击“流体>2D容器”菜单命令后面的按钮，接着在打开的“创建具有发射器的2D容器选项”对话框中取消选择“添加发射器”选项，最后单击“应用并关闭”按钮，如图9-97所示。

02 打开2D容器的“属性编辑器”面板，然后切换到fluidShape1选项卡，接着设置“基本分辨率”为120、“大小”为（60，15，0.25）、“边界X/Y”为“无”，如图9-98所示，效果如图9-99所示。

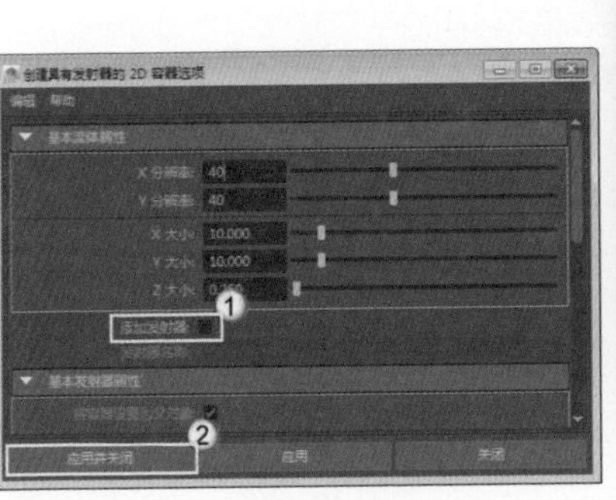

图9-97

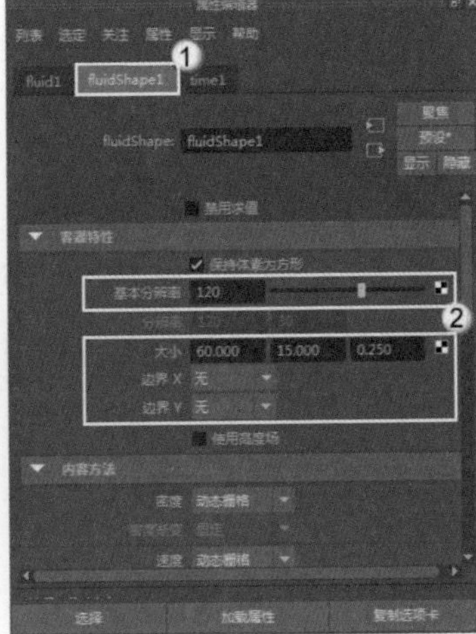

图9-98

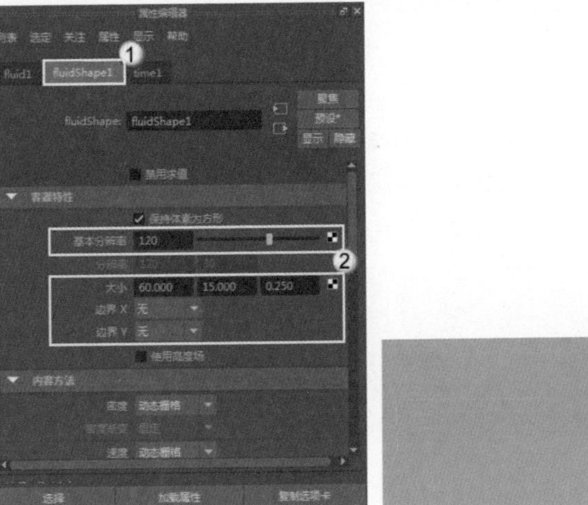

图9-99

03 单击“流体>添加/编辑内容>绘制流体工具”菜单命令后面的■按钮，然后在打开的“绘制流体工具”的“工具设置”对话框中展开“属性贴图>导入”卷展栏，接着单击“导入”按钮，如图9-100所示。最后指定学习资源中的“Examples>CH09>9.7>Maya.jpg”文件， 效果如图9-101所示。

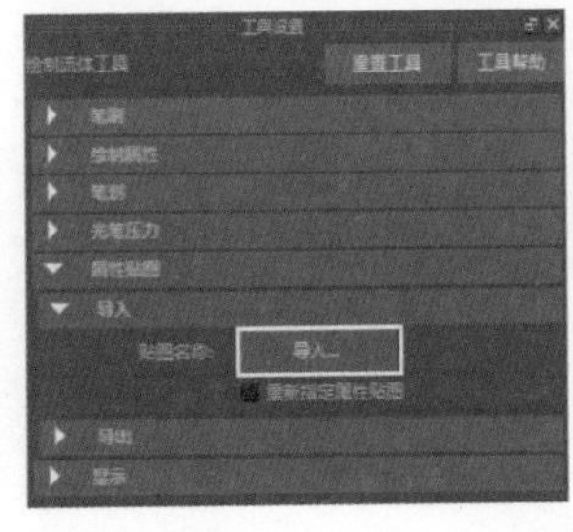

图9-100

图9-101

04 在2D容器的“属性编辑器”面板中展开“自动调整大小”卷展栏，然后选择“自动调整大小”选项，接着展开“内容详细信息>密度”卷展栏，最后设置“密度比例”为2、“消散”为0.3，如图9-102所示。

05 播放动画，然后渲染出效果最明显的帧，图9-103所示分别是第1帧、第23帧和第112帧的渲染效果。

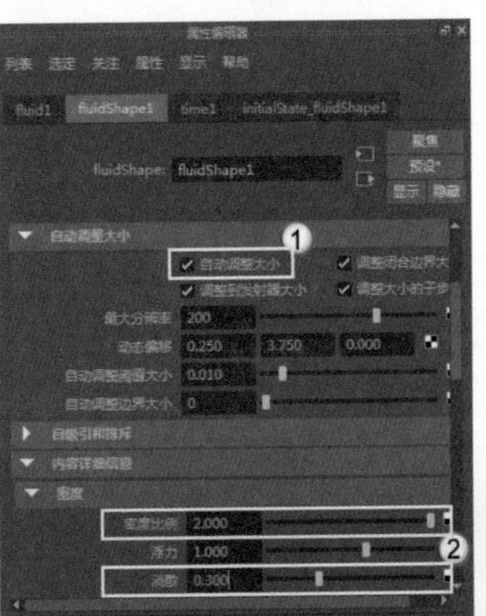

图9-102

图9-103

9.5.5 海洋

使用“海洋”命令可以模拟出很逼真的海洋效果，无论是平静的海洋，还是狂暴的海洋，Maya都可以轻松地完成模拟，如图9-104所示。

执行“海洋”命令可以创建出海洋流体效果，场景中会生成预览平面和海洋平面，如图9-105所示。中间的矩形平面是海洋的预览平面，可以预览海洋的效果。圆形的平面是海洋平面，最终渲染的就是海洋平面。打开“创建海洋”对话框，如图9-106所示。

图9-104

图9-105

图9-106

常用参数介绍

附加到摄影机：启用该选项后，可以将海洋附加到摄影机。自动附加海洋时，可以根据摄影机缩放和平移海洋，从而使给定视点保持最佳细节量。

创建预览平面：启用该选项后，可以创建预览平面，通过置换在着色显示模式中显示海洋的着色面片。可以缩放和平移预览平面，以预览海洋的不同部分。

预览平面大小：设置预览平面的x轴、z轴方向的大小。

9.5.6 海洋属性

选择预览平面，然后打开“属性编辑器”面板，接着切换到oceanShader选项卡，在该选项卡中可以设置海洋的形态和外观，如图9-107所示。海洋的最终效果是由oceanShader节点决定的，该节点实际上就是一种材质。

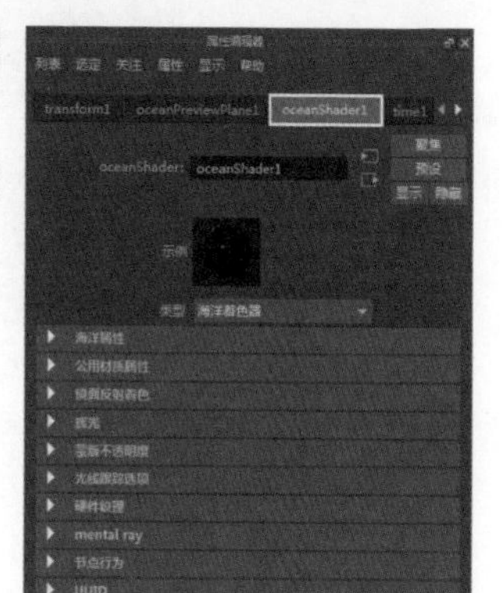

图9-107

操作练习 创建海洋

» 场景文件　无
» 实例文件　Examples>CH09>9.8.mb
» 视频名称　操作练习：创建海洋.mp4
» 技术掌握　掌握海洋的创建方法

本例使用“海洋”命令制作的海洋效果如图9-108所示。

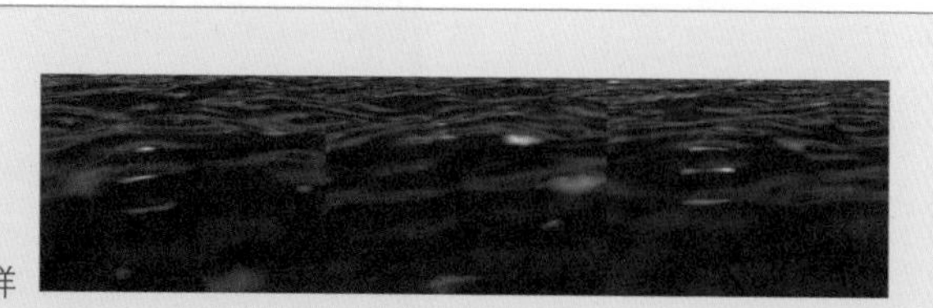

图9-108

01 新建一个场景，然后执行“流体>海洋”菜单命令，效果如图9-109所示。

02 打开海洋的“属性编辑器”面板，然后切换到oceanShader1选项卡，接着设置“比例”为1.5，如图9-110所示。

03 设置“波高度”“波湍流”和“波峰”的曲线形状，然后设置“泡沫发射”为0.736、“泡沫阀值”为0.43、“泡沫偏移”为0.265，如图9-111所示。

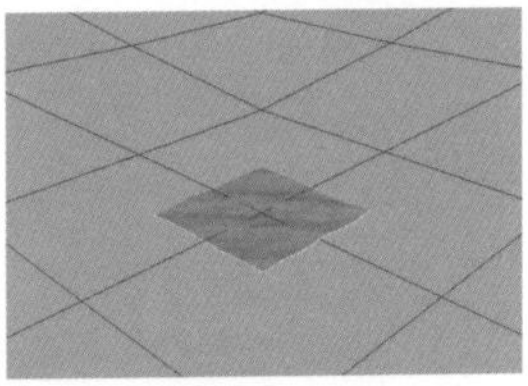

图9-109

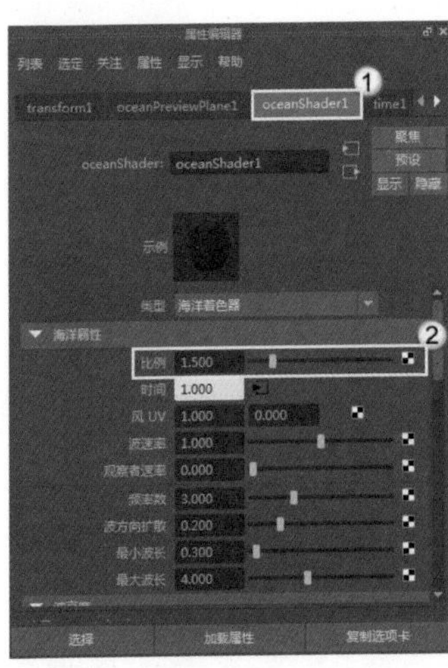

图9-110

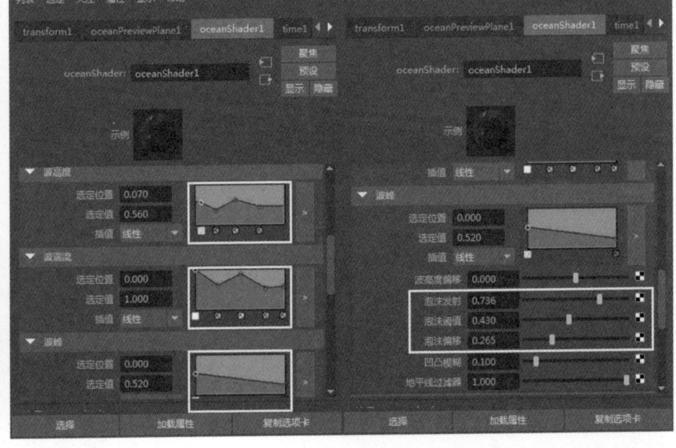

图9-111

04 选择动画效果最明显的帧，然后渲染出单帧图，最终效果如图9-112所示。

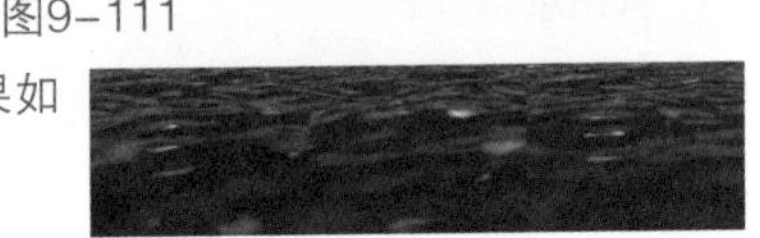

图9-112

9.5.7 使碰撞

“使碰撞”命令主要用来制作流体和物体之间的碰撞效果，使它们相互影响，以避免流体穿过物体。打开“使碰撞选项”对话框，如图9-113所示。

图9-113

常用参数介绍

细分因子：Maya在模拟动画之前会将NURBS对象内部转化为多边形，“细分因子”用来设置在该转化期间创建的多边形数目。创建的多边形越少，几何体越粗糙，动画的精确度越低（这意味着有更多流体通过几何体），但会加快播放速度并延长处理时间。

9.5.8 生成运动场

“生成运动场”命令主要用来模拟物体在流体容器中移动时，物体对流体动画产生的影响。当一个物体在流体中运动时，该命令可以对流体产生推动和黏滞效果。

提示

物体必须置于流体容器的内部，“生成运动场”命令才起作用，并且该命令对海洋无效。

9.5.9 添加动力学定位器

“添加动力学定位器”命令包含了“曲面”“动态船”“动态简单”和“动态曲面”这4个命令，如图9-114所示。

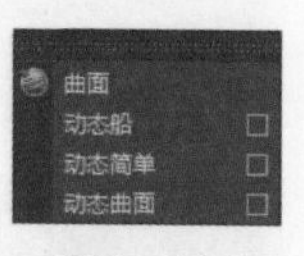

图9-114

9.5.10 创建船

“创建船”命令包含了“漂浮选定对象”“生成船”和“生成摩托艇”这3个命令，如图9-115所示。

图9-115

9.5.11 创建尾迹

“创建尾迹”命令主要用来创建海面上的尾迹效果。打开“创建尾迹”对话框，如图9-116所示。

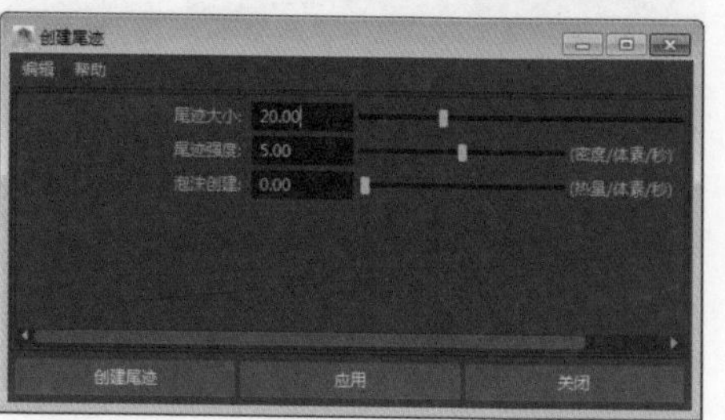

图9-116

常用参数介绍

尾迹大小：设定尾迹发射器的大小。数值越大，波纹范围也越大。

尾迹强度：设定尾迹的强度。数值越大，波纹上下波动的幅度也越大。

泡沫创建：设定伴随尾迹产生的海水泡沫的大小。数值越大，产生的泡沫就越多。

提示

可以将尾迹发射器设置为运动物体的子物体，让尾迹波纹跟随物体一起运动。

操作练习 模拟船舶行进时的尾迹

» 场景文件 无
» 实例文件 Examples>CH09>9.9.mb
» 视频名称 操作练习：模拟船舶行进时的尾迹.mp4
» 技术掌握 掌握海洋尾迹的创建方法

本例使用“创建尾迹”命令模拟的船舶尾迹动画效果如图9-117所示。

图9-117

01 打开“创建海洋”对话框，然后设置“预览平面大小”为70，接着单击“创建海洋”按钮，如图9-118所示，效果如图9-119所示。

02 选择海洋，然后打开“创建尾迹”对话框，接着设置“泡沫创建”为6，最后单击“创建尾迹”按钮，如图9-120所示。此时在海洋中心会创建一个海洋尾迹发射器OceanWakeEmitter1，如图9-121所示。

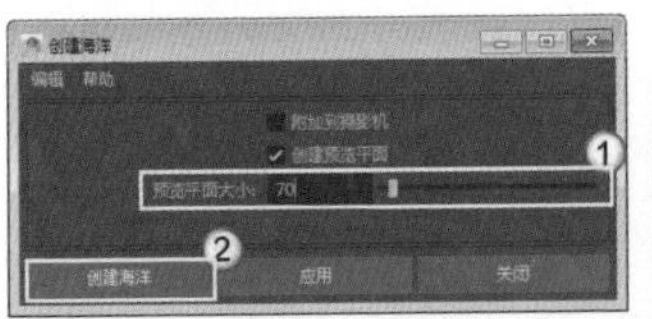

图9-118

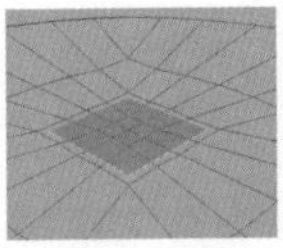

图9-119

图9-120

图9-121

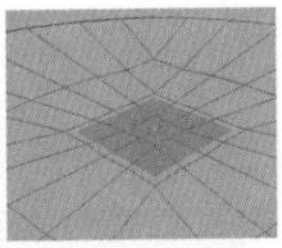

03 选择海洋尾迹发射器OceanWakeEmitter1，然后在第1帧设置“平移Z”为-88，接着按S键设置一个关键帧，如图9-122所示；在第100帧设置“平移Z”为88，然后按S键设置一个关键帧，如图9-123所示。

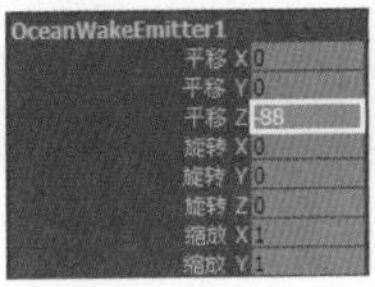

OceanWakeEmitter1	
平移 X	0
平移 Y	0
平移 Z	-88
旋转 X	0
旋转 Y	0
旋转 Z	0
缩放 X	1
缩放 Y	1

图9-122

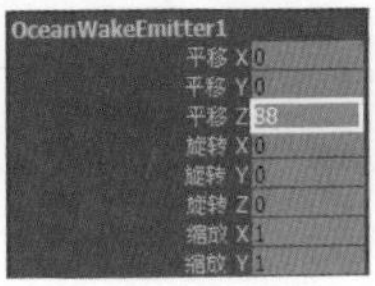

OceanWakeEmitter1	
平移 X	0
平移 Y	0
平移 Z	88
旋转 X	0
旋转 Y	0
旋转 Z	0
缩放 X	1
缩放 Y	1

图9-123

提示

按S键设置关键帧是为“通道盒/层编辑器”面板中所有可设置动画的属性都设置关键帧，因此在设置完关键帧以后，可以执行“编辑>按类型删除>静态通道”菜单命令，删除没有用的关键帧，如图9-124所示。

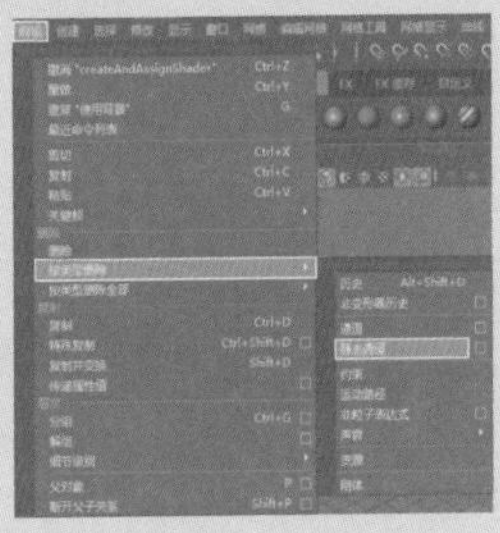

图9-124

04 选择动画效果最明显的帧，然后渲染出单帧图，最终效果如图9-125所示。

图9-125

9.6 综合练习：制作海洋特效

» 场景文件 Scenes>CH09>9.10.mb
» 实例文件 Examples>CH09>9.10.mb
» 视频名称 综合练习：制作海洋特效.mp4
» 技术掌握 掌握海洋的创建、漂浮物的设定、尾迹的创建等制作海洋特效的思路和方法

在Maya中使用“海洋”命令可以模拟出很逼真的海洋效果，本例主要学习海洋特效的制作方法。案例效果如图9-126所示。

图9-126

01 打开学习资源中的“Scenes>CH09>9.10.mb”文件，场景中有一艘船的模型，如图9-127所示。

02 执行“流体>海洋”菜单命令，在场景中创建海洋，可以看到场景中有一个预览平面，如图9-128所示。

图9-127

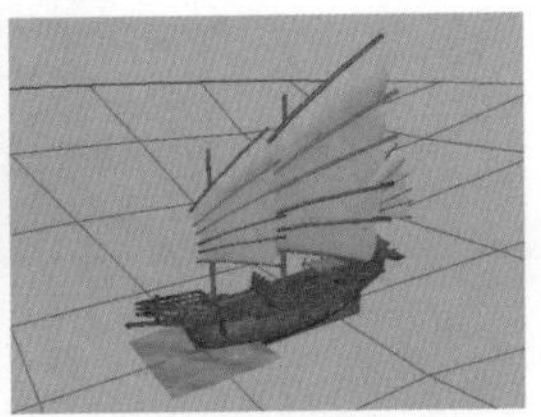
图9-128

提示

预览平面并非真正的模型，不能对其进行编辑，只能用来预览海洋的动画效果。可以缩放和平移该平面以预览海洋的不同部分，无法进行渲染。

03 选择场景中的预览平面，然后使用"缩放工具"将其调整得大一些，接着在"属性编辑器"面板中设置"分辨率"为200，如图9-129所示。

04 对场景进行渲染，可以看到Maya的海洋效果非常逼真，效果如图9-130所示。

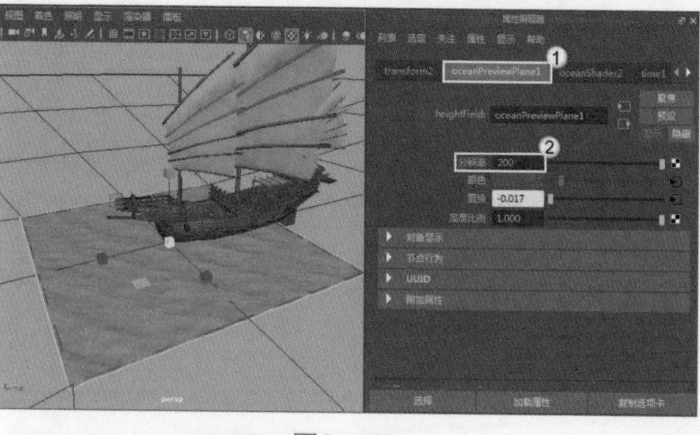

图9-129

图9-130

05 选择船体模型，然后执行"流体>创建船>漂浮选定对象"菜单命令，如图9-131所示。

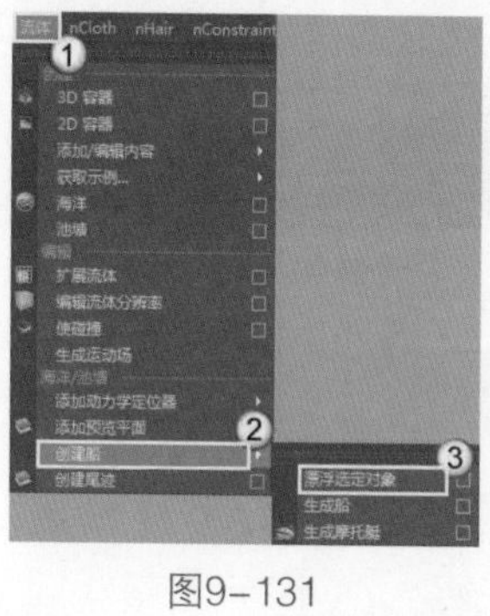

图9-131

06 播放动画，可以看到船体随着海浪上下浮动，效果如图9-132所示。

提示

当船体成为海洋的漂浮物以后，可以看到在"大纲视图"窗口中生成了一个locator1物体，并且船体的模型成了locator1的子物体。

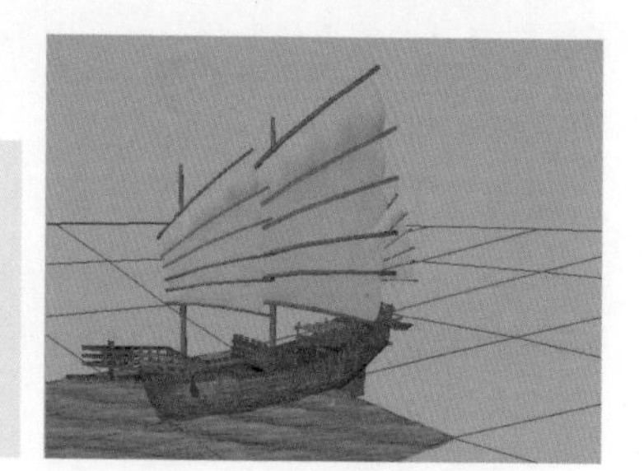

图9-132

07 在"大纲视图"窗口中选择locator1节点，然后单击"流体>创建尾迹"命令后面的□按钮，接着在打开的"创建尾迹"对话框中设置"尾迹大小"为52.05、"尾迹强度"为5.11、"泡沫创建"为6.37，最后单击"创建尾迹"按钮创建尾迹，如图9-133所示。

08 播放动画，可以看到从船体底部产生了圆形的波浪效果，如图9-134所示。

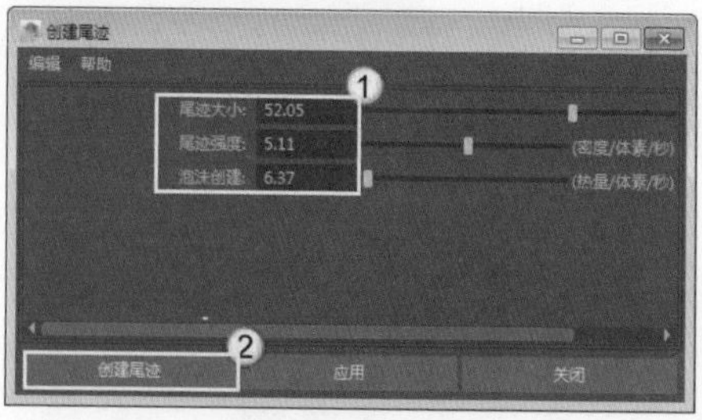

图9-133

图9-134

09 在第1帧处，使用"移动工具"将locator1移动到图9-135所示的位置，然后按快捷键Shift+W设置模型在"平移"属性上的关键帧。

10 在第50帧处，使用“移动工具”将locator1移动到图9-136所示的位置，接着按快捷键Shift+W设置模型在“平移”属性上的关键帧。

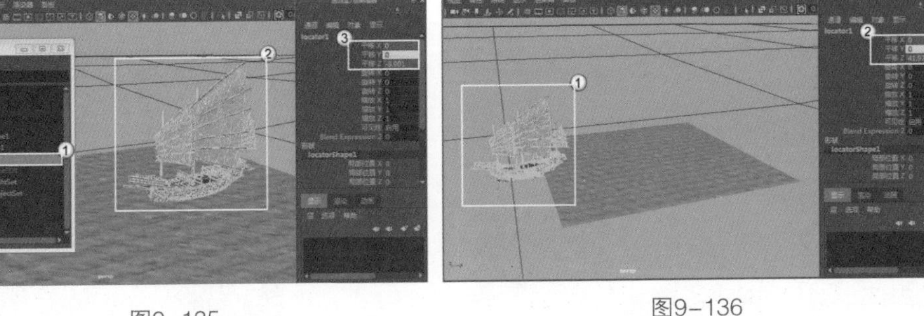

图9-135

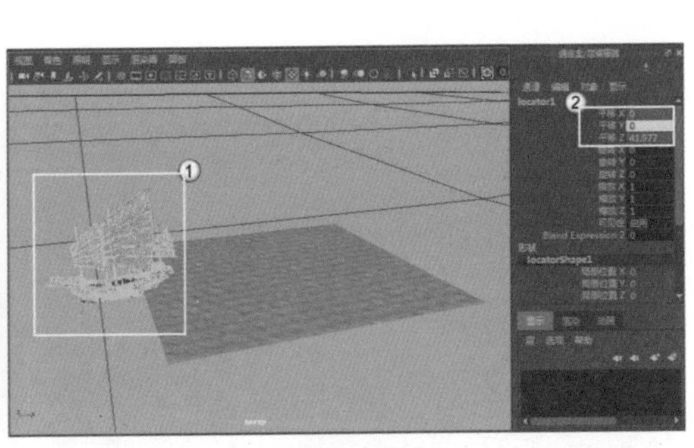

图9-136

11 播放动画，可以看到船尾出现了尾迹的效果，如图9-137所示。但是船体尾迹的波浪效果只在fluidTexture3D物体中产生，fluidTexture3D物体以外的地方将不会产生尾迹的效果，如图9-138所示。

12 选择场景中的fluidTexture3D物体，然后使用“缩放工具”将其调整为如图9-139所示的大小。

图9-137

图9-138

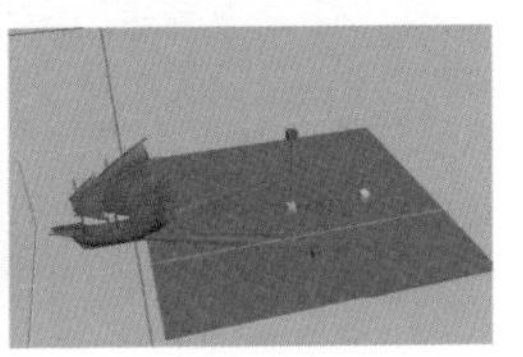

图9-139

13 选择船体模型，然后加选fluidTexture3D1节点，接着执行“流体>使碰撞”菜单命令，如图9-140所示。

14 播放动画，可以看到船尾的效果更加真实、强烈了，如图9-141所示。

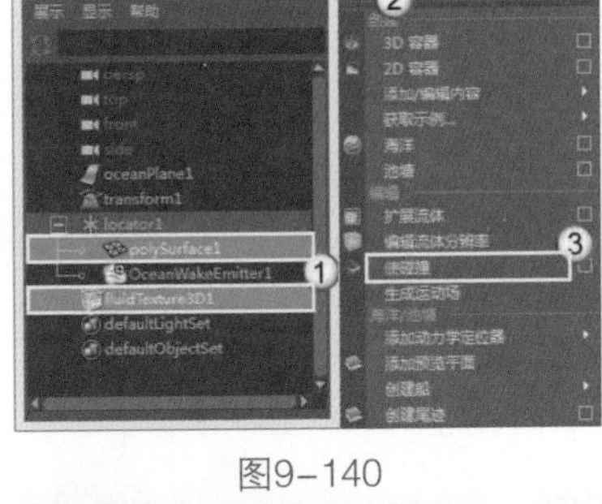

图9-140

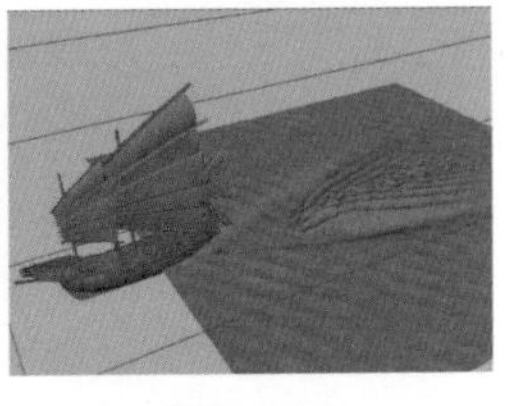

图9-141

15 打开海洋的“属性编辑器”面板，然后按照图9-142和图9-143所示的参数进行设置。

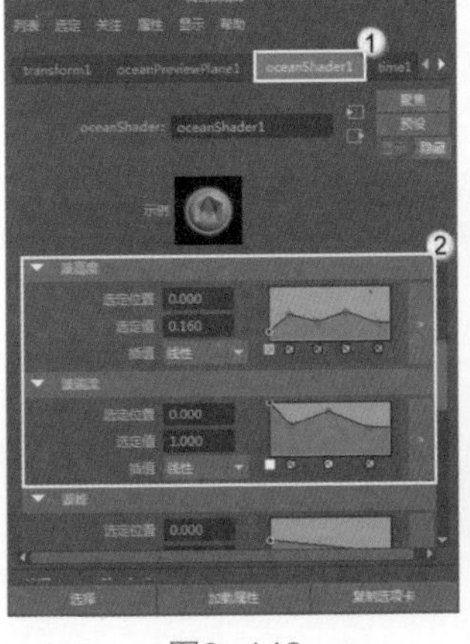

图9-142

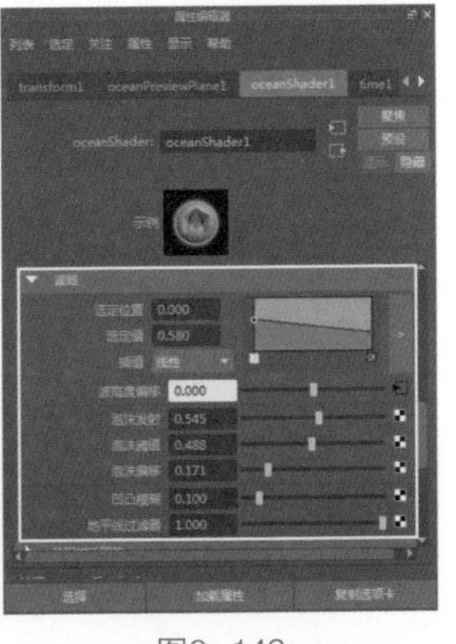

图9-143

16 播放动画，然后选择中间的一帧测试渲染，效果如图9-144所示。

17 为场景设置灯光，然后渲染出图，接着将渲染出来的单帧图在Photoshop中进行后期处理，最终效果如图9-145所示。

图9-144

图9-145

9.7 课后习题

本课安排了一个简单的课后习题供读者练习，这个习题主要用来练习创建曲线流、粒子替代和设置粒子属性的操作方法。

课后习题 制作游动的鱼群

- 场景文件 Scenes>CH09>9.11.mb
- 实例文件 Examples>CH09>9.11.mb
- 视频名称 课后习题：制作游动的鱼群.mp4
- 技术掌握 掌握“创建曲线流”命令的使用方法

使用Maya的“创建曲线流”命令可以创建出粒子沿曲线流动的特效，本例将使用该命令结合粒子替代来制作鱼群游动的动画，案例效果如图9-146所示。

图9-146

9.8 本课笔记